8. Kurze Rückenflosse, gegabelter Schwanz

Heringsfische, S. 152-155

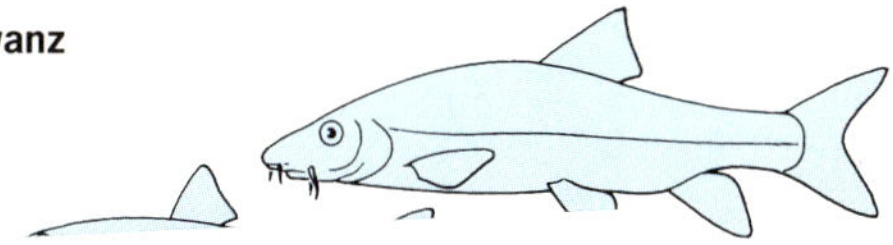

Karpfer

9. Lange Rückenflosse, gegabelter Schwanz

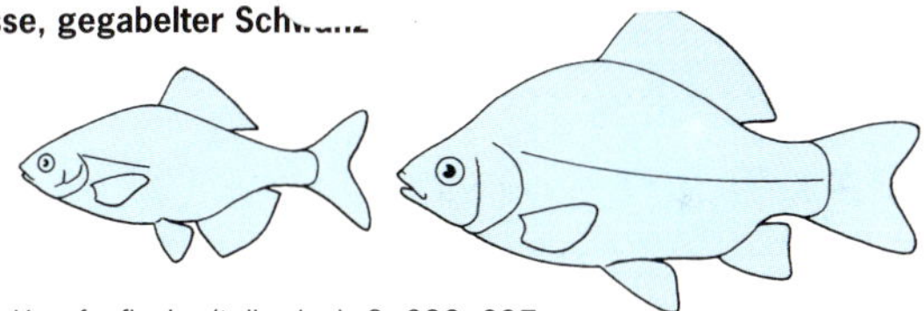

Karpfenfische (teilweise), S. 283-297

10. Lange Rückenflosse, vorne mit Stachelstrahlen

Sonnenbarsche, S. 343-349

Kaulbarsche, S. 330-334

11. Rückenflosse zweigeteilt, mit Stachelstrahlen

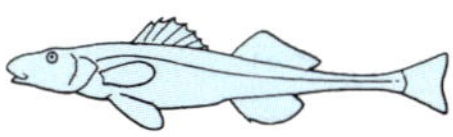

Barsche,
S. 326-329, 334-343

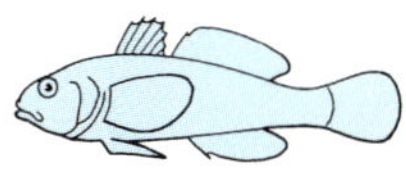

Grundeln, S. 352-354

Ährenfische, S. 319-320

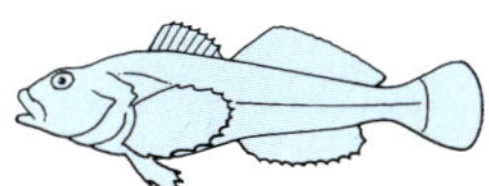

Groppe, S. 354

12. 3-12 isolierte Stacheln auf dem Rücken

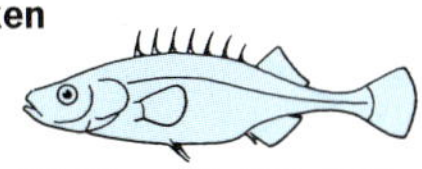

Stichlinge, S. 321-325

13. Körper stark abgeplattet

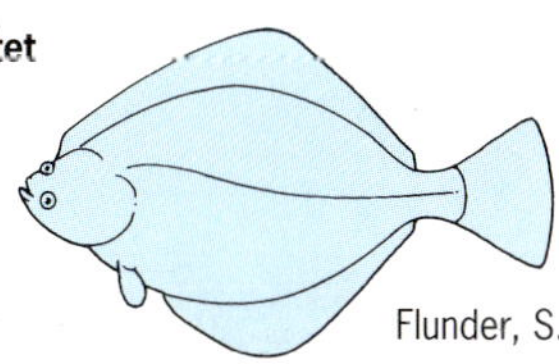

Flunder, S. 357

kosmos Naturführer

Berlin 8.7.1998

Die Süßwasserfische Europas

Roland Gerstmeier
Thomas Romig

Die Süßwasserfische Europas

für Naturfreunde und Angler

Kosmos

263 Farbfotos von T. Angermayer (1), K. Arendt (1), H. Bellmann (5), R. Cramm (5), R. Dierscherl (4), H. G. Evers (2), G. Ewald (1), W. Fiedler (43), D. Florian (7), H. Frei (31), J. Freyhof (1), R. Gerstmeier (5), H. J. Gruhl (4), W. Hauer (7), J. Hlasek (3), J. Holstein (1), A. Koffka (1), R. König (3), W. Layer (1), K.-H. Löhr (14), D. Nill (3), Pfletschinger/Angermayer (3), M. Pforr (18), E. Pott (2), Naturfoto-Pretscher (8), Reinhard-Tierfoto (37), Reinhard/Angermayer (7), W. Rohdich (2), F. Sauer (2), L. Seegers (2), Staatl. Tierärztliches Untersuchungsamt Aulendorf (2), D. Untergasser (3), J. Wanzenbök (7), W. Willner (7), P. Zeininger (20).
20 Farbzeichnungen von Claus Caspari (1) und Wolfgang Lang (16) und 89 Schwarzweiß-Zeichnungen von Wolfgang Lang. Beschriftungen von Günther Heimbach.
83 mehrfarbige Verbreitungskarten von Melanie Waigand-Brauner.
31 Vorsatzzeichnungen (Schlüssel) von Wolfgang Lang.

Umschlag von Atelier Reichert, Stuttgart, unter Verwendung von 2 Aufnahmen von Herbert Frei (Hecht) und Peter Zeininger (Flußbarsch).

Einige der von W. Fiedler aufgenommenen Fotos wurden in den Schauaquarien des Alpenzoos Innsbruck (9), des Müritz-Museums Waren (15) und des Potsdam-Museums (5) aufgenommen.

Der Abdruck der Gewässergütekarte der Bundesrepublik Deutschland 1995 auf dem Nachsatz (Legende auf S. 368) erfolgt mit freundlicher Genehmigung der Länderarbeitsgemeinschaft Wasser (LAWA).

Die Deutsche Bibliothek –
CIP-Einheitsaufnahme

Die **Süßwasserfische Europas** : für Naturfreunde und Angler /
Roland Gerstmeier ; Thomas Romig. – Stuttgart : Kosmos, 1998
(Kosmos-Naturführer)
ISBN 3-440-07068-9

ISBN 3-440-07068-9
Lektorat: Rainer Gerstle
Herstellung: Lilo Pabel
Printed in Italy/Imprimé en Italie
Satz: Typomedia Satztechnik GmbH, Ostfildern
Druck und Buchbinder: Tipolitografia G. Canale & C., S.p.A., Borgaro

Süßwasserfische Europas

Einleitung

Vor zweieinhalb Milliarden Jahren bildete sich zum ersten Mal Wasser auf unserem Planeten Erde, für die Evolution der Lebewesen ein außerordentlich wichtiges Ereignis. Eine halbe Milliarde Jahre später, also vor ungefähr zwei Milliarden Jahren, erschienen in den Ozeanen die ersten Lebensformen. Das Leben begann im Wasser, erst Schritt für Schritt besiedelten Algen und wirbellose Tiere die Kontinente. Betrachtet man die vier Großlebensräume der Erde, Meere, Süßwasser, Festland und Luft, so kann man hinsichtlich ihrer Eroberung die Wirbeltiere als erfolgreichste Tiergruppe bezeichnen. Höchstwahrscheinlich im Meer entstanden, haben sie alle festländischen Lebensräume, den Luftraum und die Süßwasserbiotope besiedelt.

Afrikanischer Lungenfisch

Die Evolution der Fische begann im Paläozoikum: Die *Osteichthyes* (Knochenfische im weiteren Sinne) sind älter als die *Chondrichthyes* (Knorpelfische) und im Paläozoikum in großer Formenvielfalt nachgewiesen. Die Knorpelfische treten im Unteren Devon in Erscheinung und entfalteten sich seit dem Karbon. Ebenfalls sehr früh spalteten sich die Flösselhechte (*Brachyiopterygii*), Strahlenflosser (*Actinopterygii*), Lungenfische (*Dipnoi*) und Quastenflosser (*Cronopterygii*) ab. Der einzige rezente Vertreter der Quastenflosser, *Latimeria chalumnae*, wurde erst 1938 entdeckt. Die noch weiter zurückliegende Entdeckung (1833) der Lungenfische war gleichfalls eine Sensation; heute sind sechs Arten in Afrika, Australien und Südamerika bekannt. Die Lungenfische werden aufgrund von Versteinerungen auf rund 350 Millionen Jahre Alter geschätzt. Von den ausgestorbenen Vorfahren der Strahlenflosser spalteten sich zwischen Perm und Trias nacheinander die Flösselhechte, Störe, Knochenhechte, Schlammfische und zuletzt die Echten Knochenfische (*Teleostei*) ab.

Den über 400 Millionen Jahren der Entwicklung der Fische stehen weniger als zwei Millionen Jahre Menschheitsgeschichte gegenüber; die letzten 100 Jahre waren in ihren Auswirkungen für die Fische allerdings besonders drastisch.

Nach den heutigen Kenntnissen einer modernen Systematik sind „Fische“ keine einheitliche Verwandtschaftsgruppe. Sie stammen **nicht** von einem gemeinsamen Vorfahren ab, sind also nicht monophyletisch, sondern eine paraphyletische Gruppe von Wirbeltieren.

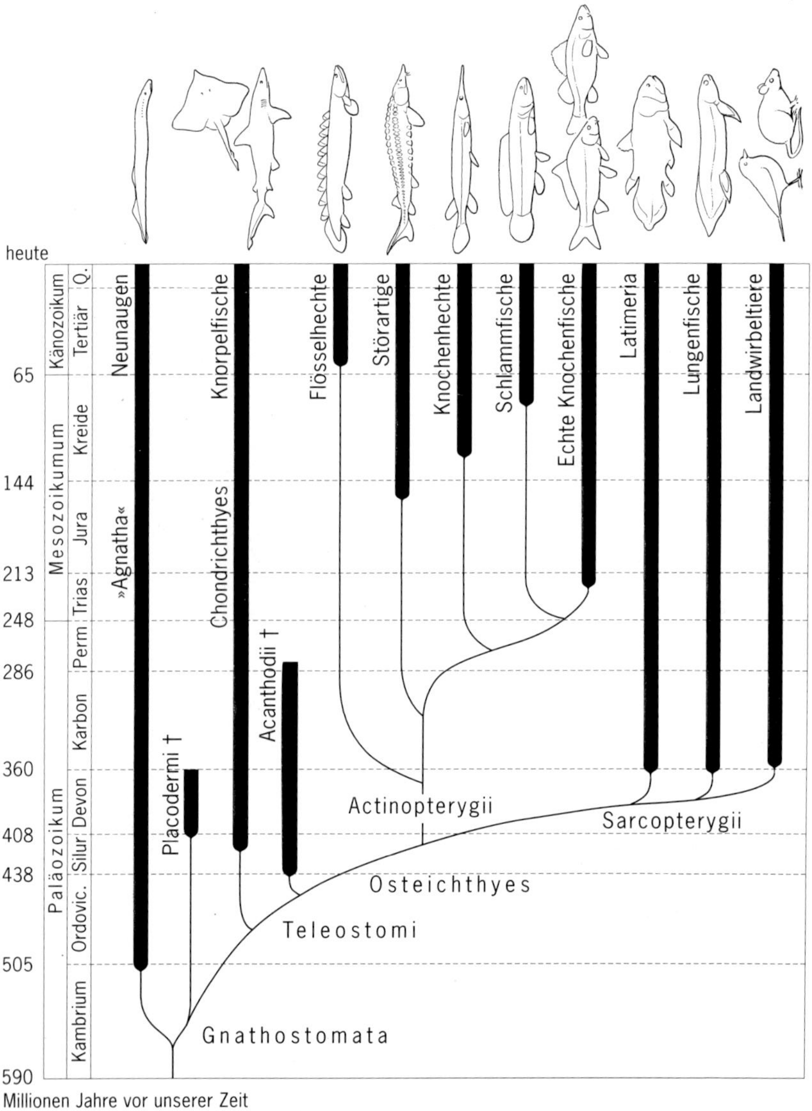

Vereinfachtes Schema zur Entwicklung und Stammbaum der Wirbeltiere (Vertebraten). Ausgestorbene Gruppen sind nur ausnahmsweise berücksichtigt. Nach DECKERT et al. (1991), CARROLL (1993), NELSON (1994) und MADDISON & MADDISON (1995)

Fische umfassen als artenreichste Überklasse (*Gnathostomata*, Kiefermünder) der Wirbeltiere die Klassen *Placodermi* (†; die ausgestorbenen Panzerfische), *Chondrichthyes* (Knorpelfische), *Acanthodii* (†) und *Osteichthyes* (Knochenfische im weiteren Sinne). Die Neunaugen (und die marinen Schleimaale) gehören zur Klasse *Cyclostomata* (Rundmäuler), die zusammen mit den ausgestorbenen *Ostracodermata* die Überklasse *Agnatha* (Kieferlose) bilden. Als ursprünglichsten Wirbeltieren fehlen ihnen ein typischer Gesichtsschädel und damit auch Ober- und Unterkiefer.

Trotzdem kann man Neunaugen, Knorpel- und Knochenfische durchaus als „Fische" betrachten, wenn man sie per Definition als primär im Wasser lebende, durch Kiemen atmende Wirbeltiere bezeichnet.

In diesem Band werden diejenigen Fische Europas zusammengefaßt, die zumindest einen Teil ihres Lebens im Süßwasser verbringen, also Neunaugen und die Süßwasser-Knochenfische.

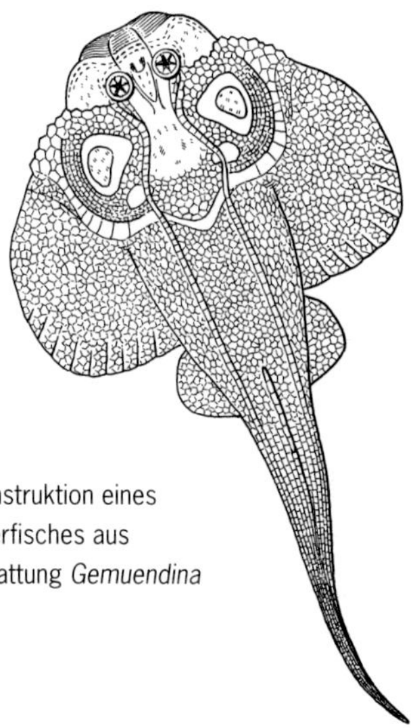

Rekonstruktion eines Panzerfisches aus der Gattung *Gemuendina*

Körperbau und Funktion der Fische

Der äußere Körperbau

Die typische Form des Fisches ist die Spindel- oder Tropfenform; sie bietet bei der Vorwärtsbewegung im Wasser am wenigsten Widerstand. Die meisten der ausgestorbenen Fische besaßen eine solche Form. In Anpassung an ihre Lebensweisen und Lebensräume zeigen die heute lebenden Fische vielfache Abwandlungen dieser Grundform.

Körperformen

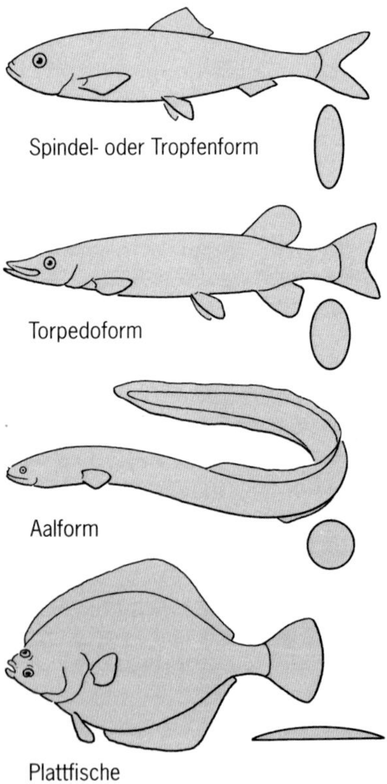

Der Spindelform sehr ähnlich ist die Torpedoform, wie sie beim räuberisch lebenden Hecht oder Zander auftritt; diese Fische können auf kurzer Strecke eine hohe Beschleunigung erreichen. Die Aalform weist einen schlangenförmigen Körperbau mit fast rundem Querschnitt auf; sie ermöglicht durch gut ausgebildete Längsmuskeln ein zwar langsames, aber sehr ausdauerndes Vorwärtsschwimmen, vor allem in ruhigerem Wasser. Die bodenbewohnenden Plattfische (Scholle, Flunder) können sich mit ihrem abgeplatteten Körper völlig an den Grund anschmiegen und sind so vor Feinden geschützt oder zum Beutemachen entsprechend getarnt. Hochrückige (seitlich zusammengedrückte) Fische, wie z. B. der Brachsen, sind auf ruhigeres Wasser angewiesen. Entsprechend den vielfältigen Umweltanforderungen gibt es natürlich auch alle Übergänge sowie Extremformen.

Der **Kopf** prägt den gesamten Fischkörper und gibt durch die Stellung der Kiefer, die Größe und Position der Augen, Panzerung, Bestachelung, Tentakel und Bartfäden ebenfalls Hinweise über die Lebens- und Ernährungsform der Fische. Die Kiefer der Fische können unterschiedlich lang sein. Ist der Unterkiefer kürzer als der Oberkiefer, spricht man von einem unterständigen Maul, wie es u.a. für Störe, Barben und Nase typisch ist. Sie ernähren sich gewöhnlich von Bodenorganismen (Bewuchs an Steinen und Pflanzen, Kleintieren am Gewässergrund). Bei Fischen mit oberständigem Maul ragt der Unterkiefer vor, der Oberkiefer ist kürzer, was u.a. die Nahrungsaufnahme von der Wasseroberfläche ermöglicht (z. B. Laube, Kleiner Ährenfisch, Kärpflinge, Sichling), aber auch typisch für Planktonfresser und Räuber ist. Sind die Kiefer gleich lang, liegt eine endständige Mundöffnung vor, Beispiele hierfür sind Forellen, Lachse, viele Barsche, der Schied und der Döbel.

Eine sehr weite Mundspalte mit spitzen, meist nach hinten gerichteten Zähnen ist kennzeichnend für die Großtierfresser, also vor allem Fischfresser, die so gut ihre Beute ergreifen und auch festhalten können (Hecht, Zander, Wels, Döbel).

Ausstülpbare Mäuler sind hervorragend geeignet, um gezielt Nahrung vom Boden, aus dem Schlamm oder von Pflanzen „abzusaugen“ (Brachsen, Karpfen, Stör).

Die Nasen, die den Bewuchs an Steinen oder Wasserpflanzen abweiden, besitzen eine hornige, scharfkantige Unterlippe.

Der Mund der Neunaugen ist zu einer runden Saugscheibe umgestaltet, mit der sie sich an Fischen festsaugen und mit Hilfe der kolbenförmig verdickten, mit Hornzähnen besetzten Zunge Gewebe abraspeln können.

Unbezahnte Kiefer (die Zähne sind völlig rückgebildet) sind typisch für viele Karpfenfische, wie z.B. Karpfen, Schleie, Rotauge.

Ebenso haben alle Fische, die sich von Planktonorganismen ernähren, einen zahnlosen oder nur mit kleinen Bürstenzähnen bewehrten Mund. Zum Einsammeln größerer Planktonmengen dienen ihnen die Kiemenreusendorne, die auf den Kiemenbögen gegenüber den Kiemenblättchen sitzen. Sie filtern das Plankton aus dem Wasser und verhindern gleichzeitig, daß die zarten Kiemenblättchen durch die winzigen Nährtiere verschmutzt werden (bei Renken, Maifisch, Finte und Silberkarpfen).

Maulformen

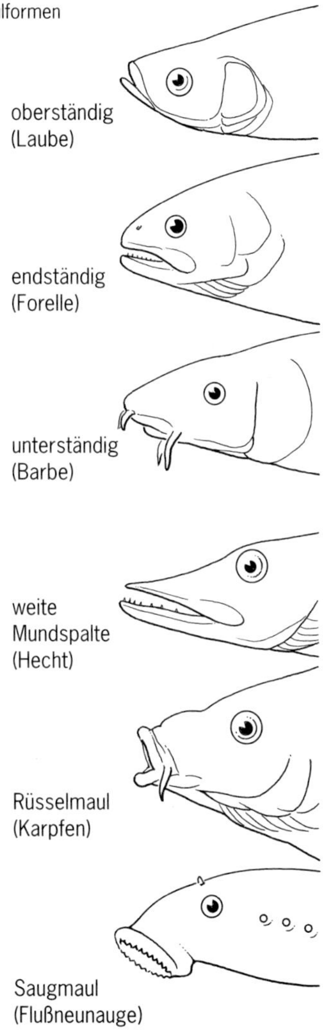

Zähne können bei Fischen auf den verschiedensten Knochen des Mundbereiches sitzen. Innerhalb der Knochenfische kommen

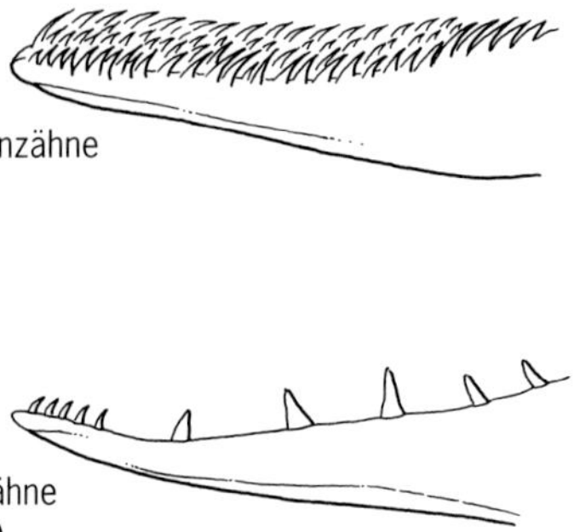
Bürstenzähne
(Wels)

Fangzähne
(Hecht)

Unterschiedliche Kieferzähne

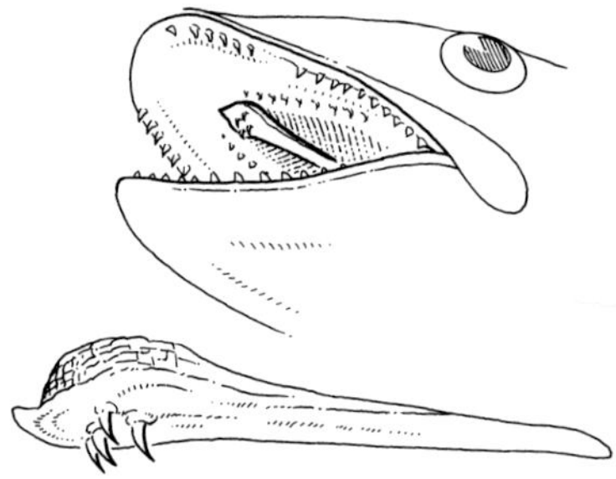
Pflugscharbein einer Forelle

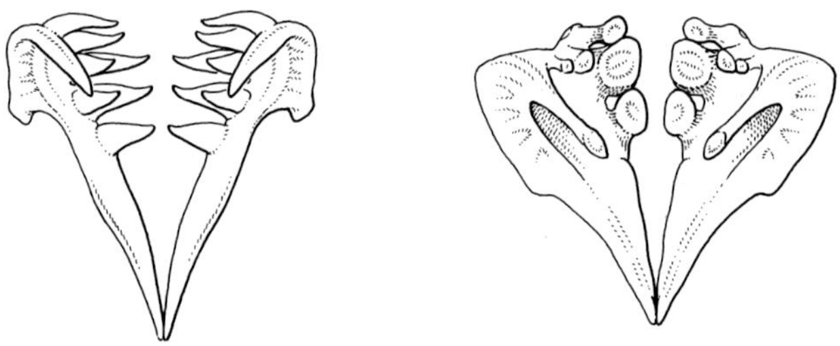
Schlundzähne bei Karpfenartigen

sehr verschiedene Zahnformen vor, die permanent ersetzt werden können. Sehr klein sind die Bürsten- oder Samtzähne zahlreicher Barsche und Welse, die im Kiefer und Rachen so dicht beieinanderstehen, daß sie wie eine Bürste aussehen. Große Fangzähne besitzt der Hecht; sie sind einzeln so stark ausgeprägt, daß man auch von „Hunds- oder Reißzähnen“ spricht.

Die zahnlosen Karpfenfische zerdrücken und zerkleinern ihre Nahrung mit den sogenannten Schlundzähnen. Diese zahnartigen Gebilde sitzen auf dem 5. Kiemenbogen, der keine Kiemen mehr trägt, sondern zum Kauapparat (Schlundbogen) umgebildet ist. Diese Zähne, die je nach Fischart spitz oder stumpf-pflastersteinartig sein können, stehen bei den Karpfenartigen in 1–3 Reihen, bei den Schmerlen in nur einer Reihe. Anzahl und Anordnung dieser Schlundzähne sind in der Zahnformel dokumentiert. Die Schlundzahnformel für den Karpfen lautet: 1.1.3–3.1.1, was bedeutet, daß auf jedem Kiemenbogen drei Zahnreihen vorhanden sind, deren innere je 3 Zähne trägt; die mittlere und äußere Zahnreihe trägt jeweils nur einen Zahn. Rotaugen besitzen nur je fünf Schlundzähne auf der inneren Zahnreihe; –.-.5–5.-.- lautet die entsprechende Zahnformel. Die Schlundzähne können mehrmals im

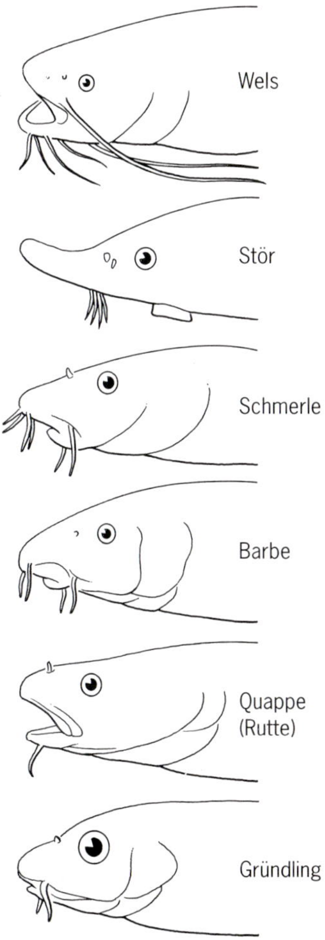

Unterschiedliche Anordnung von Barteln

Barteln einer Barbe

Jahr ersetzt werden. Dies passiert meist im Winter, wenn die Fische nur selten Nahrung aufnehmen. Die Kiemenbögen werden durch kräftige Muskeln bewegt und arbeiten gegen ein Widerlager im Gaumendach, das als Mahlstein oder Karpfenstein bezeichnet wird. Den Schmerlen fehlt eine derartige Kauplatte.

Viele Fische besitzen aber nicht nur auf den Kieferknochen Zähne, sondern auch auf einer ganzen Reihe anderer Knochen der Mundhöhle. Ein solcher Knochen, das Pflugscharbein (Vomer) sitzt in der Mitte des Gaumendaches und kann bei Lachsfischen verschiedenartig bezahnt sein, was sich zur Artbestimmung eignet.

Barteln (Bartfäden) dienen bei vielen Fischarten zur geschmacklichen und geruchlichen Orientierung und sitzen an den Kiefern, im Bereich der Nasenhöhlen oder über den Augen. Es sind fleischige, fadenförmige, manchmal gefranste Anhänge von unterschiedlicher Länge und Stärke, die dicht mit Tastsinneszellen besetzt sind und so beim Auffinden der Nahrung mithelfen.

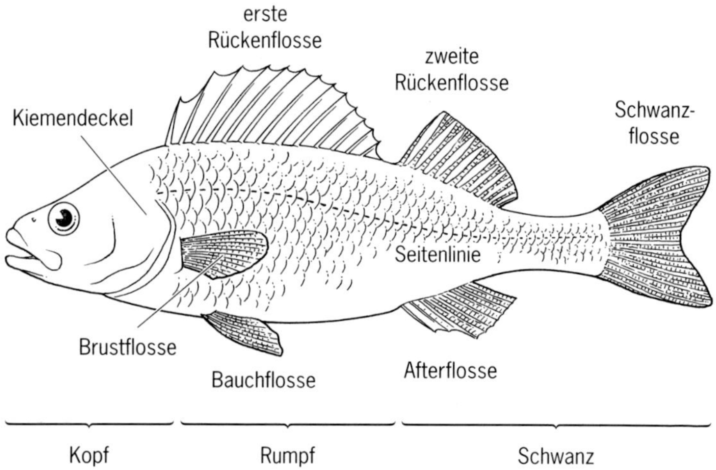

Äußere Gestalt und Flossenschema eines Fisches

Flossen verleihen dem Fischkörper die Beweglichkeit; sie werden aber nicht nur zum Steuern, Antreiben und Bremsen verwendet, sondern dienen auch der Signalaussendung, z. B. bei Balz und Kampf. Die Grundausstattung besteht in paarigen und unpaaren Flossen. Anzahl, Form und Stellung der Flossen sowie ihre Ausstattung mit Hart- oder Weichstrahlen stellen wichtige Bestimmungsmerkmale dar.

Paarig sind die Brust- und Bauchflossen, unpaar sind Rücken-, Schwanz- und Afterflosse. Die Brustflossen können nahe der Bauchkante oder sehr hoch am Rumpf ansetzen. In Anpassung an die Lebensweise sind sie oft sehr verschieden ausgebildet; so besitzen Benthosbewohner große Brustflossen, die den Körper auf dem Grund abstützen (z. B. Schleimfische). Besonders variabel ist die Stellung der Bauchflossen; ursprünglich liegen sie etwa in Körpermitte,

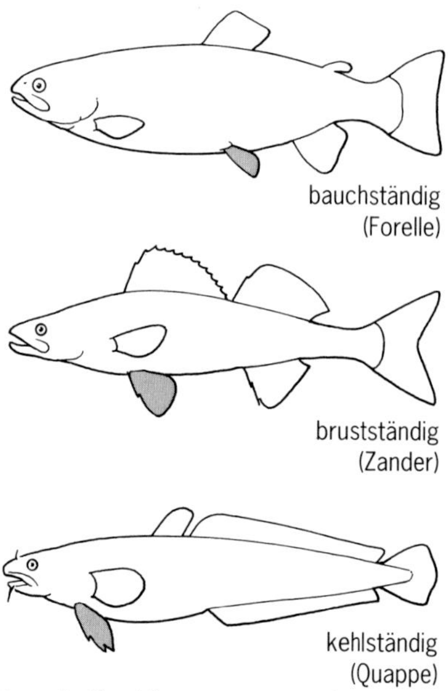

Lage der Bauchflossen

zwischen Brust- und Afterflosse. Sie können aber auch nach hinten verschoben sein (bauchständig) oder sehr weit vorne (brust- bis kehlständig) liegen; manche Arten (z. B. Aal) besitzen keine Bauchflossen. Eine einzige Rückenflosse etwa in Rückenmitte haben u.a. die Karpfenfische, Lachsartigen und Störe. Zwei getrennte Rückenflossen findet man bei den Barschen und Grundeln. Die unpaare Afterflosse steht im Normalfall vor dem After, kann aber auch einen langen

Fettflosse einer Bachforelle

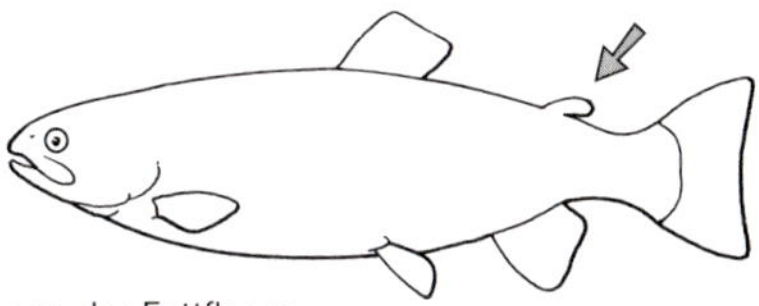

Lage der Fettflosse

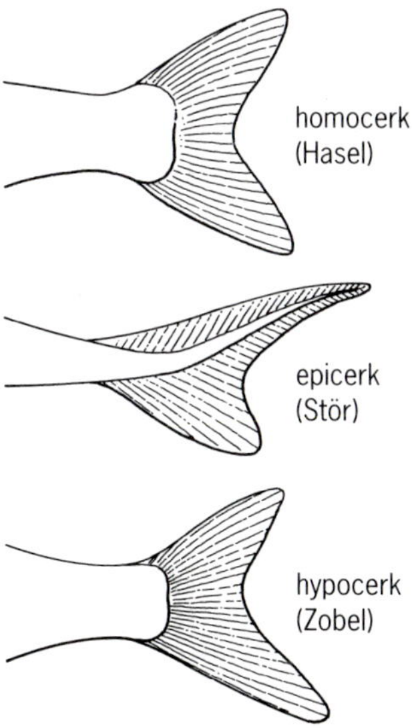

Unterschiedliche Formen der Schwanzflosse

Saum bilden (Schleimfische) oder wie beim Aal mit den anderen unpaaren Flossen zu einem Flossensaum verschmelzen. Eine Besonderheit stellt die sogenannte Fettflosse der Forellenartigen dar: Sie sitzt an der Körperoberseite zwischen Rücken- und Schwanzflosse. Es ist eine strahlenlose Hautfalte, über deren Funktion noch Unklarheit herrscht. Auch die Schwanzflosse ist in Form und innerem Bau sehr unterschiedlich ausgebildet. Sie bildet mit der Körper- und Schwanzmuskulatur das Hauptantriebsorgan. Fische mit symmetrischem Rumpf haben auch äußerlich eine fast symmetrische (homocerke) Schwanzflosse; bestes Beispiel für eine asymmetrische (heterocerke) Schwanzflosse ist der Hai, der den epicerken Typ, bei dem der obere Lappen verlängert ist, darstellt (bei den Süßwasserfischen trifft dies u.a. bei Stören und Sterlet zu). Bei Zobel und Zope ist der untere Schwanzlappen verlängert (hypocerk).

Die Stabilität von Flossen wird durch Flossenstrahlen gestützt. Man unterscheidet Hart- oder Stachelstrahlen, die nicht querge-

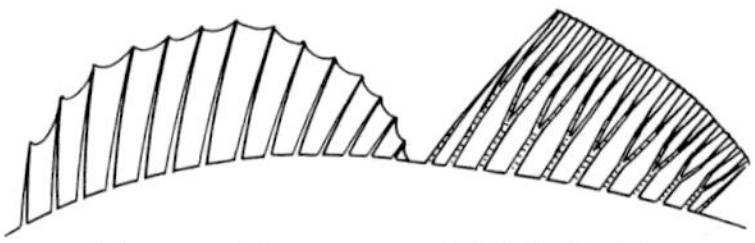

Hart- und Weichstrahlen der Rückenflosse eines Barsches

teilt sind, von Weichstrahlen, die zum Rand der Flosse hin mehrfach geteilt oder gefiedert sind (daher auch Gliederstrahlen genannt). Verwendet man für die Bestimmung Flossenformeln, so bedeuten die römischen Zahlen die Anzahl der Hartstrahlen, die arabischen Zahlen die Anzahl der Weichstrahlen. Die Flossenformel für den Flußbarsch z. B. lautet: D_1 XIII – XVII; D_2 I – II, 13–16; A II, 8–10; P 14; V I, 5. D_1 = die erste Rückenflosse, D_2 = die zweite Rückenflosse, A = die Afterflosse, P = die Brustflosse und V = die Bauchflosse. Die zweite Rückenflosse besitzt also 1–2 Hartstrahlen und 13–16 Weichstrahlen.

Die **Haut** der Fische erfüllt viele Funktionen. Sie schützt nicht nur mechanisch vor Verletzungen und bietet durch Schleimabsonderung Schutz gegen Parasiten, sondern verringert auch den Reibungswiderstand, übernimmt die Funktion als osmotische Barriere, tarnt den Fisch durch farbliche Anpassungen und besitzt zahlreiche Sinnesorgane. Sie besteht aus zwei Schichten, der äußeren Oberhaut (Epidermis) und der inneren Lederhaut (Corium). Die Epidermis ist reich an Drüsenzellen, deren Sekret den gesamten Fisch mit Schleim überzieht. **Schuppen** sind Bildungen der Lederhaut, an deren Aufbau unterschiedliche Strukturen (Knochen, Dentin, Cosmin usw.) beteiligt sein können. Je nach Aufbau und Entstehungsweise kann man folgende Schuppentypen unterscheiden:

Placoidschuppen sind Hautzähne, die aus einer knöchernen Basalplatte in der Haut und einem nach oben ragenden Dorn bestehen. Sie verleihen den Haien und Rochen den „Schmirgelpapier“-Charakter.

Ganoidschuppen oder Schmelzschuppen kommen nur bei einigen altertümlichen Fischgruppen, z. B. den Flösselhechten, vor. Ihre Basis wird aus geschichtetem Knochen gebildet, die Oberseite besteht aus Ganoinschichten, die vom Rande her (cyclomor) stetig wachsen.

Cosmoidschuppen entstehen durch das Auswachsen zahlreicher kleiner Hautzähnchen über einer einheitlichen Knochenplatte; zusammen mit einem Schmelzüberzug entsteht so eine parkettartige Oberfläche. Es ist der Schuppentyp der Quastenflosser und Lungenfische, der bei den rezenten Formen allerdings so stark abgewandelt ist, daß er stark einer Elasmoidschuppe der Knochenfische ähnelt.

Elasmoidschuppen entstehen in bindegewebigen Schuppentaschen der Lederhaut und sind in Größe und Form sehr variabel. Ihrer Form nach lassen sich zwei Typen unterscheiden: Der ursprüngliche Typ ist die Cycloidschuppe (Rundschuppe), deren (aus der Lederhaut herausragender) Hinterrand glatt ist und bei den meisten unserer Süßwasserfischen vorkommt. Bei den Ctenoidschuppen (Kammschuppen) ist der freie (Hinter-) Rand gezähnelt; sie sind typisch für die Barschartigen und bewirken einen ähnlichen „Schmirgelpapier“-Effekt wie bei den Haien und Rochen. Typisch ist die dachziegelförmige An-

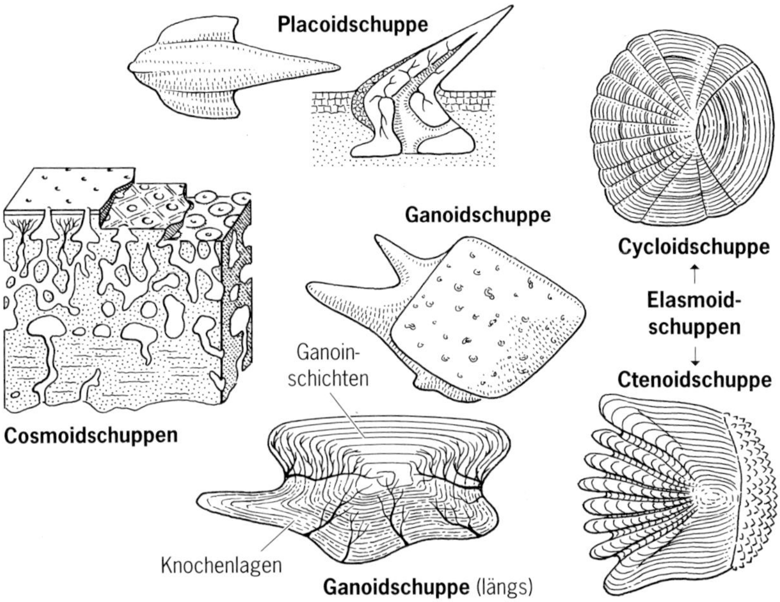

Schuppentypen der Fische

ordnung der Elasmoidschuppen; sie sind stets von der Epidermis bedeckt. Schuppen wachsen mit ihren Trägern, und ihre Oberfläche ist von Zuwachsringen geprägt. Die Zuwachsstreifen entstehen in Perioden optimaler Lebensbedingungen, die zumindest in den gemäßigten und kalten Zonen mit dem Rhythmus der Jahreszeiten gekoppelt sind. Die konzentrischen Wachstumszonen erlauben die Abschätzung des Alters solcher schuppentragenden Fische (vergleichbar mit den Jahresringen von Bäumen). Man muß allerdings berücksichtigen, daß die Schuppen oft nicht von Geburt an vorhanden sind und danach in den verschiedenen Körperregionen auch nicht gleichzeitig angelegt werden.

Einige Süßwasserfische besitzen nur sehr kleine Schuppen, die tief unter einer dicken Oberhaut liegen (u.a. Aal, Schleie), oder ihr Körper ist ganz oder teilweise schuppenlos (Welse, Schmerlen, Groppen). Auch die Anzahl der Schuppen in einer Längs- und Querreihe ist bei jeder Fischart verschieden und weist nur eine gewisse Variabilität auf; für taxonomische Zwecke wird meist die Anzahl der Schuppen in der Längsrichtung der Seitenlinie angegeben.

Die **Färbung** der Fische entsteht durch Struktur- (physikalische Lichtbrechungserscheinungen) und Pigmentfarben. Pigmente kommen normalerweise in Farbstoffzellen (Chromatophoren) vor und werden selbst erzeugt oder stammen aus der Nahrung, wie z.B. die Carotinoide (die allerdings noch umgebaut werden). Viele Fische sind zu einem Farbwechsel befähigt, der meist in einem Hell-Dunkel-Wechsel besteht und nervös und hormonell gesteuert wird. Der starke Silberglanz der Körperseiten beruht auf Reflexionen des Lichtes in mikroskopisch kleinen, farblosen Kristallen, die in besonderen Zellen, den Iridozyten (Glanzzellen), eingelagert sind. Sie bestehen aus Guanin, einem Nebenprodukt des Stoffwechsels, das bei manchen Fischen (z. B. Laube) als sehr starke Schicht an der Schuppenunterseite abgeschieden wird. Durch Wegfall eines Typs von Farbstoffzellen können Goldvarietäten, dunkle Formen oder sogar fast weiße Exemplare (Albinos) auftreten.

Skelett und Muskulatur

Wie alle Wirbeltiere sind Knochenfische durch ein **Skelett** gekennzeichnet, das dem Körper seine Form gibt und ihn stützt. Hauptbestandteil ist die Wirbelsäule, bestehend aus einer unterschiedlichen Zahl von Wirbelkörpern, die untereinander verbunden sind. Rippen kommen ursprünglich vom Kopf bis zum Schwanz vor, beschränken sich aber bei den Knochenfischen meist nur auf die Bauchregion (Rudimente von knorpeligen Rückenrippen besitzen die Lachsartigen). Alle Fischrippen verlaufen immer frei, ein Sternum (Brustbein) ist nie vorhanden. Die Rippen schließen sich also frei an die unterseits doppelten Dornfortsätze der Wirbel an. Gräten werden oft mit Rippen verwechselt; sie stehen nicht mit den Wirbeln in Verbindung und entstehen durch direkte Ver-

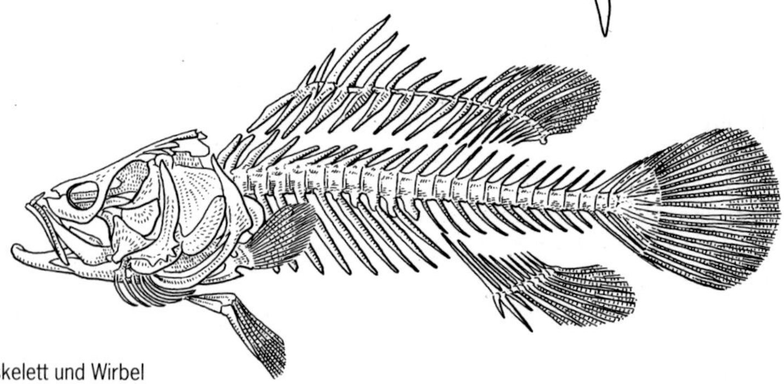

Fischskelett und Wirbel

knöcherung in den Bindegewebshöhlen um die einzelnen Muskelfasern.

Der Schädel der Knochenfische ist bis auf wenige Ausnahmen (Störe) verknöchert und besteht aus vielen einzelnen Elementen, auf deren Besprechung hier verzichtet werden soll. Die Flossen gehören zum Extremitäten-Skelett, wobei die paarigen Flossen (Brust- und Bauchflossen) einen eigenen Stütz-Skelettaufbau besitzen, der in die Rumpfmuskulatur eingelagert ist. Sie stehen nur in losem Zusammenhang mit dem Zentralskelett; dagegen hat das Skelett der unpaaren Flossen direkte Verbindung zur Wirbelsäule und wird von dieser gestützt.

Die **Muskulatur** nimmt den größten Teil des Fischkörpers ein. Die Rumpfmuskulatur ist aus hintereinanderliegenden Segmenten, den sogenannten Myomeren, aufgebaut und dient der Fortbewegung. Da sie am meisten beansprucht wird, ist sie sehr kräftig entwickelt und erstreckt sich beidseitig der Wirbelsäule vom Hinterhaupt bis zur Schwanzflossenwurzel. Die paarigen Flossen werden durch eine spezifische Muskulatur bewegt, die sich aus der Rumpfmuskulatur entwickelt hat. Sie setzt sich aus zwei Hauptmuskeln zusammen, die das Spreizen und Zusammenfalten der Flossen bewirken.

Nervensystem und Sinnesleistungen

Gehirn und Nervensystem dienen der Funktionssteuerung. Die erstaunliche Vielseitigkeit der Fische wird natürlich in der Struktur ihrer Gehirne deutlich. Schon die äußere Gestalt des Fischgehirns sagt viel über die Lebensweise aus. Fische mit hervorragendem Geruchsvermögen (z. B. Aale) besitzen große Riechkolben, Arten mit gut ausgebildetem Geschmackssinn (Schmerlen, Welse) haben große Geschmacksloben im Nachhirn.

Entsprechend der Lebensweise sind auch die Sinnesorgane der Fische hoch entwickelt, wobei der Gesichtssinn bei der Orientierung und Nahrungssuche eine dominierende Rolle einnimmt. Im Grundplan entsprechen die **Augen** der Knochenfische jenen der übrigen Wirbeltiere. Ein grundsätzlicher Unterschied besteht jedoch darin, daß die Linse des Fischauges nicht ihre Form verändern kann (wie z. B. bei den Säugetieren), um Objekte unterschiedlicher Entfernung scharf zu stellen. Das Fischauge ist für das Sehen in der Nähe eingerichtet; zur Scharfeinstellung auf entferntere Objekte wird die kugelförmige Linse durch Muskeln insgesamt zurückgenommen. Da die Hornhaut denselben Brechungsindex wie das Wasser aufweist, wird das Licht beim Durchtritt nicht gebrochen, das heißt, die Lichtstrahlen werden besser ausgenützt. Außerdem ragt die Linse ein Stück aus der Pupille heraus, was zu einem sehr großen horizontalen Gesichtsfeld von etwa 180° führt. Beide Augen ermöglichen somit fast Rundumsicht. Vor dem Fisch überschneiden sich die Gesichtsfelder der beiden Augen; in diesem Sektor von etwa 30° nehmen beide Augen das gleiche Bild auf, so daß der Fisch hier räumlich und am deutlichsten sieht. Blickt ein Fisch nach oben, über die Wasseroberfläche hinaus, so sieht er die Gegenstände nur durch ein kreisrundes „Fenster“, dessen Ausdehnung maximal 98° beträgt. Außerhalb davon wirkt die Wasseroberfläche wie ein Spiegel, der Fisch kann Objekte dort nicht wahrnehmen.

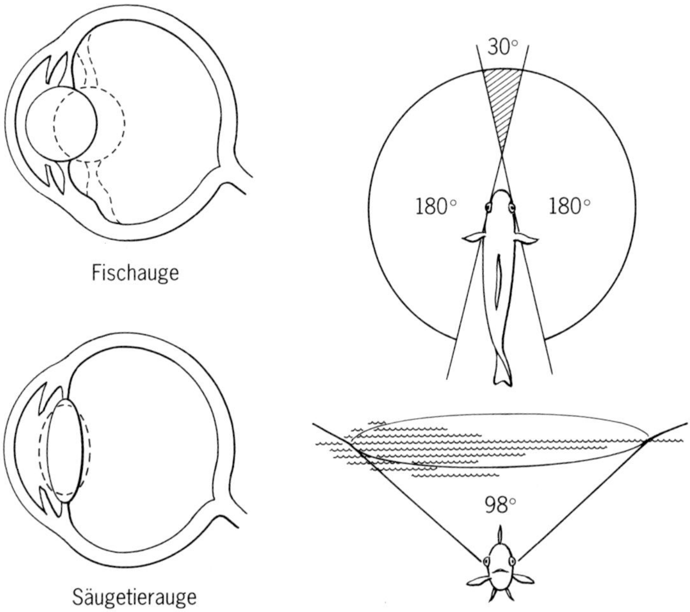

Linsenänderung bei Fisch und Säuger. Das horizontale Gesichtsfeld eines jeden Auges beträgt etwa 180°; das vertikale Gesichtsfeld umfaßt 98°.

Die **Chemorezeption** (Riechen und Schmecken) spielt bei den meisten Fischen eine enorm wichtige Rolle, sei es beim Auffinden der Nahrung, zum Prüfen der Genießbarkeit, beim Erkennen der Geschlechter (über Pheromone = Sexuallockstoffe), bei der Flucht vor Raubfeinden, in der Brutpflege und nicht zuletzt bei der Orientierung der Wanderfische. Mit den beiden, jeweils links und rechts vor den Augen sitzenden Nasenöffnungen, verfügen Fische über ein hochentwickeltes Geruchsorgan. Vordere und hintere Nasenöffnung sind durch einen Steg getrennt. Meist ist die vordere Nasenöffnung rund, während die hintere die vordere hufeisenförmig umgibt. Häufig sind die Nasenöff-

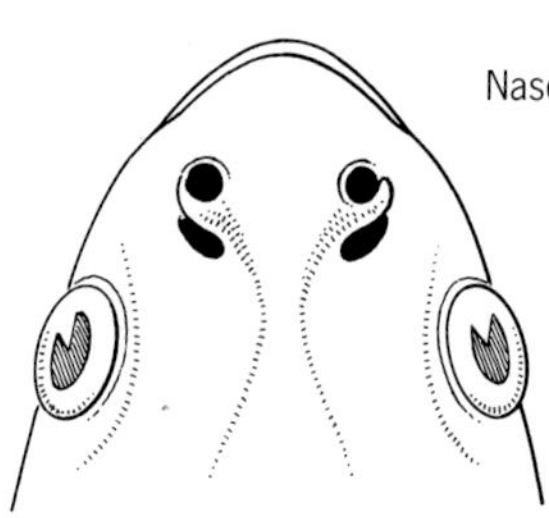

nungen röhrenförmig (Aal, Wels, Zahnkarpfen), bisweilen fehlt der trennende Steg, oder es ist nur ein grubenförmiges Nasenloch vorhanden (u. a. Stichling). Bei verschiedenen Fischarten hat man die „Riechschwelle" getestet, sie liegt etwa in der gleichen Größenordnung wie beim Hund.

Schmeckreize werden von Geschmacksknospen wahrgenommen, die über den ganzen Körper verteilt sein können. Gehäuft finden sie sich in der Mundhöhle, auf Barteln und Lippen sowie verstreut in der Haut und auf den Flossen. Die Geschmackssinnesorgane sprechen auf andere Stoffe an als die Geruchssinnesorgane. So können Karpfen beispielsweise salzig, süß, bitter oder sauer unterscheiden.

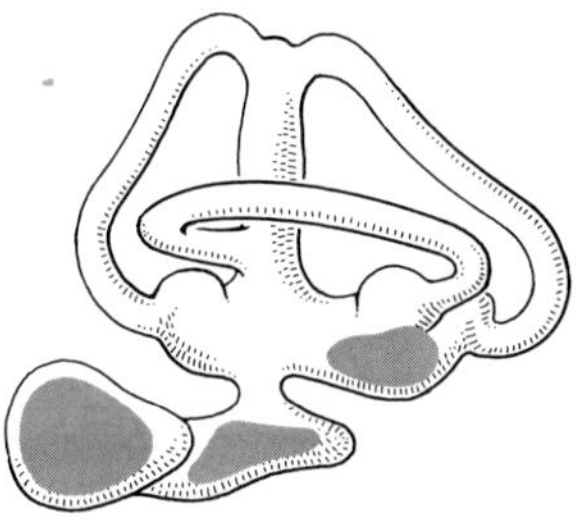

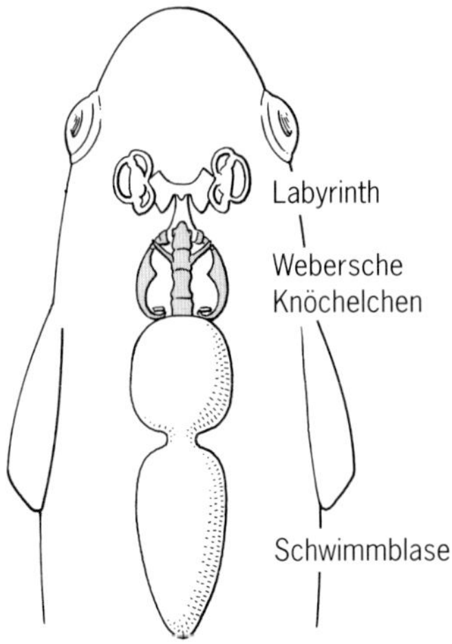

Labyrinth mit Gehörsteinchen (Otolithen, grau); die Lage von Labyrinth (grau), Weberschen Knöchelchen und Schwimmblase

Fische galten lange Zeit als taub. Dem Nobelpreisträger KARL VON FRISCH gelang 1923 über eine Tondressur am Zwergwels der erste Nachweis, daß Fische doch hören können. Das Innenohr (Labyrinth) liegt im Kopf und dient, wie bei anderen Wirbeltieren, gleichzeitig als Gleichgewichtsorgan. Es besteht aus drei Bogengängen, ausgerichtet in die drei Raumrichtungen, und drei Otolithenorganen (Gehörsteinchen). Die Gehörsteinchen befinden sich jeweils in einem Säckchen und ruhen auf einem Polster empfindlicher Nervenzellen. Jede Veränderung der Körperlage wirkt sich durch einen Druck der Steinchen auf diese Sinneszellen aus, die Verarbeitung erfolgt im Gehirn. Gehörsteinchen wachsen mit dem Fisch; indem sie so jedes Jahr eine neue Kalkschicht anlagern, eignen sie sich, ähnlich wie die Schuppen, zur Altersbestimmung. Die Hörfähigkeit vieler Fische wird durch die Schwimmblase (Schallempfänger) verstärkt, die mit dem Ohr über die sogenannten Weberschen Knöchelchen in Verbindung steht.

Das **Seitenlinienorgan** erlaubt die Orientierung anhand von Strömungs- und Druckunterschieden. Die an den durchlöcherten Schuppen erkenntliche Seitenlinie zieht im typischen Fall etwa in Rumpfmitte vom Hinterrand des Kiemendeckels bis zum

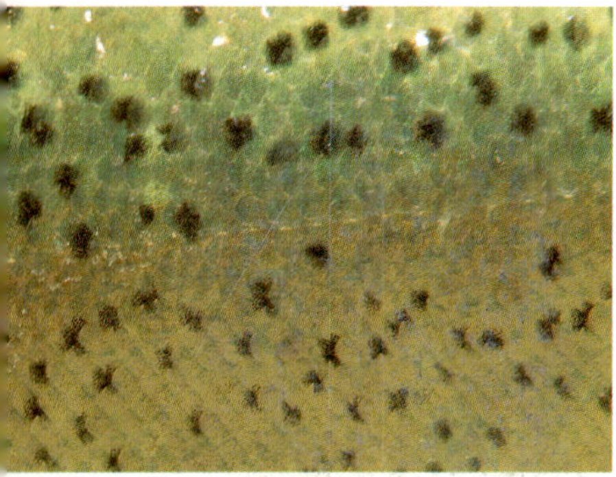

Seitenlinienorgan einer Regenbogenforelle

Schwanzstiel. Beim Bitterling ist sie ausgesprochen kurz und erstreckt sich nur über 5–6 Schuppen. Die Sinnesorgane dieses Systems sind die Neuromasten, die in unter den Schuppen verlaufenden Kanälen liegen. Sie bestehen aus Gruppen von Haarzellen, deren feine Haarbündel (ca. 30–50 sogenannte Stereocilien und ein seitliches Kinocilium) in eine abbiegbare Gallertkappe (Cupula) ragen. Beim Auftreffen einer Druckwelle wird dieser gallertige Fortsatz abgebogen, dadurch werden die Stereocilien und das Kinocilium in bestimmter Richtung gereizt, diese Reizleitung wird von den Nerven registriert und an das Gehirn weitergeleitet. Beide Körperseiten kooperieren dabei; so können z.B. Haie einen zappelnden Fisch bis in 250 m Entfernung wahrnehmen.

Das Verdauungssystem

Das Verdauungssystem nimmt den größten Teil der Leibeshöhle eines Fisches ein. Der Darmtrakt gliedert sich in mehrere Abschnitte, die neben der Verdauung auch der Atmung und der inneren Sekretion dienen. Der Kopfdarm (Mund- und Kiemenhöhle) geht ohne scharfe Grenze in den Vorderdarm mit Speiseröhre und Magen über. Am Magenpförtner beginnt der Mittel- bzw. Dünndarm, der besonders bei Pflanzenfressern lang (bis zu 15facher Körperlänge) und in Schlingen gelegt ist. Meist fehlt eine Grenze zum Enddarm, in der Regel hat der Enddarm einen

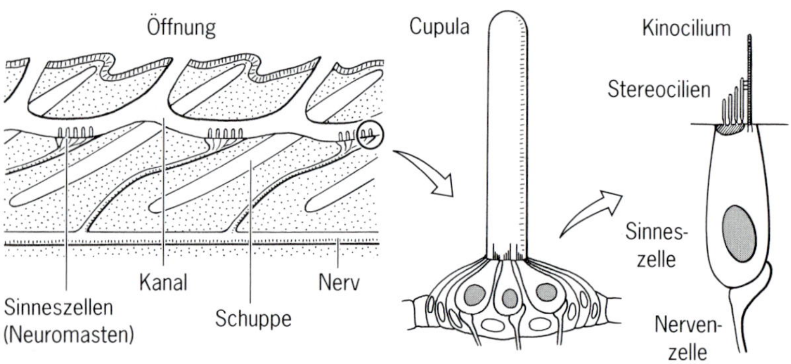

Schematischer Längsschnitt durch den Seitenlinienkanal (stark vereinfacht); Neuromast; Ausschnitt einer Sinneszelle

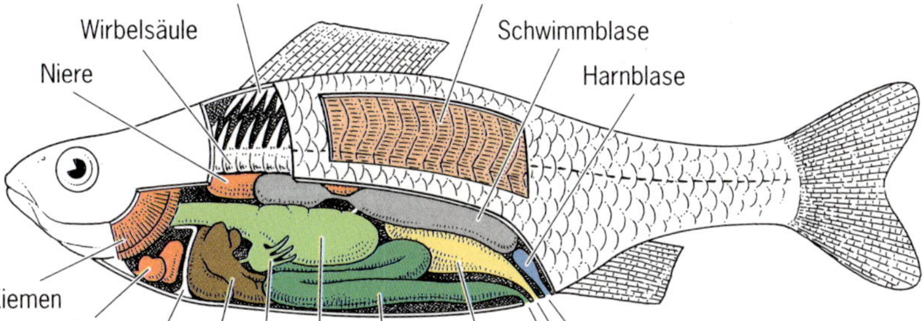

Innerer Aufbau eines Knochenfisches

kleineren Durchmesser als der Dünndarm. Der After liegt annähernd in Körpermitte, kurz vor der Afterflosse.

Weißfische, Schmerlen, Schleimfische, Eierlegende Zahnkärpflinge und zum Teil Grundeln haben keinen Magen. Bei den meisten anderen Knochenfischen ist der Magen U-förmig. Im Magen erfolgt eine Zerkleinerung der Nahrung und die Bereitstellung eines stark sauren Milieus mit Hilfe von Pepsinogen (einer Vorstufe des eiweißspaltenden Enzyms Pepsin) und Salzsäure (HCl).

Die eigentliche Verdauungsarbeit leistet der Dünndarm, der verschiedene Verdauungsenzyme selbst herstellt bzw. aus Leber, Galle und vor allem Bauchspeicheldrüse bezieht. Verdauungsenzyme können aber auch direkt aus der Nahrung entnommen werden (z.B. fettspaltende Lipasen).

Die Leber ist bei den meisten Fischen voluminös und dient vor allem als Fett- und Glykogenspeicher, aber natürlich auch der Gallenproduktion. Auch kann der Gehalt an Vitamin A und D in der Leber sehr hoch sein. Beim gesunden Fisch ist die Leber gleichmäßig braun-rot gefärbt und weist eine glatte Oberfläche auf; Verfärbungen und Flecken deuten oft auf Krankheiten hin. Unter den Süßwasserfischen hat die Quappe die größte Leber.

Der Enddarm ist der kürzeste Teil des Darmtraktes; er mündet meist vor der Harn- und Geschlechtsöffnung. Beim Schlammpeitzger besitzt der Enddarm eine besonders große Zahl von Blutgefäßen, über die Sauerstoff aus geschluckter Luft in den Blutkreislauf abgegeben wird (Darmatmung). Diese Darmatmung wird eingesetzt, wenn im Wasser nicht mehr genügend Sauerstoff vorhanden ist. Dann steigt der Schlammpeitzger an die Wasseroberfläche, schluckt Luft und preßt sie in den Darm. Die verbrauchte Luft wird mit quietschenden Lauten aus dem After ausgeschieden.

Die Schwimmblase

Die Schwimmblase entwickelte sich aus einer primitiven Lunge; sie ist ein primäres Schwebeorgan, das nur bei Knochenfischen vorkommt. Dieses hydrostatische Organ entsteht im Embryo als eine Ausstülpung am Dach des Vorderdarmes, das heißt, sie liegt immer oberhalb des Darmes. Am einfachsten ist die Schwimmblase bei Stören und Lachsartigen ausgebildet, wo ein kurzer und weiter Schwimmblasengang an der Speiseröhre entspringt und eine mäßig große, ungekammerte Blase bildet. Die Schwimmblase der Hechtartigen ist immer noch einfach, besitzt aber eine Gasdrüse. Bei den Karpfenartigen ist sie durch eine Einschnürung in eine vordere und hintere Kammer geteilt. Die langgestreckte Schwimmblase der Heringsartigen öffnet sich mit einem Analporus in Afternähe. Fische, bei denen zeitlebens der Schwimmblasengang offen bleibt, bezeichnet man als Physostomen. Sie können den Druck in der Schwimmblase leicht durch Luftschlucken oder Luftablassen ausgleichen. Im Gegensatz dazu sind Physoclisten jene Fische, deren Schwimmblasengang nur in frühen Entwicklungsstadien durchgängig ist und später rückgebildet wird, so daß keine Verbindung zum Darm mehr besteht (z. B. Barschartige). Im Larvenstadium wird die Schwimmblase durch Luftschnappen gefüllt, danach wird der Verbindungsgang zurückgebildet. Makrelen, Streber, Groppen, Flundern und andere bodenbewohnende Fische besitzen überhaupt keine Schwimmblase; sie verschwindet nach dem Larvenstadium.

Die Schwimmblase arbeitet als hydrostatisches Organ und erlaubt bei wechselnden Wassertiefen den notwendigen Druckausgleich für das Schweben im Wasser; das heißt, ihr Gasgehalt muß regulierbar sein. Je größer die Tiefe ist, in der ein Fisch sich aufhält, desto höhere hydrostatische Drucke lasten auf ihm. Bei 4000 m Wassertiefe (hier treten noch Fische mit Schwimmblase auf) sind es immerhin 400 atm. Es muß also ein entsprechender Gas-Innendruck erzeugt werden, damit die Schwimmblase ihr konstantes Volumen beibehält. Dies geschieht durch Gassekretion aus der Blutbahn in einem spezialisierten Teil der Schwimmblasenwand, der Gasdrüse. Dieses leuchtend rot gefärbte Organ („roter Körper") enthält ein Netz parallel gerichteter arterieller und venöser Kapillaren („Wundernetz"), die nach dem Gegenstromprinzip in entgegengesetzter Richtung durchströmt werden. Die Gasabgabe aus dem Blut in die Schwimmblase wird durch den anaeroben Stoffwechsel in den Epithelzellen der Gasdrüse bewerkstelligt.

Muß das Schwimmblasenvolumen verkleinert werden, kann bei den Physostomen überschüssiges Gas durch den Schwimmblasengang über den Darm entweichen. Bei geschlossenen Schwimmblasen erfolgt die Gasabgabe über das Oval, eine stark durchblutete Seitenkammer, deren Verbindung zur übrigen Schwimmblase über spezielle Muskeln reguliert wird. Auch wenn der Gasaustausch bei Tiefenwechsel relativ schnell vor sich geht, kann man einen in großer Tiefe befindlichen Fisch nicht abrupt an die Wasseroberfläche holen. Es besteht Gefahr, daß die Schwimmblase platzt oder sich so stark ausweitet, daß der Vorderdarm aus dem Maul herausgepreßt wird („Trommelsucht").

Formen der Schwimmblase. 1 einkammerige Schwimmblase (mit Luftgang zum Darm, Hecht); 2 zweikammerige Schwimmblase (mit Luftgang zum Darm, Karpfenfische); 3 geschlossene Schwimmblase (Barsche); 4 einkammerige Schwimmblase (mit Verbindung zum Labyrinth und zum Darm, Wels)

Über die Funktion der Schwimmblase als Resonanzkörper für das Labyrinth war schon die Rede; sie kann auch die Empfänglichkeit für Schallwellen verfeinern (bei Schmerlen). Viele Fische benutzen die Schwimmblase, um Geräusche zu erzeugen (durch Herauspressen von Luft); Aale können ihnen bei Landwanderungen Sauerstoff entnehmen.

Atmungsorgane und Blutkreislauf

Die typischen Atmungsorgane der Fische sind Kiemen. Nur wenige Arten (z. B. Schlammpeitzger, Lungenfische) können atmosphärische Luft atmen oder ihren Sauerstoffbedarf per Hautatmung decken. Knochenfische besitzen in der Regel vier Paar Kiemen. Das durch den Mund eingesaugte Wasser (durch Erweitern der Mundhöhle bei geschlossenen Kiemendeckeln) wird zwischen den Kiemenbögen hindurch wieder nach außen gepreßt und dabei an den Kiemenlamellen vorbeigeführt. Diese dünnwandigen, stark durchbluteten Kiemenlamellen sind die eigentlichen respiratorischen Epithelien. Wasser und Blut strömen dabei in entgegengesetzten Richtungen, was nach dem Gegenstromprinzip einen maximalen Übertritt des im Wasser gelösten Sauerstoffs (ca. 80–90%) ins Blut ermöglicht. Eine große Arterie sammelt das mit Sauerstoff angereicherte Blut und leitet es zu den Muskeln und Organen des Fisches weiter.

Das **Blutgefäßsystem** der Fische ist geschlossen, das heißt, ihr Blut fließt in Adern, die fest mit den Organen in Verbindung stehen. Das Herz besteht aus einer Haupt- und

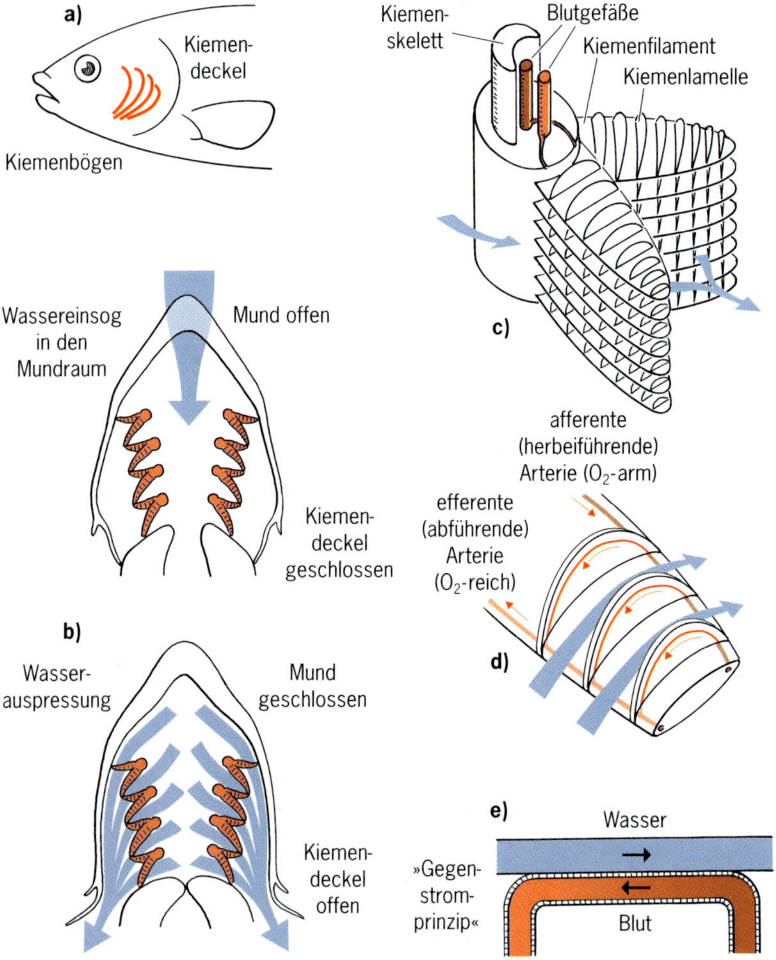

Lage der Kiemen (a); Kiementätigkeit (b); Detail aus dem Aufbau der Kiemenlamellen (c); Gegenstromprinzip zur Sauerstoffaufnahme (d, e) nach WEHNER/GEHRING, Zoologie.

einer Vorkammer und erhält rein venöses (sauerstoffarmes) Blut aus dem Körperkreislauf; das Blut wird in die Kiemen gepumpt und strömt mit Sauerstoff angereichert in den Körperkreislauf zurück. Das Blut der Fische entspricht dem anderer Wirbeltiere.

Osmoregulation und Exkretion

Fische (sowohl Süßwasser- wie Meeresfische) leben in einem äußeren Milieu, das vom inneren Milieu (intrazelluläre Flüssigkeiten, extrazelluläre Flüssigkeiten = Körperflüssigkeiten) stark abweicht. Zwischen intra- und extrazellulärem Milieu bestehen wohl Unterschiede in der Konzentration einzelner Ionen, insgesamt besitzen sie aber die gleiche Gesamtkonzentration oder den gleichen osmotischen Wert. Dieser osmotische Wert im Körperinneren wird gegenüber einem eventuell abweichenden Wert des Außenmediums (bei den Fischen Wasser) aufrechterhalten. Diese Fähigkeit zur **Osmoregulation** war eine der wesentlichen Voraussetzungen dafür, daß Tiere das Süßwasser und das Land besiedeln konnten.

Süßwasserfische sind hyperosmotisch gegenüber ihrer Umgebung, ihr osmotischer Wert ist höher als der des Wassers. Sie müssen mit dem Problem des osmotischen Wassereinstroms und einem Verlust von Salzen fertig werden. Um ihr Innenmedium hyperosmotisch halten zu können, haben sie eine Reihe verschiedener Mechanismen und Möglichkeiten entwickelt. Dem Einstrom von Wasser wird durch eine wenig permeable (durchlässige) Körperhülle entgegengewirkt. Die osmotische Konzentration der Innenmedien ist allgemein niedrig und im Vergleich zu marinen Fischen stark herabgesetzt. Die Harnproduktion kann verstärkt sein, es werden also große Mengen eines stark mit Wasser verdünnten Harns abgegeben. Um den trotzdem stattfindenden Salzverlust zu kompensieren, werden Salze – besonders an

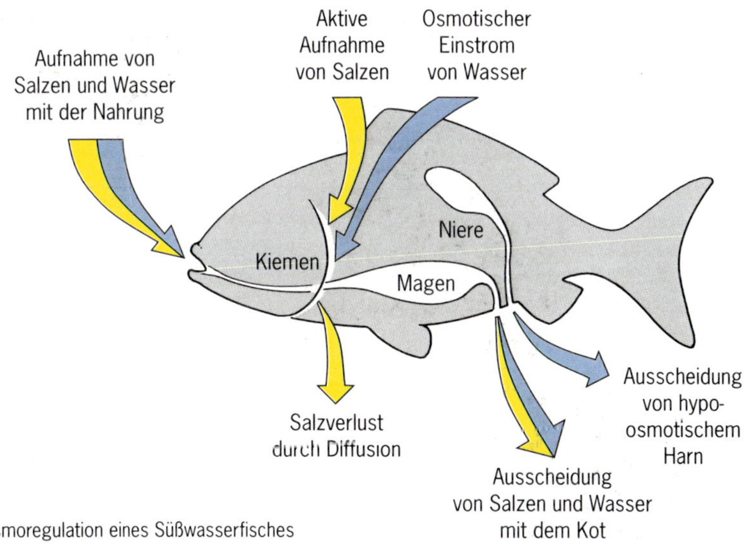

Osmoregulation eines Süßwasserfisches

den Kiemen, aber auch an anderen spezialisierten Stellen – aktiv aus dem Wasser absorbiert.

Beim Stoffwechsel der Tiere fallen Endprodukte an, die das innere Körpermilieu stören können. Solche meist stickstoffhaltigen Endprodukte des Eiweißstoffwechsels müssen unschädlich gemacht oder, besser, entfernt werden. Diese Ausscheidung nutzloser oder gar giftiger Fremdstoffe wird als Exkretion bezeichnet. Primär werden alle solche Exkretstoffe in einer gewissen Menge Wasser gelöst („Primärharn"); funktionell sind daher Exkretion und Wasserhaushalt (und damit Osmoregulation) eng miteinander gekoppelt. Die wichtigsten stickstoffhaltigen Exkretstoffe sind Ammoniak (NH_3, NH_4^+-Ionen), Harnstoff und Harnsäure. Tiere, die häufigem Wassermangel ausgesetzt sind (z.B. Insekten, Reptilien, Vögel), scheiden die wasserunlösliche Harnsäure aus. Harnstoff wird von adulten Amphibien und Säugern ausgeschieden. Fische (aber auch wasserlebende Wirbellose und Amphibienlarven) scheiden das leicht lösliche Ammoniak in Form von NH_4^+-Ionen über Kiemen und Haut aus. Die Niere, das typische Exkretionsorgan der Wirbeltiere, dient den Süßwasserfischen im wesentlichen zur Ausscheidung von Wasser. Eine Spezialfunktion kommt den Nieren der Stichlingsmännchen zu; hier produzieren die Nieren das Sekret, mit dem das Nistmaterial zusammengeklebt wird.

Die Geschlechtsorgane

Die Geschlechtsorgane (Gonaden) der Fische erfüllen zwei Aufgaben: Einmal werden die Keimzellen geliefert, zum anderen werden Sexualhormone bereitgestellt. Hoden und Ovarien liegen paarig seitlich der Schwimmblase zwischen Nierengewebe und Verdauungsorganen. Die **Hoden** der Milchner (Männchen) sind im reifen Zustand milchweiß und können einen größeren Teil der Leibeshöhle einnehmen; meist sind sie schlauchförmig. Neben den Spermien werden auch die Androgene (männliche Sexualhormone) im Hoden produziert. Während die Hoden der Störe noch eine Verbindung mit der Niere aufweisen (man spricht von Urogenitalverbindung), sind bei den Knochenfischen die Samen- und Harnwege völlig getrennt; der Samenleiter mündet in einem separaten Genitalporus nach außen. Die **Ovarien** (Eierstöcke) sind ebenfalls meist paarig und langgestreckt; sie können zum Teil riesige Mengen von Eiern produzieren (bis zu 3 Millionen bei bestimmten Dorschen). Die beiden Eileiter vereinigen sich und münden in einem Genitalporus nach außen. Bei den Salmoniden werden die Eier in die Leibeshöhle ausgestoßen (die Ovarien sind gegen die Leibeshöhle nicht völlig geschlossen); sie werden weiter hinten von einem Genitaltrichter aufgefangen und in einem Genitalporus nach außen geleitet.

System und Zoogeographie

Fische gehören zum Tierstamm der Chordata (Chordatiere), der die Unterstämme *Acrania* (Schädellose), *Tunicata* (Manteltiere) und *Vertebrata* (Wirbeltiere) umfaßt (in verschiedenen Büchern findet man allerdings unterschiedliche Auffassungen über die Unterteilung in Unterstämme, Überklassen und Klassen). Auf den ersten Blick scheinen die rein marinen und wirbellosen Manteltiere und Schädellosen nicht näher mit den Wirbeltieren verwandt zu sein, doch vergleichende Anatomie und Embryologie haben uns eines Besseren belehrt. In der Embryonalentwicklung treten drei wesentliche Grundstrukturen auf, die die Zugehörigkeit zu den Chordatieren manifestieren: 1. Chordatiere besitzen eine Chorda dorsalis (Rückensaite), die bei den Wirbeltieren funktionell durch die Wirbelsäule ersetzt wird. 2. Im vorderen Abschnitt des Darmtraktes werden Kiemenspalten angelegt (sie bleiben bei vielen Chordaten zeitlebens erhalten). 3. Dorsal (auf dem Rücken

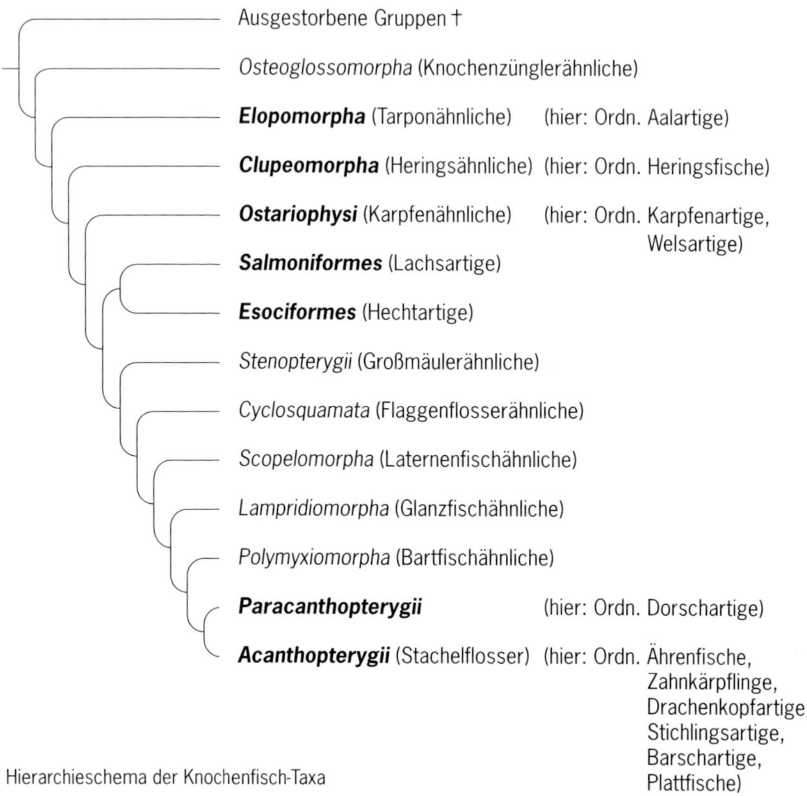

Hierarchieschema der Knochenfisch-Taxa

befindlich), also über der Chorda dorsalis, liegt ein hohler Nervenstrang, aus dessen vorderem Abschnitt sich in den höheren Klassen das Gehirn entwickelte.

Exklusives Merkmal der Wirbeltiere ist die Wirbelsäule; weitere Kennzeichen sind ein mehr oder weniger deutlich abgesetzter Schädel, die Körpergliederung in Kopf, Rumpf, (zum Teil) Schwanz und zwei Paar Extremitäten, hochdifferenzierte Sinnesorgane, die Entwicklung von Nieren, ein geschlossenes Blutgefäßsystem (Blut mit Hämoglobin, Erythrocyten, Leukocyten, Thrombocyten) und paarig angelegte Gonaden.

Die Gruppe der Wirbeltiere gliedert sich in die *Agnatha* (Kieferlose), mit der einzig rezenten Klasse der *Cyclostomata* (Rundmäuler), und die *Gnathostomata* (Kiefertiere), mit allen anderen Klassen (rezent: Knorpelfische, Knochenfische, Amphibien, Reptilien, Vögel und Säugetiere). Der weite Begriff *„Pisces"* (Fische) sollte heute eigentlich nur eingeschränkt verwendet werden, da er nicht die natürlichen Verwandtschaftsverhältnisse widerspiegelt.

In diesem Buch werden die zu den *Cyclostomata* gehörenden Neunaugen und die Klasse der *Osteichthyes* (Knochenfische) behandelt. Nach KAESTNERS „Lehrbuch der Speziellen Zoologie" (bearbeitet von KURT FIEDLER, 1991) werden die Knochenfische in die Unterklassen Quastenflosser, Lungenfische und Strahlenflosser unterteilt. An der Basis der Strahlenflosser stehen die Störartigen mit den Stören, Sterlet und Hausen. Alle anderen in diesem Buch besprochenen Knochenfisch-Arten werden zu den *Teleostei*, den Knochenfischen im engeren Sinne, gerechnet. Oben genanntem Werk ist auch die weitere systematische Untergliederung der in diesem Buch behandelten Fische entnommen:

Klasse Osteichthyes
(Knochenfische im weiteren Sinne)
Unterklasse Actinopterygii
(Strahlenflosser)
Ordnung Acipenseriformes (Störartige)
Störe, Sterlet, Hausen
Subdivision Teleostei
(Knochenfische im engeren Sinne, Echte Knochenfische)
Ordnung Anguilliformes (Aalartige)
Aal
Ordnung Clupeiformes (Heringsfische)
Familie *Clupeidae* (Heringe)
Maifisch, Finte, Dickwanst, Schwarzmeerhering, Kilka
Ordnung Cypriniformes
(Karpfenartige)
Familie *Cyprinidae* (Weißfische)
Rotauge, Plötzen, Pigo, Perlfisch, Moderlieschen, Hasel, Döbel, Strömer, Nerfling, Elritze, Rotfeder, Schied, Schleie, Nase, Lau, Gründling, Steingreßling, Barbe, Forellenbarbe, Schemaja, Laube, Schneider, Güster, Brachsen, Zobel, Zope, Rußnase, Sichling, Bitterling, Karausche, Giebel, Karpfen, Grasfisch
Familie *Balitoridae* (Plattschmerlen)
Schmerle
Familie *Cobitidae* (Schmerlen)
Schlammpeitzger, Steinbeißer
Ordnung Siluriformes (Welsartige)
Familie *Siluridae* (Echte Welse)
Wels, Aristoteles-Wels
Familie *Ictaluridae* (Katzenwelse)
Zwergwels

Ordnung Salmoniformes (Lachsartige)
Familie *Salmonidae* (Lachse)
Bachforelle, Lachs, Huchen, Regenbogenforelle, Ketalachs, Buckellachs, Bachsaibling, Seesaibling
Familie *Thymallidae* (Äschen)
Äsche
Familie *Osmeridae* (Stinte)
Stint
Unterordnung Esocoidei (Hechtähnliche)
Familie *Esocidae* (Hechte)
Hecht
Familie *Umbridae* (Hundsfische)
Hundsfisch
Subdivision Neoteleostei
Ordnung Gadiformes (Dorschartige)
Familie *Gadidae* (Dorsche)
Quappe
Ordnung Atheriniformes (Ährenfische)
Familie *Atherinidae* (Ährenfische)
Kleiner Ährenfisch
Ordnung Cyprinodontiformes (Zahnkärpflinge)
Familie *Cyprinodontidae* (Eierlegende Zahnkarpfen)
Zebrakärpfling, Valencia-Kärpfling
Familie *Poeciliidae* (Lebendgebärende Zahnkarpfen)
Gambusie
Ordnung Gasterosteiformes (Stichlingsartige)
Familie *Gasterosteidae* (Stichlinge)
Dreistachliger Stichling, Zwergstichling
Ordnung Scorpaeniformes (Drachenkopfartige)
Familie *Cottidae* (Groppen)
Groppe
Ordnung Perciformes (Barschartige)
Familie *Centrarchidae* (Sonnenbarsche)
Forellenbarsch, Schwarzbarsch, Sonnenbarsch
Familie *Percidae* (Echte Barsche)
Flußbarsch, Zander, Kaulbarsch, Schrätzer, Streber
Familie *Blenniidae* (Schleimfische)
Süßwasser-Schleimfisch
Ordnung Pleuronectiformes (Plattfische)
Familie *Pleuronectidae* (Schollen)
Flunder

Nahezu 21000 Arten der Echten Knochenfische sind heute weltweit bekannt; das sind etwa 96% aller rezenten Fischarten. Mit etwa 56% der rund 47000 Wirbeltierarten stellen die Knochenfische die arten- und formenreichste Klasse des Tierstammes der Chordatiere. Die meisten Knochenfische leben im Salzwasser, etwa 5000 Arten kommen im Süßwasser vor, davon über 200 in europäischen Gewässern.

Viele Funde älterer Knochenfische sprechen dafür, daß die *Teleostei* aus dem Süßwasser stammen und in mehreren Linien ins Meer gewandert sind. Allerdings wird für einige Gruppen (z. B. Sonnenbarsche) ein mariner Ursprung angenommen.

Die Artenverteilung der rezenten Knochenfische auf die beiden Großlebensräume ergibt 58,8% für das Meer, 41,2% der Arten kommen im Süßwasser vor.

Die zur Paläarktis gehörende europäische Süßwasserfauna ist im Vergleich zu anderen zoogeographischen Regionen (z. B. rund 2800 neotropische Süßwasserfischarten) besonders artenarm. Der Verlauf der Flußsysteme war in der Paläarktis für das eiszeitliche Ausweichen vor der Kälte des Nordens wie für eine nacheiszeitliche Neubesiedelung aus dem mediterranen Raum ungünstig. Daher starben insbesondere in Europa viele Arten der Binnengewässer aus. Für die nacheiszeitliche Wiederbesiedelung der europäischen Binnengewässer hatte vor allem das Pontische Becken mit Schwarzem Meer und Kaspisee sowie den Unterläufen der in sie mündenden Flüsse eine große Bedeutung. Das Stromgebiet der Donau ist somit artenreicher als jenes von Elbe und Rhein.

Die Ausbreitungsmöglichkeiten der Knochenfische werden durch drei wesentliche „Barrieren" beschränkt, die Salinität des Wassers, die Temperatur und die Dynamik eines Gewässers (fließend oder stehend). Abgesehen von wenigen Ausnahmen können primäre Süßwasserfische nicht ins Meer vordringen, Meeresbewohner kommen nicht mit den Bedingungen im Süßwasser zurecht. Daß also ein Süßwasserfisch über das Meer eine Insel oder einen anderen Kontinent erreichen kann, ist praktisch unmöglich. In ihrer Ausbreitungsstrategie sind Fische wohl fast ausschließlich auf passive Ausbreitung über Verschleppung durch andere Tiere (Wasservögel transportieren z. B. Fischlaich) angewiesen. Aber auch durch die absichtliche Einbürgerung durch den Menschen findet eine „Bereicherung" der Faunen statt. So wurden in Kalifornien neben dem ursprünglichen Bestand von 83 Fischarten mindestens 50 Arten aus Nord-, Mittel- und Südamerika, Afrika, Europa und Asien eingebürgert.

Die zahlenmäßig dominierende Fischfamilie der Paläarktis sind die Karpfenfische (*Cyprinidae*, Weißfische), aber auch Schmerlen, Welsartige, Barsche und Hechte sind typische Familien. Als Wanderfische spielen Lachse, Störe und Heringsartige eine erhebliche Rolle; das gleiche gilt für den Aal. Zahlreiche endemische Tierarten finden sich in den großen Seen (vor allem Ohridsee, aber auch Baikalsee). Im Ohridsee kommt die endemische Fischgattung *Pachychilon* (Albanische Plötze), im Baikalsee die endemischen Familien *Comephoridae* (Ölfische) und *Cootocomephoridae* (Baikalgroppen) vor.

Gewässerökologie

Allgemeine Limnologie

Die wissenschaftliche Erforschung der Binnengewässer, ihrer Organismen und deren Wechselwirkungen mit der Umwelt wird als **Limnologie** bezeichnet. Die Limnologie erforscht also die Struktur und Funktion von Süßwasser-Ökosystemen und ist somit eine Teildisziplin der Ökologie. Die Ökologie ist ganz allgemein die Wissenschaft, die sich mit den Wechselbeziehungen befaßt, die die Verbreitung und das Vorkommen der Organismen bestimmen. Organismen können nicht isoliert betrachtet werden; sie stehen in Wechselbeziehungen zu ihrer unbelebten und belebten Umwelt. Sie werden von abiotischen (physikalischen und chemischen) und von biotischen Faktoren (Aktivitäten anderer Organismen) beeinflußt.

Das Wasser (H_2O)

Die Besonderheiten des aquatischen Lebensraumes beruhen auf den einzigartigen Eigenschaften des Wassers, die sich aus der speziellen Molekülstruktur und der Neigung zur Aggregatbildung ableiten lassen.

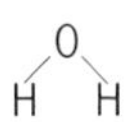

Die beiden Wasserstoffatome (H) bilden mit dem Sauerstoffatom (O) einen Winkel von etwa 105 Grad, woraus der starke Dipolcharakter des Wassermoleküls resultiert. Wassermoleküle bilden somit untereinander Wasserstoffbrücken und aggregieren zu „Schwärmen" von Wassermolekülen, die man auch Cluster nennt. Cluster sind dynamische Gebilde; ständig schließen sich ihnen Wassermoleküle an, während andere sie verlassen; ihre Größe nimmt mit steigender Temperatur ab. Bei 4 °C hat Wasser seine größte Dichte; kühleres und wärmeres Wasser ist leichter und hat einen entsprechenden Auftrieb. Eis hat somit eine relativ geringere Dichte und schwimmt infolgedessen an der Wasseroberfläche. Da das Dichtemaximum nicht bei der tiefsten Temperatur liegt, spricht man auch von Dichteanomalie.

Biologisch sehr wichtig ist die Oberflächenspannung; von reinem Wasser ist sie höher als die jeder anderen Flüssigkeit, mit Ausnahme von Quecksilber. Diese Eigenschaft ermöglicht einer ganzen Lebensgemeinschaft von Organismen, die sich im Grenzbereich von Wasser und Luft aufhalten, ein Leben an oder auf der Wasseroberfläche. Während die Temperaturabhängigkeit der Oberflächenspannung im biologisch wichtigen Spielraum (bis 40 °C) unbedeutend ist, können oberflächenaktive Stoffe (Tenside, Huminstoffe, Algensekrete) die Oberflächenspannung stark herabsetzen.

Physikalische und chemische Verhältnisse im Gewässer

Strahlung

Das Strahlungsklima ist ein weiterer, entscheidender physikalischer Faktor im Gewässer. Direkte Sonnenstrahlung und diffuse Himmelsstrahlung erreichen die Erdoberfläche als sogenannte Globalstrahlung. Die sehr kurzwellige (300–380 nm) UV-Strahlung hat eine schädliche Wirkung auf Organismen; die sichtbare Strahlung (380–750 nm) wird für die Photosynthese der Pflanzen genutzt;

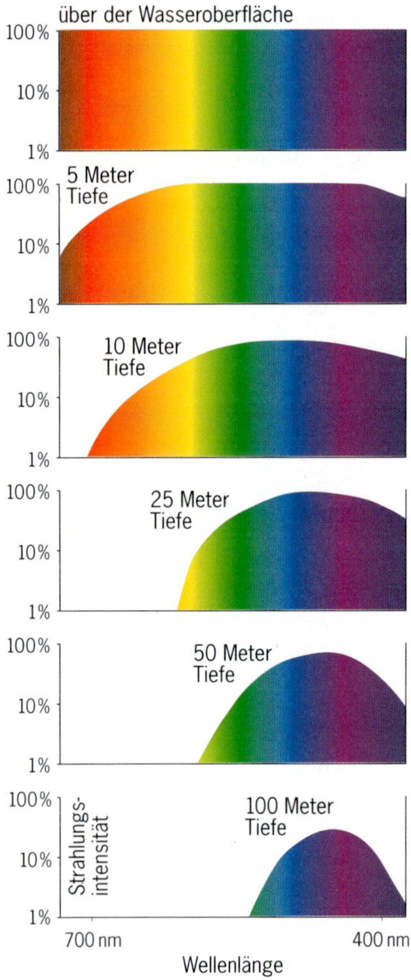

Das ins Wasser eindringende Licht wird zerstreut und absorbiert. Rotes Licht wird am stärksten absorbiert, blaue Strahlung dringt bis in große Tiefen vor.

die ultrarote Strahlung (750–3000 nm) bewirkt durch Absorption die Erwärmung der obersten Wasserschichten. Das auf die Gewässeroberfläche auftreffende Licht wird reflektiert, absorbiert und zerstreut. Der Anteil der reflektierten Strahlung hängt vom Sonnenstand (Einfallswinkel) ab und ist daher tages- und jahreszeitlich verschieden. Die ins Wasser eindringende Strahlung wird gestreut und absorbiert, das heißt meist in Wärme umgewandelt. In sehr sauberem Wasser wird die rotwellige Strahlung am meisten absorbiert, Blau hat die größte Transmission (der durch die Wasserschicht hindurchgehende Strahlungsbetrag), so daß reines Wasser blau erscheint. In natürlichen Gewässern hängt die Transmission auch von den im Wasser gelösten Substanzen und suspendierten Partikeln (mineralische, pflanzliche und andere organische Schwebstoffe) ab. Gewässer mit geringer organischer Produktion erscheinen daher blau. Sind viele Algen im Wasser, verschiebt sich das Absorptionsmaximum in den längerwelligen Bereich. Das Wasser erscheint dann grün oder gar braun bzw. gelb, wenn viele Huminstoffe vorhanden sind.

Temperatur

An der Oberfläche wird der größte Teil der in ein Gewässer eindringenden Strahlung in Wärme umgewandelt; die langwellige Strahlung ist dabei besonders wirksam. Die Verteilung der Wärme in tiefere Wasserschichten erfolgt wegen der geringen Wärmeleitfähigkeit des Wassers fast ausschließlich durch Verfrachtung erwärmter Wasserkörper. In einem See ist der Wind der Motor dieser Bewegung. Er erzeugt an der Wasseroberfläche Turbulenzen und Strömungen, die mit zunehmender Tiefe allerdings schnell abnehmen. Je höher die Temperatur des Oberflächenwassers ist, desto weniger tief kann der Wind das warme Wasser untermischen. Im Sommer ergibt sich so das typische Temperaturprofil eines geschichteten Sees: Die warme Oberflächenschicht (Epilimnion) ist durch die Sprungschicht (Metalimnion) von der kalten Tiefenschicht (Hypolimnion) getrennt. Die Sprungschicht bezeichnet den Bereich der größten Änderung der Temperatur mit der Tiefe. Diesen Zustand der stabilen thermischen Schichtung im See nennt man Sommerstagnation. Im Herbst kann der Wind das Wasser bei zunehmender Abkühlung wieder tiefer unterpflügen; die thermische Schichtung wird aufgehoben, und die gesamte Wassermasse des Sees wird von der Zirkulation erfaßt (Herbstzirkulation), bis der See von oben bis unten die gleiche Temperatur hat (er ist homotherm).

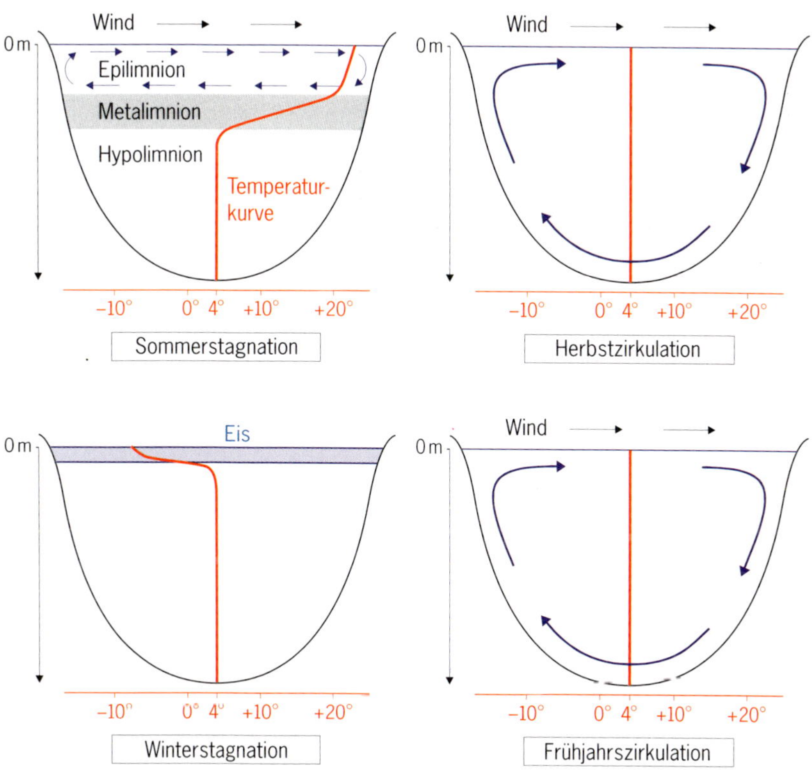

Schema von Stagnation und Zirkulation in einem See

Bei weiterer Abkühlung im Winter kann der See zufrieren; im Zustand der Winterstagnation befindet sich unter dem Eis das wärmere (ca. 4 °C) Tiefenwasser. Nach Abschmelzen der Eisdecke kommt es im Laufe der Frühjahrszirkulation zur erneuten Homothermie, der sich der langsame Aufbau der thermischen Sommerschichtung anschließt. Seen mit diesem zweimaligen Wechsel von Zirkulation und Stagnation pro Jahr sind dimiktisch und holomiktisch, wenn wenigstens eine Zirkulation den gesamten Wasserkörper bis zum Grunde erfaßt.

Fließgewässer unterscheiden sich durch den Faktor Strömung fundamental von Seen. Da fließendes Wasser ständig gemischt wird, gibt es keinen vertikalen thermischen Gradienten; entlang der Fließstrecke zeigt sich aber ein charakteristischer Temperaturverlauf. Die Austrittstemperatur von Quellen ist sehr konstant; flußabwärts gleicht sich die Temperatur immer mehr der mittleren Lufttemperatur an. Im Sommer nimmt die Temperatur von der Quelle bis zur Mündung zu, im Winter ab.

Gase

Aufgrund seiner Molekülstruktur ist Wasser ein gutes Lösungsmittel für Gase und Ionen, die im Stoffwechsel der Organismen eine wichtige Rolle spielen. Die wichtigsten im Wasser gelösten Gase stammen aus der Luft (Atmosphäre) oder aus dem Stoffwechsel der Organismen (siehe Tabelle unten).

Zwischen dem Wasser und einem angrenzenden Gas bildet sich ein Lösungsgleichgewicht. Mit zunehmender Temperatur und abnehmendem Gasdruck verringert sich die Löslichkeit eines Gases im Wasser; es gilt das Henrysche Gesetz:

$$C_s = K_s \cdot P_t$$

C_s = die unter bestimmten Bedingungen (s) gelöste Gasmenge (Sättigungskonzentration)
K_s = der Löslichkeitskoeffizient für diese Bedingungen
P_t = der Partialdruck des Gases
Bei einem Druck von 1013 hPa (Normaldruck) lösen sich im Wasser folgende Gasmengen (in mg/l):

	10 °C	**30 °C**
O_2	54	36
N_2	23	16
CO_2	2320	1260

Kohlendioxid hat also die größte Löslichkeit; sie nimmt allerdings bei einer Temperaturerhöhung von 10 °C auf 30 °C fast um die Hälfte ab.

Gas	**chem. Formel**	**Herkunft**	
Sauerstoff	O_2	Atmosphäre	Photosynthese
Stickstoff	N_2	Atmosphäre	bakterielle Aktivität
Kohlendioxid	CO_2	Atmosphäre	Atmung
Schwefelwasserstoff	H_2S	Stoffwechsel	bakterielle Aktivität
Methan	CH_4	Stoffwechsel	bakterielle Aktivität

Die spezifischen Lösungsbedingungen der Gase im Wasser sind für die Atmung der Wassertiere von großer Bedeutung. So sinkt mit höherer Temperatur der Sauerstoffgehalt des Wassers, während gleichzeitig der Bedarf der Tiere steigt. Dies erklärt z. B. auch, warum die Aufheizung der Gewässer durch das Kühlwasser von Kernkraftwerken für die Organismen gefährlich werden kann. Am Grunde eines tiefen Sees herrscht ein hoher Druck, deshalb kann sich dort auch mehr Gas lösen als an der Oberfläche. Ein Unterschied besteht auch zwischen Tieflandseen und Alpenseen, da mit der Höhe über dem Meeresspiegel der Luftdruck und damit der Partialdruck der Gase abnimmt. Die gleiche Gasmenge, die auf Meereshöhe 100% Sättigung entspricht, würde in einem 2500 m hoch gelegenen Alpensee 135% entsprechen.

Durch die Photosynthese pflanzlicher Organismen werden bedeutende Mengen Sauerstoff produziert. So können in der pflanzenbewachsenen Uferzone von Seen tagsüber Sauerstoffübersättigungen auftreten, während es nachts zu Sauerstoffdefiziten kommen kann. Am Gewässergrund eines Sees spielen sich fast ausschließlich sauerstoffzehrende Vorgänge ab; der mikrobielle Abbau organischer Tier- und Pflanzenreste spielt hier eine große Rolle.

Da die Photosynthese vom Licht abhängig ist, sind sowohl der physikalische als auch der biologische Sauerstoffeintrag auf die oberflächennahen Wasserschichten beschränkt. In einem See ergibt sich somit als vertikale Gliederung eine durchlichtete <u>trophogene</u> Zone, in der überwiegend Sauerstoff produziert und organische Substanz aufgebaut wird, und die <u>tropholytische</u> Zone, in der Sauerstoffzehrung durch Abbau von organischer Substanz stattfindet. Dabei deckt sich die trophogene Zone weitgehend mit dem Epilimnion, die tropholytische Zone mit dem Hypolimnion. Ähnlich wie bei der Temperaturverteilung wird der gesamte Wasserkörper zur Zeit der Vollzirkulation mit Sauerstoff versorgt; das Hypolimnion ist vom Austausch ausgeschlossen.

In Fließgewässern sind die Sauerstoffverhältnisse von den gleichen Faktoren abhängig wie in Seen. Fließgewässer mit rascher Wasserbewegung und geringer Wassertiefe besitzen eine günstigere Sauerstoffbilanz als stehende Gewässer. Auch hier verschlechtert die Zufuhr organischer Stoffe die Sauerstoffbilanz. In großen, phytoplanktonreichen Flüssen spielt die biogene Sauerstoffproduktion eine bedeutende Rolle für die Selbstreinigung. Stabile vertikale Sauerstoffschichtungen treten allerdings auch in größeren Strömen nie auf.

Kohlendioxid (CO_2) nimmt unter den gelösten Gasen eine Sonderstellung ein. Es folgt nicht dem Henryschen Gesetz, da sich normalerweise viel mehr CO_2 im Wasser lösen kann, als erwartet wird. Der Grund dafür ist, daß CO_2 im Wasser nicht als freies Gas vorliegt, sondern zu einem geringen Prozentsatz zu Kohlensäure hydratisiert:

$$H_2O + CO_2 \rightleftarrows H_2CO_3$$

Die Kohlensäure dissoziiert unter Protonenabgabe (H^+) weiter:

$$H_2CO_3 \rightleftarrows HCO_3^- + H^+$$
$$HCO_3^- \rightleftarrows CO_3^{2-} + H^+$$

Dieser Dissoziationszustand zwischen CO_2, Hydrogencarbonat (HCO_3^-) und Carbonat (CO_3^{2-}) ist vom pH-Wert (siehe S. 39) abhängig. Bei niedrigen pH-Werten (pH 4) ist überwiegend CO_2 vorhanden, bei hohen (alkalischen) pH-Werten (pH 11) liegt überwiegend CO_3^{2-} vor.

In den meisten natürlichen Gewässern kann sich die Kohlensäure mit Erdalkali- oder Alkalimetallen zu schwerlöslichen Salzen verbinden. Dadurch wird sie dem Gleichgewicht entzogen, und neues CO_2 kann ins Wasser nachdiffundieren. Das Calciumion spielt dabei eine besonders wichtige Rolle (Kalk-Kohlensäure-Gleichgewicht):

$$\underset{\substack{\text{Calciumhydrogencarbonat}\\ \text{(leichtlöslich)}}}{Ca(HCO_3)_2} \rightleftarrows \underset{\substack{\text{Calciumcarbonat}\\ \text{(schwerlöslich)}}}{CaCO_3} + \underset{\text{Kohlensäure}}{H_2CO_3}$$

Wird diesem Gleichgewicht durch biologische Aktivität Kohlensäure entzogen, so wandelt sich Hydrogencarbonat in Carbonat um, das ausfällt, weil es sehr schlecht löslich ist. In kalkreichen Seen können submerse Wasserpflanzen mit Kalkkrusten überzogen sein, da sie bei starker Photosynthese dem Wasser das CO_2 entziehen, so daß sich das unlösliche Calciumcarbonat auf den Blättern ablagert. In einem solchen Fall spricht man von **biogener Entkalkung**.

Mit Kalk überkrustete Armleuchteralgen *(Chara)*

Wasser mit hohem CO_2-Gehalt ist „aggressiv" und kann weiteren Kalk lösen. Besonders Niederschlagswasser, das dickere Bodenschichten durchsickert hat, ist reich an dieser „aggressiven" Kohlensäure.

Calcium und Carbonat (bzw. Hydrogencarbonat) sind die vorherrschenden Ionen im Süßwasser. Der Kalkgehalt des Wassers wird als **Wasserhärte** in deutschen Härtegraden angegeben. 1 °dH entspricht 10 mg CaO/l, das sind 18 mg/l $CaCO_3$ = 24,3 mg $CaSO_4$ = 7,1 mg MgO = 15 mg $MgCO_3$. Wasser von 20 °dH ist hart, Wasser unter 10 °dH bezeichnet man als weich; bei Werten über 30 °dH ist es als Trinkwasser unbrauchbar.

Gelöste Feststoffe

Wasser ist ein ausgezeichnetes Lösungsmittel und enthält neben Sauerstoff und Kohlenstoff zahlreiche gelöste Feststoffe. Während im Wasser gelöstes Stickstoffgas nur eine geringe Bedeutung im Stoffhaushalt der Gewässer besitzt, kommen viele anorganische und organische Stickstoff-Verbindungen vor; die wichtigsten sind Nitrat und Ammonium. Eingetragen durch oberirdische Zuflüsse, Grundwasser und Niederschläge, können sie von den photoautotrophen Organismen verwertet werden. In sehr produktiven Seen kann das Nitrat in der Optimaltiefe der Photosynthese (0–6 m) die Rolle des Minimumfaktors einnehmen. Mit der Tiefe nimmt die Nitratkonzentration dann stark zu, auch der Ammoniumgehalt steigt ab 7 m kontinuierlich mit der Tiefe.

Phosphor tritt im Gewässer fast nur in der Form des anorganischen Orthophosphats (PO_4^{3-}) auf. Im natürlichen Gewässer ist Phosphor als essentieller Nährstoff für die Primärproduzenten viel öfter der limitierende Faktor als der Stickstoff. Dies liegt daran, daß das Orthophosphation mit einigen Kationen (Ca^{2+}, Fe^{3+}, Al^{3+}) sehr niedrige Löslichkeitsprodukte hat und damit ausgefällt wird. Außerdem neigt es zur Adsorption an Tonmineralien, so daß nur wenig Phosphat in die Gewässer eingeschwemmt wird. Überdüngte, landwirtschaftlich genutzte Böden und durch Abwässer sowie Detergentien belastete Zuflüsse erhöhen allerdings die Phosphatfracht in die Gewässer, vor allem in Seen. Es kommt zur **Eutrophierung**, also einer Zunahme des Nährstoffgehaltes (Trophiegrades) eines Gewässers, und damit verbunden zu einem vermehrten Pflanzenwachstum.

Anorganische Verbindungen des Schwefels treten im Gewässer überwiegend als Sulfat auf. In dieser Form kann Schwefel von den photoautotrophen Organismen aufgenommen werden. Eine bedeutsamere Rolle im Schwefelkreislauf spielen allerdings die Mikroorganismen. Bei der mikrobiellen Zersetzung organischer Reste entsteht Schwefelwasserstoff (H_2S), den Schwefelbakterien und Thiobakterien zu Schwefel oxidieren können (Sulfurikation). Diese Prozesse spielen sich nur an der Grenze des Vorkommens von H_2S und O_2 ab. Umgekehrt reduzieren anaerobe Bakterien (Sulfatatmer) Sulfat zu Schwefelwasserstoff (Desulfurikation).

pH-Wert

Der pH-Wert ist ein Maß für den Gehalt einer wäßrigen Lösung an Wasserstoffionen. „pH“ läßt sich aus dem Französischen „puissance d'Hydrogène“ (Kraft des Wasserstoffs) ableiten.

Wassermoleküle zerfallen zu einem sehr geringen Anteil in positiv elektrisch geladene Wasserstoffionen (H^+) und negativ geladene Hydroxylionen (OH^-). Man bezeichnet diesen Vorgang, der auch in umgekehrter Richtung verlaufen kann, als Dissoziation.

$$H_2O \rightleftarrows H^+ + OH^-$$

Bei 18 °C liegen in einem Liter destillierten Wassers ungefähr 18×10^{-7} g Wasser dissoziiert vor; davon entfallen 17×10^{-7} g auf die OH^--Ionen und 1×10^{-7} g auf die H^+-Ionen. Statt dieser unbequemen Zahl gibt man den pH-Wert als negativen Logarithmus der Wasserstoffionen-Konzentration an. Neutra-

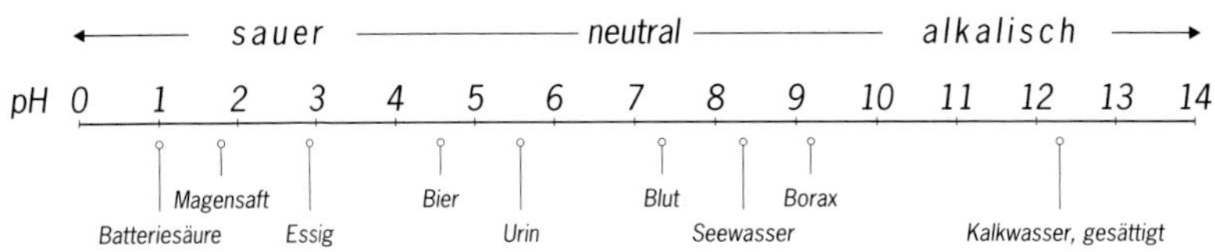

pH-Werte-Skala

les Wasser hat somit den pH-Wert 7, in einer sauren Lösung ist er kleiner als 7, in alkalischer Lösung größer als 7.

Auch wenn die ökologische Bedeutung der Wasserstoffionen-Konzentration unterschiedlich beurteilt wird, bleibt trotzdem die Tatsache bestehen, daß die Verteilung vieler Organismen im Freiland eng mit dem pH-Wert des Wassers verknüpft ist. Es gibt Grenzwerte, bei denen eine Toxizität für Fische und andere Organismen erreicht ist.

In diesem Zusammenhang ist nach wie vor die Problematik der **Gewässer-Versauerung** akut. Der „Saure Regen" führt in vielen Gewässern zu erniedrigten pH-Werten. Während früher der pH-Wert von Regenwasser bei ca. 5,6 lag, sind heute in weiten Bereichen Europas pH-Werte des Niederschlages unter 4,7 keine Seltenheit. Die Ursache davon sind Schwefeldioxid (SO_2) und Stickoxide (NO_x), die aus der Verbrennung fossiler Energieträger stammen und durch Photooxidation zu Schwefelsäure (H_2SO_4) und Salpetersäure (HNO_3) umgewandelt werden. Gewässer in Gebieten mit kristallinem Untergrund (Granit, Gneis) besitzen eine schlechte Pufferkapazität. Eine Neutralisation des „Sauren Regens" ist hier nur in geringem Maße möglich, und es kommt in vielen Bächen, Flüssen und Seen zu pH-Wert-Abnahmen bis unter einen Wert von 4,5. Niedrige pH-Werte bewirken eine erhöhte Löslichkeit von Metallionen, z.B. Aluminium-Ionen; gelöstes Al^{3+} wirkt auf viele Organismen direkt giftig. Außerdem führt die zunehmende Mobilisierung von Aluminium zur Fällung von Phosphat und Humusstoffen, was besonders bei Seen zu einer hohen Transparenz führt. Die in Schweden praktizierte Kalkung von Seen aus der Luft kann nur kurzfristig angewendet werden; sie stellt einen krassen Eingriff in das Ökosystem mit vielen negativen Nebeneffekten dar. Langfristig kann die Sanierung versauerter Seen nur über eine Verminderung der verursachenden Emissionen aus Industrie, Autos und Heizungen erfolgen.

Leitfähigkeit

Wasser besitzt eine hohe Dielektrizitätskonstante, das heißt, reines Wasser ist ein schlechter Leiter für den elektrischen Strom. Alle natürlichen Oberflächengewässer enthalten gelöste Salze, die in Form ihrer Ionen den elektrischen Strom leiten können. Die elektrische Leitfähigkeit von Wasser ist u.a. von der Temperatur des Wassers und von der Konzentration der einzelnen Elektrolyte abhängig. Mit der Messung der elektrischen Leitfähigkeit kann man bei Gewässern gleicher Herkunft Änderungen im Gehalt an gelösten Stoffen feststellen, wenn diese Messungen in bestimmten zeitlichen Abständen wiederholt werden.

Die Maßeinheit für diese elektrische Leitfähigkeit ist „Siemens", wobei diese Einheit meist viel zu groß ist und man daher den Meßwert Mikrosiemens verwendet. 1 Mikrosiemens (µS) entspricht 0,000001 Siemens = 10^{-6} Siemens. Einige Vergleichswerte können folgender Tabelle entnommen werden.

Gewässer	µS
Regenwasser	5–30
süßes Grundwasser	30–2000
Königssee (oligotroph)	117–174
Bodensee (eutroph)	242–313
Untere Isar	370–530
Meerwasser	45000–55000

Stoffhaushalt der Gewässer

Die eigentlichen Akteure im Stoffhaushalt der Gewässer sind die Organismen, die Stoffe aufnehmen, zur Energiegewinnung umwandeln und nicht benötigte Stoffwechselprodukte ausscheiden. Organismen können von anderen Organismen „genutzt" werden bzw. unterliegen schließlich einem mikrobiellen und chemischen Abbau. Der Stoffhaushalt ist die Summe des Stoff- und Energieumsatzes in einem Ökosystem.

Die Organismen eines Gewässers stehen untereinander und mit den abiotischen Faktoren in enger gegenseitiger Beziehung. Die Wechselbeziehungen in Ökosystemen entsprechen im Idealfall einem biologischen Gleichgewicht. Die Produzenten bauen aus im Wasser gelösten, anorganischen Verbindungen mit Hilfe des Sonnenlichts organische Substanz auf. Die photoautotrophen Produzenten werden von den Konsumenten als Nahrung genutzt, das heißt, die Konsumenten gewinnen durch Umbau organischer Materie ihre Energie. Die Stoffwechselendprodukte werden durch die Destruenten mineralisiert und die freigesetzten anorganischen Bestandteile erneut für Syntheseprozesse verwendet.

Primärproduktion

Die Primärproduktion beruht auf der **Photosynthese**, bei der Strahlungsenergie chemisch gebunden wird; mit Hilfe von Lichtenergie wird Kohlendioxid (CO_2) zu energiereicheren Kohlenhydraten umgewandelt.

$$nCO_2 + 2n\,H_2O \rightarrow (CH_2O)n + nH_2O + O_2$$

Die Intensität der Primärproduktion wird als Trophie bezeichnet. Sie hängt von der eingestrahlten Energie (Lichtintensität), der Kohlenstoffversorgung, dem Angebot an Nährstoffen und Spurenelementen, der Biomasse und dem Umsatz an aktiven Primärproduzenten ab. Auch Temperatur und Wasserversorgung spielen eine Rolle; das heißt, die Primärproduktion ist natürlich jahreszeitlichen Schwankungen unterworfen. Das photosynthetisch wirksame Licht reicht nur bis zu einer gewissen Gewässertiefe; unterhalb dieser „Kompensationsebene" ist keine Primärproduktion möglich. Die Wasserschicht oberhalb dieser Kompensationsebene wird als trophogene Zone der tropholytischen Zone (ohne photoautotrophe Produktion) gegenübergestellt. Die Ermittlung der Sichttiefe (z. B. mit einer weißen Scheibe von 30 cm Durchmesser, „Secchi-Scheibe") gibt einen groben Hinweis über die Lichtdurchlässigkeit eines Gewässers. So sind z. B. kleine und flache Seen meistens produktiver als große und tiefe Seen. Dies hängt vom Verhältnis des Seevolumens zum Einzugsgebiet ab. Seen, die im Verhältnis zu ihrem Einzugsgebiet klein sind, werden mehr mit Nährstoffen (durch Erosion) belastet. Mehr Nährstoffe führen zu höherer Produktivität des Phytoplanktons, es kann zur **Eutrophierung** kommen. Den nährstoffreichen, eutrophen Seen werden die nährstoffarmen, oligotrophen Seen gegenübergestellt; sie zeichnen sich durch geringe Produktivität und klares Wasser aus.

Die Hauptursache der Eutrophierung unserer Gewässer besteht heute überwiegend in der zunehmenden Fracht von Nährstoffen, insbesondere Phosphor. In erster Linie beruht die anthropogen bedingte Zunahme der Nährstoffeinträge auf einer Erhöhung der Abwasserfrachten, der Einführung phosphathaltiger Waschmittel, der Zunahme der Düngung in der Landwirtschaft und einer zunehmenden Erosion im Einzugsgebiet. Aber auch die zunehmende Belastung der Atmosphäre mit Stickstoffoxiden spielt eine steigende Rolle. Folgeerscheinungen einer fortschreitenden Eutrophierung führen zu Algenblüten, Sauerstoffschwund, Auftreten von Schwefelwasserstoff und Ammonium, Methanbildung und Anreicherung organischer Stoffe im Sediment, was schließlich zu einer Elimination der Bodenfauna und zum Fischsterben führt. Als Trinkwasserreservoir sind solche Gewässer ungeeignet.

Sekundärproduktion

Im Gegensatz zur Primärproduktion der autotrophen Organismen wird durch die Sekundärproduktion (Konsumation) der heterotrophen Organismen organische Substanz nicht aufgebaut, sondern nur umgebaut. Die von den heterotrophen Organismen aufgenommene organische Substanz wird zum Teil im Stoffwechsel verbraucht, der Rest wird zu körpereigener Substanz umgebaut. Die tierische Konsumentenkette besteht aus pflanzenfressenden Primärkonsumenten und aus von tierischer Substanz lebenden Sekundärkonsumenten. Allerdings ist eine scharfe Trennung nicht immer möglich, gibt es doch Konsumenten, die sich sowohl von pflanzlichen als auch tierischen Organismen ernähren (Omnivore).

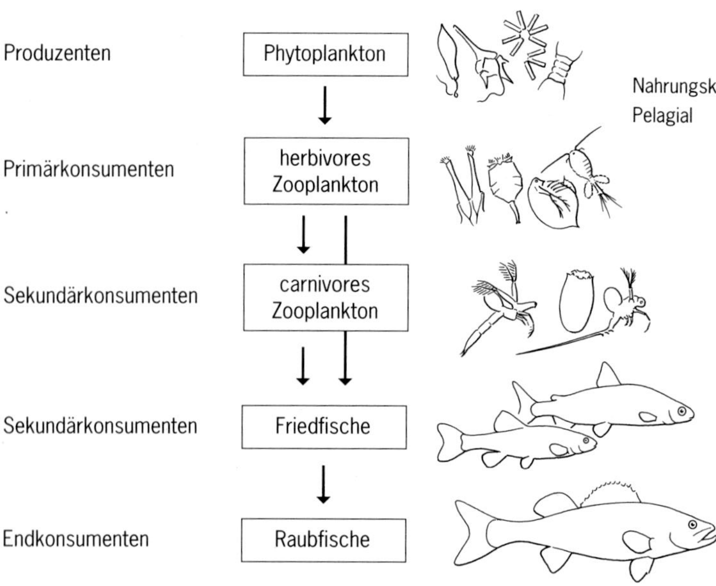

Nahrungskette im Pelagial

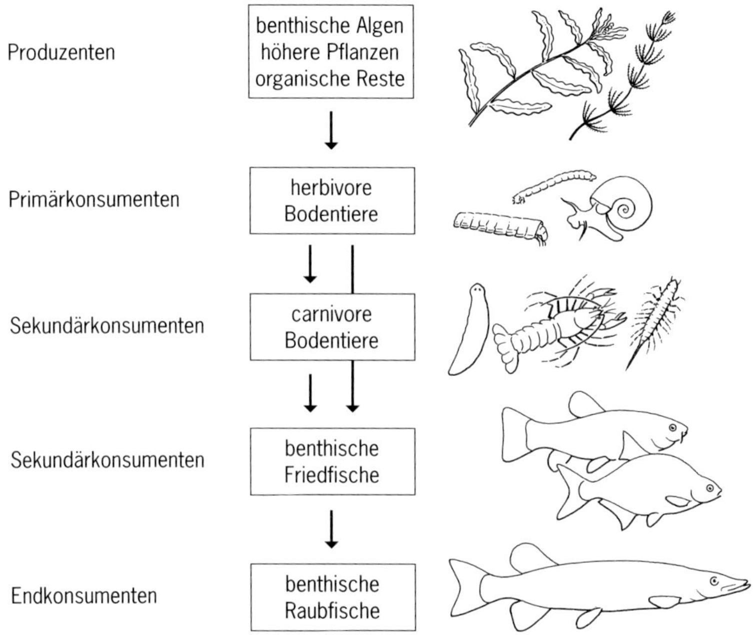

Nahrungskette im Benthal

„Fressen" und „Gefressenwerden" sind die wichtigsten Interaktionen innerhalb der Lebensgemeinschaften der Konsumenten. In einem stark vereinfachten Modell lassen sich die Beziehungen der Organismen in einer **Nahrungskette** darstellen. In der pelagischen (Freiwasserzone) Konsumentenkette eines Sees stellt das Phytoplankton die Produzenten; es folgen die herbivoren Zooplanktonarten (Primärkonsumenten), die carnivoren („fleischfressenden") Zooplanktonarten, die Friedfische (beides Sekundärkonsumenten) und die Raubfische (Endkonsumenten).

Die benthische (Bodenzone) Konsumentenkette ist für stehende Gewässer und alle Fließgewässer typisch. Benthische Algen, höhere Pflanzen oder organische Reste im Sediment stellen hier die Produzenten, gefolgt von den herbivoren Bodentieren (Insektenlarven, Schnecken usw.) als Primärkonsumenten, den carnivoren Bodentieren (Insektenlarven, Milben, Strudelwürmer; Sekundärkonsumenten), den benthisch lebenden Fischen (Sekundärkonsumenten) und den benthisch lebenden Raubfischen (Endkonsumenten).

In beiden Nahrungsketten übernehmen die Bakterien die Rolle der Destruenten, das heißt, sie zerstören die tote organische Substanz; es kommt zum Prozeß der Remineralisierung.

Selbstverständlich sind nicht alle Nahrungsketten im Gewässer streng benthisch oder streng pelagisch; sie sind insofern miteinander verzahnt, als die benthische Fauna überwiegend vom organischen Material lebt, das im Pelagial produziert wurde.

Solch stark vereinfachte Nahrungsketten treffen allenfalls für extrem artenarme Lebensräume zu. In komplexeren Ökosystemen sind weit mehr Organismen am Aufbau einer „Nahrungskette" beteiligt, so daß es zu einem mehr oder weniger komplizierten **Nahrungsnetz** kommt.

Gewässertypen und ihre Lebensgemeinschaften

Die Einteilung von Gewässern kann nach verschiedenen Gesichtspunkten erfolgen: Tiefe, Größe, natürliche und künstliche Gewässer, stehende und fließende Gewässer. Oft ist eine scharfe Trennung zwischen den beiden grundsätzlichen Typen „Fließgewässer" und „Stillgewässer" nicht immer möglich: Ein See kann durchaus einen gewissen „Durchfluß" haben; seine Haupteigenschaft liegt allerdings in einer längeren Speicherung des Wasserkörpers.

Stehende Gewässer

Tümpel sind kleinere stehende Gewässer, die nur kurzzeitig oder zumindest nicht dauerhaft bestehen. Nicht austrocknende Dauergewässer mit geringer Tiefe werden Teiche oder Weiher genannt; ihr Untergrund wird von Wasserpflanzen besiedelt. Weiher sind natürlich entstanden, Teiche wurden vom Menschen angelegt. Diese Unterscheidung ist allerdings nicht immer schlüssig oder konsequent, wie schon der Begriff „Fischweiher" ausdrückt. Dauergewässer mit größerer Tiefe werden als See bezeichnet; sie besitzen meist eine mehr oder weniger lichtlose Tiefenzone, die nicht mehr von grünen Wasserpflanzen besiedelt werden kann. Moore entstehen häufig bei der Verlandung von Seen.

Seen

Seen sind ausgeprägt dreidimensionale Wasserkörper, die durch ihre Tiefenausdehnung charakterisiert sind. Die Tiefenzone wird von der Sonnenstrahlung nicht mehr erreicht und erlaubt somit keine Besiedelung durch Wasserpflanzen. Das Ökosystem „See" bildet funktionell eine Einheit, obwohl sich seine Lebensräume in vieler Hinsicht unterscheiden. Jeweils besondere Lebensformen besiedeln die Grenzzone zwischen Wasser und Luft (Pleustal), das freie Wasser (Pelagial) und die Bodenzone (Benthal).

Die typische Lebensgemeinschaft des Pelagials ist das **Plankton**, Organismen von meist geringer Körpergröße und geringer Eigenbewegung. Sie schweben frei im Wasser und werden von Wasserströmungen mehr oder weniger passiv verdriftet. Zum Phytoplankton zählt man Bakterien (Cyanobakterien) und ein- bis vielzellige Algen. Das Zooplankton besteht vorwiegend aus Wasserflöhen, Ruderfußkrebsen und Rädertieren. Sowohl Phytoplankter wie auch Zooplankter weisen mehr oder weniger lange Schwebe-

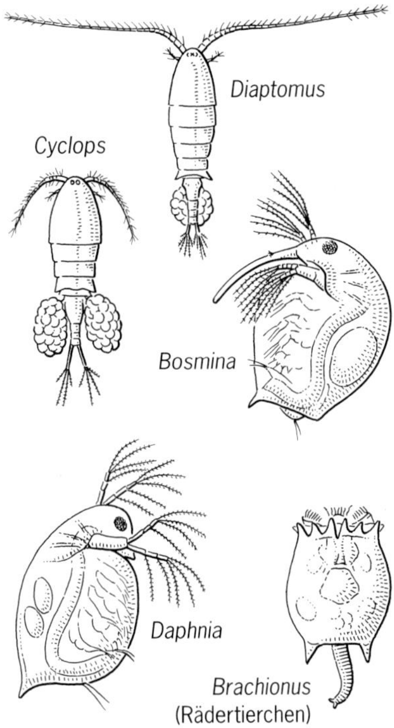

Organismen des Zooplanktons

fortsätze auf, die den Formwiderstand erhöhen und damit die Sinkgeschwindigkeit verringern.

Das Plankton ist in einem See horizontal und vertikal nicht gleich verteilt. Horizontale Verteilungsunterschiede kommen vor allem in größeren Seen vor und sind durch unterschiedliche Entwicklungsrhythmen des Planktons in verschiedenen Teilen des Sees bedingt oder werden durch windbedingte Wasserströmungen im Epilimnion verursacht. Lichtabhängige Vertikalwanderungen sind für viele Zooplanktonarten typisch. Mit abnehmendem Tageslicht wandern sie in Richtung Wasseroberfläche, nachts sinken sie etwas ab, in der Morgendämmerung wandern sie erneut etwas nach oben. Mit zunehmender Tageshelligkeit begeben sie sich wieder in tiefere Wasserschichten. Die biologische Bedeutung der Vertikalwanderung ist noch nicht befriedigend geklärt. Möglicherweise ist sie mit der Verteilung des Phytoplanktons gekoppelt und dient gleichzeitig dem Ausweichen vor einem hohen Feinddruck durch Räuber (z. B. zooplanktonfressende Fische). Solche Tag-Nacht-Wanderungen sind auch für die Larven von Büschelmücken (*Chaoborus*) typisch. Diese Insektenlarven bewegen sich zwischen der Bodenzone und dem Pelagial.

Neben dem Plankton wird der freie Wasserkörper vom **Nekton** besiedelt. Dies sind größere Organismen mit ausgeprägten Eigenbewegungen, die sich gegen Wasserströmungen halten können. Im See handelt es sich hauptsächlich um zooplanktonfressende Fische (z. B. Coregonen).

Die Lebensgemeinschaft des Benthals (**Benthos** oder Benthon) hält sich überwiegend im oder auf dem Sediment der Bodenzone sowie an bodenbewohnenden Wasserpflanzen auf. Die Benthalregion gliedert sich in einen von Großpflanzen bewachsenen Uferbereich (Litoral) und in eine pflanzenlose Tiefenzone (Profundal). Die Grenze zwischen beiden Zonen liegt bei verschiedenen Seen in unterschiedlichen Gewässertiefen: In norddeutschen Seen kann der Pflanzenwuchs schon bei etwa 10 m Tiefe aufhören, in klaren Alpenseen reicht er sogar bis 50 m. Die kritische Tiefe wird als Kompensationsebene bezeichnet; unterhalb dieser Tiefe ist wegen der unzureichenden Lichtintensität keine positive Photosynthesebilanz mehr möglich.

Die **Uferzone** eines Sees ist in ihrem obersten Bereich stark der Wasserbewegung ausgesetzt. Aufgrund der Welleneinwirkung sind die Brandungsufer meist kahl und bestehen aus Steinen, Kies oder Sand. Hier können nur Organismen überleben, die mehr oder weniger fest auf, unter oder zwischen Steinen verankert sind oder sich in den Sand zurückziehen können. Man findet hier ähnliche Tiere wie in Fließgewässern (z.B. Steinfliegenlarven), nur daß die hier vorkommenden Arten alle eurytherm sind, also große Temperaturdifferenzen ertragen können.

An die Brandungszone schließt sich die Zone der Wasserpflanzen an. Im obersten Teil siedelt sich ein typischer Röhrichtgürtel (Schilf, Binsen, Rohrkolben) an, gefolgt vom Schwimmblattgürtel (See- und Teichrosen, einigen Laichkrautarten, Wasserknöterich), dem Gürtel der submersen (untergetauchten) Wasserpflanzen (Hornblatt, Wasserpest, Tausendblatt, Wasserschraube) und den unterseeischen Wiesen (Armleuchteralgen).

Neben den höheren Wasserpflanzen sind auch die Algengesellschaften des **Aufwuchses** (Periphyton) charakteristisch für das Litoral; sie wachsen auf der Oberfläche von Pflanzen, Steinen und Holz. Auch viele Tiere (Schalenamöben, Fadenwürmer, Rädertiere, Larven von Zuckmücken und Köcherfliegen) finden hier Versteck und Nahrung.

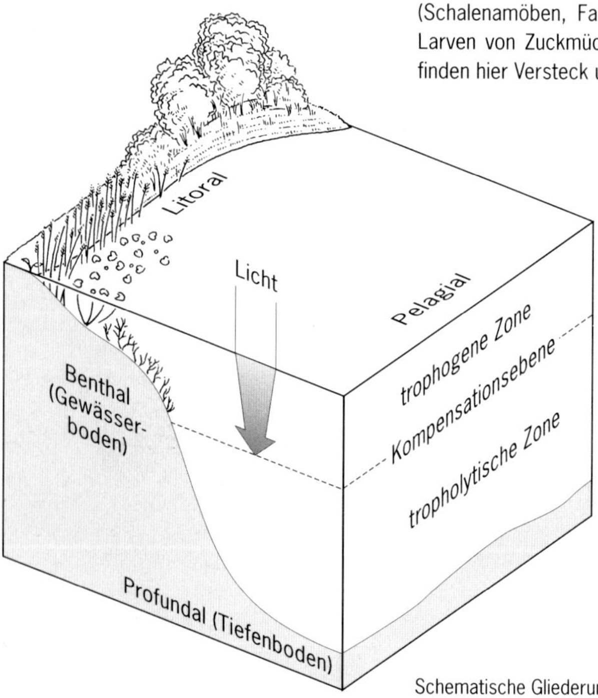

Schematische Gliederung eines Sees

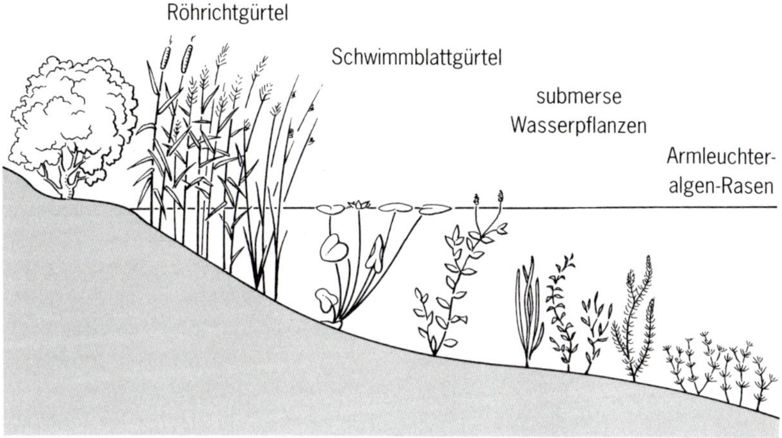

Pflanzenzonierung im Litoral eines Sees

Uferzone eines Sees

Der Bereich der submersen Ufervegetation ist natürlich auch Aufenthaltsort und Laichplatz für viele Fische und Amphibien und beherbergt eine sehr artenreiche Wirbellosenfauna: Einzeller, Strudelwürmer, Fadenwürmer, Rädertiere, Schlammröhrenwürmer, Muscheln und Schnecken, Wassermilben, die Wasserspinne, Krebstiere (Wasserflöhe, Ruderfußkrebse, Wasserasseln), Wasser- und Schwimmkäfer, Wasserwanzen und die Larven von Libellen, Eintagsfliegen, Steinfliegen, Schlammfliegen, Köcherfliegen und Zweiflüglern.

Diese Fauna hat sich an den reich strukturierten Lebensraum Litoral in vielfältiger Weise angepaßt. Der zur Atmung benötigte Sauerstoff wird entweder beim Luftholen an der Wasseroberfläche (epipneustische Atmung) organisiert und als „physikalische Kieme" in Form eines Luftvorrates, z. B. unter den Flügeldecken, mittransportiert oder über dünnwandige Tracheenkiemen in gelöster Form dem Wasser entzogen. Sehr kleine Tiere können über die gesamte Körperoberfläche Sauerstoff aus dem Wasser aufnehmen (hypopneustische Atmung). Einige Larven und Puppen von Insekten (u. a. Schilfkäfer) bohren die Interzellularräume von amphibischen Wasserpflanzen (Rohrkolben) an und entnehmen der Interzellularluft Sauerstoff.

Die Lebensgemeinschaft des Profundals ist eine reine Konsumentengemeinschaft. Die Tierwelt des Profundals hängt von der Biomasse ab, die im Litoral und Pelagial produziert wird und dann (meist tot) in die Tiefe absinkt. Niedrige Wassertemperaturen und teilweise stark verringerter Sauerstoffgehalt sind die prägenden Faktoren im Profundal. Nur wenige Tiergruppen kommen mit diesen extremen Umweltbedingungen zurecht, wie vor allem Zuckmückenlarven (*Chironomidae*) und Schlammröhrenwürmer (*Tubificidae*). Ob der dem Hämoglobin ähnliche rote Blutfarb-

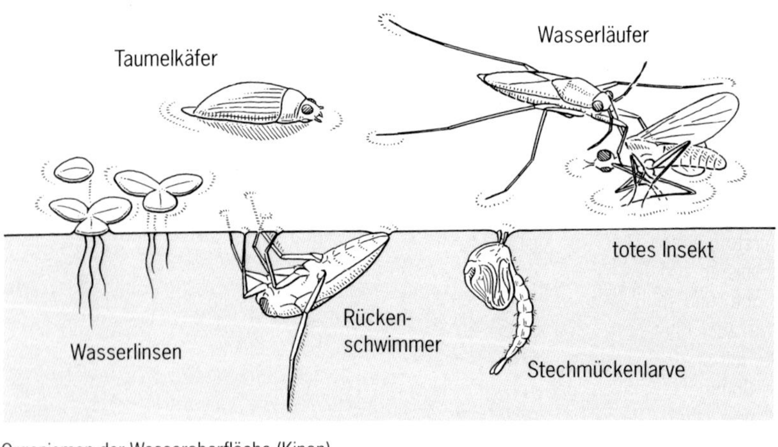

Organismen der Wasseroberfläche (Kinon)

Gebirgssee im Berchtesgadener Land

stoff für die Respiration dieser Profundaltiere eine Bedeutung hat, ist noch nicht geklärt. Manche Untersuchungen deuten darauf hin, daß dem Hämoglobin der Chironomiden keine oder nur eine sehr geringe Bedeutung im Sauerstofftransport zukommt. Das Profundalbenthos, besonders die Chironomiden, ist ein guter Indikator für die Wasserqualität eines Gewässers, da es auf Veränderungen der darüberliegenden Wassermassen sehr sensibel reagiert. In oligotrophen Seen ist der Sauerstoffgehalt im Profundal das ganze Jahr über hoch, die Profundalfauna ist reich an Arten, aber arm an Individuen (geringer Nährstoffgehalt). Unter diesen Bedingungen dominieren Chironomiden der *Tanytarsini*-Gruppe, und man nennt solche oligotrophe Seen auch Tanytarsus-Seen. Der eutrophe See, mit starker Sauerstoffzehrung während der Sommerstagnation, beherbergt eine artenarme, aber sehr individuenreiche Profundalfauna; er entspricht dem Chironomus-See (hier dominieren Larven der Chironomiden-Gattung *Chironomus*). Allerdings sind Artenzusammensetzung, Häufigkeiten und Tiefenverteilung von Zuckmückenlarven sehr viel differenzierter, so daß diese stark verallgemeinernden Begriffe heute eigentlich nicht mehr verwendet werden sollten.

Das Pleustal, die Grenzschicht zwischen Wasser und Luft, gehört sowohl zum Litoral als auch zum Pelagial. Zwei Lebensgemeinschaften können unterschieden werden: Zum **Neuston** gehören die der Wasseroberfläche anhaftenden Mikroorganismen wie Algen, Pilze, Bakterien und einzellige Tiere; sie sitzen entweder als Epineuston auf der Wasseroberfläche oder als Hyponeuston direkt unter ihr. Das **Pleuston** ist die Gesellschaft von größeren, schwimmenden Pflanzen und Tieren auf oder in der Wasseroberfläche, z.B. Wasserfarne, Wasserlinsen, Wasserhyazinthe sowie Wasserläufer (Wanzen) und Springschwänze. Tiere, die wie der Taumelkäfer abtauchen können, werden aber nicht zum Pleuston gerechnet. Ungeklärt ist auch der Status von toten Tieren oder leeren Insektenhäuten, die auf der Wasseroberfläche treiben. Es wird also besser der Begriff **Kinon** für die Gesamtheit der Zönosen der Wasseroberfläche (der Oberflächendrift) verwendet; der Lebensraum wird als Kinal bezeichnet. Beide Begriffe können auch für Fließgewässer angewendet werden.

In allen Zonen gibt es natürlich Übergänge. Eine Zuckmücke, die ihre Larvenzeit im Profundalbenthal verbringt und sich dort verpuppt, durchsteigt als Puppe das gesamte Pelagial, verweilt kurz im Kinal, bevor sie als geschlüpfte Imago schließlich den See ganz verläßt. Die Strecke, die sie dabei im Pelagial bestreitet, hängt von der Seetiefe ab; bei 1300 m (z. B. im Baikalsee) durchaus nicht unerheblich.

Hochgebirgsseen zeichnen sich durch Nährstoffarmut aus, die Sichttiefe ist hoch, die Sauerstoffversorgung ist reichlich und auch im Hypolimnion gewährleistet. Die Unterwasserflora setzt sich im wesentlichen aus Armleuchteralgen und Laichkraut zusammen, im Phytoplankton dominieren Kieselalgen, das Zooplankton besteht meist nur aus wenigen Arten (z. B. *Cyclops abyssorum, Daphnia hyalina, Bosmina longispina*). Charakteristische Fischarten der Hochgebirgsseen sind Seesaibling, Seeforelle, Renken, Elritzen und Koppe.

Tümpel

Tümpel sind periodische Gewässer und können leicht austrocknen; dies hängt natürlich stark von der Beckengröße ab. Wassergefüllte Radspuren existieren nur kurz, Waldtümpel können monatelang bestehen. Je kleiner und flacher ein Tümpel ist, desto extremer werden die täglichen Schwankungen der Umweltfaktoren; die Bewohner müssen an Überwärmung, Austrocknung und Abkühlung (bis zum Einfrieren des Wassers) angepaßt sein. Oft nimmt mit zunehmender Austrocknung eines Tümpels auch sein Salzgehalt erheblich zu.

Die wesentliche Problematik der Lebensgemeinschaft eines Tümpels besteht darin, die Zeit der Austrocknung zu überstehen. Im einfachsten Fall können mobile Bewohner den Tümpel verlassen; umgekehrt können durch diese Arten solche Gewässer sehr schnell aktiv wiederbesiedelt werden. Unterstützt wird eine Neubesiedelung durch leichte passive Verschleppbarkeit (z. B. durch Vögel). Die ungünstigen Trockenperioden können durch Eingraben in den schlammigen Untergrund überstanden werden; oft werden dabei schützende Schleimhüllen ausgebildet. Einzeller und Rädertiere können sich enzystieren (einkapseln); Wasserflöhe, Fadenwürmer und Rädertiere bilden Dauereier. Auf jeden Fall ist es wichtig, während der kurzen Lebensdauer des Wohngewässers möglichst schnell die Entwicklung abzuschließen und eine zahlreiche Nachkommenschaft zu erreichen, damit Verluste während der Austrocknung ausgeglichen werden können.

So extrem der Biotop „Tümpel" auch ist, so kann er doch mehrere hundert Tierarten beherbergen; Weichtiere, Krebse und Zweiflügler sind die vorherrschenden Gruppen. Höhere Wasserpflanzen fehlen, es sei denn, sie können auch Landformen ausbilden. In eutrophen Tümpeln dominieren die Wasserlinsen.

Stiller Waldweiher

Weiher und Teiche

Weiher und Teiche sind Dauergewässer mit geringer Tiefe (meist nicht mehr als 2 m). Die natürlich entstandenen Weiher sind oft Restgewässer eines verlandeten Sees; Teiche wurden vom Menschen u. a. als Fischteiche, Rückhaltebecken oder Gartenteiche angelegt. In ihren Eigenschaften und daher auch in ihrer pflanzlichen und tierischen Besiedelung sind sie so ähnlich, daß sie gemeinsam besprochen werden können. Ihr gesamter Untergrund ist von Pflanzen besiedelt, so daß der Sauerstoffgehalt im Sommer tagsüber sehr hoch ist (Photosynthese). Die Sauerstoff-Sättigungswerte können 100% übersteigen; Sauerstoff wird in winzigen Bläschen abgegeben, und man spricht von Sauerstoff-Übersättigung. Nachts sinkt der Sauerstoffgehalt dann erheblich ab, da Tiere und Mikroorganismen große Mengen an Sauerstoff verbrauchen. Aufgrund der hohen Sommertemperaturen kann abgestorbenes pflanzliches Material am Grund sehr schnell mineralisiert werden. Die Mineralstoffe stehen dann erneut für das Pflanzenwachstum zur Verfügung, der Stoffumsatz ist somit sehr hoch. Die Ufervegetation ist mit der eines Sees vergleichbar; die Tierwelt ist wie im Litoral von Seen arten- und individuenreich. Karpfen, Schleie, Hecht und Zander sind die Hauptfischarten.

Moore

Moore entstehen meist durch Verlandung von Seen oder direkt aus sumpfigem Boden mit hohem Grundwasserstand; niederschlagsreiches Klima ist eine weitere Voraussetzung. Bei der Verlandung eutropher Ge-

Parkteich im Siedlungsbereich

wässer entstehen Flachmoore (Niedermoore, Seggenmoore), aus Flachmooren oder bei der Verlandung oligotropher Seen bilden sich Hochmoore (Regenmoore).

Flachmoore stehen mit dem Mineralboden in Kontakt und werden dadurch je nach Untergrund mehr oder weniger stark gedüngt. Ihr Wasserchemismus kann von leicht sauren pH-Werten bis schwach alkalischem Klarwasser schwanken, meist ist das Wasser kalk- und nährstoffreich. Die Vegetation ähnelt der eines eutrophen Sees; kennzeichnende Pflanzen sind Seggen und andere Sauergräser, Süßgräser, Orchideen, zahlreiche Moose, Erlen und Weiden. Die Tierwelt in einem Flachmoor ist außerordentlich artenreich und weist viele Vertreter auf, die auch im eutrophen See oder Weiher zu finden sind. In den Kleingewässern der Flachmoore leben die Larven verschiedenster Insektengruppen (Zweiflügler, Köcherfliegen, Steinfliegen, Libellen), Käfer mit ihren Larven, Wasserasseln, Egel und Erbsenmuscheln.

Stellen sich im wasserhaltigen Gelände Torfmoose (*Sphagnum*-Arten) ein, entsteht die charakteristische Aufwölbung eines **Hochmoores**. Das Hochmoor ragt über die Umgebung hinaus und ist durch Torfschichten gegen den Mineralboden isoliert, so daß die Wasser- und Nährstoffversorgung nur durch Niederschläge aus der Luft erfolgen kann. Ihr Wasser ist extrem nährstoffarm (vor allem fehlen Stickstoff- und Calcium-Verbindungen) und sauer (pH-Wert zwischen 3,5 und 4,5). Das Absinken des pH-Wertes beruht auf einer Überproduktion von Kohlendioxid beim Zersetzen der Pflanzenmasse.

Außerdem wirken die Torfmoose als Ionenaustauscher, die Basen absorbieren und Elektrolyte binden, so daß der pH-Wert weiter gesenkt wird. Torfmoose bestehen aus vielen abgestorbenen Zellen, die das Wasser wie ein Schwamm aufsaugen. Auch wenn die unteren Teile schon abgestorben sind, wächst es an der Spitze immer weiter, jährlich um mehrere Zentimeter. Aufgrund des fehlenden Sauerstoffs schon in geringer Tiefe können die unteren Partien nur teilweise zersetzt werden, so daß sich Torf bildet. Die Torfmoosdecke wächst von der Mitte des Hochmoores zu den Rändern hin, die jüngeren Randteile sind daher niedriger. Auf diese Weise kommt es zu der charakteristischen uhrglasförmigen Aufwölbung (daher der Name „Hoch"moor).

Hochmoore sind vom kontinentalen Klima geprägt und unterliegen somit starken Temperaturschwankungen. Bei Sonnenschein kann sich die Oberfläche stark erwärmen (oft mehr als 30 °C), nachts sinkt die Temperatur stark ab (unter 10 °C); in der Tiefe bleibt es gleichmäßig kühl. Aufgrund dieser Temperaturschwankungen, ihres stark sauren Charakters und ihrer Nährstoffarmut sind Moorgewässer extreme Lebensräume, die nur von wenigen, spezialisierten Organismen besiedelt werden können. Außer Torfmoosen wachsen hauptsächlich Wollgräser, Sonnentau, heidekrautartige Pflanzen (Moos-, Rausch-, Heidel- und Preiselbeere, Rosmarinheide), Krähenbeere, Birke, Berg- und Waldkiefer an den Gewässerrändern.

Auch die Tierwelt ist in ihrem Artenreichtum sehr eingeschränkt. In dem deutlich sauren Wasser fehlen fast alle Weichtiere, Amphibien und Fische, Strudelwürmer, Egel, Wasserasseln, Wassermilben und viele Insektenlarven. Dafür treten in verschiedenen Gruppen Spezialisten auf, die in bemerkenswerten Individuenzahlen vorhanden sind: beschalte Amöben, Horn- oder Moosmilben, einige Wasserflöhe, Ruderfußkrebse, Rädertiere, Libellen und Zuckmücken. An Fischen finden sich allenfalls Moderlieschen in aufgelassenen Torfstichen.

Moore gehören bei uns zu den besonders gefährdeten Lebensräumen; Trockenlegung, Torfabbau, Umwandlung in landwirtschaftlich nutzbare Flächen und ein erhöhter Freizeitdruck sind die Hauptgefährdungsursachen. Massive Luftverunreinigungen führen zu einer Nährstoffanreicherung, die auf lange Sicht zu einer Verdrängung des Torfmooses führen könnte. Damit wäre das Schicksal der Hochmoore besiegelt.

Fließgewässer

Fließgewässer haben eine gerichtete und in der Regel permanente Wasserströmung; im Gegensatz zu den Wasser „speichernden" stehenden Gewässern transportieren sie Wasser. Die Strömung erlaubt keine langfristige Schichtung, allerdings wird das Wasser von der Quelle zur Mündung hin wärmer, der Untergrund im Flußbett feinkörniger. Die Organismen in Fließgewässern sind durch Anpassungen an die Strömung gekennzeichnet.

Quellen

Alles Wasser, das unsere Bäche und Flüsse versorgt, kommt aus Quellen, die vom Grund- oder Schmelzwasser gespeist werden. Der Grundwasseraustritt kann punktuell erfolgen oder langsam strömend und diffus in ein Fließgewässer übertreten (effluentes Verhältnis). Der Lebensraum Quelle (Krenal) zeigt nur geringe Temperaturschwankungen und wird daher von stenöken Organismen besiedelt, die das ganze Jahr über aktiv sein können. Je nach Art des Wasseraustrittes unterscheidet man verschiedene Quelltypen.

Schmelzwasserquellen entspringen Schneefeldern oder Gletschern in den Hochgebirgslagen der Alpen.

Bei der Sturzquelle (Rheokrene) tritt das Grundwasser in stark geneigtem Gelände aus Gesteinsspalten hervor und stürzt unter Bildung eines Quellbaches talwärts. Thermalquellen sind eine Sonderform der Sturzquellen und entspringen aus größeren Tiefen im Bereich von Vulkanen.

Steigt das Grundwasser unter Druck in einer Geländemulde auf und bildet einen Quelltümpel, spricht man von einer Tümpelquelle (Limnokrene). Der Untergrund kann sandig oder schlammig sein und enthält oft reichen Pflanzenwuchs. Der Überlauf des Quelltümpels stellt den Bachbeginn dar.

Die Sumpf- oder Sickerquelle (Helokrene) findet sich hauptsächlich im Hügel- und Bergland und ist meist als Schichtquelle ausgebildet. Das Wasser rieselt breitflächig durch dicke Erdschichten, so daß ein Quellsumpf entsteht.

Quellen zeichnen sich durch die gleichen Eigenschaften wie das Grundwasser aus. Die Wassertemperatur von Quellen in den gemäßigten Breiten (mit Ausnahme von Thermal- und Hochgebirgsquellen) liegt meist zwischen 6 und 10 °C und schwankt im Jahresverlauf um kaum mehr als 1 °C. Quellen frieren deshalb fast nie zu. Der Sauerstoffgehalt am Quellaustritt ist gleichbleibend niedrig und nimmt erst im Verlauf des Quellabflusses langsam zu. Ebenfalls auffallend ist die Nährstoffarmut des Quellwassers und die meist geringe Wasserströmung.

Aufgrund dieser Eigenschaften können im Quellbereich Tiere verschiedener ökologischer Herkunft zusammenkommen: Höhlen- und Grundwasserbewohner (Höhlenkrebs, Höhlenassel, Wassermilben, Brunnenschnecken), Fließgewässerarten (Strudelwürmer, Bachflohkrebse, Larven von Zuckmücken und Köcherfliegen, Hakenkäfer), Arten stehender Gewässer (Ruderfußkrebse, Sumpfkäfer, Larven von Zweiflüglern und Köcherfliegen, Molch- und Salamanderlarven) und auch hygrophile (feuchtigkeitsliebende) Landtiere (Schnecken, Milben, Springschwänze).

Einen besonders extremen Lebensraum stellen die Thermal- und Schwefelquellen dar. Bei Temperaturen bis über 90 °C können lediglich Bakterien überleben. In den etwas kühleren Zonen treten Cyanobakterien auf, unter 60 °C finden sich Kieselalgen, Zieralgen und Grünalgen. Bis 55 °C Wassertemperatur sind verschiedene Schwimmkäfer und Rückenschwimmer vorhanden. Wenn die Temperaturen in Schwefelquellen 36–37 °C nicht überschreiten, kann man noch einzelne Fadenwürmer und Rädertiere finden.

Bäche und Flüsse

Auch bei den Bächen und Flüssen kann man verschiedene Typen benennen; es lassen sich immer Bergbäche/Gebirgsflüsse und Tieflandbäche/Tieflandflüsse unterscheiden. Daneben treten aber auch ganz spezi-

Natürlicher Bachlauf

elle Typen von Fließgewässern auf, wie z. B. Höhlenbach, Auenbach, Heidebach, Priel, Dorf- und Stadtbach, Kanal und Graben.

Die Grenzziehung zwischen Bach und Fluß ist meist willkürlich: Ab einer Breite von 5 m spricht man von einem Fluß, ab 100 m Breite von einem Strom. Man kann auch die mittlere Wasserführung (beim Bach bis zu 5 m^3/s), die Wassertiefe (bis zu 150 cm beim Bach), die Jahrestemperaturamplitude (> 20 °C beim Fluß), den Abflußquerschnitt oder die Beschattungsreichweite (Bäche sind oft bis zum Ufer bewachsen und ganz beschattet; bei Flüssen stehen die Ufergehölze hoch über dem Flußbett, und ihre Beschattung reicht nur teilweise ins Gewässerprofil) heranziehen.

Den Lebensraum des Baches nennt man **Rithral**, den eines Flusses **Potamal**. Die wesentlichen abiotischen Faktoren der Fließgewässer sind Strömung, Temperatur, Sauerstoffgehalt, Untergrund und Wassertrübung durch Schwebstoffe. Der Pflanzenbewuchs von Fließgewässern ändert sich mit ihrem Verlauf. Quellen und Quellbäche sind aufgrund ihres geringen Nährstoffgehaltes nahezu frei von Wasserpflanzen. In den sich anschließenden schnell strömenden Bereichen können sich auch nur wenige Pflanzen ansiedeln. Meist sind es Kiesel- und Grünalgen, aber auch Rotalgen und Moose können die Steine besiedeln. Erst bei verringerter Fließgeschwindigkeit ist die „höhere" Vegetation durch eine Reihe von Wassermoosen, submersen Blütenpflanzen oder Schwimmblattpflanzen ausgebildet (Laichkraut, Flutender Hahnenfuß, Wasserhahnenfuß, Wasserpest, Tausendblatt). In sehr langsam fließen-

Flußlandschaft mit breiter Uferzone

den Flüssen und Strömen kann sich Plankton entwickeln; es handelt sich jedoch immer um Arten, die auch in stehenden Gewässern verbreitet sind und aus Stillwasserbereichen in den Fluß eingeschwemmt werden. Es gibt also kein flußspezifisches „Potamoplankton". Eine Planktonentwicklung im Fluß kann allerdings nur stattfinden, wenn die Fließdauer größer ist als die Fortpflanzungsgeschwindigkeit der Plankter.

Fließgewässertiere müssen sich in der Strömung festhalten können, oder sie entwickelten Anpassungen, um diese Strömung wenigstens teilweise zu vermeiden.

Besondere Hafteinrichtungen sind Saugnäpfe oder Haftscheiben, die bei verschiedenen Insektenlarven (Kriebelmücken, Lidmücke, Eintagsfliegenlarven) vorkommen. Auch klebrige Schleimsohlen (bei Strudelwürmern, Flußnapfschnecke) oder kräftige Haken (Krallen) an den Fußgliedern (Hakenkäfer, Bachmilben) verhindern ein Abdriften. Manche Tiere beschweren ihre Wohnröhre, indem sie größere Steinchen an den Längsseiten des Köchers einbauen (die Köcherfliegenlarven *Silo* und *Lithax*), andere befestigen sich am Substrat. Ein Hauptmerkmal der Anpassung von Tieren an schnell fließende Gewässer ist die Abflachung des Körpers. Sie bietet der Strömungskraft weniger Widerstand und erleichtert es den Tieren, sich in engen Spalten und Ritzen des

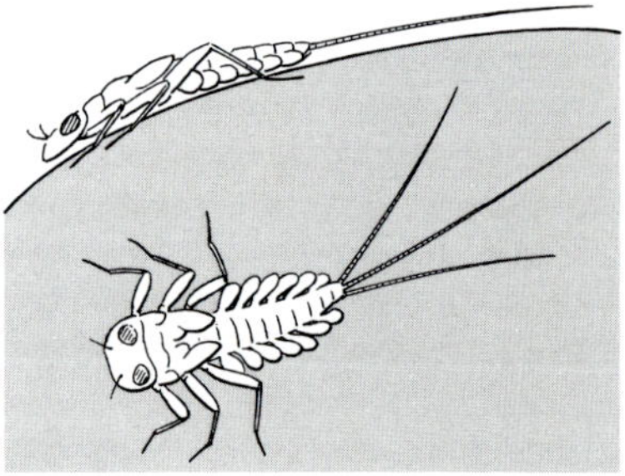

Körperabflachung einer Eintagsfliegenlarve in Anpassung an die Strömung

Gewässergrundes zu verbergen (Strudelwürmer, Eintagsfliegenlarven).

Wie hoch die Strömungswerte sein dürfen, bei denen sich diese Tiere gerade noch halten können, zeigt folgende Tabelle:

Art	**Gruppe**	**Strömungsgeschwindigkeit**
Liponeura cinarescens	Lidmückenlarve	3 m/s
Simulium sp.	Kriebelmückenlarve	2,8 m/s
Epeorus sylvicola	Eintagsfliegenlarve	1,24 m/s
Dugesia gonocephala	Strudelwurm	0,93 m/s
Elmis maugetii	Hakenkäfer	0,91 m/s
Radix peregra	Gemeine Schlammschnecke	0,48 m/s

Diese Anpassungen an ein Leben in der Strömung zielen auf eine mehr oder weniger festsitzende Lebensweise hin, die allerdings den Nahrungserwerb stark einschränkt. Wer sich nicht auf das Abweiden von Algenrasen beschränken will, entwickelt Einrichtungen zum Herausfangen von Nahrungsteilchen aus dem Wasserstrom, wie z. B. Planktonnetze, Filter und Siebe (Köcherfliegenlarven).

Ein Leben in der Strömung kann aber auch ganz einfach vermieden werden, indem

Donau-Altwasser

sich viele Tiere im sogenannten „Totwasserbereich“ zwischen und unter Steinen, in Hohlräumen des Gewässerbodens oder im dichten, leeseitigen Algenbewuchs aufhalten. Trotz dieser vielfältigen Anpassungen werden immer wieder Tiere von der Strömung losgerissen und abgedriftet. Mit Einschreiten der Dämmerung (sinkende Lichtintensität) steigt diese organismische Drift an, sinkt in der Nacht langsam und weist am Morgen wieder den für die Tagesdrift typischen Wert auf. Dieser Abdrift wird durch eine positive Rheotaxis (Bewegung gegen die Strömung) prophylaktisch entgegengewirkt. Viele Insekten fliegen vor der Eiablage stromaufwärts und gleichen durch diesen sogenannten Kompensationsflug die Abdrift der Eier und frühen Larvenstadien aus.

Natürlich ist die Fließgeschwindigkeit in einem Bach oder Fluß nicht überall gleich groß. Wegen der Reibung am Untergrund nimmt sie von der Oberfläche nach unten hin ab; ebenso ist die Strömung an den Rändern geringer als in der Gewässermitte. Allgemein nimmt die Strömung eines Fließgewässers vom Bach zum Fluß und schließlich zum Strom kontinuierlich ab. Gewässerprofil, Gefälle und die Breite der Bach- oder Flußaue sind weitere Faktoren, die den Gewässerverlauf beeinflussen. Bei geringem Gefälle und breiter Talaue kann der Fluß mäandrieren (Bildung von Flußschlingen). Werden solche Mäander durch natürliche Verlagerungen des Flußbettes abgeschnitten, entstehen **Altgewässer**. Die Verbindung zum Fluß kann dabei noch bestehen bleiben (Altwässer), oder sie werden nur noch zeitweise (Altarme) bzw. gar nicht mehr durchströmt (Totarme). Altwässer und vom Hochwasser beeinflußte Altarme sind wichtige Laich- und Rückzugsgebiete für viele Fischarten und allgemein wertvolle Biotope für eine reichhaltige Pflanzen- und Tierwelt.

Fließgewässerregionen

Im Laufe der Fließstrecke eines Gewässers ändern sich die Lebensgemeinschaften. Früher wurde vor allem die Einteilung der Fließgewässer nach Fischregionen benutzt; sie wurde von ROBERT LAUTERBORN anhand des Rheins entwickelt und basiert auf den Leitformen unter den Fischarten. Aufgrund ihrer spezifischen Umweltansprüche (an Temperatur, Sauerstoffgehalt, geeignete Laichgründe) besiedeln diese Fische nur bestimmte Abschnitte eines Flusses.

Dieses Lauterbornsche System ist allerdings nur auf Europa anwendbar, denn weltweit gibt es natürlich große Unterschiede zwischen den Fischgemeinschaften von Fließgewässern. JOACHIM ILLIES hat dann versucht, eine Gliederung auf Basis der Jahrestemperaturamplitude und der Strukturen der Stromsohle aufzustellen. Im Grunde benutzte er Steinfliegen als Leitformen, und da sich weltweit ähnliche Formen von Fließgewässerorganismen herausgebildet haben, verwundert es nicht, daß die grobe Einteilung des Systems von ILLIES sich bei uns nahezu mit den Lauterbornschen Fischregionen deckt.

Die Quell-Region (Krenal)

Die Quell-Region ist in der Regel ohne Fische. ILLIES unterteilt sie in die eigentliche Quellregion (Eukrenal) und den Quellbach (Hypokrenal). Für den Lebensraum des Glet-

Sauerstoffreiche Forellenregion in der Ammerschlucht

scherbaches kann auch der Begriff Kryal verwendet werden.

Die Zone des Gebirgsbaches (Rhithral, Salmonidenregion)

Obere Forellenregion (Epirhithral)

Leitfischart ist die Bachforelle, als Begleitfischart tritt die Koppe auf.

Untere Forellenregion (Metarhithral)

Nach wie vor ist die Bachforelle die Leitfischart, als Begleitfischarten gesellen sich zur Koppe die Elritze, die Bachschmerle und das Bachneunauge.

Die Gewässer der Forellenregion sind schnell fließende und sauerstoffreiche Fließgewässer, deren Temperatur (5–10 °C) auch im Sommer nicht 10 °C übersteigt. Wegen der hohen Strömung besteht der Untergrund aus Fels, groben Steinen und grobem Kies. Oft werden Steine und Kies mittransportiert und abgerieben, so daß das Wasser milchig trüb erscheint.

Gletscherbach mit steilem Gefälle

Äschenregion (Hyporhithral)

Leitfischart: Äsche. Begleitfischarten sind alle Fische der Forellenregion sowie Strömer, Nase, Huchen, Rutte, Gründling, Schneider und Döbel.

Zur Äschenregion gehören Bäche und

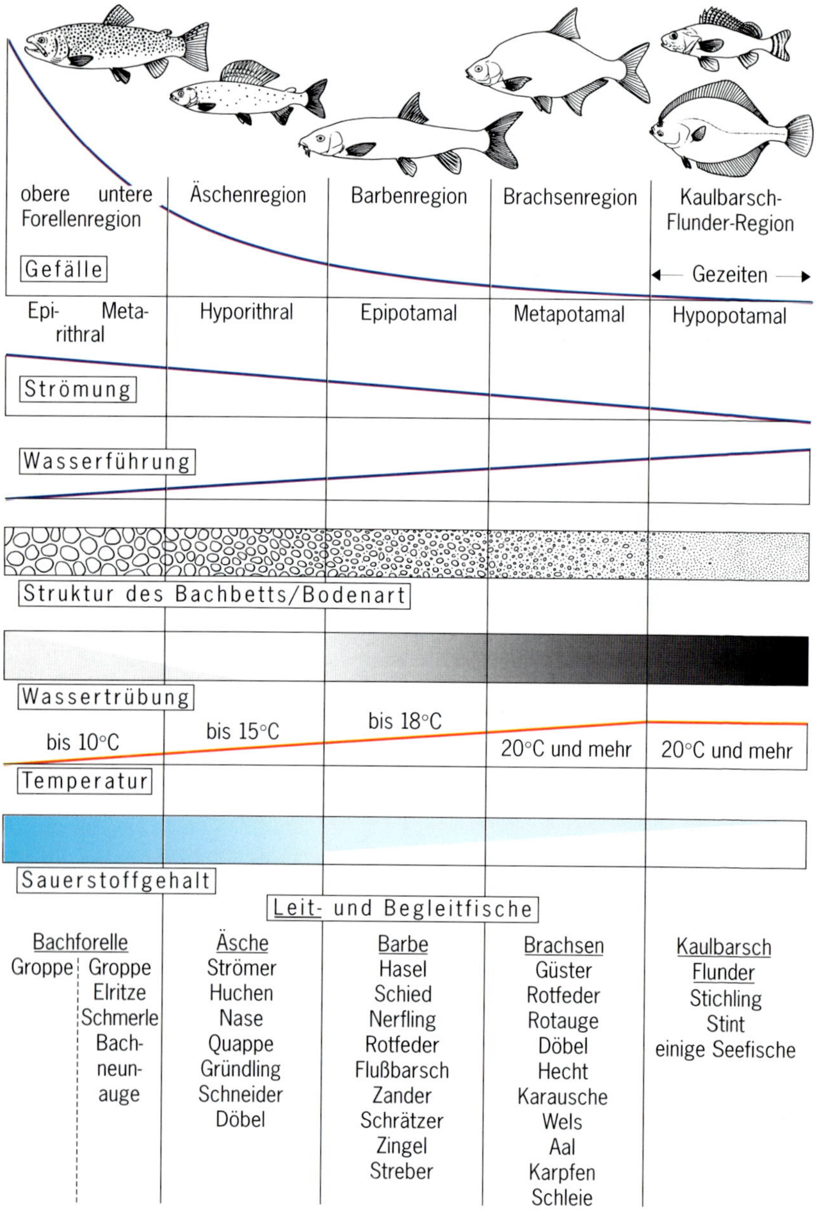
obere untere Forellenregion
Äschenregion
Barbenregion
Brachsenregion
Kaulbarsch-Flunder-Region
Gefälle
Gezeiten
Epi- Meta-rithral
Hyporithral
Epipotamal
Metapotamal
Hypopotamal
Strömung
Wasserführung
Struktur des Bachbetts/Bodenart
Wassertrübung
bis 10°C
bis 15°C
bis 18°C
20°C und mehr
20°C und mehr
Temperatur
Sauerstoffgehalt
Leit- und Begleitfische
Bachforelle
Groppe
Groppe
Elritze
Schmerle
Bachneunauge
Äsche
Strömer
Huchen
Nase
Quappe
Gründling
Schneider
Döbel
Barbe
Hasel
Schied
Nerfling
Rotfeder
Flußbarsch
Zander
Schrätzer
Zingel
Streber
Brachsen
Güster
Rotfeder
Rotauge
Döbel
Hecht
Karausche
Wels
Aal
Karpfen
Schleie
Kaulbarsch
Flunder
Stichling
Stint
einige Seefische

Äschenregion in der Isar mit Kiesbänken, wichtig für die Äsche als Kieslaicher.

Links: Die Fließgewässerregionen und ihre physikalischen Eigenschaften

kleinere Flüsse mit tieferem Wasser und geringerer Fließgeschwindigkeit (niedrigeres Gefälle). Der Untergrund ist noch steinig und kiesig (Kiesbänke); in beruhigten Buchten und Kolken kann sich allerdings schon etwas Sediment (Sand) ablagern, was die Voraussetzung für ersten Pflanzenwuchs ist. Das noch stets sauerstoffgesättigte, klare Wasser ist zwischen 8 und 10 °C warm, übersteigt im Sommer aber nicht 15 °C. Wie die Forellenregion ist die Äschenregion wichtiges Laichgebiet für die flußaufwärts ziehenden, kieslaichenden Fische.

Die Zone des Tieflandflusses (Potamal; Cyprinidenregion)

Barbenregion (Epipotamal)

Leitfischart: Barbe. Begleitfischarten sind wiederum die Fische der vorangegangenen Region sowie Hasel, Rapfen und Aland, gelegentlich auch Rotfeder, Flußbarsch, Zander, Schrätzer, Zingel und Streber.

Zur Barbenregion gehört meistens der schnellfließende Mittelteil größerer Flüsse. Der Boden ist kiesig (wichtig für die Barbe als Kieslaicher!) bis stellenweise sandig; an ruhigeren Stellen kann sich weiches Sediment ablagern, und reiche Pflanzenbestände können sich dort entwickeln. Trotz der höheren Wassertemperaturen (bis 18 °C) herrschen gute Sauerstoffverhältnisse vor (leichte Sauerstoffuntersättigung wird von der Barbe problemlos toleriert); die Gewässertrübung nimmt jetzt bereits leicht zu.

Brachsenregion (Metapotamal)

Leitfischart: Brachsen. Begleitfischarten sind u.a. Blicke, Rotfeder, Rotauge, Döbel, Hasel, Ukelei, Hecht, Flußbarsch, Zander, Karausche, Wels und Aal sowie in den Stillwasserbereichen Karpfen und Schleie.

Zur Barbenregion gehören die schnellfließenden Mittelteile größerer Flüsse.

In der Brachsenregion kann der Fluß stark verbreitert sein.

In der Brackwasserregion, hier dem Donaudelta, vermischen sich Süß- und Meerwasser.

Die Brachsenregion beherbergt mit Abstand das größte Fischartenspektrum; sie charakterisiert den breiten und langsam fließenden Unterlauf eines Flusses mit tiefer Stromrinne. Die Bodenregion ist sandig und oft schlammig, so daß sich stellenweise reichlich Wasserpflanzen ansiedeln können. Die Temperaturen erreichen im Sommer 20 °C und mehr; das Wasser ist meist trübe und höchstens an der Oberfläche mit Sauerstoff gesättigt, in Bodennähe kann es oft zu Sauerstoffmangel kommen. Allerdings ist die Brachsenregion reichhaltig strukturiert, und es fehlt selten an Nährstoffen, so daß sich dort diese artenreiche Fischfauna einfinden kann.

Kaulbarsch-Flunder-Region (Hypopotamal; Brackwasserregion)

Leitfischarten: Kaulbarsch, Flunder. Begleitfischarten sind viele Fische der Brachsenregion sowie Stichling, Stint, Aal, Junglachse und einige Seefischarten. Die Brackwasserregion kennzeichnet den Lebensraum der Gezeitenzone an der Mündung des Flusses. Hier herrschen unter dem Einfluß von Ebbe und Flut extreme Bedingungen bezüglich einer wechselnden Wasserführung, eines schwankenden Salzgehaltes und Änderungen der Strömungsverhältnisse. Das Wasser ist stark getrübt und meist warm, der Grund schlammig. Hoher Nährstoffgehalt bei gleichzeitiger Sauerstoffarmut ist charakteristisch.

Gewässergüte, Bioindikation und Saprobiensystem

In einem natürlichen Gewässer besteht zwischen dem Aufbau organischer Substanz

(Produktion) und deren Abbau (Destruktion) ein Gleichgewicht. Werden einem Gewässer Pflanzennährstoffe (Nitrat, Phosphat) von außen zugeführt, steigt die Produktion. Mit zeitlicher Verzögerung erhöht sich dementsprechend auch die Destruktion (Remineralisierung der organischen Stoffe). Diesen Vorgang haben wir schon als Eutrophierung kennengelernt. Eine anhaltende „Düngung" mit Nährstoffen führt aufgrund von Sauerstoffmangel zu einem stark verringerten Abbau. Steht kein Sauerstoff mehr zur Verfügung, kann nur noch ein anaerober Abbau, bei dem der giftige Schwefelwasserstoff entsteht, stattfinden – das Gewässer „kippt um", die Organismen sterben ab.

Die Intensität der Aufbauprozesse (das heißt Biomasse und Umsatz der autotrophen Organismen) kennzeichnet die Trophie, die Intensität der Abbauprozesse (Biomasse und Umsatz der heterotrophen Destruenten) unter Sauerstoffverbrauch wird Saprobie genannt. Die Fähigkeit zum Abbau der organischen Stoffe in relativ kurzer Zeit wird als Selbstreinigung bezeichnet; sie stellt das Gleichgewicht von Trophie und Saprobie im Gewässer wieder her. Die Selbstreinigungskraft ist in Fließgewässern deutlich höher als in stehenden Gewässern. Dies liegt einerseits am höheren Sauerstoffgehalt, andererseits werden die Abbauprodukte der Organismen vom fließenden Wasser abtransportiert. Diese Selbstreinigung macht man sich im Prinzip in Kläranlagen zur Reinigung unserer Abwässer zunutze, allerdings zeitlich verkürzt und räumlich stark konzentriert.

Schon lange kennt man Arten, deren Vorkommen oder Fehlen in einem Lebensraum innerhalb gewisser Grenzen bestimmte Umweltbedingungen anzeigen; sie werden als **Bioindikatoren**, Zeigerarten oder Indikatororganismen bezeichnet. Als Bioindikatoren kommen nur Arten mit geringer „Reaktionsbreite" in Frage, das heißt, solche Organismen zeigen eine sehr enge Bindung an ganz bestimmte Umweltfaktoren. Anders ausgedrückt vertragen sie keine große Schwankungsbreite dieser Faktoren, sie sind **stenök** (euryöke Organismen können Schwankungen lebenswichtiger Umweltfaktoren innerhalb weiter Grenzen aushalten). Bioindikatoren finden sich in nahezu allen Lebensräumen, in Gewässern sind sie jedoch besonders wichtig, weil sie die verschiedenen Stufen der Belastung und Verschmutzung anzeigen können. Für verschiedene Verunreinigungsgrade wurden Kataloge pflanzlicher und tierischer Indikatororganismen aufgestellt, die im sogenannten **Saprobiensystem** resultieren. Die Anordnung entspricht

Saprobie	**Güteklasse**	**Verunreinigung**	**Farbe in der Gewässergütekarte**
polysaprobe Zone	Güteklasse IV	stärkste Verunreinigung	Rot
α-mesosaprobe Zone	Güteklasse III	mittlere bis starke Verunreinigung	Gelb
β-mesosaprobe Zone	Güteklasse II	mittlere bis geringe Verunreinigung	Grün
oligosaprobe Zone	Güteklasse I	geringe Verunreinigung	Blau

der Stärke der Abwasserbelastung (s. vorige Seite, unten).

Die meisten Bioindikatoren kennzeichnen durch ihr (unerwartetes) Fehlen abwasserbelastete Fließgewässerzonen (Artenfehlbetrag). Viele aussagekräftige Indikatororganismen findet man bei Bakterien und Einzellern, Organismen, deren Artbestimmung selbst für Spezialisten oft sehr schwierig ist. Aber auch Eintags-, Stein- und Köcherfliegenlarven sowie Zweiflüglerlarven sind nicht unbedingt leicht bis zur Art zu bestimmen. Eine genaue Artbestimmung ist aber unerläßlich, da die Brauchbarkeit bestimmter Arten als Bioindikatoren von der Spezifität ihrer Umweltansprüche abhängt. Sammelgruppen wie „Steinfliegenlarven" sind nicht aussagekräftig. Die Bestimmung der Gewässergüte ist also gar nicht so einfach. Mit einer chemischen Analyse hätte man sicher die präziseren Meßwerte erhalten. Allerdings sind Abwasserbelastungen in der Regel nicht konstant, sie können bereits mit der Tageszeit variieren. Würde man die Wasserproben für die chemische Analyse zur falschen Zeit (z. B. gerade keine Abwassereinleitung) nehmen, ergäbe sich eine grobe Fehlbeurteilung. Die ständig im Gewässer lebenden Organismen integrieren diese Belastungen über einen längeren Zeitraum und zeigen Konsequenzen (Verschiebung im Artenspektrum, Fehlen von Arten, Änderungen der Häufigkeiten).

Für die Ermittlung des **Saprobienindex** (S) und zur Bestimmung der Gewässer-Güteklassen berücksichtigt man somit auch die Häufigkeit (h) der gefundenen Arten:

Saprobienindex S = Summe (s × h)/Summe h

Der Saprobiegrad s für jede gefundene Art läßt sich einem Katalog entnehmen (er wurde für viele wasserlebende Tierarten ermittelt). Zur Ermittlung der Häufigkeit werden meist 7 Stufen verwendet (1 = Einzelfund; 7 = Massenfund, > 150 Individuen). Jede Probestelle muß natürlich mit derselben Methodik und gleich lang besammelt werden.

Güteklassen der Fließgewässer und Gewässergütekarte 1995

Die Gewässergütekarten werden seit 1975 im Abstand von fünf Jahren veröffentlicht. Sie bieten einen Gesamtüberblick über den derzeitigen biologisch-saprobiellen Gütezustand der Fließgewässer in der Bundesrepublik Deutschland. Ein Vergleich der Gütekarten 1990 und 1995 zeigt eine erhebliche Verbesserung, die allerdings in den neuen Bundesländern vielfach auf Stillegung abwassereinleitender Betriebe zurückzuführen ist. Die Gewässergütekarte 1995 der Länderarbeitsgemeinschaft Wasser (LAWA) ist auf dem Nachsatz abgedruckt.

Sieben Güteklassen können unterschieden werden:

Güteklasse I: Unbelastet bis sehr gering belastet (oligosaprob)

Gewässerabschnitte mit reinem, stets annähernd sauerstoffgesättigtem und nährstoffarmem Wasser; geringer Bakteriengehalt; mäßig dicht besiedelt, vorwiegend mit Algen, Moosen, Strudelwürmern und Insektenlarven; Laichgewässer für Salmoniden (wenn sommerkühl). Der Saprobienindex liegt unter 1,5.

Zu dieser Güteklasse gehören im allgemeinen Quellbäche und sehr gering belastete Oberläufe von sommerkühlen Fließgewässern. Das Wasser ist klar und schnellfließend, der Untergrund überwiegend steinig und kiesig; der Sauerstoffgehalt liegt zwischen 95–105%.

Güteklasse I-II: Gering belastet (oligo- bis β-mesosaprob)

Gewässerabschnitte mit geringer anorganischer Nährstoffzufuhr und organischer Belastung ohne nennenswerte Sauerstoffzehrung; dicht und meist in großer Artenvielfalt besiedelt; Salmonidengewässer (wenn sommerkühl). Der Saprobienindex liegt zwischen 1,5 bis <1,8. Hier handelt es sich meist um Oberläufe im Gebirgs- und Mittelgebirgsraum, aber auch um naturnahe Gewässer in größeren Waldgebieten, im Flachland z. B. der Lüneburger Heide oder der Mecklenburger Seenplatte. Das Wasser ist ungetrübt, der Boden nach wie vor steinig bis kiesig. Der Sauerstoffgehalt liegt im Bereich der Sättigung. Neben Moosen treten höhere Wasserpflanzen auf; das Makrozoobenthon ist artenreich und bildet reich strukturierte, dichte Lebensgemeinschaften (Strudelwürmer, Eintags-, Stein- und Köcherfliegenlarven).

Güteklasse II: Mäßig belastet (β-mesosaprob)

Gewässerabschnitte mit mäßiger Verunreinigung und guter Sauerstoffversorgung; sehr große Artenvielfalt und Individuendichte von Algen, Schnecken, Kleinkrebsen, Insektenlarven; Wasserpflanzenbestände können größere Flächen bedecken; artenreiche Fischgewässer. Der Saprobienindex liegt im Bereich von 1,8 bis <2,3.

Hierzu gehören Gewässerstrecken mit mäßiger Verunreinigung durch organische Stoffe und deren Abbauprodukte, aber auch die Unterläufe der großen Flüsse und die von Natur aus nährstoffreichen, langsam fließenden und sommerwarmen Bäche des Flachlandes. Der Gewässergrund ist steinig bis kiesig, gelegentlich werden aber schon feine organische Sedimente abgelagert. In diesen Bereichen kommt es zum Wachstum höherer Wasserpflanzen; das Makrozoobenthon ist artenreich, die Biomasse ist groß. Flohkrebs, Mützenschnecke, Großmuscheln und viele Insektenlarven aus allen Gruppen finden sich hier.

Güteklasse II-III: Kritisch belastet (β-meso- bis α-mesosaprob)

Gewässerabschnitte, deren Belastung mit organischen, sauerstoffzehrenden Stoffen einen kritischen Zustand bewirkt; Fischsterben infolge Sauerstoffmangels möglich; Rückgang der Artenzahl bei Makroorganismen; gewisse Arten neigen zu Massenentwicklung; fädige Algen bilden häufig größere flächenbedeckende Bestände. Der Saprobienindex liegt im Bereich von 2,3 bis <2,7.

Abbaubare organische Stoffe verändern diese Gewässer merklich; die Steinunterseiten sind durch schwarzes Eisensulfid schwarz oder schwarzfleckig. Das Wasser ist durch Bakterien oder organische Substanzen getrübt bzw. durch planktische Algen gefärbt. Der Sauerstoffgehalt erreicht nur Werte bis 50% Sättigung und unterliegt starken tageszeitlichen Schwankungen. Die

Tierbesiedelung zeigt schon merkliche Defizite in der Artenzusammensetzung.

Güteklasse III: Stark verschmutzt (α-mesosaprob)

Gewässerabschnitte mit starker organischer Verschmutzung und niedrigem Sauerstoffgehalt; örtlich Faulschlammablagerungen; der steinig-sandige Untergrund ist meist durch Eisensulfid schwarz gefärbt; Kolonien von fadenförmigen Abwasserbakterien; Egel und Wasserassel kommen bisweilen massenhaft vor; mit periodischem Fischsterben muß gerechnet werden. Der Saprobienindex liegt im Bereich von 2,7 bis 3,2. Nur wenige Makroorganismen halten diese verschlechterten Lebensbedingungen aus: Bestimmte Schnecken, Zuckmückenlarven und Wenigborster sind weit verbreitet.

Güteklasse III-IV: Sehr stark verschmutzt (α-meso- bis polysaprob)

Gewässerabschnitte mit weitgehend eingeschränkten Lebensbedingungen durch starke organische, sauerstoffzehrende Verschmutzung; oft auch toxische Einflüsse; zeitweilige totale Sauerstoffzehrung; starke Trübung durch Abwasserschwebstoffe; ausgedehnte Faulschlammablagerungen; durch Wimpertierchen, bestimmte Zuckmückenlarven und Schlammröhrenwürmer dicht besiedelt; Fische sind nicht auf Dauer und nur ausnahmsweise anzutreffen. Der Saprobienindex beträgt 3,2 bis <3,5.

Güteklasse IV: Übermäßig verschmutzt (polysaprob)

Gewässerabschnitte mit übermäßiger Verschmutzung durch organische, sauerstoffzehrende Abwässer; Fäulnisprozesse herrschen vor; Sauerstoff kann über längere Perioden fehlen; Besiedelung vorwiegend durch Bakterien, Geißeltierchen und freilebende Wimpertierchen. Der Saprobienindex liegt zwischen 3,5 und 4,0. Fische kommen in solchen Gewässern nicht mehr vor.

Das ausschließlich auf heterotrophen Prozessen beruhende Saprobiensystem kann nur an Fließgewässern angewendet werden, weil dort der Ablauf dieser Prozesse im Zuge der Selbstreinigung räumlich getrennt ist. In einem See laufen diese Selbstreinigungsprozesse am gleichen Ort simultan ab.

Trophiesystem stehender Gewässer

Bei Seen verwendet man deshalb Indikatoren, die den Trophiezustand, der von den autotrophen Prozessen abhängt, beschreiben. Zur Aufstellung von Trophiestufen werden neben den Indikatororganismen die Sauerstoffverhältnisse am Ende der Sommerstagnation, die Sichttiefe und die Farbe des Seegrundes berücksichtigt. Vier Trophiestufen können dabei charakterisiert werden.

Trophiestufe I = oligotroph (nährstoffarm)

Klares Gewässer mit sehr geringer Planktonproduktion; Sichttiefe über 4 m; die Farbe des Seegrundes ist hell; auch am Ende der Sommerstagnation ist das Wasser noch mit über 70% Sauerstoff gesättigt. Der Uferbereich beherbergt Insektenlarven, Strudelwürmer und Wassermoose, die auch schon gegen geringe Verunreinigung empfindlich sind. Im Profundal leben vereinzelte Zuckmückenlarven.

Trophiestufe II = mesotroph (geringe Nährstoffbelastung)

Bei geringer Planktonproduktion ist das Gewässer immer noch ziemlich klar; die Sichttiefe beträgt über 2 m; der Schlamm des Seegrundes ist grau gefärbt; am Ende der Stagnationsperiode ist das Tiefenwasser noch zu 30–70% sauerstoffgesättigt. Der Uferbewuchs besteht aus Schilf, anderen Wasserpflanzen und Algen; Schnecken und Wasserwanzen sind die Litoralbewohner. Am Seegrund treten vereinzelt bis mäßig zahlreich Zuckmückenlarven, Schlammröhrenwürmer und Erbsenmuscheln auf.

Trophiestufe III = eutroph (nährstoffreich)

Das Wasser ist durch hohe Planktonproduktion getrübt, die Sichttiefe liegt meist unter 2 m; der Seegrund ist von schwarzgrauem Schlamm bedeckt; das Tiefenwasser erreicht am Ende der Sommerstagnation nur noch bis zu 30% Sauerstoffsättigung. Die schlammigen Ufer sind zahlreich mit fädigen Blaualgen, Wasserasseln und Zuckmückenlarven besiedelt, am Seegrund dominieren Schlammröhrenwürmer und Zuckmückenlarven aus der *Chironomus*-Verwandtschaft.

Trophiestufe IV = polytroph (sehr hohe Nährstoffbelastung)

Stark getrübtes Wasser durch massenhaft auftretendes Phytoplankton; dadurch im Oberflächenwasser gelegentlich Sauerstoff-Übersättigung; Sichttiefe deutlich unter 2 m; schwärzlicher, nach faulen Eiern riechender (H_2S) Faulschlamm bedeckt den Grund; im Tiefenwasser kommt es während der Sommerstagnation zu Sauerstoffzehrung. Am sauerstoffarmen Seegrund erreichen die Schlammröhrenwürmer sehr hohe Individuendichten, auch Schwefelbakterien sind zahlreich.

Die biologische Beurteilung kann meist einfacher, schneller und damit billiger als die chemische Analyse erfolgen; sie ist außerdem unabhängig von einer direkten Abwassereinleitung. Allerdings läßt sich mit der biologischen Methode nicht die Art der schädlichen Stoffe nachweisen; um die exakte Zusammensetzung der Schadstoffe nachzuweisen, ist die chemische Analyse notwendig.

Eine mehr quantitative Betrachtungsweise besteht in der Ermittlung des Gesamt-Phosphor-Gehaltes während der Frühjahrszirkulation; folgende Werte charakterisieren den Trophiegrad:

P_{total}	**Trophiegrad**
<10 µg/l	oligotroph
10–30 µg/l	mesotroph
30–100 µg/l	eutroph
>100 µg/l	polytroph

Auch Sauerstoffgehalt, biochemischer Sauerstoffbedarf (in 5 Tagen = BSB_5), Ammonium-, Nitrit-Gehalt und bakteriologische Kriterien können zur Gewässergütebeurteilung herangezogen werden. Allerdings liefern diese Kriterien bestenfalls Momentwerte. Immer sind aber mehrere Messungen und Analysen nötig, um das biologische Phänomen Trophie zu beschreiben. Langfristige Auswirkungen auf ein Gewässer erkennt man am besten anhand der biologischen Analyse.

Ökologie der Fische

Allgemeine Lebensweise

Lebensweise und Verbreitung der Fische werden entscheidend von den Wassertemperaturen beeinflußt. Fische mit hoher Anpassungsbreite an einen weiten Temperaturbereich werden als **eurytherm** bezeichnet. Viele unserer Süßwasserfische können große Temperaturdifferenzen ertragen. Im Gegensatz hierzu können **stenotherme** Fischarten nur innerhalb eines engen Temperaturbereiches leben und größere Temperaturschwankungen nicht ertragen. Dabei kann man kaltstenotherme Arten, z. B. Bewohner von Gebirgsbächen, und Warmwasserarten unterscheiden, wobei viele Fischarten eine bestimmte Vorzugstemperatur haben. Bei Sonnenbarschen beträgt diese z. B. 29 bis 32 °C; Jungfische mancher Arten bevorzugen um einige Grad wärmere Gewässer als Altfische. Als wechselwarme (poikilotherme) Tiere unterliegen Fische in kühleren Zonen im Winter einer Aktivitätsminderung. Sie setzen die Nahrungsaufnahme herab oder stellen sie vorübergehend ganz ein. Brachsen und Flußbarbe z. B. halten Winterruhe, der Giebel läßt sich sogar im Schlamm einfrieren und erwacht erst wieder im nächsten Frühjahr. Das Einfrieren wird dadurch ermöglicht, daß die Körperflüssigkeiten der meisten Fische erst bei ca. – 0,5°C gefrieren.

Lachse beim Laichaufstieg

Jungfischschwarm im Schilfgürtel

Biologische Rhythmen spielen bei der Synchronisation vieler Aktivitäten eine Rolle, z.B. bei der tagesperiodischen Nahrungsaufnahme, beim Schwarmverhalten und besonders bei den Laichwanderungen und Laichzeiten. Der Rhythmus der Gezeiten ist entsprechend für marine Flachwasser- oder Brackwasserfische wichtig. Bezüglich der Tagesperiodik unterscheidet man tagaktive, dämmerungsaktive und nachtaktive Fischarten. Ob unsere einheimischen Süßwasserfische wirklich schlafen, wie z. B. der im Mittelmeer lebende Schnauzenlippfisch, läßt sich nur schwer sagen; in Ruhephasen kann man zumindest eine verringerte Kiemendeckelfrequenz beobachten; sie sinkt z. B. bei Karpfen von 60 auf 25.

Viele Süßwasserfische sind ausgesprochene **Standfische** (standorttreue oder stationäre Fische), die sich ohne zwingende Notwendigkeit (Nahrungsmangel, Hochwasser, Störungen) niemals weit von ihren Standorten entfernen, z. B. Elritzen, Schleien, Rotfedern oder Hechte. Andere Fischarten wandern (**Wanderfische**), entweder um andere Nahrungsgründe (Barben wandern zwischen Nahrungsrevieren hin und her) oder um ihre Laichplätze aufzusuchen (Ziege, Zobel und Zope wandern von ihren Nahrungsgründen zu den Laichplätzen). Die Laichwanderungen können sich über kurze Distanzen erstrecken oder mehrere tausend Kilometer betragen. Ziehen die Fische dabei aus dem Meer ins Süßwasser, werden sie als **anadrome** Wanderfische bezeichnet (z. B. Lachse, Störe, Maifische). **Katadrome** Wanderfische (wie der Aal) ziehen zum Laichen vom Süßwasser ins Meer. Bei einigen Fischarten (Rotauge, Rapfen) kommen sowohl stationäre Formen als auch Wanderformen vor. Die Orientierung ins Laichgewässer erfolgt dabei geruchlich.

Geruchlich können Fische auch lösliche chemische Substanzen wahrnehmen, die von anderen Individuen ausgeschieden werden und somit Informationen übermitteln. Neben den durch Schleim freigesetzten Übermittlungscodes kann auch der Harn Informationen über die Stimmung eines Fisches enthalten. So setzen Individuen von Schwarmfischen, die von einem Räuber angegriffen werden, Schreckstoffe frei, die beim Schwarm eine Fluchtreaktion auslösen.

Ähnlich wie bei vielen Vögeln und Säugetieren schließen sich auch zahlreiche Fischarten zu mehr oder weniger großen Gesellschaften, den **Schwärmen**, zusammen. Vor allem Planktonfresser, die sich überwiegend in der Freiwasserzone aufhalten, sind meist sehr gesellig lebende Fische (Renke, Ukelei). Der Schwarm gewährt einen gewissen Schutz vor Räubern und ist außerdem beim Aufspüren und Erbeuten von Nahrung hilfreich. Besonders trifft dies für Jungfische zu, deren allgemeine Aktivität und damit auch das Wachstum durch eine gewisse Stimmungsübertragung gesteigert wird. Oft läßt der Zusammenhalt mit zunehmendem Alter nach, die Schwärme teilen sich in kleinere Gruppen oder lösen sich ganz auf. Abstände zu den einzelnen Individuen, Orientierung und Geschwindigkeit setzen strenge Regeln voraus, bei denen Instinkt und Sinnesleben des Fisches eine wichtige Rolle spielen. Von besonderer Bedeutung ist dabei die Funktion des Seitenlinienorganes.

Auch das Revierverhalten ist lebenswichtig und arterhaltend, indem dadurch Nahrungs-, Laich-, Nist- oder Brutplätze abgegrenzt werden. Kommt es zu Kämpfen, werden Verletzungen vermieden.

Fortpflanzung und Entwicklung

Fische sind in der Regel getrenntgeschlechtlich und zeigen oft einen ausgesprochenen Geschlechtsdimorphismus, wobei Größenunterschiede an erster Stelle stehen. In den meisten Fällen sind die Weibchen größer als die Männchen; oft kann man sie aber nur schwer voneinander unterscheiden. Bei manchen Fischarten sind bestimmte Flossen der Männchen größer als beim Weibchen (z. B. Rückenflosse der Äsche, Bauchflossen der Schleie, Brustflossen beim Gründling), auffälligere Unterschiede erkennt man allerdings nur während der Laichzeit. Die Färbung der Fische kann so prächtig sein, daß man wie bei Vögeln von einem „Hochzeitskleid“ spricht (Lachs, Forellen, Saiblinge, Bitterling, Stichling); bei manchen Fischen ändert sich auch die Körperform. Beim Lachsmännchen biegt sich zusätzlich der Unterkiefer am Ende hakenförmig nach oben (Laichhaken); weniger auffällig tritt dieses Merkmal auch bei vielen Forellen auf. Viele karpfenartige Fische (u. a. Brachsen, Rotauge) bekommen während der Laichzeit einen **Laichausschlag** (Perlorgane), weiße, pockenartige „Perlen“, die sehr hart sind und möglicherweise den Reibungswiderstand beim Paarungsakt erhöhen sollen. Eine besondere Anpassung an das Laichgeschäft stellt beim Bitterling-Weibchen die Verlängerung der Eileiter zu einer Legeröhre dar: Sie ermöglicht die Eiablage in den Kiemenraum einer Teich- oder Malermuschel.

Außerhalb der Laichzeiten sind die Geschlechtsorgane der Fische sehr klein; sie vergrößern sich zu Beginn der Laichzeit und produzieren bei den Männchen den milcharti-

Laichausschlag bei der Elritze

gen Samen, die **Milch**, nach der die Männchen auch „Milchner" genannt werden. Die Weibchen bilden den aus verschieden großen und verschieden zahlreichen Eiern bestehenden **Rogen** (die Weibchen werden als „Rogner" bezeichnet). Die Fortpflanzung erfolgt bei den meisten Fischen periodisch, wobei eine jährliche Fortpflanzungsperiode die Regel ist. Zur Paarung finden sich die Geschlechter meistens schwarmweise an entsprechenden Laichplätzen ein.

Zum Ablaichen sucht das Weibchen ganz bestimmte Plätze auf, die je nach Art recht verschiedengestaltig sein können. **Kieslaicher** (u. a. Lachs, Forelle, Äsche, Barbe, Elritze, Nase, Schied) wühlen mit ihrem Körper eine Mulde in den Boden von Kiesbänken in strömendem Wasser und legen einzeln Eier darin ab. **Krautlaicher** (u. a. Karpfen, Güster, Rotfeder, Schleie, Brachsen) suchen ruhige Buchten mit weichem Grund und Pflanzenbewuchs aus und legen ihre Eier an Pflanzen oder totem Geäst unter Wasser ab oder reihen lange Laichschnüre aneinander, die um Pflanzen oder Steine gewickelt werden (Kaulbarsch, Schrätzer, Moderlieschen). Damit die Eigelege haften bleiben und nicht auseinandertreiben, sind sie mit einem klebrigen Stoff umgeben. Allerdings gibt es auch Übergänge, indem die Eier an Wasserpflanzen bzw. Steinen angeheftet werden (Rotauge, Nerfling, Laube, Gründling und Hasel). Die Eiablage in Nester und nestähnlichen Unterlagen kennt man von den Stichlingen und Welsen, beim Süßwasser-Schleimfisch wird das Nest unter Steinen angelegt. Eine wirkliche Besonderheit ist die Eiablage des Bitterlings in den Kiemenraum von Flußmuscheln.

Für das Ablaichen ist eine bestimmte Wassertemperatur erforderlich, einige Fischarten halten sich sehr genau an diese Temperaturen. Man unterscheidet grob zwischen Winter-, Frühjahrs- und Sommerlaichern; im Süden Europas laichen die Fische allgemein früher als in Nordeuropa.

Die meisten Süßwasserfische geben ihre Eier frei ins Wasser ab. Das Männchen schwimmt dabei möglichst nahe beim Weibchen und gibt den milchartigen Samen darüber; es erfolgt also eine äußere Befruchtung. Die sehr beweglichen Spermien schwimmen trotz Wasserbewegung oder Strömung zu den Eiern und befruchten sie. Dies funktioniert auch bei Forellen in schnell fließenden Gebirgsbächen mit einer Befruchtungswahrscheinlichkeit von 80–90%. Eine innere Befruchtung (im Körper des Weibchens) findet bei den Lebendgebärenden Zahnkarpfen (z. B. Koboldkärpfling) statt; die

Afterflosse des Männchens ist hier zu einem Begattungsorgan (Gonopodium) umgewandelt.

Ein erstaunliches Phänomen stellen sogenannte **unisexuelle** (gynogenetische) Fische dar; ihre Eier werden durch Spermien bisexueller Arten aktiviert. Ein solcher Fall liegt beim Giebel vor: Die unisexuellen Weibchen paaren sich mit Wildkarpfen und bisexuellen Goldfischen, erzeugen aber nur weibliche Nachkommen, die morphologisch und chromosomal der Mutter gleichen (die väterlichen Chromosomen gelangen erst gar nicht in die Zygote).

Einige Fischarten legen ihre Eier alle gleichzeitig ab; dies trifft u.a. für Flußbarsch, Hecht und Rotauge zu. Andere Fischarten (z. B. Ukelei, Güster, Karausche) geben ihre Eier in mehreren Etappen ab, da die Eier nach und nach heranreifen.

Der Vorgang des Ablaichens kann paarweise (Lachs, Forellen, Hecht) oder im Schwarm erfolgen. Manche Fische (z. B. Rotfeder) mischen sich gerne unter laichende Schwärme anderer Karpfenartiger (Rotaugen, Brachsen), wodurch oft Bastardformen entstehen, die aber selten fortpflanzungsfähig sind.

Die abgegebenen Eier sind meist durchsichtig, gelblich oder rötlich und etwas schwerer als Wasser. Eizahl und Eigröße sind in der Regel negativ korreliert, das heißt, bei wenigen abgelegten Eiern sind diese groß und dotterreich, bei einer „Massenproduktion" sind die Eier kleiner und dotterarm. Entsprechend lang ist bei dotterrei-

Fischlaich

chen Eiern die Entwicklungsdauer, die aber wesentlich auch von der Wassertemperatur abhängt und von einigen Stunden bis zu mehreren Monaten dauern kann. Die Entwicklungszeit wird in Tagesgraden (TG) berechnet: Karpfeneier benötigen etwa 60 Tagesgrade, so daß bei einer Wassertemperatur von 20 °C die Eientwicklung 60:20 = 3 Tage dauert.

Eizahl, Eigröße und Tagesgrade sind in folgender Tabelle für einige Fischarten aufgelistet:

Art	**Eizahl pro kg Körpergewicht**	**Größe (mm)**	**Tagesgrade (TG)**
Lachs	2000	5,5–6,0	410–420
Äsche	8000	3,2–4,0	200
Wels	30000	2,9–3,1	140–210
Hecht	30000	2,5–3,0	120–155
Flußbarsch	100000	2,0–2,5	120–160
Karpfen	100000	1,2–1,5	60–70

In der Regel kümmern sich Fische nicht um ihre Nachkommenschaft, nicht wenige Fischarten betreiben allerdings Brutpflege. Es werden Nester gebaut (z. B. einfache Nester aus einem Pflanzenwall beim Wels, etwas aufwendiger gebaute Röhren-, Rund- oder Sandnester beim Stichling), die Brut wird bewacht (Wels, Stichling, Grundeln), oder die Eier werden in die Kiemenräume von Muscheln abgelegt (Bitterling).

Der im Ei heranwachsende Embryo ernährt sich von der Dottermasse, die er umwächst, bis schließlich der letzte Rest im Magen als sogenannter **Dottersack** eingeschlossen ist. Frisch geschlüpfte Jungfische schwimmen zunächst mit diesem Dottersack umher, aus dem sie für etwa eine Woche ihre Nahrung beziehen können. Jungfische mit Dottersack haben zuerst wenig Ähnlichkeit mit erwachsenen Fischen und werden daher als „Larven" bezeichnet. Im Rahmen einer **Metamorphose** (Umwandlung) erfolgt die Entwicklung zum erwachsenen Fisch. Larvale Organe (Dottersack, spezielle Haftorgane) verschwinden oder werden umgestaltet, Gestalt und Proportionen ändern sich während des Wachstums, und typische Adultorgane (z. B. Kopulationsorgane) werden entwickelt.

Die Wachstumsgeschwindigkeit der Jungfische ist vom Nahrungsangebot und von der Wassertemperatur abhängig. Bis zur Geschlechtsreife wachsen Fische am schnellsten, danach verringert sich der Gewichtszuwachs, da ein großer Teil der aufgenommenen Nährstoffe in den Aufbau der Geschlechtsprodukte Eier (Rogen) und Samen (Milch) investiert wird. Die Zunahme an Gewicht und Größe ist innerhalb eines Jahres nicht gleichmäßig. Im Winter wachsen Fische nur wenig oder überhaupt nicht,

Fischlarven mit Dottersack

während sie im Sommer meist schneller wachsen (besseres Nahrungsangebot, günstigere Wassertemperaturen). Diese jahreszeitlich bedingten Wachstumsunterschiede erkennt man an den Wachstumsringen der Schuppen.

Die Lebenserwartung eines Fisches hängt vielfach von der artbedingten Größe ab. Viele kleine Fischarten haben nur eine kurze Lebensdauer von wenigen Jahren, während große Fische bis über 100 Jahre alt werden können:

Elritze	3–6 Jahre
Bitterling	5 Jahre
Stint	5 Jahre
Aal	12 Jahre
Plötze	12 Jahre
Schleie	13–20 Jahre
Zander	14 Jahre
Rotfeder	19 Jahre
Sterlet	25 Jahre
Karpfen	50 Jahre
Stör	50 Jahre
Hausen	100 Jahre
Wels	100 und mehr Jahre

Für die meisten Karpfenfische liegt die Altersgrenze bei 10–20 Jahren, wenn sie nicht vorher gefangen oder gefressen werden oder an Krankheiten und Parasitenbefall eingehen.

Nach dem Ablaichen sterben viele Alttiere der Fischarten, die weite Laichwanderungen unternommen haben. Manche Lachse schaffen allerdings den Weg zurück ins Meer. Aale scheinen nach dem Ablaichen immer zu sterben, aber unser Wissen darüber ist noch zu gering.

Ernährung

Fische haben sich jeden aquatischen Ernährungsbereich erschlossen. Neben extremen Spezialisten gibt es Arten, die ein sehr breites Nahrungsspektrum ausnützen, und solche, deren Nahrung sich je nach Jahreszeit oder Körpergröße unterschiedlich zusammensetzt. Auch ist das Nahrungsspektrum der Fischlarven von dem der erwachsenen Fische meist verschieden.

Eine konsequente Einteilung in Ernährungstypen gibt es nicht, zumal die meisten Fischarten eine mehr oder weniger „gemischte Kost“ zu sich nehmen. Als Haupternährungsgruppen kann man Pflanzenfresser, Tierfresser und Allesfresser unterscheiden. Die Pflanzenfresser bilden die kleinste Gruppe; sie ernähren sich vom Phytoplankton, weiden Algenbewuchs ab oder befressen die jungen Triebe der Wasserpflanzen. Von den einheimischen Fischen ist nur die Rotfeder ein reiner Pflanzenfresser. Die meisten anderen Fische nehmen neben den pflanzlichen Stoffen auch Kleintiere (Kleinkrebse, Insektenlarven, Würmer, Schnecken) auf, die an den Pflanzen sitzen. Die Tierfresser lassen sich in Kleintierfresser (sogenannte „Friedfische“) und Großtierfresser (sogenannte „Raubfische“) unterteilen. Die Kleintierfresser sind weitaus in der Überzahl; sie fressen vor allem Insekten und deren Larven, Würmer, Schnecken, Muscheln, Kleinkrebse und viele andere Kleintiere. Die Großtierfresser ernähren sich überwiegend von Fischen, greifen jedoch auch andere kleine Wirbeltiere (Amphibien, Mäuse, kleine Wasservögel) an, wenn sich dazu eine Gelegenheit bietet.

Die Nahrung ist im Gewässer nicht gleichmäßig verteilt, sie muß gesucht und gefangen werden. Diese Problematik ergibt sich bereits für die Fischbrut, sobald sie schwimm- und freßfähig ist. Ihre Nahrung, die aus sehr kleinen Planktonorganismen (Algen, Kleinkrebse, Rädertiere) besteht, wird optisch wahrgenommen. Der Gesichtssinn ist auch später, bei den erwachsenen Fischen, das wichtigste Hilfsmittel; dies trifft besonders für Oberflächenfische (z. B. im Pelagial von Seen) zu. Bei Fischen, die sich hauptsächlich von Bodentieren ernähren, spielt der Gesichtssinn eine untergeordnete Rolle; hier sind die Tast- und Geschmackssinnesorgane im Kopf- und Mundbereich weitaus besser entwickelt. Viele Bodenfische (vor allem Schlammfresser) besitzen eine bis mehrere, unterschiedlich lange **Barteln**, die besonders dicht mit Geschmacksknospen besetzt sind. Nachttiere (Aal, Wels, Quappe) besitzen einen ausgeprägten Geruchssinn, mit dem sie ihre Beute aufspüren.

Entsprechend der Verschiedenartigkeit der Ernährungsweise gestaltet sich auch der Bau und die Bezahnung des Mundes bei den einzelnen Ernährungstypen. Viele Fische besitzen Zähne nicht nur auf dem Kieferknochen, sondern auch auf anderen Knochen der Mundhöhle, z. B. auf dem in der Mitte der oberen Mundhöhle sitzenden Pflugscharbein. Die Bezahnung ist dabei oft so typisch, daß man anhand des Pflugscharbeines eine Artbestimmung vornehmen kann. Fischfresser zeichnen sich durch eine weite und tiefe Mundspalte aus, die spitzen Zähne sind vorwiegend nach hinten gerichtet, so daß die Beute nach dem Ergreifen nicht mehr aus dem Maul rutschen kann.

Bei manchen Bodentierfressern (u. a. Brachsen, Stör) ist der Mund rüsselartig vorstreckbar, so daß aus dem Schlamm ganz gezielt Würmer und Insektenlarven aufgesaugt werden können.

Der Mund der Neunaugen ist zu einer Saugscheibe umfunktioniert; damit können sie sich an anderen Fischen festsaugen und mit ihrer kolbenartig verdickten Raspelzunge Körpergewebe und Blut abraspeln.

Fische, die den Algenbewuchs an Steinen und Pflanzen abweiden, besitzen eine scharfkantige, hornige Unterlippe; die Bezahnung des Mundes ist völlig rückgebildet. Auch die Planktonfresser sind in der Regel zahnlos; sie haben dagegen Kiemenreusen ausgebildet, die als dichte Filter eine Verschmutzung der zarten Kiemenblättchen durch die winzigen Nährtiere verhindern.

Fischnährtiere

Prinzipiell kommen alle im Süßwasser lebenden Tiere, sofern sie von den jeweiligen Fischen bewältigt werden können, als Fischnährtiere in Frage. Über die Breite des Nahrungsspektrums unserer einheimischen Fische wissen wir im allgemeinen gut Bescheid; trotzdem gibt es bei vielen europäischen Fischarten keine eingehenden Mageninhaltsuntersuchungen (qualitativ und quantitativ, regionale und jahreszeitliche Unterschiede).

In den europäischen Binnengewässern wurden etwa 15000 Tierarten festgestellt (Einzeller nicht mitgerechnet). Die mit weitem Abstand (fast 46%) artenreichste Tiergruppe ist die der Insekten (ca. 7000 Arten), gefolgt von den Rundwürmern (ca.

2200 Arten) und den Krebstieren (ca. 1800 Arten).

Insekten

Insekten nutzen alle ökologischen Nischen, die ein Gewässer zu bieten hat. Dementsprechend besetzen sie auch sehr viele Schlüsselpositionen in Nahrungsnetzen und im Stoffkreislauf der Gewässer. Meist sind es die Entwicklungsstadien (vor allem Larven), die spezielle Anpassungen an das Wasserleben zeigen, während die Vollinsekten (Imagines) vielfach reine Landtiere sind.

Eintagsfliegen (*Ephemeroptera*)

Die Imagines der Eintagsfliegen leben nur wenige Stunden bis Tage, die einzige Lebenstätigkeit dieses Entwicklungsstadiums besteht in der Fortpflanzung. Die Männchen treffen sich an warmen, trockenen Tagen in Ufernähe zum Paarungstanz; die dadurch angelockten Weibchen werden im Flug begattet. Die Eiablage erfolgt in fließende oder stehende Gewässer, wobei die Eier entweder im Flug dicht über der Wasseroberfläche abgeworfen oder durch Eintauchen der Abdomenspitze direkt ins Wasser abgegeben werden. Manche Bachbewohner kriechen auch ins Wasser und befestigen die Eier direkt am Substrat.

In Anpassung an unterschiedliche Gewässertypen kann man anhand der Körperform und Lebensweise der Larven vier ökologische Gruppen unterscheiden. Grabende Arten (u.a. *Ephemera*) besiedeln vor allem langsam fließende Gewässer mit Schlammgrund oder die Uferzone von Seen. Dort graben sie sich nach Maulwurfsart durch den Gewässergrund. Schwimmende Arten (z. B.

Gemeine Eintagsfliege, *Ephemera danica*

Cloëon) finden sich meist in pflanzenreichen, stehenden Gewässern. Die Schwimmbewegung erfolgt durch Auf- und Abschlagen des Hinterleibes. Strömungsliebende Larven (*Epeorus*) bewohnen Sturzbäche und andere schnell fließende Gewässer; sie sind lichtscheu und sitzen deshalb fast immer auf der Unterseite von Steinen. Ihr abgeplatteter Körper ist ideal an diesen Lebensraum angepaßt, sie können recht schnell laufen (auch seit- und rückwärts) und vermeiden es, zu schwimmen. Kriechende Larvenformen (z. B. *Habrophlebia*) halten sich am Grund der Gewässer auf; sie sind mit einem dichten Haarkleid bedeckt, das oft so stark mit Schlamm durchsetzt ist, daß man sie auf dem Untergrund kaum entdecken kann.

Larve der Eintagsfliege *Siphlonurus*

Die Larven besitzen wie die Imagines am Hinterende drei Schwanzfäden (in seltenen Fällen sind nur zwei Schwanzanhänge vorhanden) und können leicht mit Steinfliegenlarven verwechselt werden. Eintagsfliegenlarven tragen jedoch ihre Tracheenkiemen seitlich am Abdomen und haben nur eingliedrige Füße mit je einer Kralle.

Viele Arten sind heute durch Abwasserbelastung, Verbauung, Stau und Versauerung stark gefährdet.

Steinfliegen (*Plecoptera*)

Die dunkel oder schwarz gefärbten Imagines der Steinfliegen haben reduzierte Mundwerkzeuge und können keine feste Nahrung aufnehmen. Es sind träge Tiere, die nur selten und unbeholfen fliegen. Meist halten sie sich in Gewässernähe auf, sie sitzen auf Blättern und legen ihre Flügel in Ruhestellung waagrecht über dem Hinterleib zusammen. Nach der Paarung trägt das Weibchen seine Eier, die mit einem klebrigen Sekret an der Hinterleibsspitze zusammengeballt sind, noch eine Zeit mit sich herum. Taucht es die Hinterleibsspitze ins Wasser (während des Fluges oder beim Entlangkriechen am Ufer), löst sich der Eiballen auf, und die Eier sinken einzeln zu Boden.

Abgesehen von wenigen Arten, die in der Uferregion von Seen vorkommen, bevorzugen die Larven als Lebensraum fast ausschließlich kältere, schnell fließende, sauerstoffreiche Bäche und Flüsse. Auf Verschmutzungen jeglicher Art reagieren sie äußerst empfindlich.

Die Körperform der Larven ist schlank und flach, am Hinterleibsende sitzen stets nur zwei Schwanzanhänge, die lang fadenförmig und gegliedert sind. Im Gegensatz zu „zweischwänzigen“ Eintagsfliegenlarven sitzen die Tracheenkiemen der Steinfliegenlarven an der Unterseite des 1. Brustsegmentes, an den Seiten der Brust, zwischen den Beinen oder zwischen den Schwanzanhängen am Aftergebiet. Außerdem besitzen Steinfliegenlarven dreigliedrige Füße mit je zwei Krallen. Die Larven halten sich bevorzugt unter Steinen oder in den Moospolstern auf deren Leeseite auf; seltener sitzen sie auf den Steinen. Die Larven der kleineren Ar-

Larve einer Steinfliege

ten ernähren sich von Grün- und Kieselalgen oder zerfallendem pflanzlichen Material, die mittelgroßen bis großen Arten sind gefräßige Räuber, die allen möglichen kleinen Wassertieren nachstellen.

Libellen (*Odonata*)

Libellen sind sicher die auffälligsten Bewohner unserer Gewässerränder, deren eleganten und schnellen Flug wir nur bewundern können. **Kleinlibellen** haben einen langen und dünnen Hinterleib, die beiden Flügelpaare sind von gleicher Form und werden in Ruhestellung über dem Hinterleib zusammengelegt oder schräg abgespreizt gehalten; ihre Augen stoßen auf der Kopfoberseite nicht zusammen. Die **Großlibellen** besitzen einen kräftigen Hinterleib, Vorder- und Hinterflügel sind verschieden geformt (Hinterflügel an der Basis verbreitert), in Ruhelage werden die Flügel waagrecht vom Körper abgespreizt, und die großen Komplexaugen stoßen auf der Kopfoberseite zusammen. Libellen sind Räuber, die ihrer Beute (andere Insekten) im Flug nachjagen und sie auch in der Luft verzehren.

Larve einer Großlibelle

Fangmaske einer Libellenlarve

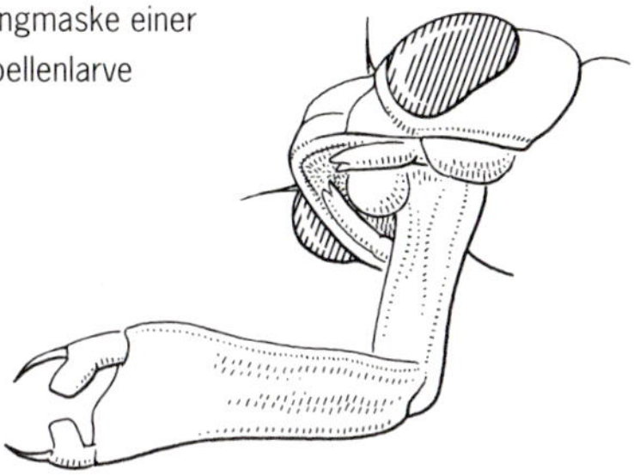

Diese beiden Unterordnungen lassen sich auch bei den Larven unterscheiden. Die schlanken Larven der Kleinlibellen tragen am Hinterende drei schlanke Blättchen, die als Ruderorgane zur Fortbewegung und außerdem als Tracheenkiemen der Atmung dienen. Den Großlibellenlarven fehlen diese Ruderblättchen, sie besitzen am Hinterende fünf Dornen. Beiden Gruppen gemeinsam ist die Fangmaske (die speziell umgebildete Unterlippe) und die der Atmung dienenden, in der Wand des Enddarmes sitzenden Tracheenkiemen; der Wasser- und damit der

Kleinlibellenlarve

Sauerstoffaustausch wird durch rhythmische Bewegungen des Enddarmes gewährleistet. Alle Libellenlarven sind Räuber, die ihrer Beute (Wasserinsekten, Kleinkrebsen, Würmern, Amphibienlarven und sogar Fischbrut) auflauern oder sich an sie anschleichen. Die Beutetiere werden durch blitzschnelles Vorschnellen der Fangmaske erfaßt, an die Kiefer herangezogen und zerstückelt.

Das Larvenleben kann zwischen einigen Monaten und etwa fünf Jahren betragen. Ist die Larve völlig ausgewachsen, häutet sich das letzte Larvenstadium direkt zum flugfähigen Insekt, der Imago. Dazu kriecht die Larve meist nachts oder früh morgens an einem Pflanzenstengel aus dem Wasser heraus, stellt von der Darmatmung auf die Luftatmung um und sprengt die Larvenhaut mit einem Längsriß auf. Die Libelle zwängt sich aus diesem Spalt heraus und braucht noch 1–2 Stunden, bis Körper und Flügel soweit erhärtet sind, daß sie zum ersten Flug starten kann.

Wasserläufer, *Gerris lacustris*

Stabwanze, *Ranatra linearis*

Wanzen (*Heteroptera*)

Wanzen sind Insekten, die man zunächst nicht mit dem Lebensraum „Wasser" in Verbindung bringt. Eine ganze Reihe von Arten (etwa 70 in Deutschland) hat sich jedoch an aquatische Lebensräume angepaßt, so daß man einige Familien als „Wasserwanzen" den echten Landwanzen gegenüberstellt. Eng mit den echten Landwanzen verwandt sind die Familien der „Wasserläufer" (Wasserläufer, Teichläufer, Bachläufer, Hüftwasserläufer, Zwergwasserläufer), deren Vertreter hauptsächlich auf der Oberfläche stehender oder langsam fließender Gewässer leben. Ihre Beine sind meist sehr dünn und lang (bei den Teichläufern alle drei Paare; bei den eigentlichen Wasserläufern sind die Vorderbeine kurz; bei den Bachläufern mittellang), und die Tiere sinken aufgrund der Oberflächenspannung des Wassers nicht ein. Ihre Nahrung besteht vorwiegend aus Insekten, die auf die Wasseroberfläche gefallen sind. Die Vertreter der Wasserwanzen im engeren Sinne (die Familien Ruderwanzen, Rückenschwimmer, Skorpionswanzen, Schwimmwanzen, Zwergrückenschwimmer und Grundwanzen) durchlaufen ihren gesamten Lebenszyklus, vom Ei bis zum Vollinsekt (Imago), im Wasser. **Stabwanze** und **Wasserskorpion** sind die einzigen mitteleuropäischen Vertreter der Skorpionswanzen. Beide Arten bevorzugen stehende und langsam fließende Gewässer mit dichtem Pflanzenbewuchs und atmen über ein langes Atemrohr, welches vom Hinterleibsende ausgeht und etwas über die Wasseroberfläche hinausragt. Die Vorderbeine sind zu Fangbeinen umgebildet; es sind Lauerräuber, die Insekten, deren Larven und sogar kleine Fische fangen.

Die sechs mitteleuropäischen **Rückenschwimmer**-Arten sind in stehenden Gewässern weit verbreitet und halten sich hauptsächlich in der obersten Wasserschicht auf. Zum Luftschöpfen wird die Hinterleibsspitze zur Wasseroberfläche gestreckt. Die Luft wird in zwei mit Haaren besetzten Luftrinnen an der Bauchseite des Hinterleibs aufgenommen. Dadurch erhält die Bauchseite einen starken Auftrieb, so daß die Tiere auf dem Rücken schwimmen. Der Ruderschlag erfolgt mit den langen Hinterbeinen, die mit jeweils ca. 3700 feinen Schwimmhaaren bedeckt sind. Ihr Nahrungserwerb ist räuberisch, gefressen werden hauptsächlich auf die Wasseroberfläche fallende und sich bewegende Insekten, aber auch am Boden aktiv gejagte Insekten, Kaulquappen und sogar kleine Fische.

Die über 40 Arten der europäischen **Ruderwanzen** besiedeln oft in großen Schwärmen Gewässer verschiedenster Art, vor allem stehende Gewässer mit Pflanzenbewuchs. Sie durchstoßen zum Luftschöpfen blitzschnell mit Kopf und Vorderbrust die Wasseroberfläche; der Luftvorrat wird dabei hauptsächlich unter den Deckflügeln, aber auch unter dem Halsschild und auf der Bauchseite transportiert. Durch die große Luftmenge haben die Tiere einen starken Auftrieb, schwimmen aber aufgrund der anderen Luftverteilung mit dem Rücken nach oben. Die Ernährung ist teils pflanzlich (Algen, abgesunkenes Pflanzenmaterial), teils tierisch (Insektenlarven, Würmer).

Ruderwanze

Alle Wanzen besitzen einen Stechrüssel, mit dem manche Wasserwanzen auch dem Menschen recht schmerzhafte Stiche zufügen können.

Schlammfliegen (*Megaloptera*)

Schlammfliegen sind holometabole Insekten, das heißt, ihre Entwicklung läuft über eine vollkommene Verwandlung (Metamorphose), die ein echtes Ruhestadium (Puppenstadium) umfaßt. Die sechs europäischen Arten gehören alle der Gattung *Sialis* an. Mit Ausnahme der im Wasser lebenden Larven

Larve der Schlammfliege *Sialis*

sind alle Stadien terrestrisch. Die Eier werden in ordentlichen Gruppen von einigen Hundert auf über das Wasser hängende Pflanzen abgelegt. Die schlüpfenden Junglarven fallen ins Wasser oder kriechen hinein. Die langen, beinähnlichen, gegliederten und behaarten Tracheenkiemen sitzen am Hinterleib. Am Körperende befindet sich ein langer, ebenfalls behaarter Endfaden. Die Larven bewohnen den Schlammgrund stehender oder langsam fließender Gewässer, von der Uferzone bis in 20 m Wassertiefe, wo sie sich mit ihren kräftigen, dolchartigen Mandibeln vor allem von Zuckmückenlarven, aber auch anderen Insektenlarven und Würmern ernähren. Zur Verpuppung kriechen sie im Frühling an Land und graben sich Löcher in den Boden. Nach einer Woche Puppenruhe schlüpft die Imago, die sich aus dem Erdboden herausarbeitet. Ihre beiden Flügelpaare sind bräunlich gefärbt und werden in Ruhestellung dachartig über dem Hinterleib zusammengelegt. Die Imagines sind nur in der Sonne lebhaft, fliegen aber selten.

Käfer (*Coleoptera*)

Käfer sind weltweit die artenreichste Ordnung der Insekten; weit mehr als 350 000 Arten sind beschrieben. Sie haben alle erdenklichen Lebensräume erobert, allerdings gibt es nur wenige Familien, die vollkommen zum Wasserleben übergegangen sind. Die artenreichste Familie der im Wasser lebenden Käfer in Mitteleuropa (etwa 150 Arten) sind die **Schwimmkäfer** (*Dytiscidae*). Sie sind optimal an das Leben im Wasser angepaßt. Ihr abgeflachter Körper bietet kaum Reibungswiderstand, Mittel- und Hinterbeine sind mit langen Schwimmhaaren versehen, die eine hohe Schubkraft ermöglichen (die Bewegung erfolgt synchron), und die Atmung wird über einen Luftvorrat unter den Flügeldecken bewerkstelligt. Auch die Larven atmen atmosphärische Luft, indem sie mit der Hinterleibsspitze den Wasserspiegel durchstoßen. Bei den Larven mancher Arten findet aber auch eine ausgedehnte Hautatmung statt. Sowohl Larven als auch Imagines sind Räuber, deren Beute sich aus allen möglichen Wassertieren zusammensetzt. Die Larven besitzen kräftige, dolchförmige Mandibeln, die sich in die Beute bohren. Dann wird Verdauungssekret injiziert, was den Körperinhalt des Beutetieres verflüssigt, und schließlich wird dieser „Saft“ aufgesogen.

Ein bekannter Vertreter ist der Gelbrandkäfer (*Dytiscus marginalis*). Wie bei allen Arten dieser Gattung sind die Flügeldecken der Männchen glatt, und die Vorderbeine tragen runde Saugnäpfe. Den Weibchen fehlen diese Saugnäpfe, und ihre Flügeldecken sind meist tief gefurcht. Mit den Saugnäpfen umklammert das Männchen bei der Paarung das Weibchen an den Seiten der Mittelbrust

Gelbrandkäfer

und bleibt oft 2–3 Tage mit dem Weibchen zusammen.

Die **Wasserkäfer** (*Hydrophilidae*) sind nur zu zwei Drittel echte Wassertiere, die bevorzugt pflanzenreiche Kleingewässer bewohnen. Das restliche Drittel hält sich mehr oder weniger am Gewässerrand auf. Im Vergleich zu den Schwimmkäfern ist ihr Körper relativ hochgewölbt, Mittel- und Hinterbeine sind nicht so dicht mit Schwimmhaaren versehen, und die Hinterbeine werden beim Schwimmen abwechselnd bewegt. Zum Luftholen wird die rechte oder linke Kopfseite zur Wasseroberfläche gestreckt; der kolbenförmige Fühler führt durch Vibrationen die Luft über eine feine Haarrinne an der Kopfseite zur Vorderbrust, wo sie wahrscheinlich in das Stigma eintreten kann. Zusätzlich wird die Luft an der behaarten Körperunterseite gesammelt, die dadurch silbrig glänzt. Während sich die Imagines fast ausschließlich von lebenden oder toten Pflanzenteilen ernähren, sind die Larven gefräßige Räuber.

Die in schnellen Kreisen oder Spiralen auf der Wasseroberfläche schwimmenden **Taumelkäfer** (*Gyrinidae*) kennt auch der Laie schon auf den ersten Blick. Die Bedeutung dieses eigentümlichen Verhaltens ist noch nicht geklärt; es dient wohl als Schutzverhalten vor Freßfeinden. Die Augen der Taumelkäfer sind durch die Fühler vollkommen in eine obere und untere Hälfte geteilt und der Lebensweise an der Grenzschicht Luft/Wasser angepaßt: Das obere Auge beobachtet den Luftraum, das anatomisch unterschiedliche untere Auge erfaßt den Unterwasserbereich.

Die Vertreter der beiden Familien der **Hakenkäfer** (*Dryopidae* und *Elmidae*) bewohnen schnell fließende, sauerstoffreiche Bäche und das Brandungsufer von Seen. Mit ihren kräftigen, hakenförmigen Klauen klammern sie sich an Steinen und Wasserpflanzen fest. Der Luftvorrat im Tracheensystem und im Haarkleid der Bauchseite reicht für die gesamte Lebenszeit unter Wasser; die Käfer brauchen nicht mehr zum Atmen an die Oberfläche zu kommen. Larven und Imagines weiden vor allem Algen auf Steinen und Wasserpflanzen ab, manche Larven graben auch Gänge in zerfallendem Holz. Die Verpuppung findet außerhalb des Wassers in Holz oder im Sand statt.

In pflanzenreichen stehenden oder langsam fließenden Gewässern sowie in der Uferregion von Seen kommen die **Wassertreter** (*Haliplidae*) vor. Es sind kleine, mehr oder weniger tropfenförmige Wasserkäfer, die mit ihren Beinen abwechselnd schwimmen bzw. eigentlich mehr „kriechen". Die Beine sind zwar behaart, besonders an den Fußgliedern, aber nicht zu typischen Schwimmbeinen umgebildet. Die Käfer können erstaunlich lange unter Wasser bleiben (Luftvorrat unter den Flügeldecken) und fressen hauptsächlich Algen, zu einem geringen Prozentsatz auch Kleinkrebse und Würmer.

Eine ziemlich artenreiche, fast ausschließlich an Gewässer gebundene Familie sind die **Langtasterkäfer** (*Hydraenidae*) mit fast 100 Arten in Mitteleuropa. Manche Arten kommen sogar in Salzwasserlachen in Küstennähe vor. Ihre Nahrung besteht im wesentlichen aus Algen. Ihr Name läßt sich von den extrem verlängerten Kiefertastern ableiten, die die kurzen, gekeulten Fühler an Länge weit übertreffen.

Köcherfliegen (*Trichoptera*)

Zusammen mit den Zweiflüglern stellen die Köcherfliegen die artenreichste Gruppe der wasserbewohnenden Insekten; in Europa kennt man rund 900 Arten, deren Larven fast ausschließlich in den verschiedensten Gewässern (von der Quelle bis zum Strom, vom Tümpel bis zum See) leben.

Sie sind nahe mit den Schmetterlingen verwandt, und die Imagines sehen „Motten"

Köcherfliegen-Larve in ihrem Gehäuse

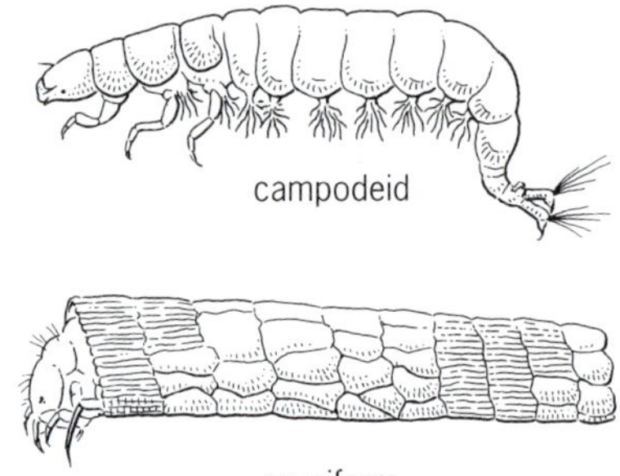

Grundlarventypen der Köcherfliegenlarven

sehr ähnlich, ihnen fehlt allerdings der typische Saugrüssel der Schmetterlinge. Die Flügel sind nicht mit Schuppen bedeckt, sondern mit feinen und meist anliegenden Haaren. In Ruhestellung werden sie dachartig über dem Hinterleib abgelegt. Die langen fadenförmigen Fühler werden nach vorne gestreckt. Die Mundwerkzeuge vieler Arten sind so verkümmert, daß sie keine Nahrung mehr aufnehmen können, andere können lediglich Wasser und Nektar auflecken. Im allgemeinen leben die Imagines nicht länger als 8–10 Tage.

Bei den Larven unterscheidet man nach der Kopfstellung zwei Haupttypen: Bei den eruciformen (raupenförmigen) Larven steht der Kopf senkrecht zur Körperachse, die Mundwerkzeuge sind nach unten gerichtet, und sie bauen einen Köcher. Die campodeiden Larven bauen meist keinen Köcher, ihre Kopfachse steht in Verlängerung des meist abgeflachten Körpers, die Mundwerkzeuge sind also nach vorne gerichtet.

Der Köcher schützt den Hinterleib der Larve und wird ständig mit umhergetragen; bei Gefahr kann sich die Larve völlig in ihn

Köcherfliege

zurückziehen. Die Grundlage des Köchers bildet eine Röhre aus Seidengespinst. Das Sekret stammt aus großen Spinndrüsen des Kopfbereiches oder der Schenkel aller oder einzelner Beinpaare, es erstarrt im Wasser zu einem elastischen Faden, der mit Hilfe der Mundwerkzeuge und Vorderbeine verwoben wird. Die Röhre wird durch angeklebte Steinchen, Sandkörnchen, Holz- und andere Pflanzenteile verstärkt. Mit dem Wachstum der Larve wird der Köcher immer größer; er wird auch während der 5–6 Häutungen nicht verlassen. Allerdings ist die Art und meist auch die Anordnung des Baumaterials nicht charakteristisch für eine Art. Es hängt vom Alter der Larve, ihrem Aufenthaltsort und der Jahreszeit ab, welches Material in welcher Bauweise verwendet wird. In der Regel sind die Köcher aber natürlich an den Lebensraum ihrer Baumeister angepaßt. Die eruciformen Larven sind Pflanzenfresser, die sich von Algen, Detritus und frischen Pflanzenteilen ernähren.

Die meisten Arten der campodeiden Larven bauen keinen festen Köcher; sie streifen als Räuber frei umher und ernähren sich von allen möglichen kleinen Wassertieren. Viele Arten legen aber einfache Gespinströhren an, an die sich ein gegen die Wasserströmung gerichtetes Fangnetz anschließt. Diese netzartigen Gespinste können als flache Tüten, posthornförmige Säcke oder Trichter ausgebildet sein. Die Larve wartet in der Gespinströhre, bis sich geeignete Beute, Algen und verschiedenste Kleintiere, im Netz verfangen hat.

Während noch viele Junglarven über die Haut atmen, erfolgt die Atmung der älteren

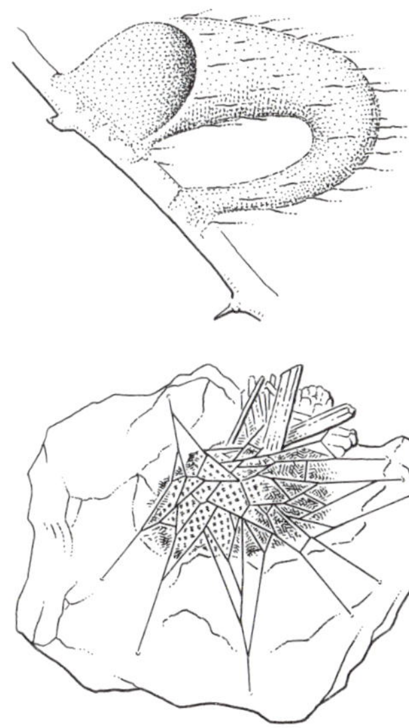

Netze von Köcherfliegenlarven

Larven über fadenförmige Tracheenkiemen, die am Hinterleib sitzen. Die Verpuppung findet im Köcher oder bei freilebenden Arten in geeigneten Verstecken unter Steinen oder

Wurzeln statt. Nach der Puppenruhe wird aktiv (schwimmend oder kriechend) die Wasseroberfläche erreicht, die Puppenhaut reißt dort auf, und die geflügelte Imago schlüpft aus.

Auch bei den Köcherfliegen sind viele Arten durch Abwasserbelastung, Uferregulierung, Entwässerung und Versauerung stark bedroht.

Zweiflügler (*Diptera*)

Im Wasser lebende Larven und Puppen der Zweiflügler treten in so großer Arten- und Formenfülle auf, daß nicht alle Familien behandelt werden können. Die Beschränkung auf die Zuckmücken, Stechmücken und Kriebelmücken ist rein willkürlich.

Die **Zuckmücken** (*Chironomidae*) sind wahrscheinlich die artenreichste Insektenfamilie der Binnengewässer. Weltweit sind 3700 Arten bekannt (man rechnet mit 10000 Arten), in Europa kommen ca. 1400, in Deutschland ca. 700 Arten vor. Sie treten nicht nur am Gewässergrund als Larven in ungeheuren Individuenzahlen auf, sondern bilden gelegentlich auch als Imagines Tanzschwärme, die schon mit Rauchsäulen verwechselt wurden. Es gibt so gut wie kein Gewässer oder Feuchtgebiet, das nicht mindestens von einer Zuckmückenart bewohnt wird. Ihr Aussehen ist dem einer Stechmücke ähnlich (Zuckmücken stechen aber nicht!), und die beim Sitzen nach vorne gehaltenen, ständig zuckenden Vorderbeine gaben der Familie den Namen.

Zuckmücke, *Chironomus plumosus*

Das Leben der völlig harmlosen Imagines dient ausschließlich der Fortpflanzung und dauert nur wenige Tage. Die Männchen besitzen dicht gefiederte, die Weibchen wenigborstige Fühler. Nach dem Schlüpfvorgang der Imagines bilden die Männchen oft riesige Schwärme, die sich in Gewässernähe tanzend auf und ab bewegen. Die die Schwärme anfliegenden Weibchen werden meist im Schwarmflug (oder auf Substrat) begattet. Die Eier werden in Form von Eiballen über der Wasseroberfläche abgeworfen, an Gegenstände auf der Wasseroberfläche angeheftet oder am Ufer abgegeben.

Die meisten Larven besiedeln den Gewässergrund, manche minieren in Pflanzen oder leben in feuchter Erde. Sie sind schlank, wurmförmig und besitzen kräftige Mandibeln; am vordersten Körpersegment sitzt ein Paar Stummelfüße, am letzten Segment ein Paar Nachschieber. Manche Arten haben vor den Nachschiebern Analschläuche ausgebildet, die als osmoregulatorische Organe der Ionenaufnahme aus dem Wasser (nicht als Atemorgane) dienen. Der Gasaustausch wird ausschließlich über die Hautatmung bewerkstelligt.

Die Färbung der Larven (weiß, gelblich, grün, hell- bis dunkelrot) ist nicht gruppen-

Zuckmückenlarve oder Rote Mückenlarve

spezifisch, eignet sich somit nicht (ausschließlich) zur „Artbestimmung“ und ist damit auch nicht bei der Gewässergütebeurteilung relevant. Auch in sehr gering bis mäßig belasteten Gewässern gibt es „rote“ Zuckmückenlarven, die keinesfalls als „Verschmutzungsanzeiger“ gewertet werden können.

Ähnlich den Köcherfliegenlarven fertigen viele Zuckmückenlarven Gespinströhren an, in die aber nie Steine oder Pflanzenteile eingebaut werden. Die meisten Arten ernähren sich von Algen, Detritus, frischem oder abgestorbenem Pflanzengewebe oder Holz; einige Arten sind Räuber, die keine Gespinströhren bauen, sondern frei umherziehen. Die Entwicklung erfolgt über vier Larvenstadien und kann in wenigen Wochen oder aber auch erst in einem bis mehreren Jahren abgeschlossen sein. Die Verpuppung erfolgt am Gewässergrund, frei oder in der Wohnröhre der Larve; vor dem Schlüpfen der Imago muß die Puppe aktiv (schwimmend) oder passiv (Luftansammlung zwischen Puppenhaut und Imago) die Wasseroberfläche erreichen. Die Imago schlüpft in wenigen Sekunden und fliegt davon.

Im Gegensatz zu den Zuckmücken zeichnen sich die **Stechmücken** (*Culicidae*) durch den Besitz eines Stechrüssels aus: Bei den Männchen sind die eigentlichen Stechborsten allerdings verkürzt, so daß sich der Rüssel nicht zum Stechen eignet. Die Weibchen sind zum Blutsaugen in der Lage; diese Blutmahlzeit ist nötig, um die Entwicklung und Reifung der Eier zu gewährleisten. Die Eiablage erfolgt bei der Gemeinen Stechmücke oder Hausmücke (*Culex pi-*

Stechmücke bei der Eiablage

Stechmückenlarve

piens) in kleine und kleinste stehende Gewässer (z. B. Regentonne). Das Weibchen klebt dabei ihre 200–300 Eier zu einem floßartigen Gebilde, dem sogenannten Mückenschiffchen, zusammen. Aufgrund eines Luftpolsters am unteren Eipol schwimmt es an der Wasseroberfläche. Die schlüpfende Junglarve sprengt mit einem am Kopf sitzenden Eizahn die Eischale und gleitet ins Wasser. Zum Luftholen muß die Larve immer wieder zur Wasseroberfläche schwimmen, wo sie in schräger Lage ihr Atemrohr – an dessen Spitze die beiden Öffnungen (Stigmen) des Tracheensystems sitzen – aus dem Wasser streckt. Die Larven ernähren sich von Detritus und Mikroorganismen, die eingestrudelt werden. Je nach Gewässertemperatur ist die Larvalzeit in ca. 1 Woche abgeschlossen; die Larve verpuppt sich, und die Puppe treibt an die Wasseroberfläche, wo sie mit zwei Atemhörnern der Vorderbrust Luft aufnehmen kann. Nach wenigen Tagen Puppenruhe schlüpft die Imago.

Larve der Kriebelmücke *Simulium*

Die Larven der **Kriebelmücken** (*Simuliidae*) leben ausschließlich in Fließgewässern, wo sie mit der Haftscheibe ihres Hinterleib-

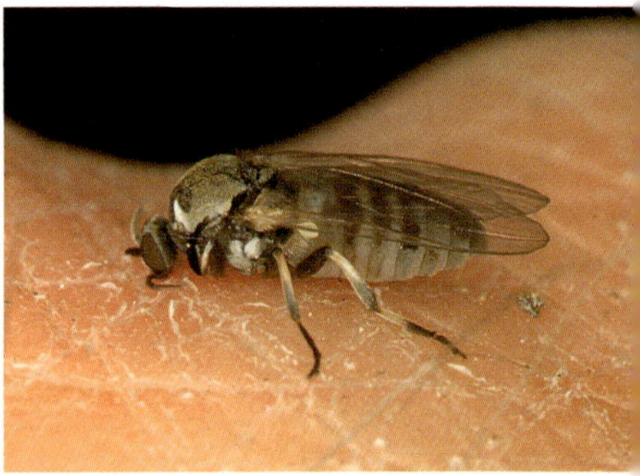

Kriebelmücke

endes oft in Massen auf Steinen oder Pflanzen festsitzen. Sie ernähren sich von Algen und Detritusteilchen, die sie mit ihrem gegen die Strömung gestellten, paarigen Borstenfächer aus dem Wasser filtern. Im 7. Larvenstadium wird ein tütenförmiges Gespinst angelegt, das als Puppengehäuse dient und dessen Öffnung von der Strömung abgewandt ist. Aus dieser Öffnung ragen zwei Büschel fadenförmiger Tracheenkiemen, die Atemorgane der Puppe. Die Imago, die beim Schlüpfen von einer Luftschicht umhüllt ist, steigt wie ein Ballon zur Wasseroberfläche und fliegt sofort ab.

Die nur bis 5 mm großen Imagines zeichnen sich durch eine gedrungene Körperform aus, die vor allem von der „buckelig" aufgewölbten Brust geprägt wird. Während die

Männchen keine Nahrung oder allenfalls Blütennektar aufnehmen, saugen die Weibchen Blut. Nach einem Stich kann es zu tagelangem, schmerzhaftem Juckreiz mit örtlichen Schwellungen kommen. Massenbefall kann bei Weidetieren zum Tod führen.

Weichtiere (Mollusca)

Muscheln und Schnecken bilden im Süßwasser die beiden wichtigen Klassen des Tierstammes Weichtiere. Gemeinsames Merkmal ist die Gliederung des Körpers in Kopf (fehlt allerdings den Muscheln), Fuß und Eingeweidesack. Im Eingeweidesack befinden sich die inneren Organe; er wird vom Mantel umhüllt, der bei gehäusetragenden Formen die kalkige Schale abscheidet.

Muscheln (*Bivalvia*)

Bei den Muscheln wird der Weichkörper links- und rechtsseitig von einer zweiklappigen Schale umschlossen. Muscheln stecken entweder mit Hilfe ihres Fußes im Substrat (Schlamm, Sand, Kies) oder sind mit sogenannten Byssusfäden (Ausscheidungen einer speziellen Drüse) an Steinen, Pfählen oder anderen Gegenständen befestigt. Kleine Arten, wie z.B. die Erbsenmuscheln, können auch auf Wasserpflanzen umherkriechen. Am Hinterende der Muschel liegen die Ein- und Ausströmöffnungen für das Atemwasser. Mit dem Atemwasser strömen durch die untere Öffnung auch Nahrungspartikel (Plankton, Detritus) in den Körper; durch die obere Öffnung treten das verbrauchte Wasser und mit ihm Exkremente und Geschlechtszellen wieder aus. Auf jeder Körperseite liegt eine Kieme, die nicht nur der Atmung dient, sondern deren schleimiges Flimmerepithel die Nahrungsteilchen aus dem Wasser fängt und zum Mund weiterleitet. Unter den Muscheln sind vor allem **Kugelmuscheln** (*Sphaerium*-Arten) und **Erbsenmuscheln** (*Pisidium*-Arten) wichtige Fischnährtiere. Kugelmuscheln sind zwittrig und lebendgebärend; die Samenzellen werden mit dem Atemwasser in den Körper geführt. Die befruchteten Eier entwickeln sich in Bruttaschen an den Kiemen; die Jungen verbleiben in den Kiemenhöhlen und werden erst nach einem Jahr ausgestoßen. Kugelmuscheln kommen in stehenden und langsam fließenden Gewässern vor. Eine ähnliche Biologie haben die 17 Arten der Erbsenmuscheln; einige Arten bewohnen auch die Tiefenregion von Seen.

Durch Schiffe wurde die Wandermuschel (*Dreissena polymorpha*) aus ihrer Ursprungsheimat (Zuflüsse des Kaspischen und Schwarzen Meeres) in weite Teile Europas verschleppt, wo sie in Seen und Flüssen (auch Brackwasser) vorkommt. Sie kann 5–10 Jahre alt werden.

Auch die **Flußmuscheln** (*Unionidae*) sind getrenntgeschlechtlich. Die Samenzellen des Artgenossen werden mit dem Atemwasser zu den Kiemen gebracht, wohin auch die Eier aus den Eierstöcken gelangen. Die Larven (Glochidien) werden ins freie Wasser ausgestoßen und heften sich entweder an den Flossen von Fischen an (bei Teichmuscheln) oder werden von den Fischen mit dem Mund aufgenommen und setzen sich in deren Kiemen fest (bei Gattung *Unio*, Flußmuscheln und *Margaritifera margaritifera*, Flußperlmuschel). Das Wirtsgewebe umwächst und ernährt die kleinen Parasiten für mehrere Wochen.

Flußperlmuschel

Die Flußperlmuschel kommt in schnell fließenden Bächen und Flüssen mit kalkarmem Wasser vor und ist sehr empfindlich gegen Verschmutzung. Sie kann echte Perlen bilden, wobei auf 100 Perlmuscheln gewöhnlich nur eine Perle kommt; nur jede achtzehnte davon ist durchschnittlich wertvoll.

Schnecken (*Gastropoda*)

Die Schnecken bilden eine sehr formenreiche Klasse mit marinen, limnischen und terrestrischen Vertretern. Die typisch gewundene Schale (Gehäuse) kann auch fehlen, reduziert oder napfförmig ausgebildet sein. Man unterteilt die Schnecken in die beiden Unterklassen Vorderkiemer (*Prosobranchiata, Streptoneura*) sowie Hinterkiemer und Lungenschnecken (*Euthyneura*).

Zu den Vorderkiemern zählen die Schneckenarten, die große und kräftige Gehäuse bilden; die Kiemen liegen vor dem Herzen. Unsere einheimischen Süßwasserarten atmen mit Hilfe einer kammförmigen Kieme und besitzen nur einen Herzvorhof (Ausnahme Schwimmschnecken, *Neritidae*). Neben den Schwimmschnecken zählen u.a. die Sumpfdeckelschnecken (*Viviparidae*), Federkiemenschnecken (*Valvatidae*), Schnauzenschnecken (*Bythiidae*) und Binnen-Zwergdeckelschnecken (*Hydrobiidae*) zu den Vorderkiemern.

Bei den Hinterkiemern und Lungenschnecken liegen die Atmungsorgane auf

Schlammschnecke

Gekielte Tellerschnecke, *Planorbis carinatus*

der rechten Seite hinter dem Herzen. Unsere einheimischen Vertreter gehören alle zur Ordnung **Wasserlungenschnecken** (*Basommatophora*), bei denen die Augen in der eigentlichen Kopfhaut, an der Basis der Augenfühler liegen (bei den Landlungenschnecken sitzen sie auf Stielen oder Tentakeln). Die Kiemen sind zurückgebildet, und die Mantelhöhle übernimmt die Funktion einer Lunge, das heißt, die Wasserlungenschnecken müssen von Zeit zu Zeit zum Luftholen an die Wasseroberfläche.

In stehenden und langsam fließenden Gewässern finden wir viele Vertreter der **Schlammschnecken** (*Lymnaeidae*). Es sind Weidegänger, die vor allem den Algenbelag von Steinen und Wasserpflanzen abraspeln, teilweise aber auch Aas und Laich verschiedenster Wassertiere fressen. Viele Arten können Trockenzeiten im Schlamm vergraben überdauern.

Die **Tellerschnecken** (*Planorbidae*) bewohnen hauptsächlich stehende Gewässer, aber zum Teil auch Fließgewässer mit geringer Strömung. Als Grundbewohner leben sie vom Detritus, als Weidegänger ernähren sie sich von Algen und abgestorbenen Pflanzenteilen. Oft hängen sie an der Unterseite des Wasserspiegels und fressen dort Algen und Detritus.

Durch ihre besondere Körperform – die mützenförmige Schale – ist die **Flußnapfschnecke** (*Ancylus fluviatilis*) ausgezeichnet an das Leben in schnellströmenden, vielfach reißenden Gewässern angepaßt. Sie saugt sich mit ihrer breiten Fußscheibe an Steinen fest und kommt nie an die Oberfläche. Ihre Lungenhöhle ist sogar völlig rückgebildet, denn in dem sauerstoffreichen Wasser ihres Lebensraumes hat sie ganz auf Hautatmung umgestellt.

Ringelwürmer (Annelida)

Neben den vielen Insektenlarven spielen im Süßwasser vor allem Vertreter der Ringelwürmer eine außerordentlich wichtige Rolle als Fischnährtiere. Zahlreiche Vertreter der Wenigborster (*Oligochaeta*) wären hier zu nennen, allein die Bestimmung dieser Arten bereitet größte Schwierigkeiten. Im Schlamm- und Sandboden stehender und fließender Gewässer finden sich die rötlich gefärbten Vertreter der **Schlammröhrenwürmer** (Familie *Tubificidae*, u.a. mit den Gattungen *Tubifex* und *Limnodrilus*). Sie wohnen in senkrechten, mit Schleim ausgekitteten Röhren. Das Vorderende dieser Tiere steckt in der Röhre, das Hinterende ragt aus der Röhre heraus und pendelt hin und her, um frisches Atemwasser heranzuführen. Die Atmung erfolgt über den Enddarm, in den das Wasser aufgenommen wird. Sie können auch eine zeitweilige Sauerstoffzehrung überstehen. Ist das Gewässer stärker orga-

Schlammröhrenwürmer *Tubifex*

nisch belastet, bilden diese Würmer oft große Kolonien (mehrere Hunderttausend pro m²). *Tubifex* werden auch als Lebendfutter für Aquarienfische verkauft.

Krebstiere (Crustacea)

Die Krebstiere sind die dominierende Klasse der Gliederfüßer (*Arthropoda*) im Meer. Erstaunlich viele Arten finden sich aber auch im Süßwasser, wohingegen nur wenige Arten zu echtem Landleben übergegangen sind. Neben Wasserasseln und Flohkrebsen sind es vor allem Krebse des tierischen Planktons, die als Fischnahrung enorme Bedeutung haben. Im Süßwasser vorkommende Arten gehören im wesentlichen zu den folgenden Unterklassen.

Blattfußkrebse (*Phyllopoda*)

Die bekanntesten Vertreter der Blattfußkrebse dürften die Wasserflöhe (*Cladocera*) sein; im Durchschnitt bis zu 2 mm große Kleinkrebse, die sich vor allem in stehenden Gewässern als Filtrierer von „Geschwebe“ (Bakterien, Algen, Einzeller, Detritus) ernähren. Aus einer zweiklappigen Schale (Carapax) ragt nur der Kopf mit den langen zweiten Antennen heraus; sie dienen als Schwimmorgan. Nur wenige Wasserflöhe sind Räuber mit einem umgewandelten Körperbau. Die blattartig abgeflachten Brustbeine strudeln die Nahrung heran und leiten sie zur Mundöffnung. Bei den Wasserflöhen wechselt eine eingeschlechtliche Vermehrung (Parthenogenese) mit einer bisexuellen Fortpflanzung ab (= Heterogonie). Aus unbefruchteten Jungferneiern (Sommer- oder Subitaneier) entwickeln sich zunächst nur Weibchen, die sich wiederum auf die gleiche

Wasserfloh, *Daphnia magna*

Weise vermehren. Aus derartigen Sommereiern können, wenn die Lebensbedingungen schlechter werden, aber auch parthenogenetisch Männchen und Weibchen entstehen, die sich paaren und Dauereier bilden. Diese Dauereier (Winter- oder Latenzeier) sind dotterreich und entwickeln sich nach längerer Ruhepause ausschließlich zu Weibchen. Oft kann man die Dauereier in einer Bruttasche am Rücken des Weibchens erkennen; da sie wie ein dunkler Sattel aussehen, werden sie als „Ephippium“ bezeichnet. Ephippien können lange an der Wasseroberfläche treiben, bleiben dann oft im Gefieder von Wasservögeln hängen und werden so in andere Gewässer verschleppt.

Ruderfußkrebse (*Copepoda*)

Die Ruderfußkrebse oder Hüpferlinge sind immer mit den Wasserflöhen vergesellschaftet. Nach Bewegungsweise und Ökologie kann man Schweber, Schwimmer und Schlängler (Schlammgrundbewohner) unterscheiden. Die ersten Antennen (Antennulae) der Schweber sind mindestens so lang wie der Körper und werden seitlich ausgestreckt, um die Sinkgeschwindigkeit zu verringern. Für weiteren Auftrieb sorgen zahlreiche Ölkugeln im Körper. Die schwebenden Hüpferlinge (z. B. *Diaptomus*) sind Strudler, deren Mundwerkzeuge und 2. Antennen (Antennae) über 1000mal in der Minute hin und her schlagen können, um Mikroorganismen herbeizuführen. Die Antennulae der schwimmenden, der „echten" Hüpferlinge (z. B. *Cyclops*), sind kaum halb so lang wie der Körper. Sie schwimmen allein mit ihren Brustbeinen, die in der Sekunde bis zu 60mal vor und zurückschlagen, und erzeugen so die ruckartigen Hochschnellbewegungen. Die Steuerung erfolgt über Hinterkörper, Schwanzgabel und Fühler und ermöglicht so jede Schwimmrichtung. Nur einige am Boden lebende Arten sind Schlängler (z. B. *Canthocamptus*), die einen eher wurmförmigen, beweglichen Körper haben, der ein Kriechen unter seitlichem Schlängeln erlaubt.

Hüpferling, *Megacyclops viridis*

Alle drei Gruppen vermehren sich ausschließlich durch befruchtete Eier, die vom Weibchen in Eisäcken noch einige Zeit am Hinterkörper umhergetragen werden. Auch hier sichern Dauereier die Fortpflanzung während ungünstiger Umweltbedingungen (z. B. Eintrocknen, Temperaturveränderungen oder starke Verkrautung, die ein pelagisches Leben im Plankton für längere Zeit unterbinden).

Malacostraca

Die *Malacostraca* sind mit knapp 28000 Arten die artenreichste Unterklasse der Krebstiere. Ihre Körpergliederung setzt sich aus Kopf, Brust und Hinterleib (Pleon) zusammen; die Körpergestalt ist im allgemeinen langgestreckt, kann aber auch stark abgewandelt sein.

Die **Bachflohkrebse** (Gattung *Gammarus*) liegen meist seitlich auf dem Gewässergrund, mit bogenförmig gekrümmter Körperhaltung; fast immer laufen sie auch in dieser seitlichen Lage. Bachflohkrebse kommen von Quellen über Flüsse bis in Seen vor; die meisten Arten bevorzugen allerdings fließende Gewässer und stellen gewisse Ansprüche an Sauerstoffgehalt und Wasserqualität. Ihre Nahrung besteht aus verwesendem pflanzlichen Material, zum Teil auch aus kleinen Wassertieren. Alle Arten sind getrenntgeschlechtlich und betreiben Brutpflege. Die Eier liegen in einem Brutraum (Marsupium), in dem auch die Jungtiere nach dem Schlüpfen noch einige Tage verbleiben.

Bachflohkrebs, *Gammarus*

Wasserassel, *Asellus aquaticus*

In Höhlengewässern, im Grundwasser, in Brunnen und Quellen kommen die weißlich durchscheinenden Arten der Brunnen- oder Höhlenflohkrebse (Gattung *Niphargus*) vor; ihre Augen sind rudimentär oder fehlen völlig.

Von der artenreichen und ökologisch sehr vielseitigen Ordnung der Asseln (*Isopoda*) kommt im Süßwasser (in Mitteleuropa) nur die **Wasserassel** (*Asellus aquaticus*) vor. Das bis zu 12 mm lange Tier bewohnt alle Gewässertypen mit Ausnahme schnell fließender Bäche, sofern genügend zerfallende pflanzliche Substanz vorhanden ist. Während der etwa 8 Tage dauernden Paarung bleibt das größere Männchen auf dem Rücken des Weibchens sitzen; zur eigentlichen Kopulation legen sich die Partner mit ihren Bauchseiten aneinander. Die ausgeschlüpften Jungen bleiben noch bis zu 6 Wochen in einem aus den Gliedmaßen gebildeten Brutsack des Weibchens.

Die **Flußkrebse** bilden eine eigene Familie innerhalb der Krebstierordnung *Decapoda* (Zehnfüßer). In Europa sind fünf Arten vertreten: Edelkrebs (*Astacus astacus*), Sumpfkrebs (*A. leptodactylus*), Steinkrebs (*A. torrentium*), Dohlenkrebs (*A. pallipes*) und *Astacus pachypus*; letzterer ist auf die Küstengebiete des Schwarzen und Kaspischen Meeres beschränkt. Der „Amerikanische Flußkrebs" (*Oronectes limosus*; die Gattung ist in Nordamerika mit über 60 Arten vertreten und gehört zur Familie *Cambaridae*) wurde 1890 in Europa als Ersatz für den durch die Krebspest fast ausgestorbenen Edelkrebs ausgesetzt. Er ist immun gegen diese Pilzerkrankung, verträgt auch relativ verschmutztes Wasser und ist im zentralen

Flußkrebs

Europa inzwischen weit verbreitet. Der Edelkrebs ist der größte europäische Flußkrebs (bis über 20 cm; normalerweise 12–16 cm); er bevorzugt saubere Fließgewässer mit hohem Sauerstoffgehalt sowie busch- und baumbestandenen Ufern; auch die Uferzone sauberer Seen wird besiedelt. Tagsüber versteckt er sich in Löchern und Spalten von überhängenden Ufern, die er selbst anlegt bzw. erweitert und vertieft. Nachts geht er auf Nahrungssuche und frißt alles, was er bewältigen kann: Insekten, Würmer, Weichtiere, Fischlaich und kranke, verletzte Fische. Flußkrebse haben unter den Fischen einige Feinde, vor allem Aal und Rutte, aber auch Barsch, Hecht, Schied, Wels und andere stellen den Krebsen nach.

Fischfeinde und andere Gewässertiere

Einige größere Fischnährtiere können für Fischlaich und Jungfische gefährlich werden; dieser Feinddruck sollte aber keinesfalls überschätzt werden. In einem natürlichen Gewässersystem entsteht für die Fischfauna dadurch kein Schaden.

Von Spinnen als Wassertieren war bisher noch nicht die Rede; die einzige in Europa zeitlebens unter Wasser lebende Spinne ist die Wasserspinne (*Argyroneta aquatica*). Die Anpassung der Wasserspinne an das Wasserleben ist gering; im Vergleich zu Landspinnen besitzt sie allerdings ein besser entwickeltes Tracheensystem, ein dichteres Haarkleid sowie einen leistungsfähigeren Spinnapparat. Sie lebt gesellig in stehenden und langsam fließenden Gewässern, die sauber und sauerstoffreich sein müssen, und sie bevorzugt reiche Wasserpflanzenbestände. Zum Atmen benötigt sie atmosphärische Luft, die sie von der Wasseroberfläche holt, im dichten Haarkleid nach unten transportiert und in ihr taucherglockenartiges Wohnnetz einfüllt. Wasserspinnen ernähren sich von Insektenlarven, Kleinkrebsen und anderen Wirbellosen.

Die Listspinne (eine Raubspinne) und der

Wolfspinne mit erbeutetem Fisch

Libellenlarve mit Beute

Stabwanze mit Hechtlarve

Wasserjäger (eine Wolfsspinne) führen nur eine eng an das Wasser gebundene Lebensweise; sie können auf der Wasseroberfläche laufen und bei Gefahr auch untertauchen. Die vorwiegend Insekten jagende Listspinne fängt selten Kaulquappen und Fischbrut.

Libellenlarven ergreifen die Beute mit ihrer Fangmaske, die blitzschnell hervorschnellt, das Beutetier packt und zu den Kiefern zurückzieht. Großlibellenlarven erbeuten auch Kaulquappen und Fischbrut.

Die Stabwanze ist ebenfalls kein typischer Fischjäger, kann aber durchaus Jungfische erbeuten. Der Beutefang wird optisch durch ein sich näherndes Beutetier von bestimmter Größe, Bewegungsform und -geschwindigkeit ausgelöst. Der blitzschnelle Fangschlag erfolgt meist nur mit einem Bein; das zweite Fangbein hilft mit, die Beute zum Rüssel zu führen.

Die Ringelnatter lebt bevorzugt an verschiedensten Gewässern wie Tümpeln, Weihern, Teichen, Seen, Bächen und Mooren, gelegentlich kommt sie auch in Wäldern vor, im Gebirge kann man sie bis zu einer Höhe von 2300 m beobachten. Es ist eine scheue und ungiftige Schlange, die bei Störung sofort in ihren Schlupfwinkel verschwindet oder ins Wasser abtaucht. Sie ernährt sich hauptsächlich von Fröschen, Molchen, Kröten und deren Larven, gelegentlich werden Fische, Eidechsen und Mäuse gefressen.

Der Eisvogel ist in unserer Vogelwelt

Eisvögel ernähren sich nicht nur von Fischen, sondern auch von Insekten und deren Larven.

Der Graureiher, als „Fischreiher“ oft verfolgt, vertilgt unter anderem auch Wühlmäuse, Frösche und Insekten.

schon recht selten geworden. Er brütet in fast ganz Europa an fließenden und manchmal auch stehenden Gewässern mit Steilufern, Sandgruben, gelegentlich auch in Böschungen mitten im Wald. Sein Lebensraum wird allerdings immer enger, und nach strengen Wintern kann die Population stark dezimiert sein. Als Stoßtaucher jagt er von erhöhter Warte aus Insekten, Köcherfliegenlarven und bis zu 10 cm große Fische.

Der fast 1 m große Graureiher frißt vorwiegend Fische, nimmt aber auch Mäuse, Frösche, Lurche und Wasserinsekten als Nahrung zu sich; überhaupt ist er nicht wählerisch. Meist steht er mit vorgestrecktem Hals im flachen Wasser und wartet regungslos auf seine Beute, auf die er dann blitzschnell und zielsicher zustößt. Graureiher wurden lange Zeit intensiv verfolgt, jetzt unterliegen sie dem Jagdgesetz und dürfen nur zu bestimmten Zeiten gejagt werden.

Kein Vogel füllte in letzter Zeit die Schlagzeilen der Medien so oft wie der Kormoran. Sie siedeln vor allem an der Ostsee, viele Tiere (vor allem aus Skandinavien) überwintern jedoch im Süden Deutschlands. Zur Zeit brüten etwa 15000 Paare in Deutschland, verteilt auf 60 Kolonien (im gesamten Nord- und Ostseeraum sind es ca. 100000 Brutpaare, in Europa – inklusive der Schwarzmeerpopulation – rechnet man mit 150000 Brutpaaren). Kormorane sind Schwimmtaucher, die unter Wasser Fische mit ihrem Hakenschnabel ergreifen und an der Oberfläche

Kormorane fangen vor allem Kleinfische.

kopfvoran verschlingen. Zur Sicherstellung seiner Ernährung und um seine Brut satt zu bekommen, sind pro Tag 400–500 g Fisch nötig. Allerdings sind Kormorane keine „Feinschmecker“; zu 90 % besteht ihr Speisezettel nicht aus Edelfischen, sondern aus Plötze, Döbel, Kaulbarsch, Schleie, Karpfen und Flußbarsch. Ein gesunder Fischbestand kann die „Nutzung“ durch den Kormoran ohne weiteres verkraften.

Die Wasseramsel frißt bevorzugt Insektenlarven, die am Grunde schnellfließender Bäche und Flüsse leben. Dazu stürzt sie sich ins Wasser und „rudert" mit ihren kurzen Flügeln gegen die Strömung; ist diese sehr stark, werden auch die Füße mit den kräftigen Krallen eingesetzt, um die Standfestigkeit zu erhöhen. Sie brütet überwiegend an Fließgewässern im Bergland, wo sie auch im Winter ausharrt.

Wasser- und Sumpfspitzmaus ernähren sich von Wasserinsekten, deren Larven, Würmern, Schnecken, Kleinkrebsen, Amphibien und deren Laich sowie Jungfischen. Die Wasserspitzmaus ist ein hervorragender Schwimmer und Taucher und entsprechend an diese Lebensweise angepaßt: Das dichte, samtartige Fell ist wasserabweisend, die Ohrmuscheln sind im Fell versteckt, die Schwanzunterseite besitzt einen Borstenkiel, und auch die großen Hinterfüße tragen am Außenrand einen Schwimmborstensaum.

Als größtes europäisches Nagetier erkennt man den Biber an seinem breiten, abgeplatteten, mit Schuppen bedeckten Schwanz („Kelle"). Die Zehen der Hinterfüße sind durch Schwimmhäute verbunden, Ohren und Nase sind während des Tauchens verschließbar. Der Biber wurde durch die menschliche Verfolgung fast ausgerottet, so daß sich nur wenige Populationen in eng begrenzten Gebieten halten konnten. Seit einiger Zeit wurden sie in verschiedenen europäischen Ländern wieder ausgesetzt. Biber bewohnen langsam fließende und stehende Gewässer mit reichem Uferbewuchs aus Weichhölzern (Weiden, Erlen, Pappeln, Birken usw.). Die Gewässertiefe muß 1,5–2 m betragen, und das Gewässer darf im Winter nicht bis zum Grund zufrieren. Der Wasserstand wird durch Dammbauten so reguliert, daß der Eingang der Biberburg

Die Bisamratte, ein Beispiel für eine erfolgreiche Einwanderung.

ganzjährig unter Wasser liegt, wodurch ein Eindringen anderer Tiere verhindert wird.

Auf den ersten Blick könnte man die Bisamratte mit dem Biber verwechseln, allerdings ist die Bisamratte weniger als halb so groß. Der Schwanz ist nicht kellenförmig, sondern seitlich zusammengedrückt; die Zehen der Hinterfüße haben Schwimmborstensäume. Die ursprünglich aus Nordamerika stammende Bisamratte wurde um 1905 bei Prag ausgesetzt und hat sich seither über ganz Mitteleuropa bis nach Frankreich, Finnland und Schweden ausgebreitet. Diese Ausbreitung muß kritisch betrachtet werden, denn die Bisamratte stört bei hoher Populationsdichte durch ihre Fraß- (Schilf, Rohrkolben, Binsen und andere Wasserpflanzen) und Wühltätigkeit (Ufereinstürze) die Ökologie dieser Standorte.

Der Fischotter ist der größte einheimische Marder und war vor kurzem noch unmittelbar vom Aussterben bedroht. Als Fischfresser wurde er jahrzehntelang gnadenlos verfolgt; Fluß- und Bachregulierungen sowie die zunehmende Wasserverschmutzung taten ein übriges. Sein Nahrungsspektrum ist sehr vielseitig: Neben Fischen frißt er Frösche, Kleinsäuger bis Kaninchengröße, Muscheln, Schnecken, Wasservögel, Krebse und Wasserinsekten.

Krankheiten und Parasiten

Krankheiten und Parasiten bei Fischen zu erkennen ist nicht einfach, zumal heute in zunehmendem Maße die Zusammenhänge zwischen Umwelt und Körperverfassung zu berücksichtigen sind. Der Fisch ist ein Glied einer bestimmten Lebensgemeinschaft, und schon die geringste Störung des darin enthaltenen Gleichgewichtes kann zum Ausbruch einer Schädigung oder Krankheit führen. Anhand der „Verursacher" soll dieses Kapitel in Infektionskrankheiten (hervorgerufen durch Viren, Bakterien und Pilze), Parasitosen (verursacht durch verschiedenste Parasiten) und umweltbedingte Schäden unterteilt werden. Die Darstellung einzelner Krankheiten und Parasiten muß auf eine Auswahl beschränkt bleiben.

Infektionskrankheiten

Fischkrankheiten, die durch Viren hervorgerufen werden, lassen sich von denen, die durch Bakterien bedingt sind, nur schwer trennen. Bakterielle Erkrankungen sind bei Fischen relativ häufig, nicht selten kommt es zu Mischinfektionen.

Die **Forellenseuche** (Virale Hämorrhagische Septikämie, VHS) ist eine schwere Stoffwechselschädigung der Forellen, die meist tödlich endet. Die erkrankten Fische zeigen als unspezifische Allgemeinsymptome eine dunkelbraune Verfärbung oder Erblassung des Körpers, Glotzaugen und eine fleckenartige Entzündung der Haut. Alle Eingeweide sind entzündet, die Schwimmblase füllt sich mit Blut, die Niere schwillt an, die Leber färbt sich gelb, und es kommt zu Blutungen in der Muskulatur und dem Fettgewebe.

Versuche zur medikamentösen Behandlung befinden sich noch in der Entwicklung: Beste Prophylaxe ist die isolierte Haltung gesunder Forellenbestände.

Die **Blumenkohlkrankheit** tritt beim Aal und bei der Laube auf; sie äußert sich in blumenkohlartigen Epithelwucherungen an Ober- und Unterkiefer.

Unter den Karpfenzüchtern wird die **Infektiöse Bauchwassersucht (IBW)** am meisten gefürchtet. Die Symptome sind die Ansammlung von wäßriger, blutig-wäßriger oder eitrig-wäßriger Flüssigkeit in der Leibeshöhle und damit einhergehend die Auftreibung des Leibes in der Bauchregion; Geschwüre und Flossenschäden sind die Folgeerscheinungen. Die Krankheit basiert wohl auf einer Virusinfektion, gefolgt von einer bakteriellen Superinfektion durch *Aeromonas punctata*. Eine medikamentöse Behandlung mit Antibiotika und die Beimischung von Antigenen von *Aeromonas punctata* ins Futter ist möglich.

Unter dem Begriff **Fleckenseuche** kann man eine ganze Gruppe von Erkrankungen zusammenfassen, die ähnliche Symptome besitzen und durch verschiedene Erreger hervorgerufen werden. Die Fleckenseuche wurde bei zahlreichen Süßwasserfischen beobachtet, besonders Hechte sind recht anfällig. Die erkrankten Fische weisen in der Haut fleckenartige (runde, ovale oder längliche) Entzündungsareale bzw. weißgraue Nekrosen auf, die sich unter Abschilferung der Schuppen auch flächig ausdehnen können. Schließlich können auch Geschwüre entstehen, die äußerlich zwar flach sind, aber bis in die Muskulatur hineinreichen. Als Erreger kommen die Bakterien *Pseudomonas fluorescens* und *Aeromonas punctata* sowie Viren in Betracht. Diese Erreger sind auch für die Süßwasser-Aalseuche verantwortlich, die ähnliche Symptome zeigt, oder rufen mit weiteren Bakterien die Flossenfäule hervor, die zu Entzündungen, Ausfasern oder gar Abfallen von Flossen führt.

Pilzkrankheiten (Mykosen) werden vor allem durch Algenpilze (*Phycomycetes*) hervorgerufen und siedeln sich oft im Gefolge von Hautentzündungen an; *Saprolegnia* und *Achlya* sind die Verantwortlichen solcher Ektomykosen.

Ichthyosporidium gilt als Erreger der Taumelkrankheit der Forellen, einer Endomykose, die weltweit auftritt (auch im Meer oder tropischen Gewässern).

Von Pilzen der Gattung *Brachiomyces* wird die **Kiemenfäule** hervorgerufen, die in zwei Formen auftritt: Bei der Karpfenkiemenfäule (u.a. auch bei Schleie, Giebel, Stichling, Wels und Aal) zeigen die erkrankten Fische blutunterlaufene oder durch Nekrosen auffallend fleckige Kiemen. Beim Abheilungsprozeß werden diese Stellen später abgestoßen, so daß die Kiemenblattreihen Lücken aufweisen. Bei der Hecht- und Schleienkiemenfäule (auch beim Wels und bei Coregonen) treten richtige Pilzschläuche auf, die das Wirtsgewebe verdrängen und zu Blutstauungen sowie Gefäßveränderungen führen und schließlich nach außen durchbrechen. In Teichanlagen kann mit Kupfersulfat desinfiziert werden.

Parasitosen

Zahlreiche Einzeller können bei Fischen schwere Erkrankungen hervorrufen oder als Schwächeparasiten im Gefolge bereits vorhandener Krankheiten auftreten.

Die **Weißpünktchen-** oder **Grieskörnchenkrankheit** (Ichthyophthiriosis) wird durch den Ciliaten (Wimpertierchen) *Ich-*

Weißpünktchenkrankheit an einem Feuermaulbuntbarsch (Aquarienfisch)

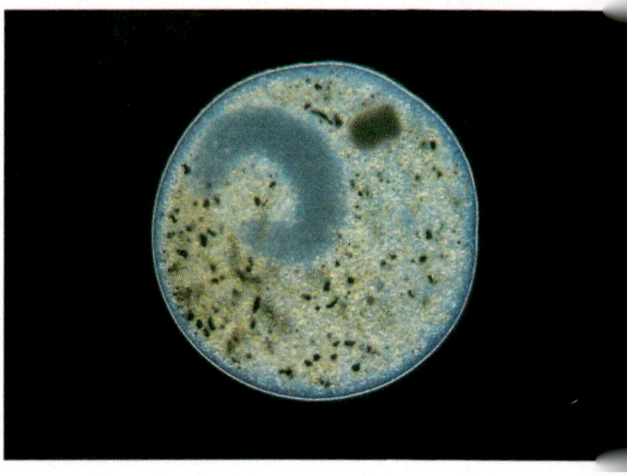

Der Einzeller *Ichthyophthirius multifiliis*, der Erreger der Weißpünktchenkrankheit.

thyophthirius multifiliis hervorgerufen. Aus einer am Boden befindlichen Cyste werden bewimperte „Schwärmer“ entlassen, die die Fische befallen und sich sofort durch die Oberhaut bohren. Zwischen Ober- und Lederhaut setzen sie sich fest und kugeln sich ab. Als Reaktion bildet die Haut eine Wucherung, die sich über dem Parasiten emporwölbt und so das Aussehen eines weißen Pünktchens hat. Stark erkrankte Fische sind mit diesen Pünktchen übersät. Der abgekugelte Parasit wächst heran, indem er sich von Gewebesäften und abgelösten Epithelteilchen ernährt. Hat er seine endgültige Größe erreicht, bohrt er sich durch die Haut nach außen, sinkt zu Boden und umgibt sich mit einer gallertartigen Hülle. In dieser Cyste erfolgen fortlaufende Zellteilungen, wobei schließlich bis zu 1000 „Schwärmer“ gebildet werden, die wiederum Fische befallen, womit der Kreislauf geschlossen wäre.

Eine große Anzahl von Fischparasiten gehört zur Sammelgruppe „Würmer“, die von den Tierstämmen *Plathelminthes* (Plattwürmer), *Acanthocephala* (Kratzer), *Nemathelminthes* (Schlauchwürmer) und *Annelida* (Ringelwürmer) gebildet wird. Sie sind für die sogenannten Helminthosen (Wurmkrankheiten) verantwortlich.

Posthodiplostomum cuticola, ein Vertreter der *Trematoda* (Saugwürmer), ist der Verursacher der **Schwarzfleckenkrankheit**. Die Metacercarien dieses Saugwurmes rufen schwarz pigmentierte Cysten in Haut und Muskulatur des Rumpfes und der Flossen hervor. Befallen werden vor allem junge Cypriniden sowie Barsch, Kaulbarsch und Renken. In der Entwicklung dieses Parasiten sind Schnecke und Fisch die beiden Zwi-

Schwarzfleckenkrankheit

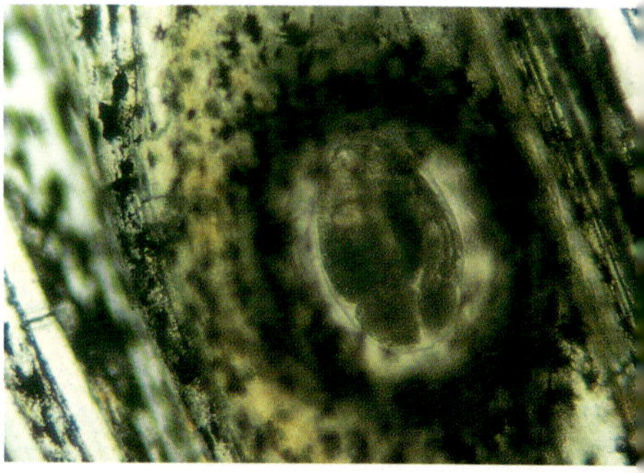

Metacercarie des Verursachers der Schwarzfleckenkrankheit zwischen Flossenstrahlen.

schenwirte, Endwirte sind Wasservögel (z. B. Graureiher, Eisvogel).

Der gefürchtetste Bandwurm ist der **Hechtbandwurm** (*Triaenophorus nodulosus*), bei dem der Fisch (am häufigsten der Hecht) sowohl Zwischen- als auch Endwirt ist. Der adulte Bandwurm entläßt die Eier, aus denen das Coracidium schlüpft; es kann drei Tage im Wasser leben und muß in dieser Zeit vom ersten Zwischenwirt, einem Ruderfußkrebs (*Cyclops, Diaptomus*), aufgenommen werden. Es wandert in dessen Leibes-

Entwicklungskreislauf des Hechtbandwurms

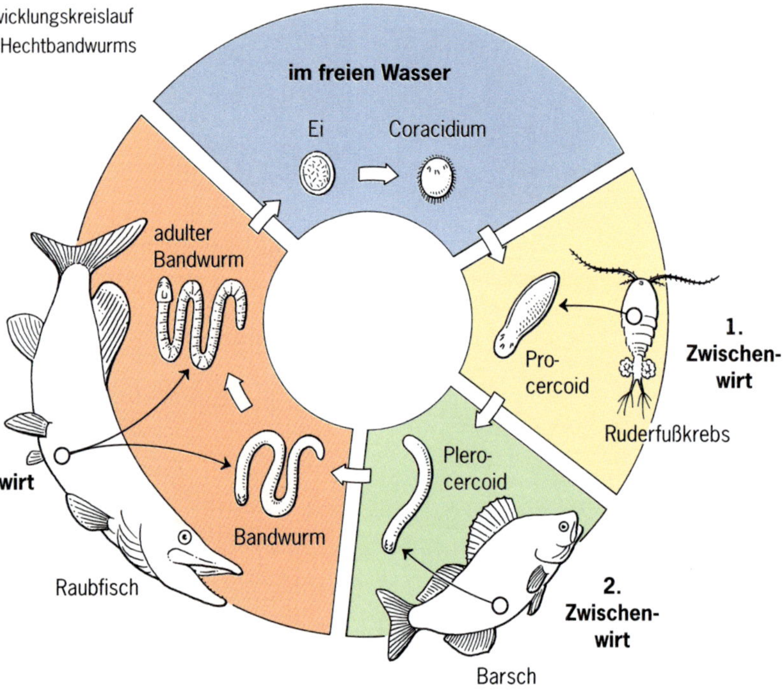

höhle und wandelt sich in ein Procercoid um. Werden solche Ruderfußkrebse u. a. von Barsch, Äsche, Quappe, Hecht und Forelle gefressen, wächst das Procercoid im Darm des Fisches innerhalb von zwei Tagen zum Plerocercoid heran. Dieses durchbohrt die Darmwand und befällt vorzugsweise die Leber. Werden solche Fische von großen Raubfischen gefressen, entwickelt sich in deren Darm der adulte Wurm. Folgen des Befalls äußern sich in der totalen Schädigung der Leber bei Massenbefall. Beim Endwirt tritt Darmentzündung auf, die vor allem durch das Festheften der Würmer hervorgerufen wird.

Tritt in einem Gewässer der Hechtbandwurm massenhaft auf, hilft nur eine scharfe Befischung, vor allem das Herausfangen der Hechte.

Der „eigentliche" **Fischbandwurm** (*Diphyllobothrium latum*) ist der größte Bandwurm des Menschen. Während Schweine- und Rinderbandwurm nur 8–10 m Länge erreichen, beträgt seine Maximallänge bis zu 12 m. Als weitere Endwirte neben dem Menschen kommen u. a. Hund, Katze und Fischotter in Frage. Der Kreislauf verläuft ähnlich wie beim Hechtbandwurm. Ins Wasser gelangte Eier (aus dem Endwirt) entlas-

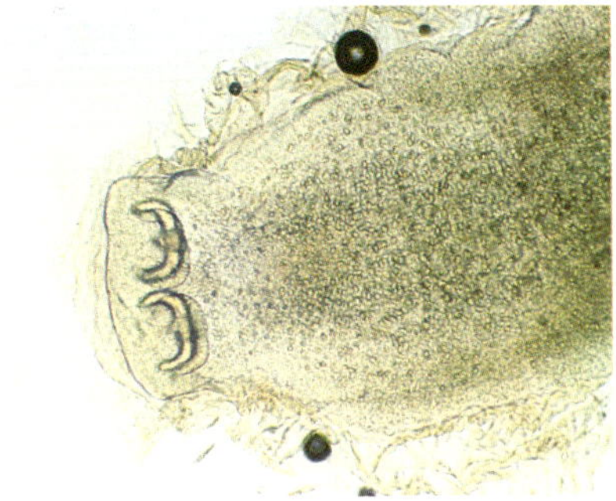

Kopfende des Hechtbandwurms

sen das Coracidium, welches sich einen Ruderfußkrebs als 1. Zwischenwirt sucht und in dessen Leibeshöhle zum Procercoid entwickelt. Die Copepoden werden vom 2. Zwischenwirt (Fisch) gefressen, die aus dem Procercoid frei werdende Larve wandert in die Muskulatur oder Leber und wird zum Plerocercoid (Finne). Raubfische dienen als 3. Zwischenwirt, die Plerocercoide siedeln sich wiederum in der Muskulatur an. Der Genuß von rohem Fischfleisch durch den Menschen ermöglicht die endgültige Entwicklung zum geschlechtsreifen Bandwurm im Dünndarm des Endwirtes. Der menschliche Befall mit Bandwürmern führt durch Vitamin-B12-Entzug zu gefährlichen Anämien, wenn der Bandwurm in der Nähe des Magenausganges sitzt. Normalerweise läßt sich der Fischbandwurm mit den bewährten Bandwurmmitteln beseitigen.

Die fischpathogenen Arten der *Annelida* (Ringelwürmer) gehören zur Klasse der Egel (*Hirudinea*); sie finden in verschlammten, pflanzenreichen und wenig durchströmten Gewässern ideale Vermehrungsbedingungen. Zum Festheften an Fischen und zur spannerartigen Fortbewegung dienen ein vorderer und hinterer Saugnapf. Der bekannteste und häufigste ist der **Fischegel** (*Piscicola geometra*), ein Blutsauger, der besonders an der Bauchseite, am Kopf, an der Flossenbasis und an den Flossen selbst sitzt. Blutegel können sich innerhalb 48 Stunden mit Blut vollsaugen und verlassen dann den Fisch. Sie halten sich am Boden oder zwischen Wasserpflanzen auf. Schwimmt ein Fisch vorüber, heften sie sich blitzschnell mit dem Mundsaugnapf fest.

Fischegel, *Piscicola geometra*, auf einem Flußbarsch

Auch unter den Krebsen (*Crustacea*) finden sich fischparasitäre Arten wie die **Karpfenläuse** (*Argulus*). Die Tiere sind schildförmig abgeplattet und heften sich mit zwei Saugscheiben und den mit Klammerhaken versehenen Extremitäten fest. Mit dem aus den Mandibeln gebildeten Stilett wird die Haut durchstoßen und unter Giftabgabe Blut gesaugt. Erwachsene Fische tragen normalerweise keinen Schaden davon, allerdings besteht oft die Möglichkeit einer Sekundärinfektion (Verpilzungen).

Karpfenlaus, *Argulus foliaceus*

Umweltbedingte Schäden

Gewässergifte und Schadstoffe sowie Sauerstoffmangel, Versauerung, Temperatur- und Salinitätsschwankungen können auf Fische eine komplexe Wirkung ausüben und u.a. die Immunabwehr schwächen. Chemikalien, cancerogene Stoffe und Strahlen können Geschwülste (anomale Wucherungen bestimmter Körperzellen) hervorrufen. Körperschäden, die bei der Einwirkung von Abwassergiften auftreten, sind meist sehr allgemeiner Art und unspezifisch (Blutungen in der Haut, Erblassen, eingefallene Augen, Hornhauttrübung, übermäßige Schleimabsonderung, Kiemenverfärbung und viele mehr). Detergentien (auch in „weichen" Waschmitteln enthalten!) schädigen die Fische sowohl durch ihre direkte Gifteinwirkung als auch durch ihre grenzflächenaktiven Eigenschaften. Sie zerstören die schützenden Schleimschichten und setzen die Kiemenepithelien außer Funktion. Nahezu alle Pestizide sind für Fische giftig; es sind in erster Linie Nervengifte, die zu Lähmungserscheinungen führen. Auch mechanische Beschädigungen (Bißwunden durch Fischräuber, Schnittwunden durch Turbinen) sind nicht selten.

Fisch und Mensch

Die Ausübung von Jagd und Fischfang gehört zu den ursprünglichsten Tätigkeiten des Menschen. Die ersten größeren Siedlungen von Menschen entstanden in Europa vielfach an Flüssen und Seen (Pfahlbauten), sei es wegen der permanenten Trinkwasserversorgung, dem Schutz vor Feinden und wilden Tieren, bequemer Verkehrsmöglichkeiten und nicht zuletzt wegen der Fischerei.

Binnenfischerei

Verschiedene Fischereigeräte liegen schon aus der jüngeren Steinzeit vor: Angelhaken und Fischspeere aus Holz, Stein, Horn und Knochen, Bündel aus Weiden- und Haselnußzweigen zur Herstellung von Fischreusen und geknüpfte Fischnetze. Auch Pfeil und Bogen wurden für den Fischfang und die Jagd auf Fischotter und Biber benutzt. Viele dieser Geräte wurden später aus Bronze und Eisen gefertigt. Auf Flößen und primitiven Einbäumen, aus denen sich dann richtige Boote entwickelten, wurde der Fischfang auch vom Wasser aus betrieben. Mit zunehmender landwirtschaftlicher Tätigkeit und wachsender Bevölkerungszahl wurde es notwendig, wasserrechtliche Bestimmungen für Benutzung, Ausbau und Unterhalt der Gewässer (vor allem Be- und Entwässerungskanäle, Wasserreservoire) einzuführen.

Die im Mittelalter aus Asien übernommene Teichwirtschaft bot die Möglichkeit, geeignete Fischarten als Speisefische zu halten und zu züchten. Süßwasserfische spielten damals eine viel größere Rolle als heute. Die noch sauberen Gewässer enthielten reiche Fischbestände. Gefangene Fische – vor allem zählebige und wenig empfindliche Arten – konnten lebend in Holzfässern über kürzere Distanzen transportiert werden. Bei Seefischen waren die Entfernungen meist zu groß, so daß nur eingesalzene Fische über weite Strecken ins Binnenland gelangten. Einen erneuten Aufschwung der Binnenfischerei gab es durch den Bau von Mühlen. In den oberhalb davon gelegenen Mühlteichen, die als Betriebswasser-Reservoir dienten, konnten Fische (meist Schleien, Karpfen, Aale und Hechte) gehalten werden. Vielfach wurden solche Mühlteiche auch verpachtet, denn meist besaßen nur die adeligen Landesherren und die Kirche das Privileg, die Fischerei auszuüben. So verwundert es nicht, daß Fisch vielfach auch als Zahlungsmittel für Pachtgebühren, Zinsen und Steuern verwendet wurde.

Gegen Ende des Mittelalters nahm der Fischreichtum in allen Gewässern immer mehr ab, da die Entnahme in keiner vernünftigen Relation zur natürlichen Nachkommenschaft stand. Parallel forderte die fortschreitende Industrialisierung ihren Tribut: Abwassereinleitung aus unzähligen Fabriken vernichtete vielerorts die Fischbestände in Flüssen und Seen. Zur zunehmenden Gewässerverschmutzung kamen im 19. Jahrhundert auch massive Eingriffe durch Ausbau, Begradigung und Verbauung (Errichtung von Wehren) von Fließgewässern, denen vor allem wandernde Fischarten (z. B. Lachs) zum Opfer fielen.

Die **Berufsfischerei** in Binnengewässern arbeitet wie die Hochsee- und Küstenfischerei mit diversen Netzen, Angeln und Fischfallen. Alle Ausrüstungsgegenstände sind in der Regel jedoch kleiner und stärker den lokalen Gegebenheiten angepaßt. Zu den passiv fangenden Geräten gehören die Stellnetze, auch Kiemen-, Schweb- oder

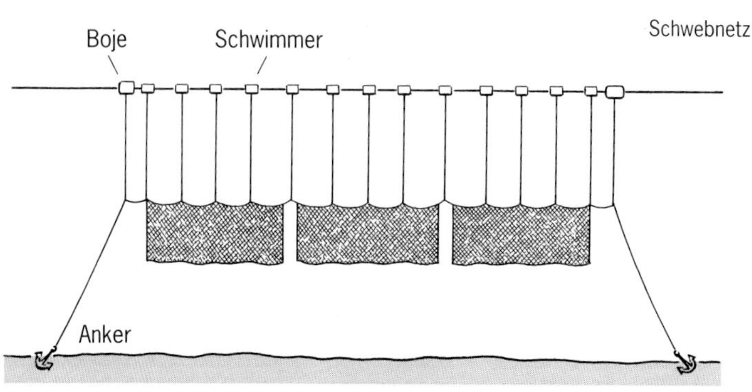

Rheinfischer beim Netzauswurf

Schwimmnetze genannt. Es sind senkrecht im Wasser hängende, möglichst unauffällige Netzwände, in denen sich die hineinschwimmenden Fische mit den Kiemendeckeln und Flossen verfangen und hängenbleiben. Die Netze werden seit etwa vier Jahrzehnten aus monofilen Perlondrähten gefertigt, ihre Maschenweiten werden nach den zu fangenden Fischarten und -größen gewählt. Stellnetze können als Schweb- oder Bodennetze eingesetzt werden. In Seen dienen Bodennetze zum Fang bodenbewohnender oder bodennaher Fische, wie z. B. Seesaibling, Seeforelle, Bodenrenken, Hecht und Rutte. Bodennetze stehen am Gewässerboden auf; durch eingearbeitete Auftriebskörper in der Oberleine wird das Netzblatt vertikal gespannt. Im Freiwasser werden Schwebnetze verwendet; über Veränderung der Schnurlängen an den Schwimmern können sie auf eine bestimmte Wassertiefe eingestellt werden. Mit ihnen fängt man Freiwasserfische, wie z. B. Coregonen, Barsch, Zander und manche Karpfenfische.

Bodennetz

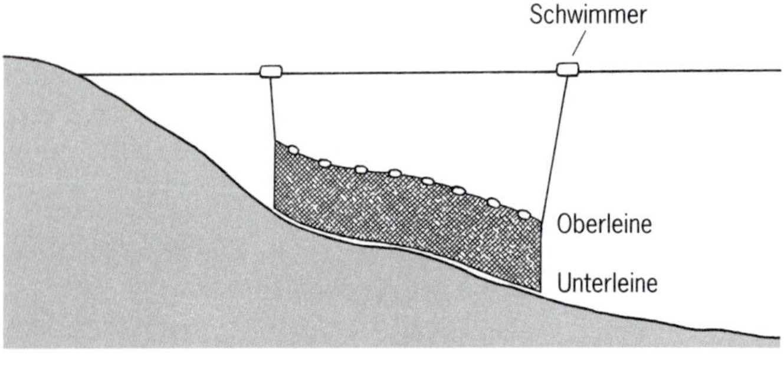

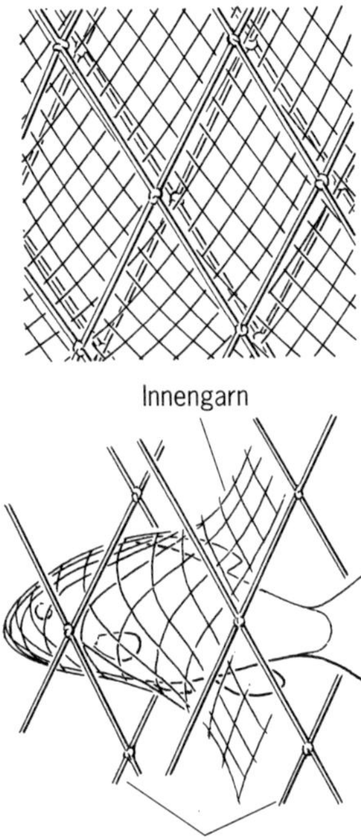

Dreifaches Setznetz

Gelegentlich werden auch dreifache (dreiwandige) Setznetze (Spiegel-, Gadder- oder Ledderingnetze) verwendet; sie haben außen große Spiegelmaschen, zwischen denen lose ein engmaschiges Netzblatt (Innengarn) hängt. Ein anschwimmender Fisch zieht das Maschengewebe des Innengarns durch die große Spiegelmasche der Umhüllung und verfängt sich in dem dadurch entstehenden Netzbeutel.

Zu den bewegten Fanggeräten gehören die Zugnetze, die zum Land oder zu einem verankerten Boot hingezogen werden. Zwei senkrecht stehende Netzwände, die sogenannten Flügel, vereinigen sich am Ende zu einem halbkreisförmigen Sack, der durchs Wasser gezogen wird. Die Oberleine der Flügel schwimmt, die beschwerte Unterleine bleibt in Bodenkontakt. Die Zugnetzfischerei lohnt sich vor allem, wenn sich die Fische im Ruhe- oder Winterlager befinden. Zugnetze können auch zum Abfischen von Karpfenteichen verwendet werden.

Schleppnetze sind ähnlich wie Zugnetze gebaut, sie werden jedoch von einem bewegten Schleppfahrzeug aus betrieben und finden vor allem in der Meeresfischerei Anwendung. Sie können sowohl als Grundschleppnetz wie auch als pelagisches Schleppnetz eingesetzt werden. In der Bin-

Zugnetz

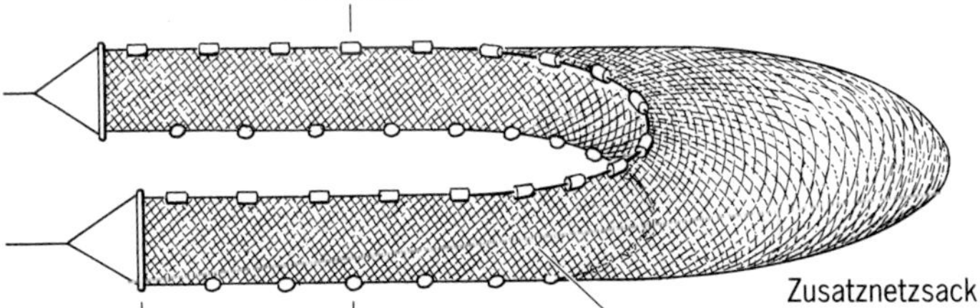

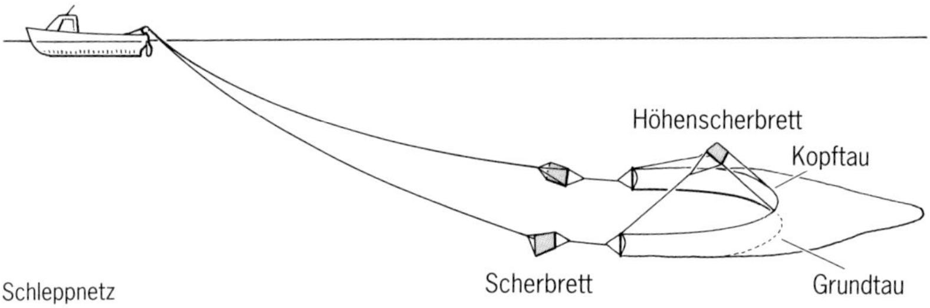

Schleppnetz

Hamen

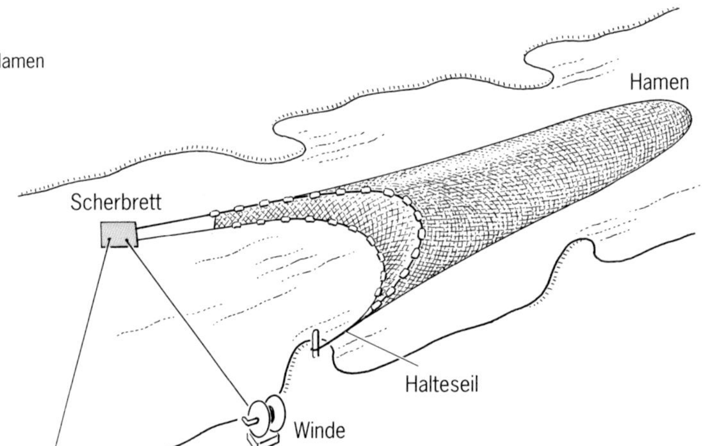

nenfischerei wird gelegentlich ein mit elektrischem Strom kombiniertes Schleppnetz (Zeese) zum Aalfang verwendet.

Auch der Fischfang mit Lichtquellen ist vor allem auf marine Gebiete beschränkt; manche Fischarten reagieren positiv auf Licht und lassen sich zum Teil in großen Mengen anlocken. Vom Kaspischen Meer ist bekannt, daß sich die Kilka (ein sardinenähnlicher Heringsfisch) durch Unterwasserlichtquellen so konzentriert anlocken läßt, daß die Massenansammlungen von Fischen mit Hilfe von Hebenetzen an Bord der Fangschiffe gehievt werden können.

Als Fischfallen werden vor allem Reusen eingesetzt; sie sind für die Flußfischerei charakteristisch und dienen meist dem Fang von Wanderfischen. Ihre Bauweise hängt von den Lebensgewohnheiten der Fische und von der Erfindungsgabe des Fischers ab. Beweglich in die Strömung eingehängte Hamen fangen vorwiegend die abwandernden Aale, aber auch Meerforelle, Lachs, Barbe, Aland und Rutte. Aufwendiger gebaut sind Bodenreu-

Fischreusen zählen zu den ältesten Fanggeräten.

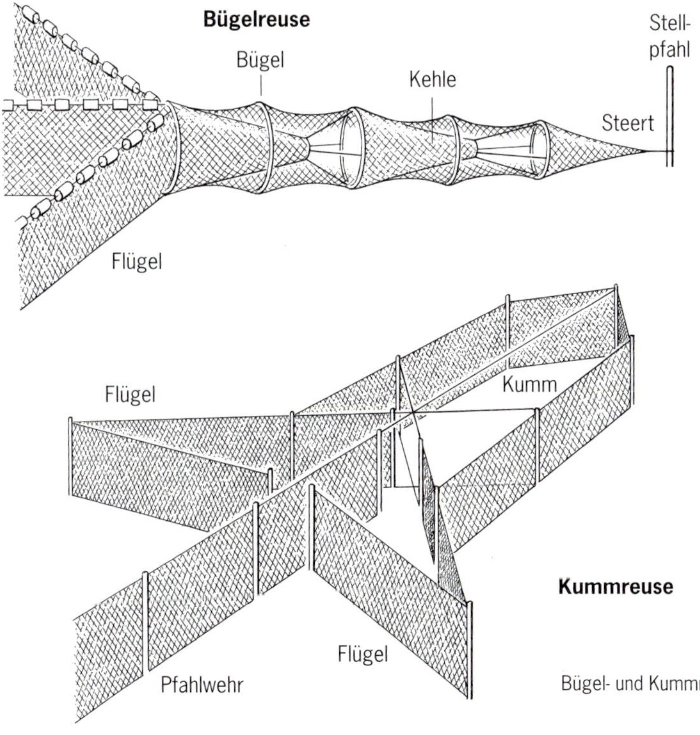

Bügel- und Kummreuse

Sportangler an der Schwarzach in Osttirol

sen (z.B. Kumm- oder Bügelreuse) mit Flügeln, Kehlen (Öffnungen, die ein Zurückschwimmen verhindern) und Fangkammer. Im Frühjahr und Sommer werden neben Aal auch Wels, Rutte, Hecht, Barsch und viele Weißfischarten gefangen.

Die Angelfischerei wird von Berufs- und Sportfischern ausgeübt. Einfachstes „Gerät" ist die Legangel (Langleine, Aalschnur), bei der an einer Leine meist mehrere Haken mit Köder ausliegen, die entweder im freien Wasser hängen oder direkt dem Grund aufliegen. Aal, Rutte, Zander, Gründling, Kaulbarsch und eventuell Wels werden damit gefangen.

Die **Sportfischerei** bedient sich fast ausschließlich der Einzelangel; je nach Art der Gerätezusammenstellung unterscheidet man Posen-, Grund-, Spinn- und Fliegenfischen.

Beim <u>Posenfischen</u> wird der Köder in einer bestimmten Tiefe von der sogenannten Pose (auch Schwimmer, Korken, Zapfen oder Floß genannt) getragen und den Fischen treibend, stillstehend oder auf Grund liegend angeboten. Die Pose zeigt dem Angler an, was unter der Wasseroberfläche „passiert", indem sie wackelt, hüpft, umkippt oder untergeht. Eine breite Palette an Angelsystemen steht für bestimmte Gewässer und Fischarten zur Verfügung.

Mit der Methode des <u>Grundangelns</u> bleibt der Köder immer auf dem Gewässergrund oder ganz knapp darüber. In der Regel wird kein Schwimmer verwendet, die Angelrute selbst dient als „Bißanzeiger".

Beim <u>Spinnangeln</u> auf Raubfische wird dem Raubfisch ein sich drehender künstlicher oder toter Köder (auf das Angeln mit lebendem Köderfisch sollte man grundsätzlich verzichten!) angeboten, der durchs Wasser gezogen wird. Die Vielzahl der Kunstköder läßt sich in die drei großen Kategorien Spinner, Wobbler und Blinker einteilen. Das <u>Schleppangeln</u> ist eine Variante des Spinnfischens aus einem fahrenden Boot heraus.

<u>Fliegenfischen</u> ist die hohe Kunst der An-

gelfischerei und unterscheidet sich grundsätzlich von den bisher genannten Techniken. Die Angelrute weist ganz andere Konstruktionsmerkmale auf, auf Pose und Grundblei kann verzichtet werden. Als Köder werden meist Insekten nachgeahmt, die dicht über der Wasseroberfläche fliegen oder gelegentlich (zum Ablaichen) darauf absitzen. Mit Flugangel und Fliegenschnur „serviert" der Fliegenfischer dem Fisch genau seine Beute, indem er Flug und eventuell Absitzen der Beute imitiert. „Trockenfliegen" dürfen nicht untergehen und werden stromaufwärts geworfen; „Naßfliegen" ahmen unter Wasser treibende, schlüpfende oder ertrunkene Insekten nach und werden stromabwärts geworfen. „Zielfische" beim Fliegenfischen sind vor allem Salmoniden, die Äsche und Oberflächenfische aus der Familie der Karpfenartigen.

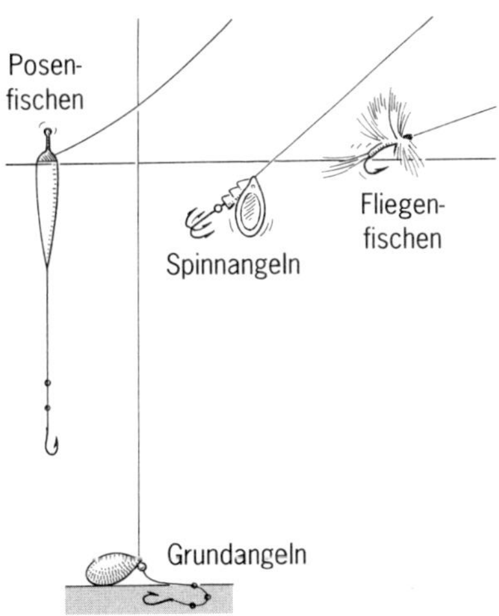

Posenfischen; Grundangeln; Spinnangeln; Fliegenfischen

Fischzucht

Die Fischzucht entwickelte sich seit dem Mittelalter aus der **Karpfenteichwirtschaft**. Eine zunächst extensive Bewirtschaftung (Aussetzen der Satzfische in große, pflanzenreiche Teiche; Ablassen der Teiche, wenn die Karpfen ohne Fütterung die nötige Verkaufsgröße erreicht haben) wurde sehr schnell durch intensiv arbeitende Betriebe ersetzt. Hier werden in die Teiche bereits laichreife Zuchtfische (dreisömmerige Milchner und fünfsömmerige Rogner, im Verhältnis 2:1) bei Wassertemperaturen von über 15 °C ausgesetzt. Schon nach 1–2 Tagen beginnen die Karpfen mit dem Laichgeschäft (erforderliche Wassertemperatur 17–20 °C). Nach dem Ablaichen werden die Elterntiere herausgefischt. Der an Grashalmen klebende Laich entwickelt sich innerhalb von 4–5 Tagen zur ausschlüpfenden Brut, die nach 3–8 Tagen ebenfalls abgefischt wird. Nach einem 4- bis 6wöchigen Aufenthalt in den sogenannten Vorstreckteichen sind die Karpfen auf gut 5 cm Länge herangewachsen, so daß sie in gut gedüngte Brutstreckteiche umgesetzt werden können. Sind diese tief genug, verbleiben die Fische dort den Winter über. Im Frühjahr folgt die Umsetzung in Streckteiche, wo die Karpfen planmäßig gefüttert werden. Nach der nächsten Überwinterung kommen die Fische in die Abwachsteiche, wo sie dann im Herbst als dreisömmerige Speisekarpfen mit ca. 1,2 kg Gewicht abgefischt werden.

Forellen stellen höhere Ansprüche an die Wasserqualität als die Karpfen. Klares, kühles und sauerstoffreiches Wasser ist das oberste Gebot in der **Forellenteichwirt-**

Durch die Forellenzuchtteiche strömt ständig frisches Wasser.

schaft. Die Teiche sind tiefer und viel stärker durchströmt als in der Karpfenteichanlage; die Ernährung der Fische beruht ausschließlich auf künstlicher Fütterung. Die Teiche liegen entweder stufenförmig hintereinander oder werden parallel aus einem Zuleiter gespeist. Die Setzlinge stammen entweder aus eigener Zucht oder werden von Zuchtanstalten angekauft. Diese Setzlinge wachsen im Verlauf eines Sommers auf eine Länge von 8–15 cm heran, werden in die Winterteiche umgesetzt und kommen im nächsten Frühjahr in die Mastteiche. Mit speziellem Futter werden sie gemästet und erreichen oft schon im Laufe des Sommers die gewünschte Verkaufsgröße (Portionsforellen mit bis zu 280 g Gewicht).

Ganz allgemein sind die Fische durch die hohe Besatzdichte in den Teichen zahlreichen Krankheiten und Parasiten ausgesetzt, so daß häufig verschiedenste Medikamente zur Prophylaxe und Behandlung eingesetzt werden.

Wesentliche Unterstützung erfahren Fischzucht und Fischerei durch die **Brutanstalten**, die Besatzmaterial für freie Gewässer und Teichanlagen zur Verfügung stellen. In den Brutanstalten findet die künstliche Gewinnung der Laichprodukte, Befruchtung, Erbrütung und Aufzucht der Dottersackbrut bis zum Eintritt der Schwimm- und Freßfähigkeit statt. Aus den laichreifen Fischen werden durch leichtes Streifen mit dem Daumen entlang des Bauches zur Geschlechtsöffnung hin die Geschlechtsprodukte „abgestreift“. In einer Schale oder Wanne werden Milch und Rogen vermischt, worauf die Befruchtung und, unter Hinzufügen von Wasser, ein Aufquellen der Eier bis fast zum doppelten Umfang stattfindet. In den ersten Stunden nach der Befruchtung können die Eier auch verschickt werden, da sie durch eine harte Außenhaut recht gut geschützt sind. Nach sorgfältigem Spülen mit reinem Wasser kommen die Eier in die entsprechenden Erbrütungsgefäße, in denen sie bei genauer Einhaltung bestimmter Temperaturen von frischem, sauerstoffreichem Wasser umspült werden; wichtig ist die Vermeidung einer intensiven UV-Strahlung. Sind die dunklen Augen des Fischembryos erkennbar („Augenpunktstadium"), können die Eier wiederum versandt werden. Ist die Brut schwimm- und freßfähig (dies ist kurz vor der vollständigen Aufzehrung des Dottersackes der Fall), kann

Künstliche Befruchtung in der Brutanstalt. Abstreifen der Eier (Rogen) und Abstreifen des Samens (Milch). Die Befruchtung der Eier findet in der Schale statt.

Fischbrut vom Lachs

sie in Teiche oder freie Gewässer ausgesetzt werden.

Besatz

Neben den Fangmaßnahmen ist der Besatz das wichtigste Mittel zur Regulierung von Fischbeständen. Vielfach werden Gewässer heute wieder sauberer (Kläranlagen, Verbot direkter Einleitungen, Ringkanalisation bei Seen usw.), so daß sie mit geeigneten Fischen besetzt werden können. Bevor Fische in einem naturnahen Gewässer ausgesetzt werden, ist eine gründliche Untersuchung (Gewässerstruktur, chemische und physikalische Parameter, bereits vorhandene Besiedlung mit Organismen) der zu besetzenden Gewässer vorzunehmen. Dies sollte nach Möglichkeit mit dem zuständigen Fachberater für Fischerei oder einem fischereilichen Institut (z. B. Landesanstalt) abgestimmt werden. Ein Besatz von Fremdfischen muß unbedingt vermieden werden (Faunenverfälschung, Verdrängung einheimischer Fischarten), und die Besatzfische sollten garantiert gesund und frei von Parasiten sein.

Besatzmaßnahmen müssen auf den vorhandenen Fischbestand abgestimmt werden und ergänzen diesen, indem sie die natürliche Produktionskraft der Gewässer nutzen. Nicht das Aussetzen fangfähiger Fische ist als gewässergerechte Hege anzusehen, sondern der Einsatz von Brut und Setzlingen. Besatzfische sollten unbedingt im Einzugsgebiet des Gewässers selbst erzeugt werden oder aus benachbarten Einzugsgebieten stammen, damit die Erhaltung der bodenständigen Fischarten gewährleistet ist.

Fischökonomie

Der Weltertrag durch die Binnenfischerei wird auf jährlich 10 Millionen Tonnen geschätzt, wovon allerdings 60% aus der Fischzucht stammen (hiervon entfallen wiederum 70% auf Asien). Zum Ende der 70er Jahre führte der bereits erwähnte Kilka (*Clupeonella cultiventris*) mit Abstand die Fanglisten der wirtschaftlich wichtigsten Binnenfische Europas an; weit abgeschlagen rangierten sonstige Karpfenfische, Regenbogenforelle, Renken, Störe und Hecht.

Fischfleisch ist für die Ernährung des Menschen besonders wertvoll, da es einen hohen Anteil an biologisch vollwertigem Eiweiß enthält, einen hohen Nährwert, Vitamin- und Mineralstoffgehalt hat und leicht verdaulich ist. Neben dem Fischfleisch werden besonders die Eier mancher Fischarten geschätzt. Hier kommen besonders die Eier (Rogen) von Stören, Hausen, Lachsen, Seehasen und Hering in Betracht, die als Kaviar auf den Markt kommen. Besonders der riesige Hausen (bis zu 6 m Länge) nimmt hier die Spitzenposition ein: Große Weibchen tragen bis zu 7 Millionen Eier, die etwa 100 kg Kaviar entsprechen. Allerdings werden solch große Exemplare heute immer seltener; frühere Angaben von Fischen mit über 8 m Körperlänge und mehr als 1200 kg Gewicht müssen allerdings sehr skeptisch beurteilt werden.

Aber auch zahlreiche wertvolle „Nebenprodukte“ fallen bei der Verarbeitung von Fisch an: Fischmehl für die Tierernährung, Gelatine und Fischleim aus Flossen, Schuppen und Schwimmblasen, „Fischsilber“ aus den Schuppen der Laube zur Herstellung künstlicher Perlen und Fischleberöl.

Fischereibiologie

Obwohl der Fisch das Hauptuntersuchungsobjekt des Fischereibiologen ist, muß dieser doch mit sämtlichen Aspekten der Gewässerökologie vertraut sein, um Lebensraum und Lebensweise der Fische richtig und vollkommen beurteilen zu können. Erste Veröffentlichungen über rein fischereibiologische Themen erschienen um 1763 (künstliche Befruchtung und Aufzucht von Forellenbrut). Mitte des vorigen Jahrhunderts entstanden die ersten staatlichen und privaten Fischbrutanstalten; parallel dazu entwickelte sich die Limnologie (die Wissenschaft zur Erforschung der Binnengewässer).

Die Aufgaben der Fischereibiologie bestehen in der qualitativen und quantitativen Feststellung der Fischartenbestände unserer Gewässer, in der Ermittlung der Bestands- und Wachstumsverhältnisse der einzelnen Fischarten, in Untersuchungen über die Horizontal- und Vertikalverteilung der Fische in Seen und Flüssen, Wanderverhalten, Lebensgewohnheiten, Nahrungsspektren, Fortpflanzungsbiologie, Populationsgenetik, Gesundheitsstatus und nicht zuletzt in der Beurteilung von Besatz- und Bewirtschaftungsmaßnahmen. Einige hierzu angewandte Methoden sollen im folgenden kurz vorgestellt werden.

Untersuchungen zur Altersstruktur eines Fischbestandes liefern Hinweise über Nachwuchsüberschuß oder -mangel, Schwankungen in der Besiedelungsdichte, Wachstumsintensität und damit über die Produktivität eines Gewässers. Zur Altersbestimmung eignen sich in erster Linie Schuppen, aber auch Kiemendeckel, Wirbelkörper und Otolithen (Gehörsteine aus dem Labyrinth). Otolithen müssen vielfach angeschliffen werden, damit man die Wachstumszonen deutlich erkennen kann.

Über die individuelle Markierung von Fischen lassen sich wichtige Fragen zur Standorttreue und Wanderungsaktivität (Zugrichtung, Geschwindigkeit) sowie zur Wachstumsleistung und über die Effektivität von Besatzmaßnahmen klären. Meist werden Plastik- oder Metallplättchen am Vorderende der Rückenflosse mit einem durch die Rückenmuskulatur gestoßenen Draht befestigt. Ähnlich verankert sind Pfeilmarken oder Metallklammern und -knöpfe an Flossen und Kiemendeckeln. Aale werden häufig durch farbige, unter die Haut geschobene Plastikplättchen markiert, aus deren Mitte ein gut sichtbarer Nylonfaden heraushängt. Fängt man solche markierten Fische, müssen die Marken unter Angabe der entsprechenden Fangdaten eingesendet werden. Eine einfache und dabei schonende (allerdings nicht individuelle) Markierungsmöglichkeit bieten die Salmoniden; ihnen kann die Fettflosse kupiert werden (sie wird nicht nachgebildet).

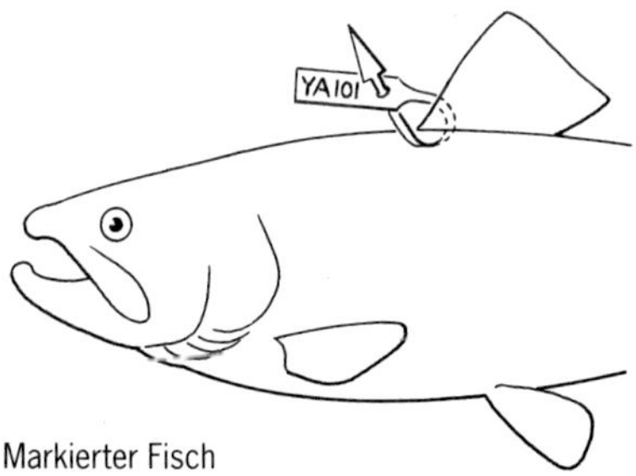

Markierter Fisch

Seit über 40 Jahren werden serienmäßig hergestellte Elektrofischfanggeräte in der Fischereibiologie eingesetzt. Die Anfänge der Elektrofischerei gehen ins letzte Jahrhundert zurück, als 1875 der Nachweis der betäubenden Wirkung von Gleichstrom an Groppen gelang. Die Elektrofischerei ist eine aktive Fangmethode, die – bei allerdings eingeschränktem Fangbereich – eine quantitative Erfassung ermöglicht. Ihr Vorteil gegenüber anderen herkömmlichen Fangtechniken besteht vor allem in einer schonenden Fischentnahme (unter Voraussetzung einer ordnungsgemäßen und gezielten Anwendung), dem Einsatz unter schwierigen Bedingungen (z. B. reißende oder stark verkrautete Gewässer), einer sehr geringen Selektivität (ein breites Arten- und Größenspektrum wird erfaßt) und einem relativ geringen Arbeitsaufwand (an einer geeigneten Stelle können zwei bis drei Personen in einer Stunde über einen Zentner Aale fangen). Ein eingeschränkter Anwendungsbereich besteht in tiefen Gewässern (in tiefen Seen und

Elektrofischen dient der Bestandsregulierung und ist genehmigungspflichtig.

großen Flüssen ist die Elektrofischerei auf den Uferbereich beschränkt) und bei geringer Sichttiefe (auch starker Regen erschwert die Handhabung/Sicht). Trotz aller Vorteile muß man sich bewußt sein, daß mit einem Elektrofischgerät nur ein Teil des Fischbestandes erfaßt wird. Jedes E-Gerät hat eine größere Scheuch- als Fangwirkung; der Grad der Scheuchwirkung hängt vom Lärm des Aggregates, dem äußeren elektrischen Feld, Bewegungen und Stimmen der Fänger und weiteren Faktoren ab.

Die E-Fischerei beruht auf der Reaktion der Fische auf das elektrische Feld zwischen Anode (Pluspol) und Kathode (Minuspol). Wird die Anode ins Wasser getaucht und somit der Stromkreis geschlossen, kann der Fisch aus dem Feld fliehen, am Ort bleiben, auf die Anode zuschwimmen, betäubt werden oder bei zu langer Stromeinwirkung getötet werden. Je nach Leitfähigkeit des Gewässers muß die Stromstärke variiert werden; ein Töten der Fische muß unbedingt vermieden werden. Der Wirkungsbereich der Anode beträgt etwa 3–4 m, ab 1,5 m Wassertiefe ist der Anwendungsbereich der E-Fischerei deutlich eingeschränkt. Als Stromquelle dienen transportable Benzin- oder Elektrogeneratoren; die Verbindung zu den Elektroden erfolgt über lange, isolierte Gummikabel. Die aus blankem Metall (z. B. Messingdrahtgitter) bestehende Kathode wird ins

Die Anode diente hier zum Herausfischen des Karpfens.

Wasser gelegt oder außen am Boot (unter Wasser) befestigt. Die Anode ist ein Metallring, der innen mit einem Netz bespannt ist und am Ende eines langen, isolierten Schaftes sitzt. Erlaubt ist nur die Benutzung von Gleichstrom, wobei man meist Spannungen von 220–750 Volt verwendet. Zur Unfallverhütung ist das Tragen von Gummistiefeln vorgeschrieben, über einen Tritt- oder Druckknopfschalter (sogenannte „Totmannschalter") muß das Gerät unmittelbar abschaltbar sein, und das Hineinlangen ins Gewässer ist strikt untersagt.

Der Einsatz von E-Geräten in der Fischereibiologie dient der Bestandsaufnahme, der Bestandsregulierung und der Bestandsentnahme. Die Bestandsaufnahme umfaßt die bereits anfangs erwähnten Aufgaben der Fischereibiologie. Die Bestandsregulierung dient ausschließlich einer ordnungsgemäßen Bewirtschaftung zur Ertragsoptimierung und nicht dem Herausfischen der „lästigen" Weißfische. So können in Salmoniden-, aber auch Krebsgewässern die Aale und Hechte entnommen werden. Bei einem „verbutteten" Bestand muß die Anzahl der Jungfische reduziert werden (Verbuttung bedeutet stark verlangsamtes Wachstum durch Verknappung der Futtermenge bei hoher Fischdichte; die Fische bleiben klein und pflanzen sich bereits bei geringer Körpergröße fort). Ebenso können sehr große und sehr alte Fische abgefischt werden. Sie sind unwirtschaftlich, da sie viel fressen, aber kaum mehr wachsen. Eine Bestandsentnahme ist bei Bekämpfung von Parasitosen, bei starken Gewässerverunreinigungen, beim Trockenfallen von Teichen oder Weihern oder bei wasserbaulichen Maßnahmen zur Umsiedelung erforderlich. Eine Bestandsentnahme ist auch zum Laichfischfang (z. B. Äschen, Seeforellen) nötig.

Eine weitere Einsatzmöglichkeit des elektrischen Stromes besteht in sogenannten Scheuchanlagen vor den Turbinen von Wasserkraftwerken.

Fischtreppen und Fischpässe

Überall dort, wo Fließgewässer verbaut wurden (für Schiffahrtszwecke, Wehre, Turbinen usw.), sind im Wasser lebende Tiere in ihrer Ausbreitungstendenz behindert bzw. ist die Wanderungsmöglichkeit gänzlich unterbunden. Zahlreiche Fischarten, darunter meist die wertvollsten und wichtigsten Speisefische, wandern aus dem Meer in die Flüsse ein, ziehen mehr oder weniger weite Strecken die Flüsse hinauf und laichen an bestimmten Stellen ab. Meeres- und Flußneunauge, Störe, Hausen, Maifisch, Meer- und Seeforelle, Lachse, Weißlachs, Perlfisch, Mairenke, Bulatmai-Barbe, Kaspische Barbe und Dreistachliger Stichling sind solche anadromen Wanderfische, die in versperrten Gewässern auf Fischaufstiegshilfen angewiesen sind.

Die einfachen Fischtreppen bestehen aus einer durchströmten Rinne neben dem Hindernis, in die Querwände eingebaut sind. Diese Querwände können durchgehend oder unterbrochen sein; durchgehende Querwände können oben ausgeschnitten sein, oder es befinden sich Schlupflöcher am Grunde. Wichtig ist, daß der Auslauf der Fischtreppe dort, wo das Wasser der Treppe ins Unterwasser ausströmt, von den Fischen leicht gefunden werden kann und genügend

Fischtreppen erleichtern bei angestauten Flüssen den Fischen die Wanderung.

Wasser über die Treppe fließt. Die wandernden Fische können dann von Querwand zu Querwand gelangen und sich nach oben „durchkämpfen“. Bei langen Treppen oder Pässen müssen sich genügend seitliche Ausbuchtungen mit ruhigem Wasser befinden, damit sich die Fische ausruhen können. Für aufsteigende junge Aale sind solche Fischtreppen ungeeignet, da die Strömung zwischen den einzelnen Becken zu stark und meist auch keine rauhe Unterlage vorhanden ist. Sie benötigen eine schwach durchströmte Röhre aus Maschendraht, die mit Heidekraut oder anderem rauhen Material gefüllt ist, so daß sich die Jungaale nach oben durchkämpfen können, ohne abzurutschen.

Verbauung und Verschmutzung

Wirklich natürliche Fließgewässer sind in Europa sehr selten geworden, meist handelt es sich lediglich um naturnahe Gewässerabschnitte, die so gerne als Lebensadern unserer Landschaft bezeichnet werden. Viele Regionen Europas waren ursprünglich sehr reich an natürlichen Fließgewässern und sauberen stehenden Gewässern jeglicher Art. Addiert man nur die naturnahen Gewässersysteme Deutschlands, basierend auf topographischen Karten des Maßstabes 1:25000, so errechnen sich etwa 600000 km Fließgewässerstrecken. Außerhalb der Alpen gelten nur noch 10% der Fließgewässer als naturnah. Unsere großen Flüsse können sich – wenn überhaupt – nur noch auf kleinen Abschnitten ohne Regulierung oder Stauhaltung frei bewegen. Dadurch verändert sich das Abflußverhalten, und die ganze ursprüngliche Flußdynamik geht verloren. Auch die angrenzenden Talräume, die Talauen, wurden umgestaltet und verbaut. Landwirtschaftliche und straßenbauliche Nutzung gehen bis an die Gewässerkante; von Uferstreifen, Ufergehölzen oder gar Auwäldern ist oft keine Spur mehr zu sehen. Die damit auftretenden Probleme sind vorprogrammiert; die Natur läßt sich nicht kanalisieren. Die Hochwasserkatastrophen der letzten Jahre an Oder, Rhein, Main, Neckar und anderen Flüssen sprechen für sich. Es sind nicht die schwachen und brüchigen Deiche, die Schuld an der Katastrophe haben; es sind die komplexen Eingriffe des Menschen in das Ökosystem Fließgewässer und Talaue.

Durch Begradigung eines Fließgewässers erhöht sich automatisch dessen Fließgeschwindigkeit, die Folge ist eine Sohleneintiefung von bis zu 10 m (am Oberrhein gar bis zu 23 m). Somit senkt sich das Grundwasser in der begleitenden Flußaue, und die auetypischen Lebensräume werden zerstört. Nur eine natürliche Talaue gewährleistet als

Überflutungsgebiet vorbeugenden Hochwasserschutz; mit technischen Maßnahmen (z. B. sogenannte Taschenpolder) kann nichts erreicht werden. Weitere negative Folgen der Begradigung sind verringerte Turbulenzen der Wasseroberfläche und damit geringerer Sauerstoffeintrag, was wiederum die Selbstreinigungskraft reduziert.

Um dem Sinken des Grundwasserspiegels entgegenzuwirken, werden Staustufen (sogenannte Stützstufen oder Stützkraftstufen) errichtet. Staustufen unterbinden das Wanderverhalten der Fische, führen durch Verlangsamung der Fließgeschwindigkeit zu starker Verschlammung im Flußbett (kiesbewohnenden und kieslaichenden Organismen wird die Lebensgrundlage entzogen), die Selbstreinigung wird verschlechtert, und

Bei der Gewässerbegradigung erhöht sich die Fließgeschwindigkeit

Steinschüttungen mit Gehölzen bieten den Fischen Unterschlupf und Schatten.

wichtige periodische Überflutungen (mit Erosion und Sedimentation) in den Auwäldern, Auwiesen und Auegewässern werden verhindert.

Begradigung und Verbauung bedeuten meist auch eine Sicherung der Ufer durch Steinschüttungen und Gitterpflaster. Fehlen dann noch Gehölzpflanzungen in ausreichend breiten Uferstreifen, finden die Gewässerorganismen (vor allem Fische) keinerlei Unterschlupfmöglichkeiten mehr. Der ursprüngliche Wildfluß wird zu einer betonierten Fließrinne degradiert.

Verursacher einer direkten Verschmutzung der Gewässer sind Landwirtschaft, Industrie und Haushalt. Zwar wird durch Kläranlagen eine Reduktion schädlicher Stoffe erreicht, immer noch gelangen aber zahlreiche Giftstoffe (z. B. Schwermetalle, Pestizide usw.) in die Gewässer. Solche Gift- oder Schadstoffe zeigen einmal eine direkte schädigende Wirkung auf die Organismen (Organschädigungen, Krankheiten, Tod), zum anderen besteht eine Anreicherung über die

Starkes Algenwachstum führt zur Eutrophierung.

Starke Schaumbildung ist ein Zeichen organischer Verschmutzung.

Nahrungskette. Höchste Werte an Schadstoffen erreichen somit die Konsumenten, wie z. B. Raubfische, oder die von solchen Fischen lebenden Wirbeltiere (u. a. Fischotter, Vögel). Über die Verringerung der Selbstreinigungskraft der Gewässer aufgrund von Sauerstoffmangel und die Versauerung wurde an anderer Stelle bereits berichtet. Empfindlich gegen Veränderungen des Säure-Base-Gleichgewichtes sind vor allem Elritzen, Groppen und Neunaugen. Insgesamt äußert sich die Verschmutzung bei Fischen in einer Vitalitätsminderung und führt zur Anfälligkeit gegenüber Krankheiten und Parasiten. Auch die Eutrophierung wurde schon erwähnt. Sie basiert auf einer Zunahme an Nährstoffen, die über die Nahrungskette Phytoplankton-Zooplankton/Benthon zu den Fischen führt. Diese wachsen so schnell, daß die Geschlechtsreife mit dem Wachstum nicht mehr Schritt hält. Die Fische werden gefangen, bevor sie abgelaicht haben, wodurch natürlich die Population zusammenbrechen kann. Einige an die Eutrophierung gut angepaßte Weißfischarten nehmen zu und verdrängen dabei andere Arten; eine Abnahme der Artenvielfalt ist die Folge. Direkte Abhilfe schaffen Schonjahr(e), größere Maschenweiten bei der Befischung und eventueller Besatz.

Schutzmaßnahmen

Die Naturschutzziele für unsere Binnengewässer bestehen in einer Erhaltung und Wiederherstellung der typischen Gewässerstrukturen und ihrer Lebensgemeinschaften. Gerade aus dem aquatischen Bereich sind sehr viele Tierarten in den Roten Listen als gefährdet, stark gefährdet oder gar vom Aussterben bedroht verzeichnet. Auch wenn über die Plazierung bestimmter Arten der Roten Listen unter Fachleuten eine rege Diskussion herrscht, bilden sie doch wichtige Instrumente in der Umweltpolitik und bei Naturschutzmaßnahmen. Da es unmöglich ist, alle europäischen Länder zu berücksichtigen, soll hier lediglich die Rote Liste für die Fische der Bundesrepublik Deutschland (Stand 1984) vorgestellt werden.

0. Ausgestorben oder verschollen

Acipenser ruthenus – Sterlet
Acipenser sturio – Stör
Coregonus oxyrhynchus – Wandermaräne
Pelecus cultratus – Ziege

1. Vom Aussterben bedroht

Abramis sapa – Zobel
Alburnoides bipunctatus – Schneider
Alosa alosa – Maifisch
Chalcalburnus chalcoides – Mairenke
Cyprinus carpio – Karpfen (Wildform)
Gobio uranoscopus – Steingreßling
Gymnocephalus schraetser – Schrätzer
Hucho hucho – Huchen
Leuciscus souffia – Strömer
Rutilus frisii – Perlfisch
Rutilus pigus – Frauennerfling
Salmo salar – Lachs
Salmo trutta m. *trutta* – Meerforelle
Zingel streber – Streber
Zingel zingel – Zingel

2. Stark gefährdet

Abramis ballerus – Zope
Aspius aspius – Schied
Barbus barbus – Barbe
Chondrostoma nasus – Nase
Cobitis taenia – Steinbeißer
Cottus gobio – Groppe
Lampetra fluviatilis – Flußneunauge
Leucicus idus – Nerfling, Orfe
Lota lota – Quappe, Rutte
Misgurnus fossilis – Schlammpeitzger
Osmerus eperlanus – Stint
Petromyzon marinus – Meeresneunauge
Phoxinus phoxinus – Elritze
Rhodeus sericeus – Bitterling
Salvelinus alpinus – Saibling
Thymallus thymallus – Äsche

3. Gefährdet

Carassius carassius – Karausche
Gasterosteus aculeatus – Dreistachliger Stichling
Gobio albipinnatus – Weißflossen-Gründling
Gymnocephalus cernuus – Kaulbarsch
Lampetra planeri – Bachneunauge
Leucaspius delineatus – Moderlieschen
Barbatula barbatula – Schmerle
Pungitius pungitius – Zwergstichling
Salmo trutta m. *fario* – Bachforelle
Salmo trutta m. *lacustris* – Seeforelle
Scardinius erythrophthalmus – Rotfeder
Silurus glanis – Wels
Vimba vimba – Zährte

4. Potentiell gefährdet

Coregonidae spp. – Renkenartige

Von den 70 in Binnengewässern beheimateten Arten und Unterarten der Rundmäuler und Knochenfische sind also 55 Arten in dieser Liste enthalten. Alle Arten der Kleingewässer und Bäche sind stark gefährdet; 10 Seenbewohner, 27 Flußfische und 9 im Süßwasser laichende Wanderformen sind aufgelistet. Eine weitere Analyse ergibt, daß 92% der Kieslaicher, 90% der Wanderfische und 67% der Pflanzenlaicher in der Roten Liste verzeichnet sind.

Die Möglichkeiten zur Erreichung der zu Beginn dieses Kapitels formulierten Naturschutzziele sind meist komplex und bedürfen multidisziplinärer Zusammenarbeit; sie sollen lediglich in Stichpunkten aufgelistet werden:

- Sicherung der Vielfalt unserer Gewässer
- Sanierung und Renaturierung:
  - Zurückhaltung von Nähr- und Schadstoffen
  - Ringkanalisation bei Seen
  - Entschlammung, Entkrautung, Fixierung der Nährstoffe, Tiefenwasser-Ableitung, Belüftung mit Sauerstoff
  - Renaturierung von Quellbereichen
  - Beseitigung von Barrieren, Verbauungen, Verrohrungen, Kastenprofilen, Stauwehren, Sohlenabstürzen
  - Wiederanbindung von Altarmen an den Fluß
  - Wiederherstellung von ausreichend breiten Uferstreifen (Minimum 5 m)
- Verringerung des direkten und diffusen Nähr- und Schadstoffeintrages aus landwirtschaftlich genutzten Flächen im Einzugsgebiet und aus der Luft
- Vermeidung von Störungen durch intensiven Freizeit- und Erholungsbetrieb (Zerstörung der Litoralzonen)

Was können speziell Fischer und Angler für den Naturschutz tun?

An erster Stelle steht hier natürlich das ökologische Grundverständnis: Nur wer seine Gewässer und die darin vorkommenden Organismen (nicht nur Fische, sondern auch wirbellose Tiere und Wasserpflanzen) kennt, kann sie auch schützen. Auch fischfressende Vögel gehören zu einem Gewässerökosystem, in dem die Fische zwar einen großen, aber nicht unbedingt den wichtigsten Anteil einnehmen. Nicht alle Gewässer müssen gepflegt, unterhalten und befischt werden; warum soll der Mensch nicht einfach Gast und stiller Beobachter an gewissen natürlichen Gewässerabschnitten sein? **Gönnen wir doch der Natur in kleinen Bereichen ihre Rückzugsgebiete!**

Selbstverständlich sollte die Einhaltung der diversen Schutzbestimmungen (Schonzeiten, Schonmaße, Hakengrößen, Schnurstärken) oberstes Gebot sein. Die Ufervegetation darf nicht durch Befahren oder Betreten großflächig geschädigt werden. Zur Brutzeit seltener Wasservögel sollte man auf eine Befischung verzichten. Wettfischen stellt eine hohe Belastung für Gewässer, Organismen und Vegetation dar; es hat wirklich nichts mit Fischhege und Gewässerpflege zu tun – warum nicht darauf verzichten?

Generell sollte eine extensive Befischung und Teichbewirtschaftung das langfristige Ziel der Fischerei darstellen. Auf Fremdbesatz muß unbedingt verzichtet werden; die Gefahren wurden bereits erwähnt. Besatzmaßnahmen müssen auf ein ökologisch sinnvolles Maß reduziert werden; Absprachen mit den Fachberatern für Fischerei oder den entsprechenden fischereibiologischen Institutionen sind dringend zu empfehlen. Eine einseitige „Gewässerpflege“ durch exklusive Hege und Befischung der Raubfische muß verneint werden. Auch die oft als „Futterfische“ degradierten Weißfische bedürfen in Stillgewässern der „Pflege“, das heißt, sie müssen befischt werden.

Besonders mitgliederstarke Angelvereine sollten an die Einführung von Fangbeschränkungen denken (sowohl Anzahl als auch Größe der Fische).

Die Arten

Zu den Karten:

Zusätzlich zu den Textangaben über die Verbreitung der einzelnen Arten wird deren Vorkommen in Europa auf Karten dargestellt. Diese Karten sind als großräumige Orientierungshilfen aufzufassen: Einerseits sind die Arealgrenzen vieler seltener oder schwer bestimmbarer Arten vor allem im Osten und Süden nicht geklärt, andererseits ist die Verbreitung häufiger und bekannter Arten durch menschliche Einflüsse (z. B. Gewässerverschmutzung, Besatzmaßnahmen, Kanalbauten) ständigen Veränderungen ausgesetzt. So können vor allem Fische mit „sportlicher" Bedeutung durch Besatz sporadisch nahezu überall in Europa auftreten.

Bei nicht in Europa heimischen Arten wurde auf Verbreitungskarten ganz verzichtet, da meist unklar ist, welche Vorkommen auf natürliche Vermehrung und welche nur auf ständigen Besatz zurückzuführen sind (z. B. Bachsaibling). Bei manchen Formen ist durch unkontrolliertes Aussetzen verschiedener Arten selbst die artliche Zuordnung unklar (z. B. Zwergwelse).

MEERESNEUNAUGE

Petromyzon marinus

E: sea lamprey F: lamproie marine
Familie Neunaugen (*Petromyzontidae*)

Kurzbeschreibung

Dunkel geflecktes, aalförmiges Tier ohne Brust- und Bauchflossen; Kopf mit Saugmund und sieben Kiemenöffnungen hinter dem Auge; zweigeteilte Rückenflosse; groß (bis über 1 m Länge).

Merkmale

Länge laichreifer Tiere meist 70–90 cm, teilweise bis 1,20 m. Färbung je nach Herkunft ziemlich verschieden, meist hellgrau bis grünlich mit kräftiger dunkler Marmorierung oder Fleckung der Oberseite. Die deutlich zweigeteilte Rückenflosse bildet zusammen mit der Schwanzflosse einen Flossensaum; unpaare Flossen (Brust- und Bauchflossen) fehlen vollständig. Keine Kiefer, statt dessen ist die Mundöffnung von einer Saugscheibe umgeben, die breiter als der Körper ist, deren Rand ausgefranst wirkt und die lückenlos mit scharfen Hornzähnen besetzt ist; unmittelbar über der Mundöffnung befindet sich ein größerer zweispitziger Zahn, unterhalb eine Reihe von ca. acht Zähnen. Vorne am Kopf eine unpaare Nasenöffnung. Seitlich hinter den Augen je sieben runde Kiemenöffnungen.

Meeresneunauge, *Petromyzon marinus*. Mundscheibe

Verwechslungsarten

Alle Neunaugen ähneln sich stark in ihrem Aussehen. Das Meeresneunauge ist in Europa die bei weitem größte Art. In Zweifelsfällen erfolgt die Bestimmung anhand der Bezahnung und der Größe der Mundscheibe (breiter als der Körper).

Lebensweise und Lebensraum

Neunaugen sind urtümliche Wirbeltiere, deren Entwicklungslinie bereits zur Zeit der Steinkohlewälder (vor ca. 350 Millionen Jahren) von derjenigen der Knorpel- und Knochenfische getrennt war. Abgesehen von den ausschließlich meeresbewohnenden Schleimaalen (*Myxinidae*) sind die ca. 40 weltweit existierenden Arten von Neunaugen die einzigen Überlebenden der „Kieferlosen", einer Gruppe fischähnlicher Wirbeltiere, die die Meere des Erdaltertums bewohnten. Anstelle bezahnter Kiefer dient die Saugscheibe dem Nahrungserwerb: Neunaugen ernähren sich meist räuberisch von Fischen, auf deren Haut sie sich festheften und dabei – je nach Art – Körperflüssigkeiten aufsaugen oder Haut- und Muskelstücke abraspeln. Da zumindest größere Beutetiere dabei zwar verletzt, aber nicht getötet werden, handelt es sich bei diesem Nahrungserwerb um eine Form von Parasitismus.

Meeresneunauge, Jungtier

Urtümlich ist nicht nur der Körperbau, sondern auch der Entwicklungsgang der Neunaugen. Aus den Eiern entwickeln sich zunächst Larvenstadien, die Ammocoetes-Larven („Querder"). Sie besitzen keinen Saugmund, und ihre einfachen Augen sind noch unter der Haut verborgen. Diese Larven leben mehrere Jahre im Bodengrund von Süßgewässern, wo sie sich von Kleinstlebewesen ernähren, die sie mit Hilfe ihrer Kiemen aus dem Wasser filtern. Querder leben bei manchen Arten erheblich länger als erwachsene Neunaugen. Etwa die Hälfte der Neunaugen-Arten ist anadrom: Nach der mehrere Wochen dauernden Umwandlung („Metamorphose") zum erwachsenen Stadium wandern sie ins Meer ab. Dort ernähren sie sich parasitisch, wachsen heran und beginnen nach Erreichen der Geschlechtsreife schließlich die Laichwanderung zurück ins Süßwasser. Dabei nehmen sie keine Nahrung mehr zu sich und sterben nach Absetzen des Laichs.

Das Meeresneunauge gehört zu den anadromen Arten. Die Tiere wandern im späten Frühjahr in die Flüsse, wo sie in kleinen Gruppen an kiesigen Stellen ablaichen (pro Weibchen bis zu 200 000 Eier); dabei sind Wanderungen bis zu 850 km Länge nachgewiesen (Rhein bei Basel). Die Querder leben 6–8 Jahre im Bodengrund, wandeln sich bei einer Länge von ca. 15 cm um und wandern ins Meer. Als Beute dienen ihnen vor allem größere Fische (Kabeljau, Makrele, Lachs, Hering u. a.), deren Körperflüssigkeit sie aufnehmen. Saugende Meeresneunaugen wurden in mehreren hundert Metern Tiefe gefunden. Nach weiteren 3–4 Jahren sind die Tiere geschlechtsreif; beim Laichaufstieg in die Flüsse wird der Darm zurückgebildet.

In weiten Bereichen sind Meeresneunaugen durch Gewässerverbau und Verschmutzung selten geworden, so in den Einzugsbereichen von Rhein und Elbe.

Verbreitung

Europäische Küsten von Skandinavien über Nord- und Ostsee bis ins westliche Mittelmeer (nicht im Schwarzen Meer und in der

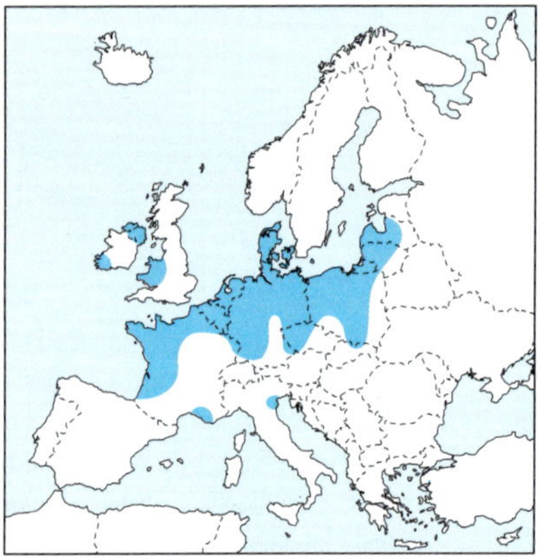

Meeresneunauge, *Petromyzon marinus*

Donau). Ostküste Nordamerikas, in den Großen Seen ständig im Süßwasser.

Weitere Arten

Das Kaspineunauge (*Caspiomyzon wagneri*) bewohnt das Kaspische Meer und unternimmt Laichwanderungen in die größeren einmündenden Flüsse. Es bleibt kleiner als das Meeresneunauge und scheint sich, soweit bekannt, vorwiegend von toten Fischen und anderem Aas zu ernähren. Die einstige wirtschaftliche Bedeutung (Reusenfang beim Aufstieg in die Flüsse) ist durch Gewässerverschmutzung und Wanderungsbarrieren rückläufig.

FLUSSNEUNAUGE

Lampetra fluviatilis

E: lampern F: lamproie fluviatile
Familie Neunaugen (*Petromyzontidae*)

Kurzbeschreibung

Aalförmig, ohne paarige Flossen, mit Saugmund und sieben Kiemenöffnungen hinter dem Auge; dunkle Färbung der Oberseite scharf vom weißlichen Bauch getrennt; höchstens 50 cm lang.

Merkmale

Länge meist 30–40 cm, große Weibchen bis höchstens 50 cm, daumendick. Färbung der Oberseite dunkelgrau mit grünlichem oder bläulichem Schimmer, scharf vom silberweißen Bauch abgesetzt. Rückenflosse deutlich zweigeteilt (während der Laichwanderung aneinanderstoßend). Mundscheibe mit wenigen, aber kräftigen Zähnen seitlich der Mundöffnung und am oberen Rand; unmittelbar über der Mundöffnung eine breite Platte, die seitlich in je einen Zahn ausläuft, unterhalb der Mundöffnung ca. 7 kräftige, scharfe Zähne.

Flußneunauge, *Lampetra fluviatilis*. Porträt

Flußneunauge, *Lampetra fluviatilis*

Verwechslungsarten

Im Verbreitungsgebiet nur mit dem Meeres- und dem Bachneunauge zu verwechseln; Unterscheidung aufgrund der Größe und der Bezahnung der Mundscheibe.

Lebensweise und Lebensraum

Die zweitgrößte einheimische Neunaugenart ist wie das Meeresneunauge anadrom; die Tiere wandern im Herbst vom Meer in die Flußoberläufe, wobei noch nicht geklärt ist, ob es ihre Ursprungsgewässer sind, die von den fortpflanzungsbereiten Tieren wieder aufgesucht werden. Dort legen die Flußneunaugen zunächst eine Winterruhe ein, bevor sie von März bis Mai gruppenweise über flachen Kiesbänken ablaichen. Ein Weibchen kann bis zu 40 000 Eier produzieren; die Tiere sterben nach dem Laichvorgang. Die Larven (Querder) wandern in geeignete Gewässerabschnitte, wo durch ausreichende Strömung Ab- und Umlagerungen organischer Substanz gewährleistet sind. Dort leben sie 3–5 Jahre im Bodengrund und ernähren sich, indem sie Mikroorganismen aus dem Wasser filtrieren. Ab einer Länge von ca. 15 cm tritt die Umwandlung zu erwachsenen Neunaugen ein, die im zeitigen Frühjahr ins Meer abwandern.

Im Meer halten sie sich wohl vorwiegend im flachen Küstenbereich auf. Sie ernähren sich von Fischen (Heringe, Dorsche u. a.), deren Schwärmen sie folgen. Im Gegensatz zu Meeresneunaugen, die vorwiegend Blut und andere Körpersäfte saugen, sind Flußneunaugen in der Lage, Haut- und Muskelstücke von ihren Opfern abzuraspeln; dabei dringen sie oft in die Leibeshöhle ihrer Beutefische ein, wobei diese natürlich getötet werden. Die Lebensweise des Flußneunauges ist somit eher räuberisch als parasitisch. Die kleiner bleibende sogenannte „praecox-Form“ des Flußneunauges hat schon im Herbst desselben Jahres ihre endgültige Größe erreicht, bildet ihren Darm zurück und beginnt die Laichwanderung ins Süßwasser;

andere Flußneunaugen bleiben ein weiteres Jahr im Meer, bevor sie laichreif werden.

Vor allem im Baltikum kommt dem Fang von Flußneunaugen eine wirtschaftliche Bedeutung zu; die mit Fettreserven versehenen Wanderformen werden beim Aufstieg gefangen (in Finnland mehr als 2 Millionen Exemplare jährlich).

Gefährdet ist das Flußneunauge sowohl durch Verschlechterung der Wasserqualität (worauf alle Neunaugen empfindlich reagieren), durch Wanderbarrieren und durch Verschlammung des Bodengrunds ihrer Larvalbiotope aufgrund von Regulierung und Nährstoffeinleitung.

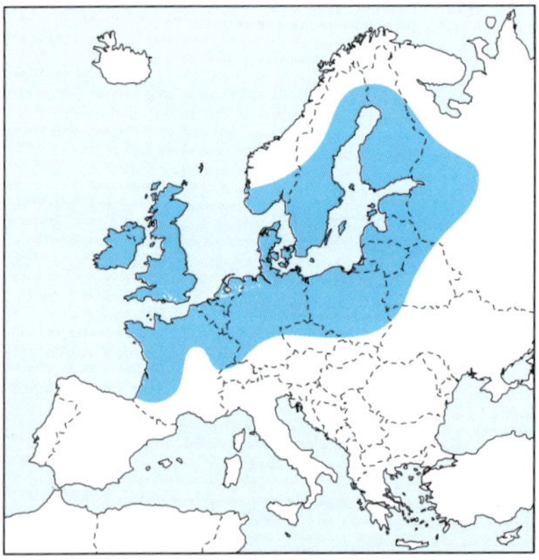

Flußneunauge, *Lampetra fluviatilis*

Verbreitung

Küstengebiete von Ost- und Nordsee bis ins westliche Mittelmeer, einschließlich der dort mündenden Flußsysteme. Binnenformen existieren in den großen Seen Nordwest-Rußlands (z. B. eine völlig schwarze Form im Ladogasee). Nicht im Donaubecken.

BACHNEUNAUGE

Lampetra planeri

E: brook lamprey
F: chatouille, petite lamproie
Familie Neunaugen (*Petromyzontidae*)

Kurzbeschreibung

Aalförmig, ohne paarige Flossen, mit Saugmund und sieben Kiemenöffnungen hinter dem Auge; höchstens 19 cm lang, bleistiftdünn.

Merkmale

Länge 10–15 cm, maximal 19 cm. Oberseite dunkelblau bis grünlich, Bauchseite hell; in der Laichzeit färben sich Mund- und (beim Weibchen) Afterregion rötlich. Die Rückenflosse ist bei laichreifen Tieren durchgehend. Das Bezahnungsmuster der Mundscheibe ähnelt dem des Flußneunauges, die Zähne sind jedoch schwächer entwickelt und stumpf.

Verwechslungsarten

Meeres- und Flußneunauge, die teilweise im gleichen Areal vorkommen, sind leicht an-

Bachneunauge, *Lampetra planeri*. Mundscheibe

Bachneunaugen, *Lampetra planeri*

hand von Körpergröße und Bezahnung zu unterscheiden.

Lebensweise und Lebensraum

Obwohl Bach- und Flußneunauge nahe miteinander verwandt sind, unterscheiden sich beide Arten erheblich in ihrer Lebensweise. Während das Flußneunauge Wanderungen zwischen Meer und Süßwasser unternimmt, ist das Bachneunauge eine stationäre Süßwasserform, die in Bächen und kleinen Flüssen des Binnenlandes vorkommt und diese auch nach der Metamorphose nicht verläßt. Da die erwachsene Form der wandernden Arten nur im Meer Nahrung aufnimmt, entfällt folgerichtig beim Bachneunauge zusammen mit der Wanderung auch die Freß- und Wachstumsphase. Bachneunaugen nehmen nach der Umwandlung zum erwachsenen Tier keine Nahrung mehr auf – bereits während der Metamorphose wird der Darm zurückgebildet. Folglich unterscheiden sich erwachsene Bachneunaugen in der Größe kaum vom letzten Larvenstadium, sind meist sogar etwas kleiner. Etwa die Hälfte der ca. 40 bekannten Neunaugen-Arten sind solche stationären, nicht-parasitischen Süßwasserbewohner. Sie sind als ökologische Sonderformen jeweils eng mit großen, anadromen, parasitisch lebenden Arten verwandt und werden auch als deren „Satelliten-Arten“ bezeichnet.

Die Ammocoetes-Larven der Bachneunaugen leben 3–5 Jahre im Bodengrund der Gewässer eingegraben, wo sie sich filtrierend von Kleinorganismen ernähren; die von Bachneunaugen bewohnten Gewässerabschnitte liegen normalerweise oberhalb der vom Flußneunauge bevorzugten. Bei einer Länge von 15–20 cm erfolgt im Spätsommer oder Herbst die Metamorphose zu den erwachsenen Tieren. Diese sammeln sich in

Bachneunaugen, *Lampetra planeri*

kleinen Gruppen unter Steinen usw. und halten zunächst eine Winterruhe, bevor zwischen März und Juni das Laichgeschäft erledigt wird. Entsprechend der geringen Körpergröße umfaßt das Gelege lediglich bis zu 1500 Eier.

Da Wasserströmung und periodische Umlagerung von Sediment für die Ernährung der Querder wichtig sind, kommen Bachneunaugen fast nur in naturbelassenen, unregulierten kleinen Fließgewässern vor. Deren zunehmendes Verschwinden führt zu immer kleiner werdenden, fragmentierten Vorkommen von Bachneunaugen in ihrem Verbreitungsgebiet.

Verbreitung

Weite Teile Nord- und Mitteleuropas sowie Italien. Nicht auf der Iberischen Halbinsel und im Einzugsbereich der Donau (abgesehen von einigen Oberläufen).

Weitere Arten

Die Artzugehörigkeit der europäischen „Bachneunaugen“ ist noch nicht abschließend geklärt; künftige Namensänderungen sind nicht auszuschließen.

Das Oberitalienische Bachneunauge (*Lethenteron zanandreai*) bewohnt ein Gebiet vom Südrand der Alpen bis zum Po (nur linke Zuflüsse). Es galt früher als eine Unterart von *Lampetra planeri*, wird heute aber sogar zu einer anderen Gattung gestellt. Es besiedelt vorwiegend den Quellbereich von Bächen, ansonsten entspricht die Biologie weitgehend der des Bachneunauges. Das Verbreitungsgebiet beider Arten schließt sich aus. Interessant ist das gelegentliche Auftreten von Neotenie im weiblichen Geschlecht: Es treten Querder auf, die ohne Umwandlung zum adulten Neunauge laichreif werden. Merkwürdig ist außerdem das kleine Verbreitungsgebiet und das dortige Fehlen einer

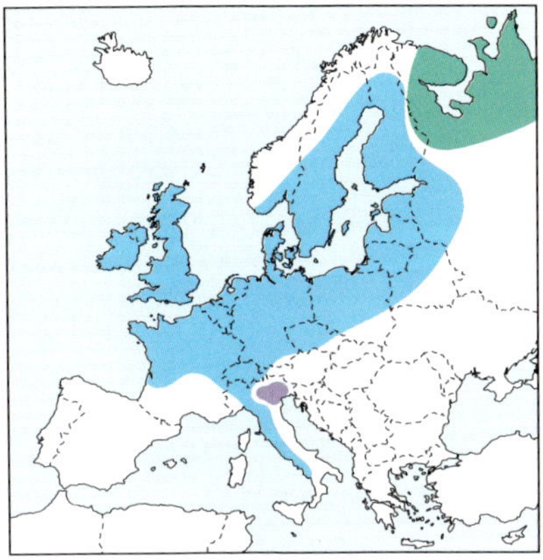

Bachneunauge, *Lampetra planeri*
Oberitalienisches Bachneunauge, *Lethenteron zanandreai*
Arktisches Neunauge, *L. camtschaticum*

anadromen Stammart, von der sich diese Süßwasserform abgeleitet haben könnte.

Das verwandte Arktische Neunauge (*Lethenteron camtschaticum*) ist von Nordostskandinavien über die Küste der arktischen Meere bis in den pazifischen Raum (Japan, Korea) verbreitet. Innerhalb dieses riesigen Areals gibt es erhebliche Unterschiede hinsichtlich Größe und Ökologie: Es existieren sowohl anadrome Formen (die im pazifischen Raum bis 60 cm Länge erreichen und in der Lebensweise wohl dem Flußneunauge ähneln), als auch stationäre Zwergformen des Süßwassers.

In den zum Schwarzen Meer entwässernden Flußsystemen – so auch in der Donau – leben einige weitere Arten von „Bachneunaugen", die ebenfalls mit *Lampetra planeri* nicht näher verwandt sind:

Das Donauneunauge (*Eudontomyzon danfordi*) ist ein stationärer, nichtwandernder Süßwasserbewohner. Die Art wird ca. 20–30 cm lang, besitzt eine geteilte Rückenflosse und ist an ihrer charakteristisch verdickten Körpermitte zu erkennen. Der Rücken ist beim laichreifen Tier meist bräunlich gefärbt, die Unterseite ist hell. Die Mundscheibe besitzt zahlreiche kleine, spitze Zähnchen, die an der Unterseite ein Borstenfeld bilden; oberhalb der Mundöffnung liegt eine Platte mit je einem seitlichen Zahn, unterhalb eine Reihe von 6–10 scharfen Zähnen. Von dieser Beschreibung der Mundscheibe ist bereits abzuleiten, daß Donauneunaugen sich parasitisch bzw. räuberisch ernähren. Es sind die einzigen europäischen Neunaugen, die an Süßwasserfischen (Barben, Döbel u. a.) parasitieren, wobei sie regelrechte Löcher in ihre Opfer raspeln können; in Fischzuchten machen sie sich damit nicht beliebt. Lebensraum dieser Art sind sauerstoffreiche Oberläufe von Gebirgsflüssen (Äschen- bis Forellenregion). Sie laicht im Frühjahr an Kiesbänken mit starker Strömung; die Querder wachsen im schlammi-

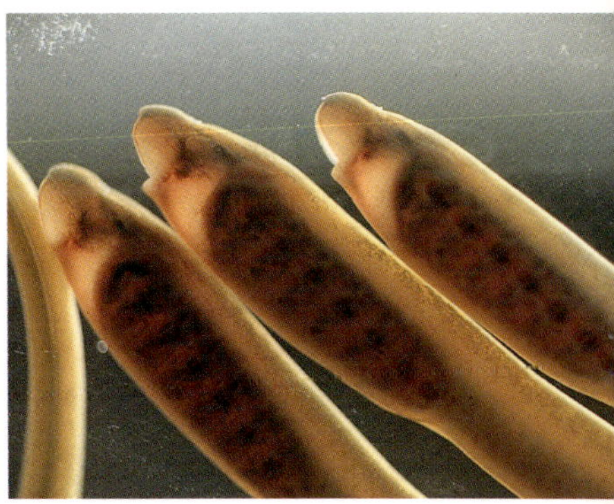

Bachneunauge, Ammocoetes-Larven (Querder)

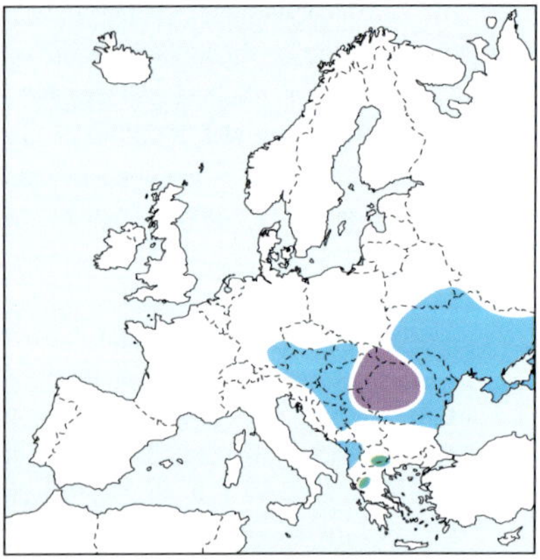

■ Ukrainisches Bachneunauge, *Eudontomyzon mariae*

■ Donauneunauge, *E. danfordi*

■ Griechisches Bachneunauge, *E. hellenicus*

gen Bodengrund ruhiger Gewässerbereiche heran und ernähren sich nicht nur von Kleinstlebewesen, sondern fressen auch Würmer und Insektenlarven. Die Verbreitung dieser Art ist auf linke Nebenflüsse des Donausystems in Rumänien, der Slowakei und der Ukraine beschränkt; in der Donau selbst wurde sie noch nicht gefunden.

Das <u>Ukrainische Bachneunauge</u> (*Eudontomyzon mariae*) ist in den ins Schwarze Meer mündenden Flußsystemen weit verbreitet, ausgespart wird dabei das Areal von *E. danfordi* (die Populationen der Donau stellen vielleicht eine eigene Art, *E. vladykovi*, dar). In Mitteleuropa dringt die Art westlich bis nach Bayern vor. Lebensraum sind vor allem kleine, stark strömende Fließgewässer in bergigen Gegenden. Im Gegensatz zum Donauneunauge nimmt diese Art nach der Metamorphose im allgemeinen keine Nahrung mehr zu sich; allerdings sind einzelne Fälle bekannt, in denen sich Vertreter dieser Art an Fischen festgesaugt hatten. Soweit bekannt, ähnelt die Biologie der von *Lampetra planeri*. Die Querder leben 4–6 Jahre im Bodengrund ruhiger Gewässerabschnitte. Die Oberseite dieser Art ist eher dunkelgrau als bräunlich, der Körper ist zur Mitte hin nicht auffällig verdickt, die Rückenflosse ist nicht geteilt. Die erwachsenen Tiere sind maximal 22 cm lang, ebenso natürlich die Querder am Ende ihrer Entwicklungszeit. Entsprechend der Lebensweise dieser Art sind die Zähne der Mundscheibe in ihrer Zahl reduziert.

Eine weitere nicht-parasitische Süßwasserform aus diesem Verwandtschaftskreis ist das auf Griechenland beschränkte <u>Griechische Bachneunauge</u> (*Eudontomyzon hellenicus*). Es bleibt sehr klein (maximal 16 cm). Über die Lebensweise ist wenig bekannt. Die Art gilt aufgrund ihres sehr kleinen Areals als gefährdet.

STÖR
Acipenser sturio

E: sturgeon F: esturgeon
Familie Störe (Acipenseridae)

Kurzbeschreibung

Großer, meist 1–2 m langer Fisch mit ausgezogener Schnauze, unterständiger Mundöffnung und fünf Längsreihen großer höckeriger Knochenschilder. Schwanzflosse unsymmetrisch.

Merkmale

Länge meist 1–2 m. Alte Exemplare (die heute kaum noch existieren) können jedoch bis zu 6 m Länge und 1.000 kg Gewicht erreichen; die Männchen bleiben kleiner. Die Gestalt ist haiförmig, ebenso die unsymmetrische („heterozerke") Schwanzflosse, in deren obere, verlängerte Hälfte das Ende der Wirbelsäule hineinreicht. Die Rückenflosse ist weit nach hinten verlagert. Anstelle von Schuppen sind fünf Längsreihen von Knochenplatten vorhanden: eine Reihe von 9–16 gehöckerten Rückenschildern, zwei Reihen von 24–40 sehr eng gestellten, sich teilweise überdeckenden Seitenschildern, die doppelt so hoch sind wie breit, und zwei Reihen von 8–14 Bauchschildern. Auch in der nackten Haut zwischen den Schilderreihen sind

Acipenser spec. Jungtier

kleinere Hautknochen unregelmäßig verteilt, die vor allem bei Jungtieren auffallen. Der Kopf ist zu einer breiten, an der Spitze leicht nach oben gebogenen Schnauze („Rostrum") ausgezogen, an deren Unterseite vier Bartfäden in einer Querreihe angeordnet sind; diese sind rund, ohne Fransen und reichen zurückgelegt nicht zum Mundrand. Die unterständige, spaltförmige Mundöffnung nimmt zwei Drittel der Schnauzenbreite ein und ist rüsselartig vorstülpbar; die Unterlippe ist geteilt. Die Färbung der Oberseite ist grau bis bräunlich, die Unterseite hell.

Verwechslungsarten

In Nordsee, Atlantik und westlichem Mittelmeer gibt es keine ähnlichen Arten, in der östlichen Ostsee höchstens den Sterlet und den (eingeführten) Sibirischen Stör. Dagegen lebt eine ganze Reihe naher Verwandter im Schwarzen und Kaspischen Meer sowie in der Adria. Von allen anderen Störverwandten ist *A. sturio* anhand folgender Merkmalskombination zu unterscheiden: Bartfäden ungefranst, näher an der Mundspalte als an der Schnauzenspitze, Mundspalte klein und gerade, nicht die Seite der Schnauze erreichend. Auf zusätzliche Merkmale wird im Abschnitt „Weitere Arten" eingegangen.

Stör, *Acipenser sturio*. Die Gattung *Acipenser* zeichnet sich durch eine gerade und querliegende Mundspalte aus.

Lebensweise und Lebensraum

Störe und ihre Verwandten sind Überlebende einer alten und urtümlichen Gruppe innerhalb der Knochenfische; sie existieren in ihrer heutigen Form seit mindestens 70 Millionen Jahren. Dabei zeigen sie eine Reihe primitiver Merkmale, die bei „modernen" Fischen verschwunden sind; als Beispiel sei die heterozerke Schwanzflosse genannt, die in ihrem Aussehen an die der Haie erinnert. Andere primitiv erscheinende Merkmale sind dagegen in Wirklichkeit Neuerwerbungen, so das knorpelige Skelett (ihre Vorfahren besaßen bereits richtige Knochen) und die schuppenlose, mit großen Knochenplatten besetzte Haut (Reste des Schuppenkleides finden sich noch an der Oberseite der Rückenflosse). Alle Störverwandten (Familie *Acipenseridae*) leben im Meer oder Süßwasser der nördlichen Hemisphäre. Nach Größe und Form der Mundöffnung und der Bartfäden werden die Gattungen *Acipenser* (Störe, 17 Arten) und *Huso* (Hausen, 2 Arten) unterschieden.

Die meisten Störverwandten sind anadrome Wanderfische, die zum Ablaichen ins

Süßwasser ziehen. Nach dem Laichen wandern die Alttiere zurück ins Meer; diese Wanderungen werden im Leben eines Individuums viele Male wiederholt. Auch die Jungfische bleiben nach dem Schlupf meist nicht lange in den Flüssen.

Die systematischen Verhältnisse innerhalb der einzelnen Arten sind außerordentlich komplex. So gibt es nicht nur Unterarten oder Populationen, die geographisch isoliert sind und zum Teil äußerlich erkennbare Unterschiede aufweisen, sondern auch Gruppen, die zu verschiedenen Jahreszeiten in ein und denselben Fluß wandern, oder die unterschiedlich weit in die Flüsse aufsteigen. Zusätzlich gibt es bei manchen Arten Populationen, die ständig im Süßwasser verbleiben, oder solche, die gar nicht in die Flüsse ziehen, sondern sich im Brackwasser der Mündungsbereiche fortpflanzen. Durch diese über Jahrmillionen erfolgten vielfältigen Aufspaltungen ist es den einzelnen Arten gelungen, Nahrungsressourcen und Laichplätze optimal zu nutzen.

Flußverbau, Gewässerverschmutzung und Überfischung der Meere hat alldem innerhalb von ca. 50 Jahren ein Ende bereitet: Staustufen im Unterlauf großer Ströme schneiden die meisten Arten von ihren Laichplätzen ab. Fischtreppen können von Stören aufgrund ihrer Größe nicht genutzt werden; gelegentliches Durchschwimmen der Schleusen zusammen mit Schiffen erklärt ihr sporadisches Vorkommen auch oberhalb der Staustufen, das aber für eine regelmäßige Vermehrung nicht ausreicht. Gewässerverschmutzung setzt den sauerstoffbedürftigen Fischen sowohl im Süß- als auch im Salzwasser zu. Der vielleicht wichtigste Faktor aber ist die Dezimierung durch die großtechnische Meeresfischerei im Küstenbereich. Im Gegensatz zur Flußfischerei werden dadurch auch die noch nicht laichreifen Jungtiere abgefischt, die im weiblichen Geschlecht zum Teil über 20 Jahre bis zur Geschlechtsreife benötigen. Durch all diese Faktoren stehen die einzelnen Arten entweder vor der Ausrottung, oder sie werden durch künstliche Massenvermehrung in ihrem Bestand erhalten. Dadurch wird versucht, die nicht nur wegen des wertvollen Fleisches, sondern vor allem wegen des devisenträchtigen Rogens (Kaviar) geschätzten Fische als Wirtschaftsfaktor zu sichern. Von den ca. 30 000 t Stören (alle Arten zusammen), die jährlich gefangen werden, entfallen 90% auf das Kaspische, der Rest weitgehend auf das Schwarze Meer. Die hemmungslose Verschmutzung dieser Gewässer durch die Anrainerstaaten, sowie der seit dem Zusammenbruch der Sowjetunion zu beobachtende Raubbau an den Beständen dürften allerdings auch dort die Störarten sehr bald der Ausrottung nahebringen.

Seit einiger Zeit wird versucht, Süßgewässer (z. B. Stauseen) zur Störproduktion zu nutzen. Zu diesem Zweck werden vorwiegend Artbastarde (z. B. zwischen Hausen und Sterlet) erbrütet, deren Wachstum dem der Elternarten überlegen ist. Welchen Einfluß der massive Aussatz von Kreuzungsformen auf die Wildpopulationen hat, ist unklar.

Acipenser sturio, der „Gemeine" oder Baltische Stör, ist eine anadrome Wanderart, die im Frühjahr vom Meer in die Flüsse aufsteigt. Mancherorts wurden auch Herbstwanderungen beobachtet, wobei die Tiere vor dem Laichen im Süßwasser eine Winterruhe

Stör, *Acipenser sturio*

durchführen. Früher zogen Störe bis zu 1000 km flußaufwärts; im Rhein sind Wanderungen bis Basel nachgewiesen. Von März bis August (meist im Juni und Juli) laichen die Tiere in tiefen Gruben im Kiesbett der Flüsse ab; ein Weibchen kann bis zu 2,5 Millionen klebrige, schwarze Eier ablegen. Die Alttiere wandern nach dem Laichen zurück ins Meer, während zumindest ein Teil der Jungfische je nach Flußsystem 2–4 Jahre im Süßwasser verbleibt. Auch nach der Rückwanderung halten sich junge Störe noch lange im Brackwasser der Flußmündungen auf; erst ab einem Alter von 4–5 Jahren ertragen Störe die Salzkonzentrationen des offenen Meeres. Auch alte Tiere findet man meist in küstennahem, flachem Wasser, wo sie mit gleichmäßigen Bewegungen dicht über dem Bodengrund schwimmen; Freßbares wird mit Hilfe der Bartfäden aufgespürt und von der ausstülpbaren Mundöffnung „eingesaugt" (Zähne sind nicht vorhanden). Kleine Exemplare ernähren sich sowohl im Süß- als auch im Salzwasser von bodenlebenden Wirbellosen (Schnecken, Muscheln, Würmern usw.), größere Tiere zunehmend von Bodenfischen. Störe sind sehr langlebige Tiere, die als Männchen je nach Herkunft erst mit 7–15 Jahren, als Weibchen mit 8–20 Jahren geschlechtsreif werden. Die natürliche Altersgrenze liegt vermutlich bei etwa 50 Jahren.

Es ist kurios, daß diese Art, die von allen europäischen Störverwandten das bei weitem größte Verbreitungsgebiet besitzt, am stärksten von der Ausrottung bedroht ist. Dabei war sie noch bis zum Ende des 19. Jahrhunderts in fast allen europäischen Flußsystemen (mit Ausnahme der Donau) überaus häufig. Der Bestandseinbruch durch hemmungslose Überfischung erfolgte bereits um die Jahrhundertwende: Zwischen 1890 und 1910 sank die Zahl jährlich gefangener Tiere in der Elbe von ca. 4000 auf unter 100. Heute spielt diese Art wirtschaftlich nirgendwo mehr eine Rolle. Da auch die letzten nennenswerten Bestände (z. B. in der Gironde) drastisch zurückgehen, ist zu befürchten, daß sie binnen kurzem ausstirbt.

Verbreitung

Europäische Küstengewässer vom Nordkap über Nord- und Ostsee und das Nördliche Mittelmeer bis ins Schwarze Meer, sowie Unter- und Mittellauf der größeren Flüsse; im Donausystem ist diese Art nur aus dem Delta bekannt. Eine stationäre Süßwasserform kommt im Ladogasee vor.

Unterarten wurden nicht beschrieben, allerdings weist die Ostseeform einige abweichende Merkmale auf.

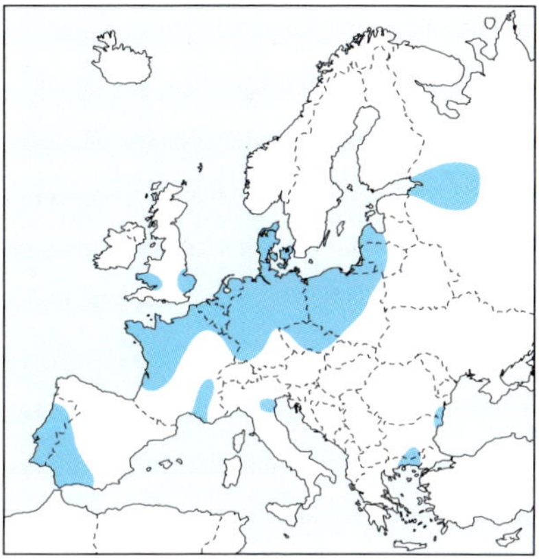

Stör, *Acipenser sturio*, historische Verbreitung

Weitere Arten

Der Waxdick (*Acipenser gueldenstaedtii*), auch Russischer Stör genannt, ist ein Bewohner des Schwarzen und des Kaspischen Meeres und ihrer Zuflüsse. Er wird meist 1,3–2,5 m lang, nachgewiesen sind auch Exemplare von 3 m Länge. Die Körperform ist gedrungener und hochrückiger als beim Stör. Die 8–18 breit voneinander getrennten Rückenschilder laufen in eine nach hinten gerichtete Spitze aus. Auch die 24–50 Seitenschilder lassen deutliche Zwischenräume frei; 6–13 Bauchschilder. Die Form der Schnauze variiert beträchtlich, ist aber generell deutlich breiter und kürzer als beim Stör; der Mund ist klein und spaltförmig, die Unterlippe geteilt. Die Rückenfärbung ist meist bräunlich, der Bauch gelblichweiß. Innerhalb seines Verbreitungsgebietes wurden mehrere Unterarten beschrieben. Daneben gibt es im selben Areal eine große Zahl ökologisch getrennter Populationen: Neben anadromen Formen, die zum Laichen unterschiedlich weit in die Flüsse einwandern (und deren Jungfische nach etwa einem Jahr ins Meer abwandern), scheint es auch stationäre Formen des Süßwassers (Donau, Wolga) und des Meeres zu geben (oder gegeben zu haben); vor Konstruktion der Staudämme stiegen Waxdicks in der Donau bis nach Regensburg auf. Das Ablaichen wurde sowohl in tiefen, steinigen Flußabschnitten als auch über flachen Sandbänken im Mündungsbereich beobachtet; ein Weibchen verteilt dabei seine (je nach Größe) bis zu 800 000 Eier über eine Fläche von mehreren hundert Quadratmetern.

Im Meer halten sich Waxdicks meist im Flachwasser in der Nähe von Flußmündungen auf. Sie ernähren sich auch als erwachsene Tiere mehr als andere Arten von bodenlebenden Mollusken. Im Kaspischen Meer, wo sie sich früher vorwiegend von klei-

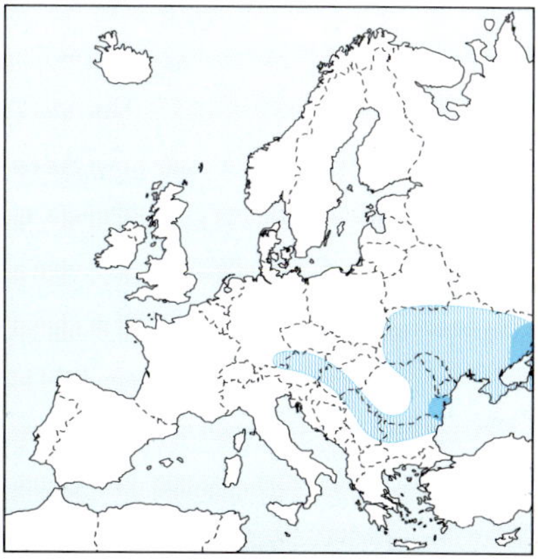

Waxdick, *Acipenser gueldenstaedtii*, heutige Verbreitung

historische Verbreitung

nen Heringsfischen der Gattung *Clupeonella* ernährten, erfolgte seit den 30er Jahren eine Umstellung des Speiseplans auf mehrere in der Zwischenzeit in dieses Binnenmeer verbrachte oder eingeschleppte Schnecken- und Borstenwurmarten. Die wirtschaftliche Bedeutung des Waxdick übertrifft die aller anderen Störarten; die größten Bestände finden sich im Nordteil des Kaspischen Meeres. Bestandseinbrüche wurden durch ein Verbot des Störfangs im Kaspischen Meer (das allerdings im iranischen Teil nicht besteht) und durch künstlichen Massenbesatz rückgängig gemacht. Heute stammt der größte Teil der gefangenen Störe aus solchen Brutanstalten.

Der Persische Stör (*Acipenser persicus*) galt bis vor kurzem als Unterart des Waxdick. Er unterscheidet sich von diesem durch den etwas schlankeren Körperbau, eine längere, leicht nach unten gebogene Schnauze und seine eher blaugraue Färbung. Er kommt im Kaspischen Meer vor, wo er als wärmeliebende Art den südlichen Teil bevorzugt; vor kurzem soll er auch im östlichen Teil des Schwarzen Meeres nachgewiesen worden sein. Er ist weniger auf Mollusken spezialisiert als der Waxdick und frißt häufig Fische (*Clupeonella*-Arten). Seine Bestände und wirtschaftliche Bedeutung sind weit geringer als die des Waxdick.

Der Sternhausen (*Acipenser stellatus*) bleibt mit 1–1,5 m, maximal 2 m Länge kleiner als die vorgenannten Arten. Sein Verbreitungsgebiet entspricht weitgehend dem des Waxdick, er wurde allerdings vereinzelt auch im Mittelmeer (Adria) angetroffen; im Donausystem wanderte er vor dem Bau der Staustufen bis in die Isar. Der Körper ist sehr schlank und langgestreckt. Die Schnauze ist lang ausgezogen und schwertförmig abgeflacht, die Unterlippe in der Mitte geteilt. Die 9–16 dicht zusammenstehenden Rückenschilder besitzen eine scharfe, nach hinten gerichtete Spitze; 26–43 Seitenschilder, die sich nicht überdecken; 9–14 Bauchschilder. Die Haut zwischen den Schilderreihen ist dicht mit kleineren, sternförmigen Hautknochen besetzt (Name!). Der Sternhausen ist dunkler und kontrastreicher gefärbt als die verwandten Arten: Die Rückenfärbung ist dunkel rostbraun bis fast schwarz, der Bauch silberweiß bis graugelb.

Auch vom Sternhausen gibt es zahlreiche geographische und ökologische Formen. Zumindest in den südrussischen Flüssen läßt sich nach dem Zeitpunkt der Laichwanderung eine Sommer- und eine Winterform unterscheiden. Während die Sommerform nur in die Flußmündungen eindringt und dort ab-

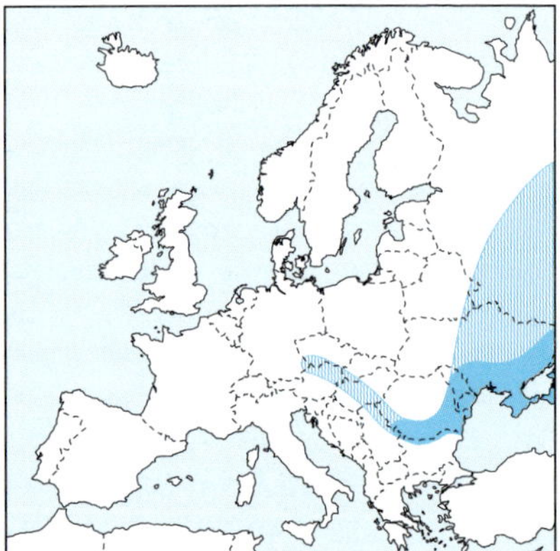

Sternhausen, *Acipenser stellatus*, heutige Verbreitung
historische Verbreitung

laicht, führt die seltenere Winterform eine monatelange Wanderung bis in die Oberläufe durch. Sternhausen benötigen höhere Temperaturen zum Laichen als andere Störe: Beide Formen laichen im Sommer (in der Donau später als Hausen und Waxdick). Die nach 2–4 Tagen schlüpfenden Jungfische wandern ohne längeren Aufenthalt im Süßwasser ins Meer ab. Auch Sternhausen ernähren sich zumeist von bodenlebenden Wirbellosen und Fischen, nutzen aber mehr als die anderen Störarten auch die mittleren und oberen Wasserschichten der Meere. Dabei sind sie tagsüber eher im Freiwasser anzutreffen und gehen nachts am Grund auf Nahrungssuche. Nach der Besiedelung des Kaspischen Meeres durch eingeschleppte Schnecken und Würmer um die Mitte dieses Jahrhunderts gingen auch die dortigen Bestände des Sternhausen – wie die des Waxdick – zur überwiegenden Wirbellosen-Nahrung über. Im Vergleich zu anderen Stören sind Sternhausen frühreif: Die Männchen benötigen 5–6 Jahre, die Weibchen 7–12 Jahre zur Geschlechtsreife. Sie werden vermutlich nicht älter als 40 Jahre. Zwischen den Laichwanderungen der individuellen Tiere vergehen mehrere Jahre: Ein Weibchen laicht vermutlich nicht öfter als dreimal in seinem Leben. In seiner wirtschaftlichen Bedeutung für die russische Störfischerei steht der Sternhausen nach dem Waxdick an zweiter Stelle; auch für diese Art ist das Kaspische Meer das wichtigste Gewässer. Um die Bestände zu erhalten, wurden – neben massiven Besatzmaßnahmen – erfolgreich künstliche Laichgründe mit Kiesboden angelegt, um die durch Staudämme verlorenen Gebiete zu kompensieren. In den 30er Jahren

Sternhausen, *Acipenser stellatus*

wurde der Sternhausen im Aralsee eingeführt.

Der Glattdick (*Acipenser nudiventris*) wird etwas größer als der Sternhausen (bis ca. 2,2 m), ist aber sehr viel gedrungener. Auffällig ist die große Zahl (49–75) der Seitenschilder; die Spitze der 11–17 Rückenschilder befindet sich im Gegensatz zu den anderen Arten hinter der Schildmitte. Die Haut zwischen den Schilderreihen ist nur mit sehr kleinen Hautknochen besetzt und wirkt glatt. Die Schnauze ist kurz und stumpf, die Bartfäden an der Unterseite sind innen gefranst, die Unterlippe ist ungeteilt. Der Rücken ist grau bis braun, der Bauch fast weiß gefärbt. Der Glattdick ist im Schwarzen und Kaspischen Meer und deren Zuflüssen verbreitet; zudem bewohnte er als ursprünglich einzige Störart den Aralsee. Auch beim Glattdick gibt es mehrere ökologische Formen: Neben anadromen Populationen vor allem des Kaspischen Meeres, deren Laichwanderungen zu verschiedenen Jahreszeiten stattfinden, gibt es z. B. in der Donau reine Süß-

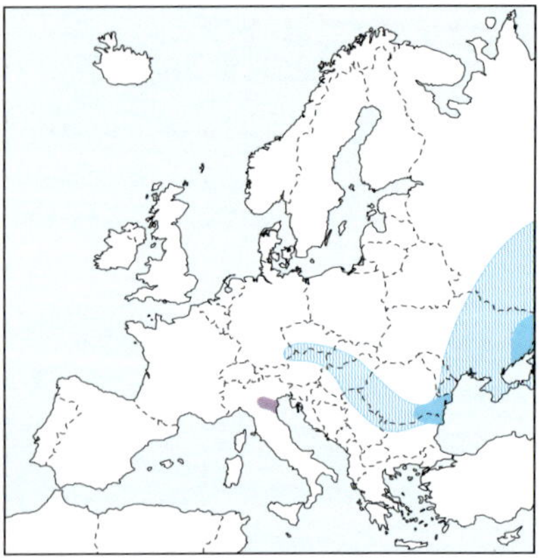

Glattdick, *Acipenser nudiventris,* heutige Verbreitung

historische Verbreitung

Adriastör, *A. naccarii*

wasserformen, die nicht ins Meer zurückwandern (dies aufgrund von Staustufen auch gar nicht mehr können). Auch die anadromen Tiere ziehen im Meer die Brackwasserbereiche vor, wo sie sich von bodenlebenden Wirbellosen und Fischen (Grundeln) ernähren. Auch Fischlaich (einschließlich dem anderer Störarten) wird häufig gefressen. Die Laichzeit liegt bei allen Formen im Frühjahr. Die Lebensdauer beträgt wohl nicht mehr als 30 Jahre. Die wirtschaftliche Bedeutung dieser Art ist relativ gering. Interessant ist das Schicksal der Aralsee-Population: Als vor ca. 60 Jahren der Sternhausen in den Aralsee eingeführt wurde, brachte er einen bis dahin dort nicht vorkommenden Kiemenparasiten (einen Saugwurm aus der Gruppe der *Monogenea*) mit; die nicht an diesen Parasiten angepaßte Glattdick-Population wurde dadurch drastisch dezimiert. Inzwischen sind Glattdick und Sternhausen zusammen mit ihrem Saugwurm durch die Vernichtung des gesamten Ökosystems aus dem Aralsee verschwunden.

Eine wenig bekannte Art ist der Adriastör (*Acipenser naccarii*). Er lebt im Küstenbereich des Adriatischen Meeres, wo er sich nicht weit von den Mündungen der Laichgewässer entfernt. Vor der Verbauung und Verschmutzung seiner Laichgewässer stieg er bis in den Mittellauf der norditalienischen Flüsse (Po, Etsch, Tagliamento u. a.) auf. Im Gegensatz zu anderen Störarten laicht der Adriatische Stör im ruhigen ufernahen Wasser, auch in der Nähe der Flußmündung. Früher wurde er beim Laichaufstieg wegen seines Fleisches gefangen (der Kaviar spielte nie eine Rolle), heute ist der Bestand stark gefährdet. Der Adriastör wird bis zu 2 m lang. Die Schnauze ist kurz und stumpf, kennzeichnend sind die 32–42 schräg gestellten und eng beisammen liegenden Seitenschilder, die mehr als doppelt so hoch wie breit sind (Unterscheidung von *A. sturio*, der ebenfalls in der Adria vorkommt). Rücken- und Bauchschilder sind ziemlich groß; auch zwischen den Schilderreihen ist die Haut dicht mit verschieden großen Hautknochen besetzt.

Der Sibirische Stör (*Acipenser baeri*) kommt von Natur aus in den großen Flußsystemen Nordrußlands und Sibiriens vor. Seine Anpassungsfähigkeit war Anlaß, ihn Mitte der 60er Jahre versuchsweise in der Ostsee und im Ladogasee einzuführen. Obwohl die Fische rascher wuchsen als in ihren Herkunftsgewässern, kam es nie zu einer natürlichen Vermehrung, so daß der Einbürgerungsversuch aufgegeben wurde.

STERLET
Acipenser ruthenus

E: sterlet F: sterlet
Familie Störe (*Acipenseridae*)

Kurzbeschreibung

Kleine Störart (maximal 1 m lang) mit schlanker, etwas aufgebogener Schnauze, großen Brustflossen und dachziegelartig sich überdeckenden Seitenschildern.

Merkmale

Länge meist 40 cm bis 1 m, selten bis 1,25 m. Die 11–18 Rückenschilder enden in einem hakenförmigen Fortsatz, stehen dicht beisammen und bilden einen scharfen Rückenkiel. 60–70 schmale Seitenschilder, die dachziegelartig gestellt sind; 10–20 Bauchschilder. Die Körperform ist schlank, die Schnauze kann stumpf, aber auch lang und spitz sein, an der Unterseite bildet sie einen stumpfen Kiel. Die an der Spitze ausgefransten, runden Bartfäden sind länger als bei anderen *Acipenser*-Arten. Die Flossen, vor allem die Bauchflossen, sind auffällig groß. Die Rückenfärbung ist dunkelgrau bis olivbraun, die Bauchseite gelblich, rötlich oder weiß.

Verwechslungsarten

Von Jungtieren aller anderen Störarten durch die Zahl und Form der Seitenschilder, von den meisten Arten auch durch die gefransten Bartfäden leicht zu unterscheiden.

Sterlet, *Acipenser ruthenus*

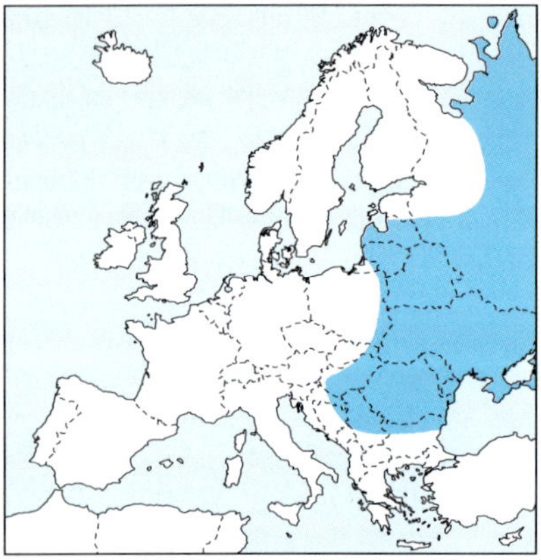

Sterlet, *Acipenser ruthenus*

Lebensweise und Lebensraum

Diese kleinste Art der Störfamilie ist ein reiner Süßwasserbewohner, lediglich im nördlichen Teil des Kaspischen Meeres kommt sie auch regelmäßig im Brackwasser vor. Sie bewohnt Flußabschnitte mit deutlicher Strömung vor allem der Barben- und Brachsenregion. Die starke Variation der Schnauzenform wurde früher verschiedenen Unterarten zugeschrieben, heute vermutet man Unterschiede in der Ernährung als Ursache. Tiere mit sehr langen, spitzen Schnauzen entstammen Gewässern mit geringem Nahrungsangebot und weisen folglich auch ein langsameres Wachstum auf. Durch die Schneeschmelze bedingte Frühjahrshochwässer scheinen der auslösende Reiz für Laichwanderungen in die Oberläufe zu sein, wo die Tiere im Mai und Juni in kräftiger Strömung über Kiesgrund ablaichen. Pro Weibchen werden bis über 100 000 Eier abgegeben, die mit ihrer klebrigen Oberfläche an den Steinen haften. Die schwarzen und wie bei allen Stören kaulquappenähnlichen Jungfische schlüpfen nach 4–5 Tagen; sie verbringen die erste Zeit in ruhigen Flachwasserzonen, in die sie nach dem Schlupf verdriftet werden. Sterlets ernähren sich hauptsächlich von bodenlebenden Insektenlarven (z. B. Eintagsfliegen), anderen Wirbellosen und Fischlaich, große Exemplare ausnahmsweise auch von Fischen. Männchen werden bereits mit 3–5, Weibchen mit 5–7 Jahren geschlechtsreif. Sterlets werden nicht älter als ca. 25 Jahre. In der Natur kommen Bastarde zwischen fast allen Störarten vor. Sterlets kreuzen sich häufig mit Waxdick und Sternhausen; die Bastarde bleiben meist zeitlebens im Süßwasser.

Der Sterlet spielt von der Fangmenge her keine wirtschaftliche Rolle. Da Sterlets schnellwüchsige Tiere sind, werden sie jedoch zunehmend für die Teichwirtschaft interessant. Besonders geeignet scheinen in Rußland gezogene Hybriden zwischen Sterlet-Männchen und Hausen-Weibchen zu sein; nach den russischen Namen für die Elternarten (Sterljad und Beluga) werden diese als „Bester“ bezeichnet.

Verbreitung

Flußsysteme, die ins Schwarze und Kaspische Meer entwässern, weite Teile Nordrußlands und Sibiriens, auch in einigen Zuflüssen der östlichen Ostsee.

Die Staustufen der Donau behindern heute den Laichaufstieg, der früher (wenn auch selten) bis über Ulm hinaus erfolgte; natürliche, sich selbst reproduzierende Bestände gibt es nur noch im Unterlauf, Exemplare aus Österreich und Deutschland gehen auf künstlichen Besatz zurück.

HAUSEN

Huso huso

E: giant sturgeon F: grand esturgeon
Familie Störe (*Acipenseridae*)

Kurzbeschreibung

Der größte europäische Süßwasserfisch, maximal ca. 6 m lang. Typische Störgestalt, aber mit kurzer, abgerundeter Schnauze und breiter Mundspalte.

Merkmale

Länge bis ca. 6 m bei 1 t Gewicht; Berichte aus dem 19. Jahrhundert über 8 m lange und über 3 t schwere Tiere gelten als fragwürdig. Körperform dick und gedrungen. 9–17 abgerundete Rückenschilder, 37–53 voneinander isoliert stehende Seitenschilder, 9–14 Bauchschilder. Die Haut zwischen den Schilderreihen ist weitgehend nackt. Die Schnauze ist kurz und breit abgerundet. Im Gegensatz zu den Stören der Gattung *Acipenser* ist die Mundspalte breit, bogenförmig und reicht bis zur Seite der Schnauze; die Oberlippe ist dick und wulstig, die Unterlippe in der Mitte geteilt. Die langen, abgeflachten und gefransten Bartfäden reichen zurückgelegt bis zur Mundspalte. Färbung des Rückens dunkelgrau bis blaugrau, Schilderreihen und Bauchseite heller.

Verwechslungsarten

Von den im gleichen Gebiet vorkommenden Stören der Gattung *Acipenser* leicht anhand der Bartfäden und der Form und Größe der Mundspalte zu unterscheiden.

Lebensweise und Lebensraum

Hausen sind anadrome Wanderfische, die vor allem in den Mittelläufen großer Flüsse laichen. Der Aufstieg kann je nach Population zu verschiedenen Jahreszeiten stattfinden. In der Donau können das ganze Jahr über wandernde Hausen beobachtet werden,

Hausen, *Huso huso*

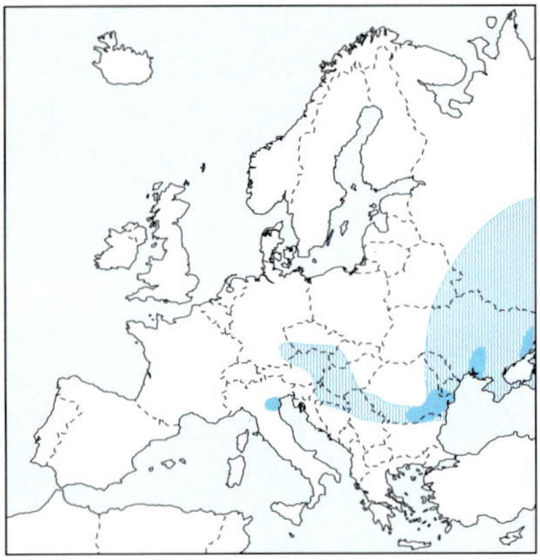

■ Hausen, *Huso huso*, heutige Verbreitung
▥ historische Verbreitung

wobei die Höhepunkte im Februar-März und – vor allem – im Oktober-November liegen (Frühjahrs- oder Herbstwanderung). Tiere, die im Herbst aufsteigen, legen zunächst an tiefen Flußstellen eine Winterruhe ein. Der Laichvorgang findet bei tieferen Temperaturen (und somit früher) statt, als bei anderen Stören; Laichzeit ist meist April und Mai. Pro Weibchen werden je nach Größe bis über 7 Millionen Eier über steinigem Untergrund mit kräftiger Strömung abgesetzt. Tiefe Stellen in großen Flußbetten (bis 40 m Tiefe) werden bevorzugt. Die Jungtiere schlüpfen nach 8–10 Tagen und lassen sich ohne längeren Aufenthalt im Süßwasser ins Meer verdriften; bei dieser „Wanderung" werden bis zu 60 km pro Tag zurückgelegt.

Die eindrucksvoll große Mundspalte dieser Art gibt einen Hinweis auf die Ernährung: Im Gegensatz zu anderen Stören ernähren sich Hausen nur als Jungtiere von bodenlebenden Wirbellosen. Bereits mit 3 cm Länge werden Fischlarven erbeutet, ab ca. 10 cm Länge stellen Fische die Hauptnahrung. Im Schwarzen Meer sind Sardellen (*Engraulis encrasicolus*) als Nahrung besonders wichtig, im Kaspischen Meer sind es Grundeln sowie *Clupeonella*- und *Alosa*-Arten. Lebensraum im Meer ist hauptsächlich das freie Wasser bis in Tiefen von mehr als 150 m. Die Geschlechtsreife tritt erst spät ein: Männchen benötigen 11–16 Jahre, Weibchen bis zu 22 Jahre. Das Alter 4 m langer Exemplare wurde mit ca. 100 Jahren ermittelt, für noch größere Tiere liegen leider keine Angaben vor. Laichwanderungen der einzelnen Tiere finden nur im Abstand von 2–4 Jahren statt.

Hausen werden u. a. zur Gewinnung von Kaviar gefangen, der – nach der russischen Bezeichnung des Hausens – als Beluga-Kaviar vermarktet wird. In der wirtschaftlichen Bedeutung liegt der Hausen (nach Waxdick und Sternhausen) an dritter Stelle, wobei der größte Teil der Fänge aus den Zuflüssen des Kaspischen Meeres (vor allem der Wolga) stammt.

Da der Hausen zum Laichen weiter in die Oberläufe aufsteigt als andere anodrome Störarten (in Bayern früher bis Straubing), hat er besonders unter der Flußverbauung zu leiden. Fast überall im Verbreitungsgebiet ist er von seinen natürlichen Laichgewässern abgeschnitten, so daß das Überleben der Art heute nahezu ausschließlich von Erbrütung und künstlichem Besatz abhängt.

Verbreitung

Schwarzes und Kaspisches Meer und deren größere Zuflüsse, sowie die nördliche Adria (Po).

AAL
Anguilla anguilla

E: eel F: anguille
Familie Flußaale (*Anguillidae*)

Kurzbeschreibung

Schlangenförmiger Fisch mit Brust-, aber ohne Bauchflossen; Rücken-, Schwanz- und Afterflosse bilden einen durchgehenden Saum. Bis 1,30 lang, Männchen kleiner (mehr als 45 cm lange Tiere sind immer Weibchen).

Merkmale

Länge im weiblichen Geschlecht durchschnittlich 60 cm, maximal werden 1,3 m bei ca. 6 kg Gewicht erreicht; Männchen bleiben mit bis zu 40 cm sehr viel kleiner. Langgestreckte, schlangenförmige Gestalt. Rücken- und Afterflosse sind ansatzlos mit der Schwanzflosse zu einem Saum verbunden, der die gesamte hintere Körperhälfte umgibt, Bauchflossen fehlen. Alle Flossen sind ohne Hartstrahlen. Kopf (von oben gesehen) je nach Form entweder zugespitzt oder breit abgerundet; endständige Mundöffnung mit tiefer, bis unters Auge reichender Spalte und etwas vorgezogenem Unterkiefer. Die reichlich Schleim produzierende Haut erscheint nackt, da die sehr kleinen Schuppen tief eingebettet sind. Das süßwasserbewohnende Stadium des Aals ist dunkelbraun bis gelboliv gefärbt, Unterseite gelblich bis weiß („Gelbaal"). Die ins Meer abwandernden Tiere („Blankaale") weisen stark silberglänzende Unterseiten und Flanken auf, ihr

Aal, *Anguilla anguilla*. Freilandaufnahme

Aal, *Anguilla anguilla*. Porträt eines Spitzkopfaals.

Rücken kontrastiert durch sehr dunkle Färbung, die Brustflossen sind tiefschwarz.

Verwechslungsarten

Der nah verwandte Amerikanische Flußaal (*Anguilla rostrata*) soll in skandinavischen Flüssen sporadisch und in geringer Zahl anzutreffen sein, außerdem wurde diese Art im Schwarzmeergebiet einige Zeit als Satzfisch verwendet. Äußere Unterschiede zum europäischen Aal gibt es nicht, lediglich die Zahl der Wirbel ist verschieden. Im Brackwasser von Flußmündungen könnte jedoch der Meeraal (*Conger conger*) zu Verwechslungen führen: Er ist größer, die Rückenflosse setzt bereits kurz nach der Höhe der Brustflossen an, und der Unterkiefer ist nicht vorgeschoben.

Lebensweise und Lebensraum

In den Weltmeeren gibt es mehrere hundert Arten aalartiger Fische, darunter die bekannten Muränen, aber auch eine große Zahl bizarr gestalteter Tiefseebewohner. Nur einige wenige Arten haben sich – zumindest für einen Teil ihres Lebens – das Süßwasser als Lebensraum erschlossen, vor allem die 16 Arten umfassende Familie der Flußaale (*Anguillidae*). Sie sind fast weltweit verbreitet und fehlen nur in den Flußsystemen, die in den Südatlantik und den östlichen Pazifik münden.

Zahlreiche Arten ursprünglicher Süßwasserfische haben ihre Wachstumsphase ins Meer mit seinem vielfältigen Nahrungsangebot verlegt, um der Beutekonkurrenz mit anderen Süßwasserarten aus dem Wege zu gehen. Der Preis, mit dem dieser Vorteil erkauft wurde, sind lange und verlustreiche Laichwanderungen zurück in die Flüsse ihrer Vorfahren, da nur ältere Tiere, nicht aber Eier und Jungfische die Salzkonzentrationen des Meeres zu tolerieren gelernt haben; Beispiele für solche anadromen Fische sind Lachs und Stör. Nur wenige Arten – darunter die Flußaale – gingen den umgekehrten Weg: Sie laichen wie ihre Verwandten und Vorfahren im Meer, suchen aber während der Freß- und Wachstumsphase Flüsse und Seen auf. Diese zunächst widersprüchlich erscheinende Entwicklung mag dadurch begünstigt worden sein, daß es in der ökologischen Nische des nachtaktiven, mit dem Geruchssinn jagenden Bodenfisches im Süßwasser der gemäßigten Breiten nur wenig Konkurrenz gibt.

Die Fortpflanzung des Aals war bis vor ca. 70 Jahren völlig rätselhaft, da niemals

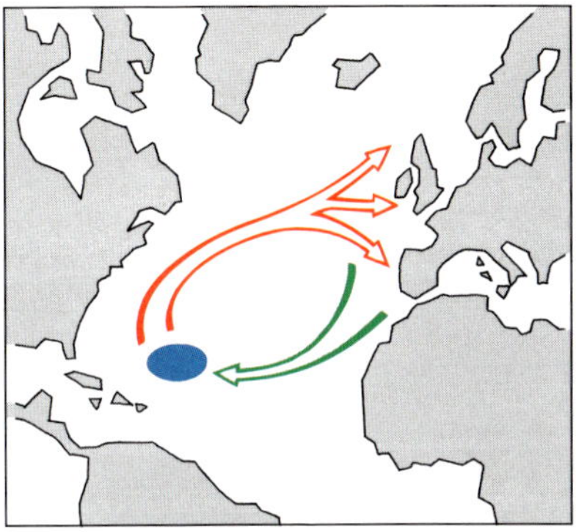

Laichgebiet (Sargassosee)

Wanderung der Aallarven (Golfstrom)

Wanderung der Blankaale

Laichgebiet und Wanderwege des Aals

Tiere mit fertig entwickelten Geschlechtsorganen gefangen wurden. Erst die jahrzehntelangen Arbeiten des dänischen Wissenschaftlers Johannes Schmidt brachten weitgehende Aufklärung, wenn auch viele Fragen bis heute unbeantwortet blieben.

Laichplatz des europäischen Aals ist die strömungsarme Sargassosee im Westatlantik. Obwohl laichende Tiere noch nie beobachtet wurden, nimmt man aufgrund von Larvenfunden und verschiedenen Experimenten an, daß sich die Tiere dort zwischen März und Juni in einer Tiefe von 150–500 m bei Temperaturen um 19 °C fortpflanzen. Die Alttiere gehen nach dem Laichen zugrunde. Die frisch geschlüpften Aale sind 3 mm lang und entwickeln sich im Meeresplankton zu sogenannten Weidenblatt- oder Leptocephalus-Larven. Diese Larvenform ist auch für viele meeresbewohnende Aalverwandte typisch; sie ist seitlich stark zusammengedrückt und erinnert im Umriß an ein Weidenblatt. Dieses einem erwachsenen Aal völlig unähnliche Stadium wurde Mitte des 19. Jahrhunderts als eine eigene Art („*Leptocephalus brevirostris*“) beschrieben. Die Larven unternehmen eine etwa dreijährige Wanderung mit dem Golfstrom auf die europäischen Küsten zu. Ob sie dabei ausschließlich verdriftet werden oder auch aktiv wandern, ist nicht ganz geklärt; auch ihre Nahrung ist unbekannt. Während sie nachts in der Nähe der Oberfläche schwimmen, sinken sie am Tage in große Tiefen ab; diese tägliche vertikale Wanderung kann bis zu 500 Höhenmeter betragen. Nach 3 Jahren sind sie auf eine Länge von ca. 7 cm herangewachsen und haben die Nähe des europäischen Festlandssockels mit einer Wassertiefe von weniger als 1000 m erreicht. Auf einen unbekannten Auslösereiz hin wandeln sie sich dort binnen ca. 24 Stunden in die typische Aalgestalt um.

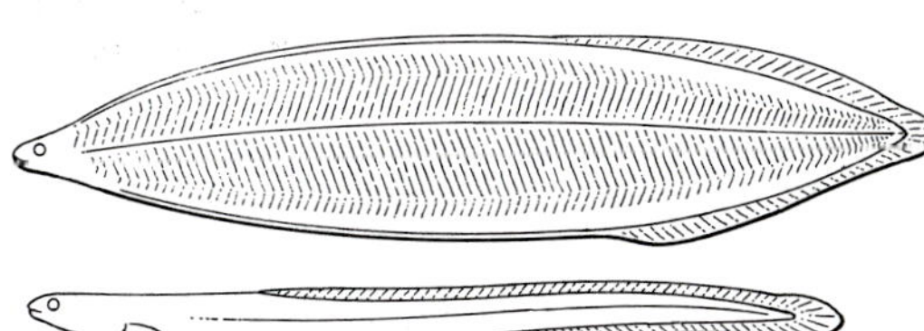

Leptocephalus-Larve vor der Metamorphose (oben). Junger Glasaal (unten)

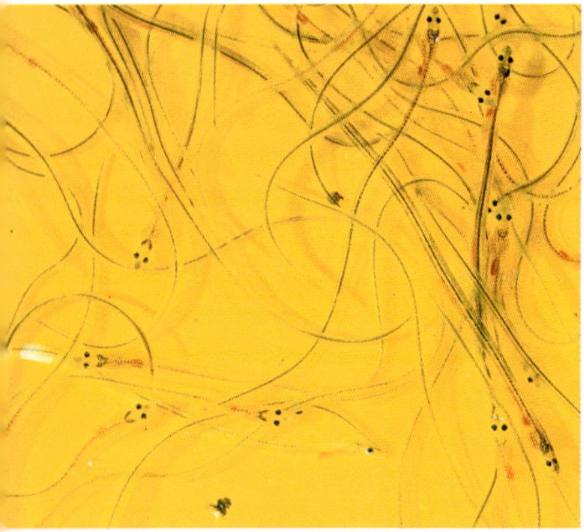

Aal, *Anguilla anguilla*. Glasaale

Die entstehenden „Glasaale" entsprechen im Aussehen den erwachsenen Tieren, sind jedoch noch unpigmentiert, durchsichtig und mit ca. 6 cm Länge etwas kürzer als der Leptocephalus, aus dem sie hervorgingen. Glasaale sind aktive Schwimmer, die mit einer Geschwindigkeit von ca. 8 km am Tag die Brackwasserbereiche der Küsten ansteuern. Dort halten sie sich einige Zeit auf, um ihren Stoffwechsel auf „Süßwasserbetrieb" umzustellen, und wandern schließlich in die Flüsse ein. Glasaale sind unterschiedlich lange zu den Flußmündungen unterwegs: An den Atlantikküsten Frankreichs und der Britischen Inseln (wo auch die größte Zahl aufsteigt) werden die „jahrgangsweise" eintreffenden Glasaale im September beobachtet. Im Februar haben sie die in die Nordsee mündenden Flüsse erreicht, und ab Mai sind sie in der zentralen Ostsee angekommen (dort sind sie zu diesem Zeitpunkt bereits pigmentiert und etwas herangewachsen). Je weiter östlich die Flüsse gelegen sind, desto weniger Glasaale steigen auf. Dies gilt auch für das Mittelmeer: Nur wenige erreichen den Bosporus, so daß in den Zuflüssen des Schwarzen Meeres natürlich vorkommende Aale äußerst selten sind.

In welchen Fluß die einzelnen Glasaale aufsteigen, hängt vermutlich von verschiedenen Faktoren ab (Strömungen, Wetterbedingungen), so daß von Jahr zu Jahr große Schwankungen auftreten können. In manchen Flüssen Westeuropas wanderten Glasaale zumindest früher zu Millionen in mehrere Meter breiten und kilometerlangen Verbänden in die Flußmündungen ein. In dieser Phase nehmen sie keine Nahrung zu sich und verlieren sogar eine Zeitlang an Größe und Gewicht. Erst während des Aufstiegs kommt es allmählich zur Pigmentierung und zum Beginn der Nahrungsaufnahme. Aufsteigende Glasaale („Steigaale") schwimmen in Verbänden im ufernahen Wasser; an der Oberfläche sind sie nur nachts zu entdecken, bei Tageslicht ziehen sie sich in tiefere Wasserschichten zurück. Die zerbrechlich wirkenden Tiere sind in der Lage, Stromschnellen und selbst 20 m hohe Wasserfälle (z. B. den Rheinfall bei Schaffhausen) zu überwinden, indem sie flache Rinnsale am Rande ausnutzen. Dort klettern sie auf dem rauhen Gestein nach oben, wobei lediglich ein dünner Wasserfilm notwendig ist, um die für die Atmung notwendige Benetzung der Haut sicherzustellen. Derartige Verhältnisse finden sich an allen natürlichen Wasserfällen, nicht aber an Staudämmen. Ohne Fischtreppen und andere Aufstiegshilfen können solche Barrieren nicht passiert werden. Bei der Länge der Wanderung gibt es erhebliche Geschlechtsunterschiede: Männchen bleiben in der Nähe der Unterläufe, oft sogar im Brackwasserbereich, während weibliche Aale über 1000 km flußaufwärts wandern können.

Die durch Pigmentierung zum „Gelbaal" gewordenen Tiere siedeln sich letztlich in einer Vielzahl von Gewässertypen an, im Extremfall bis in die Äschen- und sogar Forellenregion; bevorzugt werden allerdings wärmere, stehende oder langsam fließende Gewässer. Wichtig ist das Vorhandensein von dunklen Versteckplätzen, in denen sich die Aale tagsüber aufhalten. Dies können steinige Uferabschnitte, Wurzelwerk an Böschungen oder einfach weicher Bodengrund sein, in den sich die Tiere einwühlen. Haben Gelbaale einmal ihr „Wohngewässer" gefunden, sind sie außerordentlich standorttreu

Aal, *Anguilla anguilla*

und bewegen sich meist nur innerhalb eines Radius von wenigen hundert Metern. Allerdings kommt es vor allem an Fließgewässern zu saisonalen Wanderungen zwischen Sommer- und Winterquartieren, die bis zu 60 km betragen können. Steigende Wasserpegel im Frühjahr scheinen dabei Auslösereiz für die Wanderung flußaufwärts zu sein, fallende Pegel im Herbst bewirken den Abstieg. Bei tiefen Wassertemperaturen im Winter nehmen Aale keine Nahrung zu sich und halten eine Art Winterruhe in tiefen, frostfreien Wasserschichten. Dagegen sind sie in den wärmeren Jahreszeiten in der Dämmerung und nachts fast ununterbrochen auf Nahrungssuche. Sie suchen den Boden ihrer Wohngewässer nach Beutetieren ab, wobei die Tiefe keine Rolle spielt. Begrenzend wirken lediglich niedrige Temperaturen am Boden großer Seen und die sauerstoffarmen Bedingungen in der Tiefe eutropher Gewässer.

Bei der Nahrung sind Aale wenig wählerisch. Kleine Exemplare fressen vor allem Wirbellose (Mollusken, Kleinkrebse, Würmer), wobei Insektenlarven eine geringe Rolle spielen. Bei reichlichem Angebot bleiben auch große Tiere vorwiegend bei dieser Nahrung; sie sind an ihrem – von oben betrachtet – spitzen Kopf zu erkennen („Spitzkopfaal"). Andere Individuen verlegen sich während des Heranwachsens auf Fische als hauptsächliche Nahrung und entwickeln mit der Zeit einen breit abgerundeten Kopf („Breitkopfaal"). Diese Entwicklung scheint durch die Art der Nahrung induziert zu sein und ist nicht erblich festgelegt. Durch die Nutzung unterschiedlicher Beutespektren machen sich die beiden Formen keine Konkurrenz, so daß in ein und demselben Gewässer mehr Aale ihr Auskommen finden können. Entgegen landläufiger, auch literarisch dokumentierter Meinung fressen Aale kein Aas – Pferdeköpfe und ähnliches werden höchstens als Versteck benutzt. Bei sehr hoher Individuendichte (die aber fast immer auf unsachgemäße Besatzmaßnahmen zurückgeht) können Aale zu Problemen führen, vor allem

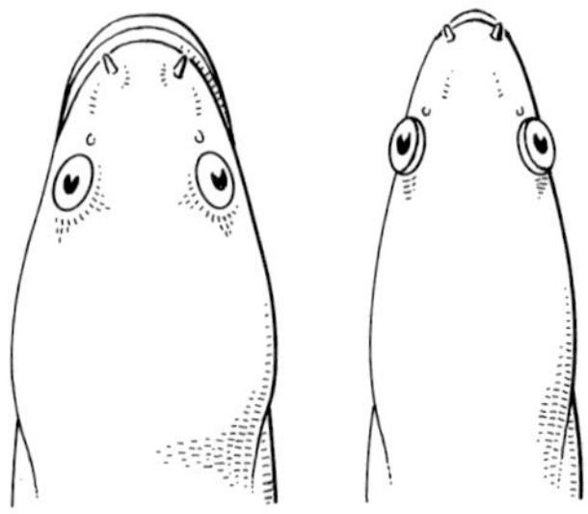

Breitkopfaal (links) und Spitzkopfaal (rechts)

durch die Reduzierung von Edelkrebs-Beständen, aber auch durch ihre Vorliebe für Fischlaich. Relativ sicher vor Aalen als Laichräubern sind lediglich Salmoniden, da diese bei Temperaturen laichen, bei denen Aale noch keine Nahrung zu sich nehmen. Während des Aufstiegs von Glasaalen ernähren sich Gelbaale auch kannibalisch; so wurden beispielsweise 16 Glasaale im Magen eines nur 33 cm langen Tieres gefunden.

Je nach Nahrungsangebot des Wohngewässers dauert das Wachstumsstadium des „Gelbaals" im männlichen Geschlecht 5–8 Jahre, bei Weibchen bis ca. 12 Jahre (bei Aalen ohne Möglichkeit zur Abwanderung ist allerdings ein Lebensalter von über 50 Jahren nachgewiesen). Vor der Abwanderung in Richtung Meer beginnt die Umwandlung in den „Blankaal". Dabei nimmt die Unterseite – beginnend an den Flanken – eine silberglänzende Färbung an, die Oberseite und die Flossen werden fast schwarz. Dies ist als Anpassung an die künftige freischwimmende Lebensweise im Meer zu sehen und entspricht der Schutzfärbung anderer pelagischer Fische. Gleichzeitig vergrößern sich die Augen, Breitkopfaale bekommen ebenfalls eine schlanke Kopfform, und der Verdauungstrakt verändert seine Struktur – angeblich nehmen abwandernde Aale keine Nahrung mehr zu sich und leben ausschließlich von ihren großen Fettreserven.

Die von einem starken Wandertrieb ergriffenen Blankaale verlassen im Spätsommer bis Herbst ihre Wohngewässer und streben flußabwärts dem Meer zu. Aale aus den Oberläufen beginnen ihre Wanderung früher als solche aus meeresnahen Gebieten. Beim Versuch, Seen und Teiche ohne Abfluß zu verlassen, können Blankaale in feuchten Nächten auch mehrere Kilometer über Land wandern, um in Fließgewässer zu kommen. Dies wird dadurch ermöglicht, daß ein großer Teil des Sauerstoffbedarfs über die Haut gedeckt werden kann. Auslöser für die Wanderung sind meist sehr dunkle Nächte (Wolken oder Neumond). Bei Tag wird die Wanderung meist unterbrochen. Entscheidende Hindernisse bei dieser Wanderung sind Staudämme, da die im tiefen Wasser wandernden Tiere Fischtreppen oft nicht annehmen, sondern mit der Hauptströmung in die Turbinenschächte geraten und dort umkommen. Steigender Salzgehalt im Bereich der Flußmündungen erhöht die Wanderaktivität. Der Weg der Blankaale nach Verlassen der Flüsse ist nur ansatzweise bekannt. Vereinzelte Fänge und Markierungsversuche deuten an, daß die Tiere im freien Wasser in ca. 200 m Tiefe mit einer Geschwindigkeit von bis zu 40 km am Tag wandern. Blankaale aus der Nordsee umschwimmen vermutlich die Britischen Inseln im Norden, um sich dann nach Südwesten zu orientieren. Auf welche Weise das Zielgebiet in der Sargassosee gefunden wird, ist nicht bekannt; Geruch, Temperatur und Salzgehalt spielen dabei keine Rolle. Bei Beginn der Reise im Meer sind die Geschlechtsorgane noch nicht weit entwickelt. Versuche mit Aalen, die durch Injektion von Hormonen künstlich laichreif gemacht und im Zielgebiet ausgesetzt wurden, zeigen, daß die Tiere nachts bis in Tiefen von 700 m vordringen. Der Laichvorgang wurde in der Natur noch nie dokumentiert.

Aale gehören zu den wirtschaftlich wichtigsten Süßwasserfischen. Ihre Anpassungsfähigkeit an verschiedene Gewässertypen und ihr Fortkommen auch bei zweifelhafter Wasserqualität machen sie für die Berufsfischerei und für Angler gleichermaßen attraktiv. Von Bedeutung sind vor allem die fettreichen Blankaale. Um die durch Verbau bedingten Wanderhemmnisse auszugleichen, werden Glasaale in den Flußmündungen in großem Stil gefangen (3000 Glasaale wiegen ein Kilogramm) und entweder direkt verschickt und im Inland ausgesetzt, oder zunächst zu ca. 20 cm langen „Satzaalen" angezogen. Dadurch erklärt sich der nach wie vor hohe – örtlich zu hohe – Aalbestand in unseren Gewässern. Es gerät allzu leicht in Vergessenheit, daß es sich dabei nicht um künstliche Erbrütung handelt (wie bei anderen Satzfischen), sondern daß der Aalbesatz ausschließlich von der natürlichen Fortpflanzung dieser Art abhängt. Seit vielen Jahren geht aber die Zahl einwandernder Glasaale dramatisch zurück. Welcher Faktor hierfür verantwortlich ist – zu hohe Verluste bei abwandernden Blankaalen, Meeresfischerei, Gewässergüte usw. –, ist nicht bekannt. Sollte sich dieser Trend jedoch fortsetzen, könnte der allgegenwärtige Aal sehr rasch in seinem Bestand bedroht sein.

Ein neues Problem ist durch das Auftreten eines spezifischen Aalparasiten, des „Schwimmblasenwurms" *(Anguillicola crassus)*, entstanden. Dieser ca. 3 cm lang werdende Nematode (Fadenwurm) wurde zu Beginn der 80er Jahre aus Ostasien eingeschleppt (vermutlich zusammen mit lebend importierten japanischen oder taiwanesischen Aalen) und hat sich innerhalb weniger Jahre über weite Teile Europas verbreitet. Heute sind ca. 80 % der Aale des Rheinsystems infiziert. Im Gegensatz zu japanischen

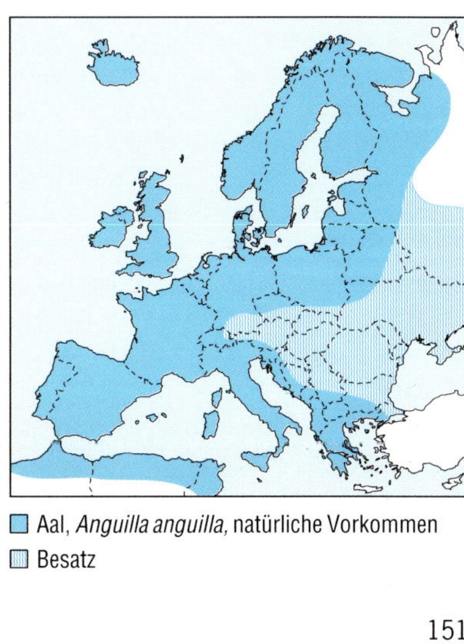

Aal, *Anguilla anguilla*, natürliche Vorkommen
Besatz

Aalen (*A. japonicum*), die den Parasiten weitgehend symptomlos tolerieren, kommt es bei starkem Befall der nicht angepaßten europäischen Aale zu einer so starken Schädigung der Schwimmblase, daß die Tiere verenden können. Da Larvenstadien des Parasiten sowohl in Kleinkrebsen als auch in verschiedensten Fischarten auftreten (durch deren Fressen sich die Aale infizieren), gibt es vielfältige Verschleppungsmöglichkeiten. In noch parasitenfreien Gewässern ist der Aalbesatz daher ausschließlich mit Glasaalen durchzuführen, da diese noch keinen Befall aufweisen. Das Einsetzen anderer Fischarten unbekannter Herkunft ist völlig zu vermeiden, da mancherorts (z. B. im Plattensee) fast 100 % der Kleinfische mit *Anguillicola*-Larven infiziert sind. Der Schwimmblasenwurm liefert ein besonders drastisches Beispiel für die zahlreichen negativen Auswirkungen, die unkontrolliertes und undurchdachtes Einbringen von Fremdfischen auf das lokale Ökosystem haben kann, und die sich oft als irreversibel erweisen.

Verbreitung

Europäische Flußsysteme, die in Atlantik, westliches Mittelmeer, Nord- und Ostsee münden. Im Schwarzmeergebiet (Donaubecken!) durch Einwanderung über Kanäle (z. B. Rhein-Main-Donau) oder durch künstlichen Besatz. Auch in Island; in Grönland kommt bereits der Amerikanische Aal (*A. rostrata*) vor.

FINTE

Alosa fallax

E: twaite shad F: alose feinte
Familie Heringsfische (*Clupeidae*)

Kurzbeschreibung

Ziemlich hochrückiger, silberglänzender Fisch mit großem Kopf, auffällig tiefer Mundspalte, „Fettlidern" an den Augen und einer Längsreihe dunkler Flecken an der Oberseite der Flanken.

Merkmale

Länge ca. 35 cm, maximal 55 cm. Seiten und Bauch silberglänzend, zum Teil goldfarben überhaucht, Rücken bräunlichgrün; schwarzer Fleck hinter dem oberen Rand des Kiemendeckels, dahinter eine Reihe von bis zu 8 weiteren Flecken. Gestalt hochrückig, seitlich stark abgeflacht. Keine Seitenlinie; Unterseite vor und hinter den Bauchflossen mit gekielten Schuppen. Kopf groß mit tiefer, bis unter den Augenhinterrand reichender Mundspalte, Augen mit unbeweglichen „Fettlidern". Die kurze Rückenflosse beginnt etwa auf Höhe der Bauchflossen, in der Mitte der Schwanzflosse reichen zwei beschuppte Felder fast bis zum Flossenende.

55–65 Schuppen in der längsten Reihe. Flossenstrahlen: Rückenflosse 18–21, Afterflosse 20–27, Brustflossen 14–16, Bauchflossen 8–9. Auf den ersten Kiemenbögen sitzen je 35–60 verknöcherte Reusendorne.

Verwechslungsarten

In West- und Mitteleuropa nur mit dem Maifisch (*Alosa alosa*), im Schwarzen Meer auch mit anderen *Alosa*-Arten zu verwechseln. Deren Merkmale sind unter „Weitere Arten" beschrieben.

Finte, *Alosa fallax*

Lebensweise und Lebensraum

Die Familie der Heringe (*Clupeidae*) umfaßt weltweit knapp 200 Arten; davon lebt etwa die Hälfte ausschließlich im Meer, ca. 30 Arten bewohnen ausschließlich tropische Süßgewässer, und einige – so die Finte und ihre Verwandten – unternehmen Laichwanderungen zwischen Meer und Brack- bzw. Süßwasser. Die meisten Heringsarten sind echte Schwarmfische, die in großen Verbänden umherziehen und auch im Schwarm ablaichen.

Die Finte gehört zu den anadromen Arten; sie verbringt den größten Teil ihres Lebens im küstennahen Meer. Nach Eintritt der Geschlechtsreife im Alter von 2–3 Jahren werden im Frühjahr (April bis Juni) Laichwanderungen in die Unterläufe von Flüssen unternommen. Die meisten Tiere verbleiben dabei innerhalb der Gezeitenzone, einige steigen aber auch bis in die Mittel- oder Oberläufe der Flüsse auf. Im Süßwasser nehmen die laichreifen Tiere keine Nahrung zu sich. Die Fortpflanzung findet während der Monate Mai und Juli nachts in großen Gruppen statt; die Laichplätze liegen im flachen Wasser mit sandigem oder kiesigem Untergrund. Die abgegebenen Eier kleben nicht fest, sondern driften frei mit der Strömung über den Bodengrund. Unmittelbar nach dem Laichen ziehen die Fische ins Meer zurück. Je nach Wassertemperatur schlüpfen die zunächst völlig unpigmentierten Jungfische nach 2–8 Tagen. Sie bleiben bis zum Spätsommer im Süßwasser und wandern erst bei einer Größe von ca. 10 cm ins Meer ab. Finten ernähren sich von Plankton (z. B. Kleinkrebsen), das sie mit Hilfe der Kiemenreusen aus dem Atemwasser herausfiltern, aber auch von kleinen Fischen.

Als Speisefische wenig geschätzt, waren Finten auch früher wirtschaftlich von nur geringer Bedeutung. Heute sind sie wegen der Verschmutzung der Laichgewässer und teilweise auch dem Verbau ihrer Wanderrouten in ihren Beständen stark zurückgegangen.

Verbreitung

Europäische Küstengewässer vom Mittelmeer bis in die mittlere Ostsee; manche süßwasserbewohnenden Formen werden heute als eigene Arten angesehen, z. B. *A. killarnensis* aus Irland (Killarney) und *A. agone* aus den oberitalienischen Seen (Lago Maggiore, Luganer-, Comer-, Iseo- und Gardasee).

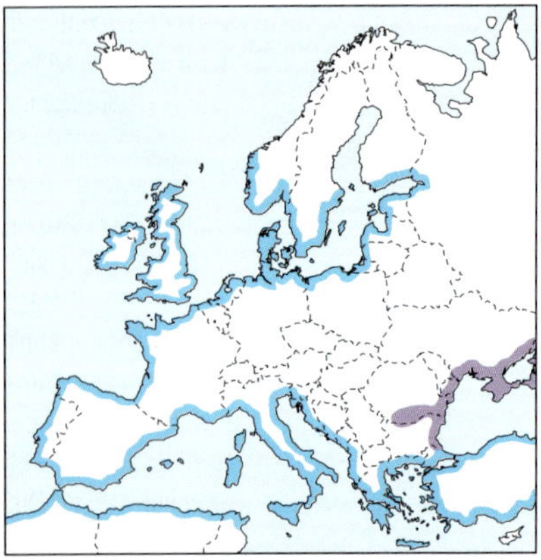

■ Finte, *Alosa fallax*
■ *Alosa (Caspialosa)* spp.

Weitere Arten

Mit der Finte nahe verwandt ist der Maifisch (*Alosa alosa*). Er unterscheidet sich durch die größere Körperlänge (maximal 80 cm), etwas gedrungenere Gestalt (größte Körperhöhe vor der Rückenflosse) und durch die oft auf einen einzigen Fleck hinter dem Kiemendeckel reduzierte Fleckenreihe. Eine sichere Unterscheidung ist aber nur anhand der kleineren Schuppen (70–86 in der längsten Reihe) und der Kiemenreusendorne möglich: sie sind zahlreicher (90–155), länger und biegsam. Maifische sind ebenfalls anadrom, ziehen aber im Gegensatz zur Finte weit in die Flußoberläufe (früher z. B. bis Basel und in den Neckar), wo sie im Mai und Juni im flachen Wasser ablaichen. Ein Teil der erwachsenen Fische stirbt nach dem Laichvorgang. Wie bei der Finte treiben die befruchteten Eier einige Tage frei über dem Grund; die Jungfische wandern bei einer Länge von ca. 10 cm ins Meer zurück. Wie die feinere und dichtere Kiemenreuse vermuten läßt, ernähren sich Maifische von Kleinplankton (v. a. Crustaceen). Diese Art besaß bis zu Beginn des 20. Jahrhunderts eine erhebliche wirtschaftliche Bedeutung und wurde wegen ihres wohlschmeckenden, fettreichen Fleisches in großen Mengen während des Laichaufstiegs gefangen. Heute ist sie in ihrem gesamten Verbreitungsgebiet fast ausgestorben; Gründe hierfür sind in der Gewässerverschmutzung und Verschlammung der Laichgründe, vor allem aber im Flußverbau zu sehen. Über den heutigen Status lassen sich kaum Angaben machen, da Netzfischerei in unseren Flüssen nicht mehr betrieben wird und Nachweise daher vom Zufall abhängen. Das Verbreitungsgebiet des Maifischs deckt sich weitgehend mit dem der Finte, wobei er aber kaum in die Ostsee und nur in das westliche Mittelmeer vordringt.

Aus dem Schwarzen und Kaspischen Meer ist eine Vielzahl von *Alosa*-Arten und -unterarten bekannt. Alle gehören zur Untergattung *Caspialosa*, die sich durch ein bezahntes Pflugscharbein im Gaumendach unterscheidet. Die Systematik dieser Gruppe ist durch die Vielzahl beschriebener Formen ziemlich verworren. Wirtschaftlich wichtig ist der kleine, meist nur 15–20 cm lange Dickwanst (*A. tanaica, A. caspia*) aus dem Schwarzen und Kaspischen Meer. Er laicht im Unter- und Mittellauf der größeren Flüsse (v. a. Wolga und Don) bereits früh im Jahr bei noch niedrigen Wassertemperaturen. Im Gegensatz zur Finte geht ein Großteil der erwachsenen Tiere nach dem Laichen zugrunde. Die Nahrung besteht aus Plankton. Der bis 40 cm erreichende Schwarzmeerhering (*Alosa immaculata*), sowie zwei ähnliche Formen aus dem Kaspischen Meer, ernähren sich als erwachsene Tiere auch von kleinen Fischen; ihre Biologie entspricht weitgehend der des Dickwanstes. Die laichreifen, mit Fettreserven versehenen Tiere dieser Arten gehören zu den fischereilich wichtigsten Fischen des Schwarzen und Kaspischen Meeres; sie werden sowohl im Meer als auch während des Laichaufstiegs gefangen. Andere *Alosa*-Arten dieser beiden Meere sind nicht anadrom und laichen im Meer- oder Brackwasser, so *Alosa maeotica, A. curensis, A. saposhnikovi, A. sphaerocephala* und *A. suworowi*. Ihre zum Teil zahlreichen Unterarten und ökologischen Gruppen nutzen unterschiedliche Nahrungsspektren von feinem Zooplankton bis zu kleinen Fischen; Bodennahrung wird nicht aufgenommen. Alle Arten sind Schwarmfische des freien Wassers. Nicht-anadrome Arten legen keine Fettreserven in der Muskulatur an und sind daher auch fischereilich weniger be-

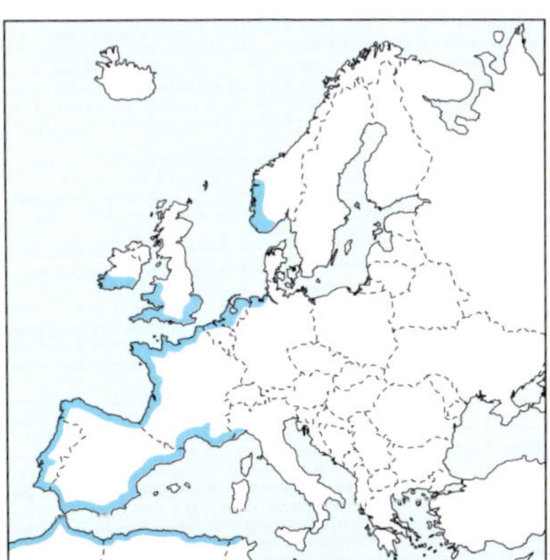

Maifisch, *Alosa alosa*

gehrt. In einigen Süßwasserseen existieren stationäre Formen, z. B. die früher als Unterart von *A. alosa* angesehene *A. macedonica* aus Griechenland.

Auf das Schwarze und Kaspische Meer beschränkt sind Heringsfische der Gattung *Clupeonella* („Kilka"). Sie unterscheiden sich von den *Alosa*-Arten u. a. durch das Fehlen der Fettlider und die schlanke, sardinenähnliche Körpergestalt. *Clupeonella cultriventris* ist im Schwarzen Meer zuhause. Sie wird ca. 10 cm lang. Die Mundspalte ist klein und etwas oberständig, eine Seitenlinie fehlt. Diagnostisch sind die beiden verlängerten Endstrahlen der Afterflosse. Innerhalb dieser Art scheint es sowohl anadrome Populationen zu geben, als auch solche, die im Brackwasser laichen. Kilka vertragen keine hohen Salzkonzentrationen; im Schwarzen Meer kommen sie nur im brackigen Wasser des nördlichen Teils vor. Dagegen wurde eine verwandte Art nach der Regulierung der Wolga mit großem Erfolg in die riesigen Stauseen eingeführt, wo sie heute stabile Populationen bildet. Auch in einigen Süßwasserseen rund um das Schwarze Meer leben stationäre, zum Teil artlich verschiedene Formen der Gattung *Clupeonella*. Die Fortpflanzung findet meist von April bis Juni statt, daneben gibt es auch Herbstlaicher. Kilka-Schwärme finden sich im freien Wasser in bis zu 30 m Tiefe, wo sie sich von Plankton ernähren. Die kurzlebigen, höchstens 5 Jahre alt werdenden Fische erreichen schon nach 1–2 Jahren die Laichreife. Der Kilka ist vor allem im Kaspischen Meer ein wichtiger Wirtschaftsfisch und stellt zudem die Nahrungsgrundlage für manche Störe und Maifische dar.

FORELLE

Salmo trutta

E: trout F: truite

Familie Lachsfische (*Salmonidae*)

Kurzbeschreibung

Kräftiger, spindelförmiger, seitlich mäßig abgeflachter Fisch, meist mit großen, unregelmäßig verteilten schwarzen und roten Punkten. Vor der nicht oder nur schwach gekerbten Schwanzflosse eine „Fettflosse" ohne Flossenstrahlen.

Merkmale

Anadrome Formen (Meer- und Seeforellen) bis zu 1,3 m lang und 30 kg schwer, stationäre Süßwasserformen (Bachforellen) höchstens 50 cm lang. Kopf groß, Kiefer kräftig bezahnt, Mundspalte bis hinter das Auge reichend. Schuppen klein. Schwanzstiel relativ hoch und seitlich zusammengedrückt, Schwanzflosse fast gerade abgeschnitten oder sehr schwach ausgebuchtet. Rücken- und Bauchflossen etwa in Körpermitte. Fettflosse meist rötlich gefärbt oder gesäumt. Die Körperfärbung ist innerhalb des großen Formenkreises dieser Art sehr verschieden, zudem können sich Individuen (wenn auch langsam) der Färbung des Gewässergrundes anpassen. Ausgewachsene, laichreife Meer- und Seeforellen sind auf dem Rücken sehr dunkel schwärzlich oder bräunlich, am Bauch mehr oder weniger hell silbrig. Der Körper ist bis weit unter die Seitenlinie mit unregelmäßigen, großen schwarzen oder bräunlichen Flecken besetzt, die teilweise hell gerandet sind. Jüngere Tiere sind heller gefärbt, die Flanken sind silbrig glänzend und weisen weniger Flecken auf. Bachforellen sind in der Grundfärbung sehr variabel, besitzen jedoch fast immer neben schwarzen auch rote, hell gesäumte Flecken an den Flanken. Weniger als 10 cm lange Jungfische aller Formen sind zusätzlich dunkel quergebändert.

120–130 Schuppen entlang der Seitenlinie. Flossenstrahlen: Rückenflosse 11–15, Afterflosse 9–14, Brustflosse 11–16, Bauchflosse 7–10.

Verwechslungsarten

Meer- und Seeforelle können leicht mit dem Lachs (*Salmo salar*) verwechselt werden; die Formen mancher Gewässer lassen sich fast nicht unterscheiden. Im Vergleich zum Lachs ist der Schwanzstiel der Forelle flacher und höher, die Schwanzflosse ist weniger eingekerbt, der Kopf ist relativ größer mit weiter vorne stehenden Augen, und oft (aber nicht immer) ist die Fettflosse rötlich gesäumt. Bachforellen besitzen fast immer rote Punkte an den Flanken (im Gegensatz zur Regenbogenforelle), keine weißen Vorderränder von Brust- und Bauchflosse (im Gegensatz zu Bach- und Seesaibling) und sind im Querschnitt nicht drehrund, sondern abgeflacht (im Gegensatz zum Huchen).

Lebensweise und Lebensraum

Die relativ artenarme Familie der Lachsfische (*Salmonidae*) ist weitgehend auf die nördliche Hemisphäre beschränkt. Kennzeichnend sind kräftig bezahnte Kiefer, wenig abgeflachte bis drehrunde Körper und das Vorhandensein einer Fettflosse vor dem Schwanzstiel. Fettflossen treten nur noch bei den nah verwandten Äschen, Renken und Stinten sowie den (nicht verwandten) tropischen Salmlern und einigen Welsen auf. Lachsfische laichen grundsätzlich im Süß-

Bachforelle, *Salmo trutta*

wasser, allerdings verbringen die anadromen Vertreter einen großen Teil ihres Lebens im Meer. Die meisten Arten leben räuberisch und zeigen eine Präferenz für kaltes, sauerstoffreiches Wasser.

Die europäische Forelle (*Salmo trutta*) ist von Natur aus in ganz Europa sowie in Teilen Westasiens und Nordafrikas verbreitet. Als „Sportfisch" wurde sie allerdings schon im vergangenen Jahrhundert in zahlreichen geeigneten Gewässern der damaligen Kolonien ausgesetzt, so daß sie heute mit Ausnahme der Antarktis auf allen Kontinenten vorkommt. In Europa bildet sie mehrere Unterarten und zahlreiche Standortformen, die zum Teil in sehr uneinheitlicher Weise mit Namen belegt wurden. Darunter finden sich sowohl anadrome Meer- und Seeforellen als auch standorttreue Süßwasserformen. Um in diesem Gewirr von „Unterarten", „Formen" und „Morphen" nicht die Orientierung zu verlieren, sei nachfolgend ein kurzer Überblick über die innerartliche Systematik gegeben, wie sie derzeit von mehreren Autoren vertreten wird. Dabei sei nicht verschwiegen, daß vieles auf Hypothesen beruht und Namensänderungen in Zukunft nicht ausgeschlossen werden können (siehe S. 360). Als Ausgangsarten gelten die anadromen „Meerforellen", die, ähnlich wie der Lachs, im Meer leben und Laichwanderungen in die Flußoberläufe unternehmen. Diese gliedern sich in drei geographisch voneinander isolierte Unterarten: die atlantisch-nordeuropäische Meerforelle (*Salmo trutta trutta*), die Schwarzmeerforelle (*S. t. labrax*) und die Kaspische Forelle (*S. t. caspius*). Von diesen Stammformen leiten sich Populationen ab, die permanent im Süßwasser der jeweiligen Flußsysteme verbleiben. Da die Unter-

Bachforelle, *Salmo trutta*. Jungtier im Freiland

schiede in Aussehen und Lebensweise zumindest einiger dieser Populationen vermutlich nur durch Umwelteinflüsse bedingt sind, werden sie als „Formen“ oder „Morphen“ bezeichnet. So beschreibt „morpha *fario*“ standorttreue Zwergformen kleiner Fließgewässer (Bachforellen), „morpha *lacustris*“ dagegen großwüchsige Bewohner tiefer Seen, die zum Teil Laichwanderungen in einmündende Bäche durchführen (Seeforellen). Daraus folgt, daß z. B. die „Bachforellen“ aus den Donauzuflüssen enger mit den Meerforellen des Schwarzen Meeres verwandt sind als mit den äußerlich und in der Lebensweise nicht zu unterscheidenden „Bachforellen“ der

Bachforelle, *Salmo trutta*

Seeforelle, *Salmo trutta*

in den Rhein mündenden Gewässer; dies läßt sich durch Besonderheiten des Knochenbaus nachweisen. Die Bezeichnung für eine Bachforelle aus der oberen Isar wäre somit „*Salmo trutta labrax* m. *fario* („m." für „morpha"). Daß dagegen das unterschiedliche Aussehen von Bach- und Seeforellen aus demselben Flußsystem nicht auf erbliche Unterschiede zurückzuführen ist, wurde – zumindest örtlich – experimentell nachgewiesen: Markierte junge Bachforellen wurden in große Alpenseen überführt und entwickelten sich dort zu typischen Seeforellen. Eine besondere Situation herrscht in den Süßgewässern des Mittelmeerraums: Aus Italien, dem südlichen Balkan, der südlichen Türkei und den Ländern des Maghreb wurden zahlreiche „Unterarten" beschrieben, die heute alle dem Formenkreis „Mittelmeer-Bachforelle" (*S. t. macrostigma*) zugeordnet werden. Zwischen den Populationen der einzelnen Gewässer bestehen teilweise erhebliche Unterschiede in Aussehen und Lebensweise. Alle diese Formen gehen möglicherweise auf eine einzige, längst ausgestorbene anadrome „Meerforelle" des Mittelmeers zurück.

Die Erhaltung dieser Vielfalt, die in geologischen Zeiträumen durch Anpassung an die einzelnen Lebensräume entstanden ist, ist seit einigen Jahrzehnten in Frage gestellt. Der Grund liegt nicht nur in Gewässerverschmutzung und Flußverbau, der hauptsächlich den Fortbestand der Meerforellen, weniger aber die Bachforellen der Oberläufe betrifft, sondern auch in der Durchmischung und Verdrängung der angestammten Populationen durch eingesetzte, gewässerfremde Tiere aus Satzfischzuchten. Die Beliebtheit der Bachforelle bei Anglern führte vielerorts dazu, Verluste durch übermäßigen Fang oder durch Verschlechterung der Wasserqualität dadurch auszugleichen, daß regelmäßig und in großem Umfang Jungfische aus Zuchtanstalten in die Gewässer eingesetzt wurden. Dabei wurde und wird in der Regel keine Rücksicht darauf genommen, woher die Elterntiere stammten, so daß die Situation heute völlig unübersichtlich geworden ist. Wir wissen weder, in welchem Umfang standorttypische Bestände überlebt haben, noch wissen wir, ob sich die eingesetzten Tiere in den neuen Wohngewässern überhaupt ausreichend natürlich fortpflanzen können, oder ob sie von ständigem Neubesatz abhängen. Erfreulicherweise setzt sich mittlerweile bei vielen Fischerei- und Angelvereinen die Praxis durch, bodenständige Nachzuchten für den Besatz zu verwenden, sofern ein solcher überhaupt sinnvoll ist (zumindest ein Teil der erheblichen Geldmittel, die für Satzfische ausgegeben werden, wären sinnvoller zur Verbesserung der Gewässerqualität eingesetzt). Vielerorts entscheidet aber nach wie vor der Preis über die Bezugsquelle der Satzfische, so daß noch immer z. B. Tiere aus Osteuropa in Alpengewässern ausgesetzt werden. Um den Rest der vielfältigen genetischen Ressourcen zu erhalten, wäre es dringend erforderlich, in jedem größeren Gewässersystem Fischreservate zum Schutz unverfälschter Bestände einzurichten. In besonderem Maße trifft dies für die isolierten Süßgewässer des Mittelmeerraums (vor allem des Balkans) zu.

Meerforelle, *Salmo trutta*. Jungtier

Die Lebensweise der wichtigsten Forellenformen soll nachfolgend getrennt besprochen werden.

Die atlantische Meerforelle (*Salmo t. trutta*) gilt als Stammform aller nordwesteuropäischen Forellen. Sie wird meist 50–80 cm, selten bis 1,1 m lang. Meerforellen leben in küstennahen Gewässern und steigen zur Laichzeit weit in die einmündenden Flußsysteme auf; bereits einige Zeit vor dem Aufstieg (Juni-Juli) versammeln sie sich im Brackwasser der Flußmündungen. Reife Männchen bilden wie die Lachse einen zum „Laichhaken" verformten Unterkiefer. Zum Laichen im Dezember bis März wandern sie in die strömungsreichen Bäche der Forellenregion, wo sie sich auch nach der Fortpflanzung meist noch einige Zeit aufhalten. Im Gegensatz zu den Lachsen erholen sich die meisten Tiere wieder und wandern ins Meer zurück. Ein Individuum kann somit im Laufe seines Lebens mehrere sich jährlich wiederholende Laichwanderungen unternehmen. Die zunächst quergebänderten Jungforellen bleiben bis zu einer Länge von ca. 15 cm im Süßwasser; dann nehmen sie eine silbrige Färbung an und beginnen ins Meer abzuwandern, wo sie in ca. 2 Jahren zur Laichreife heranwachsen. Die Nahrung besteht je nach Größe aus Kleinkrebsen, Insektenlarven und Fischen. Vor dem Flußverbau spielten Meerforellen eine erhebliche wirtschaftliche Rolle – das fettreiche und rötlich

Meerforelle, *Salmo trutta*

gefärbte Fleisch laichreifer Tiere ist von ähnlicher Qualität wie das der Lachse und wurde früher oft als „Lachsforelle" gehandelt. Bei den Produkten, die heutzutage unter diesem Namen verkauft werden, handelt es sich dagegen fast immer um große Regenbogenforellen aus Zuchten, die mit Spezialfutter herangezogen wurden. Meerforellen kommen in nennenswerten Beständen nur noch in kleinen, unverbauten Gewässern vor; durch künstliche Erbrütung konnten örtliche Populationen gehalten oder vergrößert werden. Die Schwarzmeerforelle (*S. t. labrax*) ist äußerlich kaum von der atlantischen Form zu trennen; sie unterscheidet sich durch eine größere Zahl von Dornen des ersten Kiemenbogens. Über ihre Lebensweise ist nur wenig bekannt. Heute ist sie sicher nur von der nordtürkischen Küste nachgewiesen, wo sie im Frühjahr in Flüsse aufsteigt, um dort (vermutlich) im Winter zu laichen. Durch die zunehmende Austrocknung ihrer Laichgewässer aufgrund von Abholzungen ist ihr Bestand extrem bedroht. Die Kaspische Forelle (*S. t. caspius*), auch als Kaspischer Lachs bezeichnet, wird mit bis zu 51 kg Gewicht größer als die anderen Unterarten. Es scheint mehrere ökologische Formen zu geben, die zu unterschiedlichen Zeiten und unterschiedlich weit in die Flüsse einwandern. Die größten, bis in die Oberläufe aufsteigenden Tiere scheinen nur ein einziges Mal im Leben zu laichen und ähneln damit eher dem Lachs als den anderen Forellen.

„Seeforellen" gibt es sowohl im Einzugsgebiet der atlantischen als auch der Schwarzmeerforelle. Es sind Bewohner kalter, sauerstoffreicher, meist tiefer Binnenseen vor allem Nordeuropas und der Alpen, wo sie bis in 2000 m Höhe vorkommen. Je nach Nahrungsangebot der Gewässer werden sie unterschiedlich groß; mit bis zu 1,4 m Länge und 30 kg Gewicht können sie sogar größer werden als Meerforellen. Viele Populationen unternehmen Laichwanderungen in die Oberläufe einmündender Fließ-

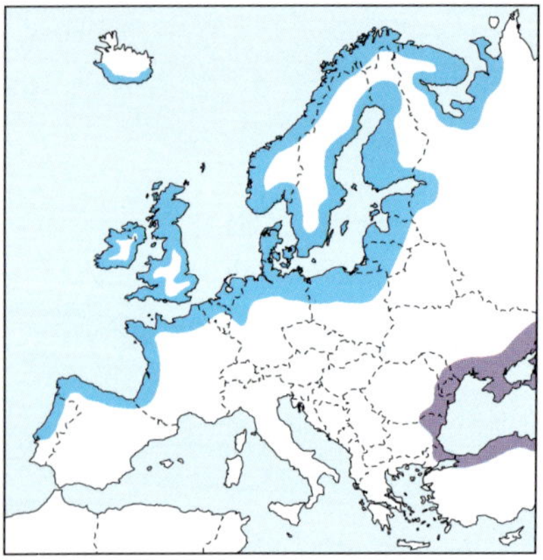

Meerforellen:
■ *Salmo trutta trutta*
■ *Salmo t. labrax*

gewässer; manche laichen aber auch in den Seen selbst, oft in der Nähe sauerstoffreicher Quellen mit kiesigem Grund. Nach der Umfärbung der Jungfische in das „Silberlachs"-Stadium leben sie 3–7 Jahre als „Schwebforellen" im freien Wasser. Nach Eintritt der Geschlechtsreife nehmen sie die dunkle Färbung und die stationäre Lebensweise der erwachsenen Tiere an. Diese „Grundforellen" sind Ansitzjäger, die in Verstecken der tieferen Gewässerzonen auf Beute lauern. In nahrungsarmen Seen erreichen sie selten mehr als 5 kg Gewicht, in anderen Gewässern wachsen sie zu wahren Riesen heran. Wegen ihrer Gefräßigkeit sind sie in Renken- und Saiblingsgewässern als Fischereikonkurrenten meist nicht gerne gesehen. Die Laichzeit liegt mit September bis Dezember früher als bei der Meerforelle. Wirtschaftlich sind Seeforellen nur lokal von Bedeutung.

„Bachforellen" besitzen die weiteste Verbreitung innerhalb dieses Formenkreises. Obwohl sie je nach Herkunft von verschiedenen Unterarten der Meerforelle abstammen dürften, sind sie in Aussehen und Lebensweise kaum voneinander zu unterscheiden. Bachforellen sind Zwergformen innerhalb dieses Verwandtschaftskreises, die an schnellfließende, sauerstoffreiche Bäche bis in die Quellregionen hinein angepaßt sind. Meist werden sie nur ca. 30 cm, selten 50 cm lang. Bachforellen sind standorttreue, revierbildende Fische, die ihren Ansitz unter überhängenden Steinen, Wurzeln usw. gegen Konkurrenten verteidigen. Die Ernährung ist je nach Gewässer unterschiedlich und umfaßt Kleinkrebse, Insekten (vor allem Köcherfliegenlarven) und kleine Fische. In sehr kalten und somit nahrungsarmen Bächen sind sie in erheblichem Maße auf Anflugnahrung angewiesen, die sie von der Wasseroberfläche wegfangen; selbst fliegende Insekten können im Sprung erbeutet werden. Forellen in sehr hochgelegenen Gebirgsbächen oder -seen wachsen sehr langsam und werden meist nicht länger als ca. 15 cm; sie werden als „Steinforellen" bezeichnet. Bachforellen erreichen unter günstigen Bedingungen im dritten oder vierten Lebensjahr die Laichreife. Tiere in Hochlagen beginnen bereits ab Oktober zu laichen, im Tiefland verschiebt sich die Laichzeit bis in den März. Die Laichplätze liegen meist etwas weiter bachaufwärts als die „Freßreviere", so daß auch diese Form (allerdings bescheidene) Laichwanderungen unternimmt. Im Unterschied zu Meer- und Seeforelle entfällt bei der Bachforelle das silbrige, nur schwach gefleckte Kleid der im freien Wasser jagenden Jugendform; der quergestreifte Jungfisch der Bachforelle legt sich bereits bei einer Größe von ca. 10 cm die schwarz und rot gepunktete Altersfärbung zu.

Bachforellen sind wirtschaftlich von nur geringer Bedeutung, da ihre Verbreitung auf sommerkühle Kleingewässer beschränkt ist, die eine Temperatur von 18°C nicht lange überschreiten dürfen. Großer Beliebtheit erfreuen sie sich allerdings bei Sportanglern, da sie sich – unter Ausnutzung ihrer Reflexe beim Fang von Flug- und Anflugnahrung – mit der anspruchsvollen Technik des Fliegenfischens erbeuten lassen.

Verbreitung

Ganz Europa und Westasien (östlich bis etwa zum Aralsee), Nordafrika im Bereich des Atlas; Bachforellen auch auf anderen Kontinenten eingeführt.

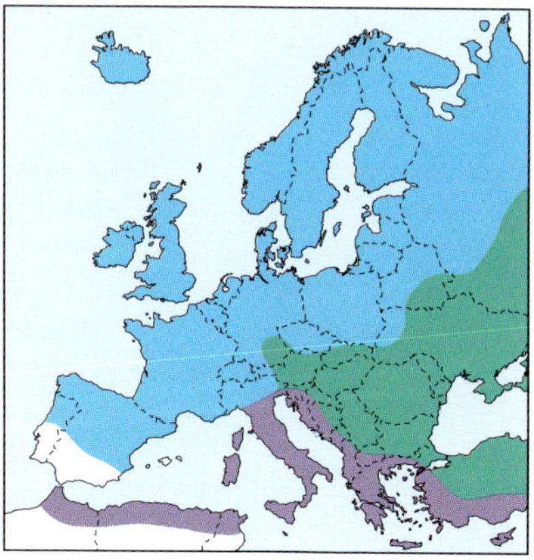

Bachforellen:
- *Salmo trutta trutta* m. *fario*
- *Salmo t. labrax* m. *fario*
- *Salmo t. macrostigma*

ATLANTISCHER LACHS

Salmo salar

E: atlantic salmon F: saumon atlantique
Familie Lachsfische (*Salmonidae*)

Kurzbeschreibung

Forellenähnlicher, bis ca. 1 m langer Fisch. Im Jugendstadium mit silbrigen Flanken, weißem Bauch und geringer Fleckung; laichreife Tiere dunkelbraun mit kräftiger Fleckung, Männchen mit rotem Bauch und hakenartig verformtem Unterkiefer.

Merkmale

Anadrome Art, die zum Zeitpunkt der Laichreife meist 60 cm bis 1 m, selten bis 1,5 m lang ist. Kiefer kräftig bezahnt, Mundspalte bis hinter das Auge reichend. Schwanzstiel relativ dünn und im Querschnitt wenig zusammengedrückt, Schwanzflosse etwas konkav ausgebuchtet. Rücken- und Bauchflossen etwa in Körpermitte. Die Körperfärbung ist je nach Alter verschieden: Jungfische des Süßwassers sind dunkel quergebändert oder -gefleckt, ab ca. 15 cm Länge färben sie sich zum abwandernden „Blanklachs" mit silbrigen Flanken um. Laichreife Tiere sind meist sehr dunkel schwärzlich oder bräunlich gefärbt und mit großen schwarzen und roten Flecken besetzt; die Unterseite der Männchen ist rötlich, die Seiten sind bläulich marmoriert. Bei Männchen bildet sich während des Laichaufstiegs ein knorpeliger, nach oben gerichteter Haken an der Spitze des Unterkiefers (Laichhaken).

120–130 Schuppen entlang der Seitenlinie. Flossenstrahlen: Rückenflosse 12–15, Afterflosse 10–14, Brustflosse 11–16, Bauchflosse 8–10.

Atlantischer Lachs, *Salmo salar*

Verwechslungsarten

Lachse sind nur schwer von Meer- und Seeforellen (*Salmo trutta*) zu unterscheiden. Der Schwanzstiel des Lachses ist länger, dünner und im Querschnitt rund, die Schwanzflosse ist deutlich eingebuchtet, der Kopf ist kleiner und spitzer. Der vordere, flache Teil des Pflugscharbeins (im Gaumendach) ist bei der Forelle bezahnt, beim Lachs nicht. Beim Lachs sind alle Dornen der ersten Kiemenbögen stäbchenförmig verlängert, bei der Forelle nur die mittleren. Lachse besitzen keine weißen Vorderränder von Brust- und Bauchflosse (im Gegensatz zu Bach- und Seesaibling) und sind im Querschnitt nicht drehrund (im Gegensatz zum Huchen).

Lebensweise und Lebensraum

Während ihres Aufenthalts im Meer unternehmen Lachse weite Wanderungen zwischen den europäischen Küsten von Atlantik, Nord- und Ostsee, bis hin nach Grönland, Labrador und an die amerikanischen Neu-England-Staaten. Sie halten sich meist in Küstennähe in einer Tiefe von bis zu 10 m auf und ernähren sich ausschließlich von Fischen. Diese Freß- und Wachstumsphase dauert 1–4 Jahre. Tiere, die genügend Fettvorräte für die Laichwanderung in der rötlich werdenden Muskulatur gespeichert haben, beginnen ihre Einwanderung in diejenigen Flußsysteme, in denen sie aufgewachsen sind. Selbst in den Flußoberläufen werden vorwiegend die Laichplätze der Elterntiere aufgesucht. Mit welchen Sinnen die Orientierung bewerkstelligt wird, ist noch nicht völlig geklärt; zumindest im Süßwasser spielt der Geruchssinn eine vorherrschende Rolle. Über den biologischen Sinn dieser strengen Ortstreue gibt es nur Vermutungen. Möglicherweise wird durch diese Form der „Inzucht" erreicht, daß Tiere, die für die sehr unterschiedlich schwierigen Aufstiege in bestimmte Gewässer das optimale erbliche Rüstzeug (Größe, Fettvorrat, „Timing") besitzen, tatsächlich nur in solche Gewässer aufsteigen, in denen schon ihre Vorfahren erfolgreich gelaicht haben. Dies mag auch den Mißerfolg mancher Besatzmaßnahmen erklären, bei denen ortsfremde Jungfische erfolglos in manchem vielversprechenden Oberlauf ausgesetzt worden waren. Vor dem weitgehenden Verschwinden der Lachse aus den mitteleuropäischen Gewässern wurden zumindest in größeren Flüssen das ganze Jahr über aufsteigende Gruppen beobachtet. Die einzelnen Populationen unterschieden sich dabei in der Länge der Laichwanderung, der Wanderungsgeschwindigkeit und der Jahreszeit des Aufstiegs. So gab es kleinwüchsige „Sommerlachse", die bereits mit reifen Keimdrüsen im Spätsommer in die Flußmündungen einwanderten und nach kurzem Aufstieg im Spätherbst desselben Jahres in kleinen Zuflüssen der Unterläufe laichten. Lachse, die bis in die Oberläufe der Flüsse wanderten, waren fast immer große und schwere Tiere mit entsprechenden Energievorräten, wobei es auch unter diesen Tieren schnell wandernde „Sommerlachse" gab, die z. B. die Strecke von der Rheinmündung bis zur Schweizer Grenze in weniger als zwei Monaten zurücklegten. Die meisten Lachse des oberen Rheins gehörten dagegen zu den langsam ziehenden „Winterlachsen", die ihren Zug im Herbst begannen, im Fluß eine Winterruhe einlegten, und erst im Herbst des nächsten Jahres ihre Laichplätze erreichten. Diese Formen erreichten ihre Geschlechtsreife erst im Süßwasser.

Allgemein bekannt ist die Fähigkeit der Lachse, Hindernisse wie Stromschnellen oder kleine Wasserfälle durch Springen zu überwinden; solche Sprünge können bis zu drei Meter Höhe erreichen. Staudämme ohne Fischtreppen oder andere Aufstiegshilfen sind allerdings auch für Lachse unüberwindliche Barrieren.

Das Ablaichen findet in Mitteleuropa von November bis Januar statt, in Nordeuropa etwas früher. Die Laichplätze liegen immer in mäßig strömendem, kaltem Wasser mit sauberem Kiesgrund, wobei Wassertiefen von ca. 1 m bevorzugt werden. Durch kräftige Schwanzschläge legen die Weibchen flache Laichgruben im Kiesbett an, die bis zu 2 m Durchmesser erreichen können. Abgelaicht wird stets paarweise nach ausgeprägtem Balzspiel; der Laichvorgang wird mehrfach wiederholt, anschließend werden die befruchteten, klebrigen Eier mit Kies abgedeckt. Ein Weibchen kann im Verlauf von einigen Tagen mehrere solcher „Nester" anle-

Atlantischer Lachs, *Salmo salar*. Porträt eines Männchens mit Laichhaken

Atlantischer Lachs, *Salmo salar*. Jungtier

gen, wobei es nacheinander zum Teil mit verschiedenen Männchen ablaicht. Da der im Kies eiskalter Bäche eingebettete Laich vor Räubern gut geschützt ist, genügt den Lachsen – wie auch anderen Salmoniden – die relativ geringe Anzahl von ca. 20 000 Eiern pro Weibchen. Die meisten Elterntiere sterben kurze Zeit nach dem Laichen. Nur wenige erholen sich, überwintern im Süßwasser und wandern zurück ins Meer; lediglich ca. 5% der Lachse laichen ein zweites Mal im Abstand von 1–2 Jahren. Als Grund für das Massensterben wird meist die Erschöpfung durch den Laichvorgang und die Aufzehrung der Energievorräte angegeben. Tatsächlich verlieren Lachse während der Wanderung bis zu 30% ihres Körpergewichts, da im Süßwasser fast keine Nahrung mehr aufgenommen wird, auch zehren die Laichproduktion der Weibchen und die heftigen Rivalenkämpfe der Männchen an der Substanz. Eine erhebliche Rolle dürften aber auch hormonell bedingte Veränderungen (z. B. der Blutgefäße) spielen, so daß der Tod nach dem Laichen ein entwicklungsphysiologisch „gewollter" Vorgang ist.

Das kalte Wasser der winterlichen Laichplätze bedingt eine lange Entwicklungszeit der Eier: Erst nach 70–200 Tagen (je nach Temperatur) schlüpfen die Jungfische. Die Eier aller Salmoniden sind mit bis zu 7 mm Durchmesser außerordentlich groß. Dadurch wird es den Jungfischchen ermöglicht, sich noch solange vom Inhalt des großen Dottersacks zu ernähren, bis das Nahrungsangebot in den langsam sich erwärmenden Bächen für eine selbständige Ernährung ausreicht. In Mitteleuropa bleiben junge Lachse 1–2 Jahre im Süßwasser, in Skandinavien können dies wegen der kürzeren Sommerperiode bis zu 5 Jahre sein. Sie fressen zunächst Insektenlarven, Bachflohkrebse und andere Wirbellose, gehen aber ab ca. 10 cm Länge noch im Süßwasser zur Fischnahrung über; Beutetiere sind z. B. Elritzen und Schmerlen. Ab einer Länge von 15–20 cm weicht die quergestreifte Jugendfärbung langsam dem silbrigen Kleid des „Blanklachses"; dies ist die typische Tarnfärbung pelagisch lebender Fische, wie sie auch von Meer- und Seeforelle bekannt ist. Während der Umfärbung beginnen die Lachse, ins Meer abzuwandern.

Während Lachse noch zur Jahrhundertwende in legendären Mengen in den mittel- und westeuropäischen Flüssen gefangen wurden, kommen sie heute nur noch in Irland, Schottland und Skandinavien in nennenswerten Beständen vor. Zu diesem Rückgang trug natürlich der Verbau der Fließgewässer erheblich bei. Von ganz erheblicher Bedeutung scheint allerdings die Verschmutzung der großen Flüsse gewesen zu sein, wie die allmähliche Rückkehr dieses Fisches in frühere Wohngewässer nach Rückgang der Schadstoffbelastung zeigt (sofern die Meldungen nicht auf Verwechslungen mit der Meerforelle beruhen). Auch die Laichgewässer des Lachses, die sich meist deutlich unterhalb der bevorzugten Laichplätze der Forellen befinden, wurden und werden noch immer durch die Anlage von Staustufen und Wehren sowie durch landwirtschaftlich bedingte Sedimenteinträge unbrauchbar gemacht; die verringerte Fließgeschwindigkeit und die Verschlammung des ursprünglichen Kiesgrundes machen eine Laichentwicklung unmöglich. Ungeeignete (sauerstoffarme) Verhältnisse an den früheren Laichplätzen aufgrund der genannten Einflüsse scheinen auch das größte Hindernis für Versuche zur Wiedereinbürgerung der Lachse zu sein. Solche Programme dürften nur dort Aussicht auf Erfolg haben, wo noch ausreichend große Abschnitte naturnaher Fließgewässer für die Laichentwicklung zur Verfügung stehen.

Die wirtschaftliche Bedeutung der Lachse ist auch heute noch groß. Wildlebende Lachse werden beim Aufstieg in den Flußunterläufen mit Stellnetzen und Reusen gefangen; das Fleisch dieser Lachse wird meist geräuchert vermarktet. Von zunehmender Bedeutung ist die Lachszucht, die vor allem in norwegischen Fjorden in industriellem Maßstab betrieben wird und der die preiswerten Angebote von „Frischlachs" zu verdanken sind. Die Umweltverträglichkeit dieser riesigen Zuchtbetriebe ist wegen der damit verbundenen organischen Gewässerbelastung umstritten.

Im Gegensatz zu anderen anadromen Fischen, die die Nahrungsaufnahme im Süßwasser völlig einstellen, zeigen Lachse während der ersten Wochen noch „Beißreflexe"; aus diesem Grund können aufsteigende Lachse auch vom Angler mit Fliege und Spinner gefangen werden.

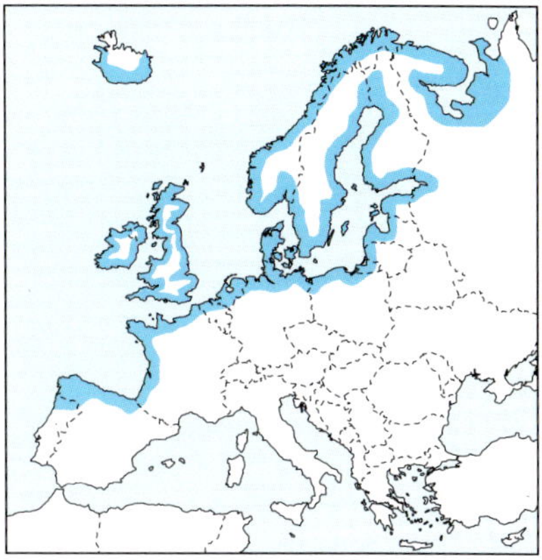

Atlantischer Lachs, *Salmo salar*

Verbreitung

Der Lachs ist im gesamten Nordatlantik verbreitet. Laichgewässer finden sich von Nordskandinavien, Island, dem gesamten Baltikum über die Britischen Inseln bis nach Nordspanien (auf dem mitteleuropäischen Festland höchstens noch im Bereich der Flußunterläufe). Außerdem auf Grönland, in Kanada (Labrador) und im Nordosten der USA bis in den Bereich der Großen Seen.

Reine Süßwasser-Populationen existieren im Ladogasee und einigen anderen Seen Skandinaviens und Nordwest-Rußlands, sowie in Gewässern Nordamerikas.

HUCHEN

Hucho hucho

E: Danube salmon F: huchon
Familie Lachsfische (*Salmonidae*)

Kurzbeschreibung

Lachs- oder forellenähnlicher Fisch mit großem, etwas abgeflachtem Kopf, sehr tiefer Mundspalte und fast drehrundem Körperquerschnitt.

Merkmale

Sehr gestreckte Körpergestalt; die Länge beträgt meist 60 cm bis 1,2 m, früher in der Donau ausnahmsweise bis 1,5 m (dann bis über 50 kg schwer). Langgezogener, oben deutlich abgeflachter Kopf mit kräftig bezahnten Kiefern und tiefer, bis weit hinter das Auge reichender Mundspalte. Die Fettflosse ist groß und lang ausgezogen, die anderen Flossen sind dagegen relativ klein; die Schwanzflosse ist deutlich gekerbt. Die Rückenfärbung ist dunkelbraun oder -grau, die Bauchseite heller; Rücken und Flanken sind mit kleinen, dunklen Flecken besetzt, die nicht auf die Flossen übergreifen; die Flanken großer Exemplare zum Teil mit Kupferglanz.

107–197 Schuppen entlang der Seitenlinie. Flossenstrahlen: Rückenflosse 13–14, Afterflosse 12–14. Erste Kiemenbögen mit je 16–18 Reusendornen.

Verwechslungsarten

In seinem Verbreitungsgebiet und Lebensraum (Fließgewässer) ist der Huchen nur mit Bach- und Regenbogenforelle bzw. Bachsaibling zu verwechseln. Von allen unterscheidet er sich durch die drehrunde Körpergestalt und den langgestreckten, abgeflachten Kopf sowie das Fehlen eines roten Flankenbandes, roter Körperflecken und weißer Flossensäume.

Lebensweise und Lebensraum

Huchen sind standorttreue Ansitzjäger in größeren Fließgewässern. Dort bevorzugen sie Verstecke (z. B. tiefe Gumpen) neben stark strömenden Flußabschnitten. Einmal eingenommene Reviere werden gegen Konkurrenten verteidigt. Große Huchen sind in der Wahl ihrer Beute nicht wählerisch und ernähren sich von allem, was überwältigt werden kann: Fische gehören ebenso auf den Speiseplan wie Frösche, Wasservögel und kleinere Säugetiere (manche Angler empfehlen tote Ratten als Köder für große Huchen). Bevor Barben und Nasen wegen des Verbaus ihrer Wanderstrecken selten wurden, scheinen sich Huchen vorwiegend von diesen Fischen ernährt zu haben.

Die Laichzeit liegt im März und April, also deutlich später als die anderer Salmoniden. Männchen entwickeln zur Laichzeit oft eine verdickte Haut, und ihr Unterkiefer verformt sich zu einem „Laichhaken", beides Hinweise auf heftige Konkurrenzkämpfe am Laichplatz. Dieser liegt meist etwas stromaufwärts oder in kleineren Nebenbächen, nach Art aller Lachsverwandten in flachem, sauerstoffreichem Wasser mit starker Strömung über Kiesgrund. Die Weibchen legen flache Laichgruben an, in die bis ca. 10 000 Eier abgelegt und mit Kies abgedeckt werden. Entsprechend der späten Laichzeit entwickelt sich die Brut im schon erwärmten Wasser schneller als die anderer Salmoniden: Bereits nach ca. 35 Tagen schlüpfen die Jungfische; sie nehmen zunächst die typische Jugendfärbung der Salmoniden an

Huchen, *Hucho hucho*

(dunkle Querbänderung). Die Nahrung der Jungfische besteht aus Wirbellosen, ab dem zweiten Lebensjahr bei einer Länge von ca. 15 cm gehen Huchen aber bereits zur Fischnahrung über. Die Geschlechtsreife tritt nach 3–4 Jahren ein, die Lebensdauer wird mit über 15 Jahren angegeben.

Huchen waren früher auf die mittlere und obere Donau (bis Ulm) sowie ihre größeren Zuflüsse beschränkt; sie werden daher auch als „Donaulachse“ bezeichnet. Das Vorkommen dieser früher vor allem in der Donau selbst häufigen Tiere ist durch Gewässerverschmutzung, Reduktion ihrer Beutefische, Behinderung der Laichwanderungen durch Staustufen und starke Verfolgung auf kleine Reste zusammengeschmolzen. Allerdings wurden in den vergangenen Jahren erfolgreiche Anstrengungen unternommen, die Restbestände durch Besatz und Gewässerpflege zu erhalten, so daß die Art nicht unmittelbar bedroht scheint. Sie wurde auch im Rhein- und Rhonegebiet ausgesetzt, und selbst in marokkanischen Gewässern soll es mittlerweile Huchen geben. Dem Überleben einer Fischart ist die Verschleppung in Gewässer, in die sie von Natur aus nicht hineingehört, in den seltensten Fällen dienlich, auch ist meist nichts darüber in Erfahrung zu bringen, in welchem Umfang die Fische sich in den neuen Gewässern überhaupt von selbst vermehren und welchen Einfluß ihr Erscheinen auf die lokalen Fischarten hat.

Eine wirtschaftliche Bedeutung hat der Huchen aufgrund der geringen Bestände nicht. Allerdings gilt er als hervorragender Speisefisch und ist ein begehrtes Objekt für Angler. Der früher als Köder verwendete „Neunaugenzopf“ (ausgegrabene und zusammengebundene Neunaugen-Querder) wird aus Naturschutzgründen allerdings nicht mehr benutzt.

Huchen, *Hucho hucho*. Jungtiere

Vorkommen

Donaugebiet von Westrumänien bis Süddeutschland; weitere lokale Vorkommen in Mittel- und Osteuropa gehen auf Besatz zurück.

Weitere Arten

In Nordasien (vom Einzugsgebiet der Wolga bis zum Amur in Ostsibirien) kommt der sehr ähnliche und nahe verwandte Taimen (*Hucho taimen*) vor; er wird teilweise auch als Unterart des Huchens angesehen (*H. h. taimen*). Gestalt und Färbung sind der des Huchens ähnlich; die dunkle Punktierung des Körpers soll in stärkerem Maße auf den Kopf übergreifen. Die Zahl der Schuppen längs der Seitenlinie ist mit 193–242 etwas größer als beim Huchen; der erste Kiemenbogen trägt lediglich 11–12 Reusendorne. Der Taimen wird noch wesentlich größer als sein Verwandter aus der Donau: Er soll bis 1,6 m Länge bei 80 kg Gewicht erreichen können. Auch der Taimen bevorzugt Verstecke an schnell strömenden Gewässerpartien, wo er auf Fische und andere größere Tiere lauert; er soll sich bevorzugt von Karpfenfischen und Renken ernähren. Die Laichwanderung findet entsprechend dem längeren Winter seiner Heimat etwas später (Mai-Juni) statt; die Entwicklung der Jungtiere verläuft wie beim Huchen.

Der Adriatische Lachs (*Salmothymus obtusirostris*) ist eine eigentümliche, in ihrer Verbreitung auf strömungsreiche und kühle Flüsse der dalmatinischen Küste beschränkte Art. Die Fische sind stationäre Süßwasserbewohner. Sie erinnern in Färbung und Größe (25–40, maximal 50 cm) stark an Bachforellen. Auffällige Unterschiede sind die langen Brustflossen, die etwa halb so lang sind wie der Abstand zwischen Brust- und Bauchflossen, die kurze und abgerundete Schnauze sowie die kurze, schwach bezahnte Mundspalte, die den Hinterrand der Augen nicht erreicht. Der Schwanzstiel ist hoch und seitlich zusammengedrückt, die Schwanzflosse bei Jungtieren deutlich eingekerbt. Die Zahl der Schuppen längs der Seitenlinie ist mit 101–103 kleiner als bei der Bachforelle. Adriatische Lachse sind standorttreue Bewohner kühler, sauerstoffreicher Fließgewässer. Sie ernähren sich wie Bachforellen von Kleinkrebsen und anderen Wirbellosen, erbeuten aber auch Anflugnahrung und – im Sprung – Fluginsekten. Große Exemplare fressen hauptsächlich Fische. Das Laichen findet im Oktober bis Dezember in stark strömendem Wasser über Kiesgrund statt; es werden flache Laichgruben ausgehoben.

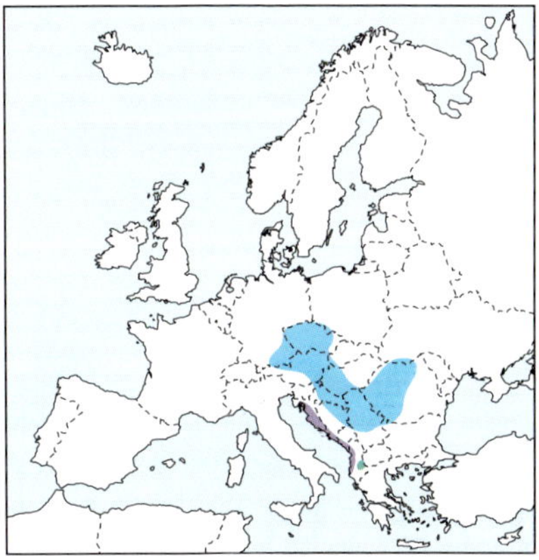

■ Huchen, *Hucho hucho*
■ Adriatischer Lachs, *Salmothymus obtusirostris*
■ *Acantholingua ohridana*

Eine weitere Salmoniden-Art, *Acantholingua ohridana*, lebt ausschließlich (endemisch) im Ochridsee an der mazedonisch-albanischen Grenze. Sie bewohnt die freie Wasserzone des Sees und geht auch zum Laichen nicht in die Zuflüsse. Als pelagisch lebende Art ist sie silberglänzend gefärbt, die dunkle Fleckung anderer Salmoniden ist stark reduziert. Auffällig sind die großen Augen und der kleine, schwach bezahnte Mund. Die Art gilt als extrem gefährdet, vor allem durch den Besatz ihres Heimatgewässers mit den anpassungsfähigen Regenbogenforellen.

REGENBOGEN-FORELLE

Oncorhynchus mykiss

E: rainbow trout F: truite arc-en-ciel
Familie Lachsfische (*Salmonidae*)

Kurzbeschreibung

Forellenartiger Fisch mit stumpfer Schnauze, rötlichem Längsband an den Flanken und zahlreichen schwarzen Punkten auch auf Rücken- und Schwanzflosse.

Merkmale

Gestreckter, seitlich etwas abgeflachter Körper; Kopf mäßig groß mit stumpfem Profil und tiefer, mindestens bis zum Hinterrand des Auges reichender Mundspalte. Länge 25–50 cm, selten bis 70 cm bei 7 kg Gewicht. Der Schwanzstiel ist abgeflacht und ziemlich hoch. Rückenfärbung dunkel braungrün, Bauchfärbung fast weiß. Entlang den Flanken zieht sich ein mehr oder weniger breites, rötlich schillerndes Längsband. Mit Ausnahme der Unterseite ist fast der gesamte Körper (einschließlich Rücken-, Fett- und Schwanzflosse) von kleinen schwarzen Flecken bedeckt.

Regenbogenforelle, *Oncorhynchus mykiss*. Jungtier im Freiland

125–160 Schuppen entlang der Seitenlinie. Flossenstrahlen: Rückenflosse 14, Afterflosse 13, Bauchflossen 9. Nur die mittleren Reusendorne der ersten Kiemenbögen sind stäbchenförmig ausgezogen.

Da die in Europa verbreiteten Formen der Regenbogenforelle aus mehreren Unterarten der amerikanischen Wildart entstanden sind und der züchterischen Auslese unterworfen waren und sind, können verschiedene Merkmale erheblich variieren (Färbung, Körpergestalt, relative Größe des Kopfes, aber auch Knochenmerkmale wie die Zahl der Wirbel).

Verwechslungsarten

Von Bachforellen, Saiblingen und Jungtieren anderer Lachsfische ist die Regenbogenforelle durch die Kombination folgender Merkmale zu unterscheiden: das schillernde rötliche Seitenband, die feine dunkle Punktierung auch von Rücken- und Schwanzflosse, sowie das Fehlen roter Punkte und deutlich weiß abgesetzter Flossensäume.

Lebensweise und Lebensraum

Die aus Nordamerika stammende Regenbogenforelle wurde um 1880 in Europa eingeführt. Die ursprüngliche Verbreitung der Stammart beschränkte sich auf das Gebiet westlich der Rocky Mountains, von Alaska bis Niederkalifornien. Dort existieren (analog zur europäischen Forelle *Salmo trutta*) sowohl anadrome Formen, die über 1 m Länge bei fast 20 kg Gewicht erreichen können, als auch nichtwandernde Süßwasserpopulationen. Im Meer verschwindet die „Regenbogenfärbung" der Flanken und wird durch silbriges Weiß ersetzt, die Punktierung von Rücken- und Schwanzflosse bleibt jedoch er-

Regenbogenforelle, *Oncorhynchus mykiss*

halten. Die Wanderformen leben zunächst 2–4 Jahre im Süßwasser, wandern dann in den Pazifik ab, wo sie sich ca. 3 Jahre in Küstennähe aufhalten, und beginnen schließlich die Laichzüge in ihre Ursprungsgewässer, die sie vermutlich jährlich wiederholen. Auch in Nordamerika ist die Regenbogenforelle heute durch Besatz weit über ihr ursprüngliches Areal hinaus (bis ins Gebiet der Großen Seen) verbreitet. Bis in die 80er Jahre war die Regenbogenforelle unter dem wissenschaftlichen Namen *Salmo gairdneri* bekannt; mittlerweile ist geklärt, daß sie verwandtschaftlich den Pazifiklachsen (*Oncorhynchus*) näher steht als den europäischen *Salmo*-Arten, so daß sie in diese Gattung überführt wurde.

Ihre hervorragenden Qualitäten als Speise- und Angelfisch führten zur heute nahezu weltweiten Verbreitung dieser Art. Dabei wurden allerdings nicht nur die standorttreuen Süßwasserformen (z. B. aus der kalifornischen Sierra Nevada) verwendet, sondern teilweise auch wandernde Stämme eingekreuzt, so daß die in den Teichwirtschaften der Welt gezüchteten Regenbogenforellen sehr unterschiedliche Wandertriebe aufweisen. Für den künstlichen Besatz von Wildgewässern eignen sich natürlich nur stationäre Formen. Für die Teichwirtschaft in gemäßigten Breiten erwies sich die Regenbogenforelle als der am besten geeignete Salmonide. Ihr Wert als Speisefisch steht dem der heimischen Forellen in nichts nach, dabei stellt sie geringere Ansprüche an die Qualität (vor allem an Temperatur und Sauerstoffgehalt) des Wassers. Bei guten sonstigen Bedingungen erträgt sie im Sommer 22 °C, kurzzeitig sogar bis 27 °C. Sie ist in der Nahrungsaufnahme wenig wählerisch und geht – im Gegensatz zur Bachforelle – problemlos an Kunstfutter; Regenbogenforellen wachsen rasch und können schon nach 2 Jahren mit 25–30 cm Länge vermarktet wer-

Regenbogenforelle, *Oncorhynchus mykiss*. Männchen in Laichtracht

den. Die Geschlechtsreife wird im zweiten oder dritten Lebensjahr erreicht. Je nach Zuchtstamm laichen die Tiere von November bis Mai, die Brutdauer beträgt ca. 100 Tage.

Ein wichtiges „Nebengeschäft" der Teichwirte ist die Produktion von Satzfischen für Angelvereine. Dabei werden meist Gewässer bestockt, aus denen die Bachforellen wegen mangelnder Wasserqualität und fehlenden Unterständen (Begradigung) verschwunden sind. Regenbogenforellen sind nicht nur hinsichtlich des Wassers weniger anspruchsvoll, sie jagen auch mehr im Freiwasser und sind weniger scheu; beides kommt dem Angler zugute, der sie sowohl mit der Fliege als auch mit der Spinnangel fängt. Zu einer echten Einbürgerung mit natürlicher Vermehrung kam es bisher nur sehr lokal, so daß die meisten Bestände von ständigem Neubesatz abhängen. Dieser mag in bestimmten Gewässertypen gerechtfertigt sein; problematisch wird es dort, wo Regenbogenforellen mit einheimischen Fischen konkurrieren und diese dabei verdrängen. Glücklicherweise halten sich Regenbogenforellen in den bevorzugten Bachforellenbiotopen meist nicht lange und wandern weiter bachabwärts. Dennoch ist zu fragen, ob die permanente künstliche Ausbringung einer ortsfremden Art zu Angelzwecken nicht einen Mißbrauch unserer natürlichen Gewässer darstellt. Völlig abzulehnen ist der Besatz mit einjährigen oder nahezu ausgewachsenen Forellen, wie er gelegentlich praktiziert wird, um die Attraktivität eines Fischgewässers zu erhöhen. Einen solchen an Kunstfutter gewöhnten Fisch zu fangen, der kaum in der Lage ist, sich in seinem neuen Gewässer zu ernähren, kann einem echten Angler keine Freude bereiten.

Verbreitung

Westliches Nordamerika; ausgesetzte oder verwilderte Tiere sind in vielen gemäßigten Klimaten der Welt, so auch in fast ganz Europa anzutreffen.

KETALACHS

Oncorhynchus keta

E: chum salmon F: saumon chien
Familie Lachsfische (*Salmonidae*)

Kurzbeschreibung

Forellenförmiger, bis 1 m langer Fisch mit sehr kleinen Schuppen und langer Afterflosse; Männchen zur Laichzeit ziemlich hochrückig.

Merkmale

Gedrungener, je nach Alter mehr oder weniger hochrückiger Körper. Länge meist 50–70 cm, maximal 1 m (dann bis zu 6 kg Gewicht). Sehr kleine Schuppen. Relativ spitzer Kopf mit großer, bis weit hinter das Auge reichender Mundspalte. Schwanzstiel ziemlich dünn, Schwanzflosse deutlich gekerbt, Afterflosse auffällig lang. Färbung der „Blanklachse“ am Rücken dunkel grünlich oder bläulich, seitlich und am Bauch silbrig bis weiß. Laichreife Männchen entwickeln Laichhaken an Ober- und Unterkiefer, einen ziemlich hochrückigen Körper und eine auffällige Färbung mit olivgrünem Rücken und einem breiten, teilweise in unregelmäßige Flecken aufgelösten Flankenband, das vorne rötlich, im hinteren Körperdrittel schwarzblau ist; die Spitzen von Bauch- und Afterflosse werden weiß.

125–160 Schuppen entlang der Seitenlinie. Flossenstrahlen: Rückenflosse 12–15, Afterflosse 13–25, Bauchflossen 9–13. Erste Kiemenbögen mit meist 24 kurzen Reusendornen.

Verwechslungsarten

In Europa ist der Ketalachs nur in Nordskandinavien und Nordwest-Rußland im Süßwasser zu erwarten. Durch die lange Afterflosse und die sehr kleinen Schuppen kann

Ketalachs, *Oncorhynchus keta*. Männchen, Freilandaufnahme

er mit dem Buckellachs verwechselt werden; von diesem ist er durch die Größe, die Zahl der Schuppen längs der Seitenlinie und die Zahl der Kiemenreusendorne zu unterscheiden.

Lebensweise und Lebensraum

Die pazifischen Lachse der Gattung *Oncorhynchus* bewohnen mit mehreren Arten die Küstengewässer zu beiden Seiten des Nordpazifiks (südlich bis Kalifornien und China), sowie das Polarmeer vor Alaska und Nordost-Sibirien. Allen Arten kommt eine erhebliche fischereiliche Bedeutung zu. Durch die russische Fischereiwirtschaft wurden zwei Arten (*O. keta* und *O. gorbuscha*) auch im europäischen Weißmeergebiet angesiedelt, so daß diese Arten als Irrgäste auch im Nordatlantik auftauchen können (*O. gorbuscha* wurde auch in Westkanada eingeführt). Versuche, diese Arten auf Dauer in der Ostsee anzusiedeln, sind offenbar fehlgeschlagen.

Ketalachse sind stärker als die meisten anderen Salmoniden an das Leben im Meer angepaßt. Die im Süßwasser schlüpfenden Jungtiere beginnen bereits nach wenigen Wochen bei einer Körperlänge von 3–4 cm die Rückwanderung ins Meer. Das gefleckte Jugendstadium der Salmoniden fällt aus: Junge Ketalachse nehmen sofort die silbrige „Blanklachs"-Färbung an. Nach drei- bis vierjährigem Aufenthalt im Meer, wo sie sich hauptsächlich von Fischen ernähren, wandern sie zum Laichen in die Oberläufe von Flüssen. In ihrer nordamerikanischen und sibirischen Heimat gibt es – wie beim atlantischen Lachs – verschiedene Formen, die zu unterschiedlichen Zeiten aufsteigen und laichen: So unterscheidet man den bis zu 80 cm lang werdenden Sommerketa, der in kleinen Flüssen oder im Bereich der Unterläufe laicht, und den bis 1 m langen Herbstketa, der weit stromaufwärts schwimmt. Laichzeit ist August bis Dezember. Nach der Einwanderung ins Süßwasser nehmen die Tiere keinerlei Nahrung mehr zu sich und zehren von ihren Fettvorräten. Nach Art der Salmoniden wird im strömungsreichen Wasser der Forellenregion in vom Weibchen gegrabenen Kiesgruben gelaicht. Ein Weibchen produziert kaum mehr als 4000 Eier; die Brutdauer beträgt 90–150 Tage. Im Gegensatz zum atlantischen Lachs, bei dem immerhin ca. 5% der Tiere die Laichwanderung überleben, gehen bei den pazifischen Wanderlachsen alle Elterntiere nach dem Laichen zugrunde.

Verbreitung

Ursprünglich vom sibirischen Polarmeer bis Japan und Südkalifornien; am Weißen Meer eingebürgert, Irrgäste bis Island und Schottland.

BUCKELLACHS

Oncorhynchus gorbuscha

E: pink salmon F: saumon à bosse
Familie Lachsfische (*Salmonidae*)

Kurzbeschreibung

Gedrungener forellenartiger Fisch, meist 40–50 cm lang, mit sehr kleinen Schuppen und langer Afterflosse; Männchen zur Laichzeit mit hohem Buckel vor der Rückenflosse.

Merkmale

Gedrungener, je nach Alter mehr oder weniger hochrückiger Körper; Länge meist 40–50 cm, maximal 65 cm. Sehr kleine Schuppen. Relativ spitzer Kopf mit großer, bis weit hinter das Auge reichender Mundspalte. Schwanzstiel ziemlich dünn, Schwanzflosse deutlich gekerbt, Afterflosse auffällig lang. Färbung der „Blanklachse" am Rücken dunkel grünlich oder bläulich, seitlich und am Bauch silbrig bis weiß; die Flanken mit mehr oder weniger rötlichem Glanz, am Rücken und auf der Schwanzflosse große, ovale, dunkle Flecken. Laichbereite Männchen im Süßwasser mit Laichhaken an Ober- und Unterkiefer, einem extrem hochgewölbten Buckel zwischen Kopf und Rückenflosse und einer auffälligen, kräftig rosaroten Laichfärbung, die sich bis fast zum Bauch erstreckt.

143–240 Schuppen entlang der Seitenli-

Buckellachse, *Oncorhynchus gorbuscha*. Oben Männchen mit Buckel und Laichhaken.

nie. Flossenstrahlen: Rückenflosse 12–16, Afterflosse 14–20, Bauchflossen 10–11. Erste Kiemenbögen mit meist 28 kurzen Reusendornen.

Verwechslungsarten

In Europa ist der Buckellachs nur in Nordskandinavien und Nordwest-Rußland im Süßwasser zu erwarten. Wie der Ketalachs besitzt er eine lange Afterflosse und sehr kleine Schuppen; er unterscheidet sich von diesem durch die Flecken auf Rücken und Schwanzflosse, die geringere Körpergröße, die Zahl der Schuppen längs der Seitenlinie und die Zahl der Kiemenreusendorne.

Lebensweise und Lebensraum

Wie der Ketalachs, wurde auch der Buckellachs außerhalb seines pazifischen Verbreitungsgebiets angesiedelt, und zwar an der amerikanischen Ostküste (Labrador) und im Bereich des Weißmeers in Nordwest-Rußland. Der Buckellachs ist die kleinste und kurzlebigste Art der pazifischen Wanderlachse. Die Jungfische halten sich einige Monate im Süßwasser auf und wandern im Frühjahr ins Meer ab. Dort wachsen sie in wenig mehr als einem Jahr zu laichreifen Tieren von 40–50 cm Länge heran; bereits in ihrem zweiten Sommer wandern sie wieder in die Flüsse ein.

Die körperlichen Veränderungen der Männchen, die während der Laichzeit bei fast allen Salmoniden auftreten, sind beim Buckellachs besonders markant. Die hormonell gesteuerten Veränderungen beginnen nach etwa einwöchigem Aufenthalt im Süßwasser. Ober- und Unterkiefer verlängern sich und bilden (besonders am Unterkiefer) einen hakenförmigen Fortsatz (Laichhaken), während die ursprünglichen Zähne durch längere, funktionslose ersetzt werden. Durch diese Verformungen können die Kiefer nicht mehr geschlossen werden, auch eine Nahrungsaufnahme ist nicht mehr möglich. Gleichzeitig kommt es zur Bildung eines Buckels zwischen Kopf und Rückenflosse, sowie zur Umfärbung in das Laichkleid. Alle diese Veränderungen stehen ohne Zweifel in Zusammenhang mit dem ausgeprägten Imponiergehabe und den Rivalenkämpfen am Laichplatz. Sie scheinen aber auch mit der Sterblichkeit nach dem Laichakt in Verbindung zu stehen: Diejenigen Arten, die die stärksten körperlichen Veränderungen aufweisen, zeigen auch die schnellsten Verfallserscheinungen nach dem Laichen, während bei anderen (z. B. dem Atlantischen Lachs) diese „Metamorphose“ noch reversibel ist und bei den überlebenden Tieren rasch wieder rückgängig gemacht wird.

Buckellachse laichen von August bis Oktober an den für Salmoniden üblichen Gewässertypen. Alle Alttiere sterben nach dem Laichen. Die Eier benötigen eine Entwicklungszeit von 100–120 Tagen.

Weltweit gesehen, besitzt der Buckellachs die größte fischereiliche Bedeutung aller Lachsarten.

Verbreitung

Ursprünglich an den Küsten des Nordpazifiks (im Süden bis Japan und Kalifornien) und an der sibirischen Polarmeerküste; heute auch im Nordwestatlantik und im Weißen Meer, wobei Irrgäste auch von der norwegischen und schottischen Küste bekannt sind.

BACHSAIBLING
Salvelinus fontinalis

E: brook trout F: saumon de fontaine
Familie Lachsfische (*Salmonidae*)

Kurzbeschreibung

Forellenähnlicher, spindelförmiger Fisch mit großem, spitz zulaufendem Kopf, zahlreichen gelben Punkten, rötlichem Bauch und auffällig weiß gesäumten Brust-, Bauch- und Afterflossen.

Merkmale

Länge meist 30–40 cm, maximal 50 cm. Langgestreckte, nach vorn deutlich zugespitzte Körpergestalt. Großer Kopf mit sehr tiefer Mundspalte (Auge knapp hinter der Mitte des Oberkiefers). Schwanzstiel schlank, Schwanzflosse deutlich eingebuchtet. Fettflosse vorhanden. Schuppen sehr klein. Grundfärbung am Rücken dunkel braungrün, am Bauch weißlich bis kräftig rot. Zahlreiche gelbe Flecken, die am Rücken und in Rücken- und Schwanzflosse zu einer Marmorierung zusammenfließen; seitlich oft mit blauen Flecken. Weißer Vorderrand von Brust-, Bauch- und Afterflossen, der beim Männchen zur Laichzeit noch schwarz abgesetzt ist.

160–225 Schuppen entlang der Seitenlinie. Flossenstrahlen: Rückenflosse 12–13, Afterflosse 12–14, Brustflossen 11–13, Bauchflossen 8. Pflugscharbein vorne mit Zähnen.

Bachsaibling, *Salvelinus fontinalis*. Freilandaufnahme

Bachsaibling, *Salvelinus fontinalis*. Jungtier

Verwechslungsarten

Seesaiblinge besitzen ebenfalls weiße Flossensäume; ihre Flossen sind jedoch ungefleckt, außerdem kommen beide Arten in völlig unterschiedlichen Biotopen vor.

Lebensweise und Lebensraum

Bachsaiblinge wurden um 1880, etwa gleichzeitig mit der Regenbogenforelle, in Europa eingeführt. Sie stammen aus dem Nordosten Nordamerikas, wo sie ursprünglich das Gebiet von Labrador und der Hudson Bay bis zu den Großen Seen bewohnten; heute sind sie durch Besatz auch in Fließgewässern der Rocky Mountains anzutreffen. In ihrer Heimat bewohnen sie klare, kalte Bäche, im Norden auch die Unterläufe von Flüssen. Gelegentlich kommen sie dort sogar im Meerwasser vor, wo sie eine blanklachsähnliche Färbung mit silbrigen Flanken annehmen.

In Europa wurden Bachsaiblinge zunächst in kalten Fließgewässern eingeführt, aus denen Bachforellen verschwunden waren. Obwohl die Ansprüche beider Arten an Wasserqualität und Temperatur ähnlich sind – Bachsaiblinge scheinen allerdings mit niedrigem Sauerstoffgehalt und pH-Wert besser zurechtzukommen –, ist die Bachforelle im Gegensatz zum Saibling auf Verstecke und Unterstände angewiesen, die sie in vielen gewässerbaulich „verbesserten" Bächen nicht mehr findet. Häufig findet der Bachsaibling sich sogar im Freiwasser kleiner Staubereiche oder kalter Seen, wo oft mehrere Tiere beisammen stehen. Die meisten der deutschen Bachsaiblings-Bestände gehen auf Besatz zurück; nur an wenigen Orten scheint es eine natürliche Vermehrung zu geben. Von guten Bachforellengewässern ist der Bachsaibling auf jeden Fall fernzuhalten: Wo zwei Arten um nahezu denselben Lebensraum konkurrieren, ist immer der einheimischen Art der Vorzug zu geben.

Laichzeit für Bachsaiblinge ist Oktober bis März; die Ansprüche an das Laichgewässer (starke Strömung) entsprechen denen der Bachforelle. Die Nahrung besteht aus Insektenlarven und anderen Wirbellosen des Bachgrundes, sowie aus Anflugnahrung; größere Exemplare fressen auch Fische. Männchen werden nach 2, Weibchen nach 3 Jahren laichreif.

In Zuchtanstalten werden gelegentlich Bachforelle und Bachsaibling gekreuzt. Die als „Tigerfische" bezeichneten Nachkommen sind nicht fortpflanzungsfähig. Auch im Freiland wurden solche Bastardierungen schon beobachtet. Die sogenannten „Elsässer Saiblinge" sind künstliche Kreuzungen zwischen Bach- und Seesaiblingen.

Bachsaiblinge können sowohl mit der Fliege als auch mit der Spinnangel gefangen werden; sie „kämpfen" meist weniger als Bach- oder Regenbogenforelle.

Verbreitung

Ursprünglich im Nordosten Nordamerikas. In Europa gibt es Bestände vor allem in Gebirgsregionen (Alpen, Pyrenäen, Karpaten, deutsche Mittelgebirge), aber auch in Schottland und Skandinavien. Zu einer echten Einbürgerung scheint es aber nur in relativ wenigen Gewässern gekommen zu sein.

SEESAIBLING

Salvelinus alpinus

E: charr F: ombre chevalier
Familie Lachsfische (*Salmonidae*)

Kurzbeschreibung

Langgestreckter, dunkel gefärbter forellenartiger Fisch mit relativ großem Kopf und rötlichen, weiß gesäumten Brust-, Bauch- und Afterflossen.

Merkmale

Länge je nach Form 15–75 cm. Langgestreckter, schlanker Körper, der die größte Höhe zwischen Brust- und Rückenflosse erreicht; im Alter zum Teil auch hochrückiger. Großer Kopf mit tiefer Mundspalte, die den Augenhinterrand meist erreicht. Schwanzstiel schlank, Schwanzflosse nur bei Jungtieren eingebuchtet. Fettflosse vorhanden. Schuppen sehr klein. Grundfärbung am Rücken dunkel braungrau bis schwärzlich, am Bauch silberweiß bis rötlich. Flanken mit meist undeutlichen hellen Punkten. Brust-, Bauch- und Afterflossen rötlich mit weiß abgesetztem Vorderrand, Rücken und Schwanzflosse meist sehr dunkel, ohne Flecken, mit variierendem Rotanteil. Männchen zur Laichzeit sehr kontrastreich, mit roter oder orangefarbener Unterseite.

Kleinwüchsige, großäugige Formen im tiefen Wasser verschiedener Alpenseen sind oft von einförmig fahlbrauner Färbung, zum Teil unter Beibehaltung des quergebänderten Jugendkleids.

190–240 Schuppen entlang der Seitenlinie. Flossenstrahlen: Rückenflosse 12–15, Afterflosse 10–13, Brustflossen 13–15, Bauchflossen 9. Pflugscharbein vorne und hinten mit Zähnen. 18–30 Reusendorne auf dem ersten Kiemenbogen.

Verwechslungsarten

Bachsaiblinge besitzen ebenfalls weißgerandete Flossensäume; ihre Rücken- und Schwanzflossen sind aber stets hell gefleckt, außerdem kommen beide Arten in völlig verschiedenen Lebensräumen vor.

Lebensweise und Lebensraum

Die europäisch-nordasiatischen Saiblinge werden meist einer einzigen, äußerst variablen Art (*S. alpinus*) zugerechnet. Entlang der europäischen und sibirischen Polarmeerküste kommen Wandersaiblinge vor, die einige Jahre im Meer verbringen, bevor sie zum Laichen in die Flüsse aufsteigen. Sie treten auch auf Spitzbergen und Novaja Semlja auf und sind damit die am weitesten in die Arktis vordringenden Süßwasserfische. In Sibirien, Skandinavien und auf den Britischen Inseln bilden sie zahlreiche stationäre Süßwasserformen in tiefen, kalten Seen. Während der Eiszeit war diese kälteliebende Art offenbar auch in Mitteleuropa verbreitet; als Relikte konnten sich Saiblinge nur in hochgelegenen oder sehr tiefen Alpen- und Voralpenseen halten, wo zumindest tiefe

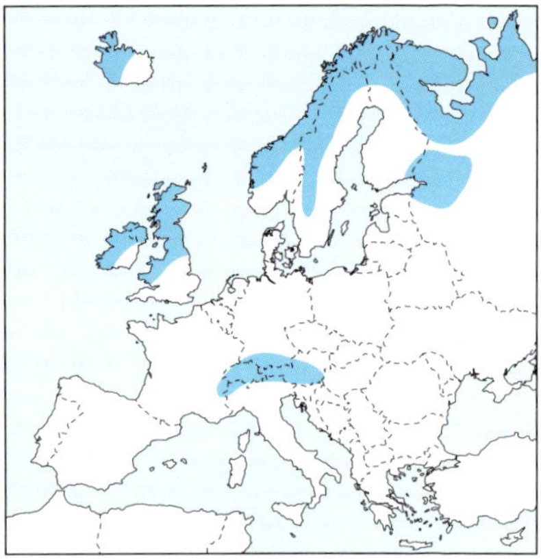

Seesaibling, *Salvelinus alpinus*

Schwarzreuter oder Tiefsee-Saibling, Freilandaufnahme

Seesaibling, *Salvelinus alpinus*

Wasserzonen 10 °C nicht überschreiten. Diese alpinen Formen werden z. T. einer eigenen Art, *S. umbla*, zugerechnet (vgl. S. 360). In Anpassung an die jeweiligen limnologischen Gegebenheiten bildet der Saibling zahlreiche Wuchsformen. Extreme sind einerseits der raschwüchsige, bis 75 cm lang werdende, räuberische „Wildfangsaibling", andererseits Zwergformen der nahrungsarmen Seetiefen, die sich von Plankton ernähren und zum Teil nicht größer als 15 cm werden („Tiefseesaibling", „Schwarzreuter"). Verschiedene Formen können in einem See nebeneinander existieren, auch unterscheiden sich Aussehen und Ökologie der Saiblinge von See zu See. Laichzeit der meisten Formen ist das Winterhalbjahr, wobei kiesgründigen Seeböden unterhalb der Sprungschicht als Laichplatz die größte Bedeutung zukommt. Verschlammung und Eutrophierung durch Sedimenteintrag führen zum Verschwinden der Saiblinge. Eine Gefahr besteht auch durch Besatz mit „frohwüchsigeren" Saiblingsformen aus anderen Seen. Diese können durch Konkurrenz die lokalen Formen verschwinden lassen, ohne sich vielleicht natürlich fortpflanzen zu können. Daß Saiblinge mancherorts nur Zwergformen bilden, hat seinen guten Grund; diese „verbessern" zu wollen, ist grober Unfug.

In der Schweiz wurde stellenweise der in Kanada und Alaska heimische, bis 1,2 m lang werdende Amerikanische Seesaibling (*S. namaycush*) eingeführt; er unterscheidet sich durch auffällige helle Fleckung von Rücken und Flanken und die tief gekerbte Schwanzflosse.

Dem Seesaibling wird vor allem mit der Tiefsee-Schleppangel oder der Grundangel nachgestellt. Er gilt als hervorragender Speisefisch, hat aber nur an einzelnen Seen eine wirtschaftliche Bedeutung.

Verbreitung

Nordrußland, Skandinavien, Britische Inseln und Alpen.

RENKEN, MARÄNEN, FELCHEN

Coregonus spp.

E: whitefishes F: corégones
Familie Renken (*Coregonidae*)

Kurzbeschreibung

Silberglänzende, mehr oder weniger hochrückige Fische mit Fettflosse, ziemlich großen, in Längszeilen angeordneten Schuppen und kleiner Mundspalte. Einige Formen mit verlängerter „Nase".

Merkmale

Länge europäischer Renken je nach Art und Lokalform 10–60 cm. Körpergestalt je nach Form schlank bis hochrückig und seitlich abgeflacht. Kopf klein, Mundspalte ober-, end- oder unterständig, erreicht meist nicht das Auge, Kiefer fast unbezahnt. Manche Wanderformen mit nasenartig ausgezogener Schnauze (Schnäpelnase). Pupille des Auges nach vorne etwas zugespitzt. Schuppen größer als bei den Salmoniden, meist silberglänzend und auffällige Längsreihen bildend; Seitenlinie vollständig. Färbung der Rückenseite verdunkelt, keine Fleckenzeichnung. Fettflosse vorhanden, Schwanzflosse meist tief gekerbt, Rückenflosse relativ kurz und hoch.

Weniger als 120 Schuppen entlang der Seitenlinie. Flossenstrahlen: Rückenflosse 12–16, Afterflosse 12–16, Brustflossen 15–18, Bauchflossen 10–13.

Die Bestimmung der einzelnen Arten und Formenkreise ist durch Variabilität fast aller Merkmale äußerst schwierig. Zur Zuordnung wird die Zahl der Kiemenreusendorne herangezogen, wobei auch hier nur der Mittelwert innerhalb einer Population aussagekräftig ist; individuelle Exemplare sind meist unbestimmbar.

Verwechslungsarten

Stinte (*Osmerus eperlanus*) besitzen große, kräftig bezahnte Kiefer, Äschen (*Thymallus thymallus*) eine vergrößerte Rückenflosse, der Weißlachs (*Stenodus leucichthys*) einen fast drehrunden Körper. Salmoniden unterscheiden sich durch die geringere Schuppengröße und die bezahnten Kiefer.

Lebensweise und Lebensraum

Renken sind nahe mit den Lachsfischen verwandt und waren früher innerhalb der Familie *Salmonidae* eingeordnet. Sie sind mit zahlreichen Arten und einer unüberschaubaren Fülle von Lokalformen über die gemäßigten und kalten Regionen Europas, Asiens und Nordamerikas verbreitet. Die größte Formenvielfalt existiert in den Flüssen und Seen des nördlichen Sibirien; hier scheint sich das Ursprungsgebiet der Gattung *Coregonus* zu befinden. Die meisten der lokalen Formen, die sich beispielsweise durch Größe, Körpergestalt, Form und Lage der Mundöffnung und Anzahl der Schuppen unterscheiden, stellen lediglich umweltbedingte Modifikationen dar. Während sich verschiedene Arten in einzelnen Seen meist gut voneinander abgrenzen lassen, können die Merkmale oft schon im Nachbargewässer nicht mehr zur Unterscheidung herangezogen werden. Viele Arten bastardieren auch unter natürlichen Bedingungen, und die Verschleppung und künstliche Ansiedlung von fremden Formen mit anschließender Vermischung trugen das Ihre zur Verwirrung der Situation bei.

Innerhalb der Gattung finden wir eine Vielzahl ökologischer Anpassungen hinsichtlich Wanderverhalten, Nahrung und Laichplatz und -zeit. Vor allem in den größeren Flüssen

Schwebrenke, *Coregonus* sp.

Nordrußlands existieren verschiedene Wanderformen, die die meiste Zeit im Brackwasser der Flußmündungen leben (ins reine Meerwasser ziehen nur wenige Formen) und zum Laichen in die Oberläufe wandern. Nichtwandernde Bewohner von Seen unterteilen sich meist in zwei Ernährungstypen: „Bodenrenken" mit hauptsächlich benthischer Nahrung und planktonfressende „Schwebrenken" des freien Wassers. Vielfältig ist auch die Wahl des Laichplatzes, der im strömenden Fließwasser, im flachen Uferbereich oder über großen Wassertiefen liegen kann. Die haftfähigen Eier sinken in jedem Fall zu Boden und entwickeln sich zwischen Kies oder Geröll.

Die zahlreichen aus Europa beschriebenen Formen wurden provisorisch zu sechs sehr variablen Arten zusammengefaßt, die hier getrennt besprochen werden (s. aber S. 360). Diese Einteilung hat hypothetischen Charakter; auch sind in manchen Seen die ursprünglichen Formen durch Bastardierung mit Besatzfischen verschwunden.

Kleine Maräne (*C. albula*-Formenkreis)

Diese kleine und schlanke Art zeigt in Aussehen und Lebensweise viel Ähnlichkeit mit Heringen. Sie wird meist ca. 20 cm, höchstens 35 cm lang (im Ladogasee soll es noch größere Tiere geben) und besitzt eine leicht oberständige Mundspalte. Rücken- und Schwanzflosse haben dunkle Spitzen. Diese Art besitzt 36–52 lange, dünne Kiemenreusendorne.

In Europa war die Kleine Maräne ursprünglich in der Ostsee und ihren Zuflüssen sowie in Seen Schottlands, Skandinaviens und des östlichen Baltikums bis in den Bereich der oberen Wolga zuhause. Heutige Vorkommen in Frankreich, Süddeutschland (Waginger See) und Südrußland gehen auf

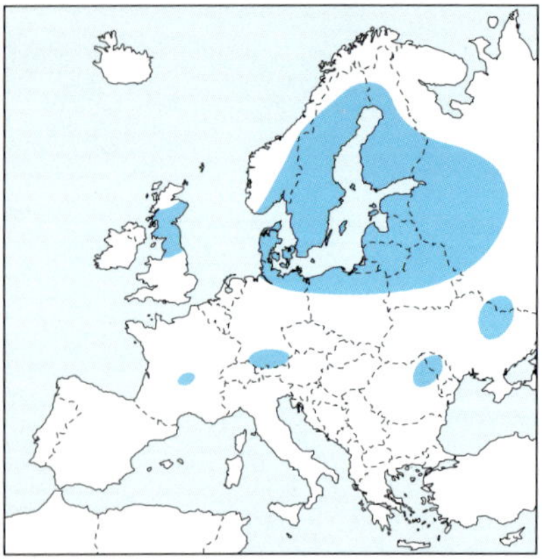

Kleine Maräne, *Coregonus albula*-Formenkreis

Besatz zurück. Auch in Nordamerika und Sibirien gibt es Formen, die dieser Art zugerechnet werden.

Kleine Maränen leben in großen Schwärmen in der oberen Freiwasserzone, wo sie sich von tierischem Plankton und Anflug ernähren. Laichzeit ist September bis Dezember; in Seen laichen sie nach Eintritt der herbstlichen Vollzirkulation über sandigen oder kiesigen Uferzonen, die Populationen der Ostsee wandern zum Laichen in die Zuflüsse. Jungfische leben zunächst planktonisch in der obersten Wasserzone. Die Geschlechtsreife tritt nach 2–3 Jahren ein.

Im Baltikum und in Osteuropa ist die Kleine Maräne ein wichtiger Wirtschaftsfisch, der durch künstliche Erbrütung gefördert wird.

Kleine Bodenrenke, Kilch (*C. pidschian*-Formenkreis)

Diese Art hat ihren Verbreitungsschwerpunkt in den Zuflüssen rund um das Polarmeer. In Europa bewohnt sie die Zuflüsse zum Weißen Meer, die schwedische und polnische Ostseeküste und einige schweizerische und süddeutsche Voralpenseen (Genfer, Thuner, Ammer-, Chiem- und Bodensee). Die mitteleuropäischen Bestände gelten als Eiszeitrelikte dieser ausgesprochen arktischen und kältebedürftigen Fischart. In den Fließgewässern ihres nördlichen Areals bildet sie Wanderformen, die bis 50 cm Länge erreichen können; die stationären Bewohner der Voralpenseen werden dagegen meist nicht länger als 15–30 cm. Ihre Körpergestalt ist schlank, der Kopf klein und spitz mit unterständiger Mundspalte. Die Zahl der sehr kurzen Kiemenreusendorne beträgt im Mittel 20.

In den Voralpenseen bewohnen Kilche die unteren, kalten Wasserzonen bis in mehr als 100 m Tiefe, wo sie sich von bodenlebenden Wirbellosen ernähren. Die Laichzeit ist in den verschiedenen Seen unterschiedlich

Kleine Bodenrenke,
Coregonus pidschian-Formenkreis

Schwebrenken, *Coregonus* sp. Freilandaufnahme

(meist September bis Januar), die Laichplätze befinden sich meist über der Halde des Sees. Kilche wachsen langsam und werden erst im dritten oder vierten Lebensjahr laichreif.

Aufgrund der geringen Bestände spielt die Art in Europa keine wirtschaftliche Rolle; im Bodensee scheint der Kilch in seiner ursprünglich beschriebenen Form verschwunden zu sein.

Große Bodenrenke, Sandfelchen (*C. nasus*-Formenkreis)

Auch diese Art zeigt eine weitgehend arktische Verbreitung, von Nordsibirien über das Weißmeergebiet bis ins Baltikum; eiszeitliche Reliktpopulationen kommen in vielen kalten Alpenseen vor. Der Körper ist meist ziemlich gedrungen und etwas hochrückig, der Kopf ziemlich klein mit enger, unterständiger Mundspalte, bei wandernden Formen mit nasenartigem Fortsatz. Die Zahl der kurzen Kiemenreusendorne beträgt im Mittel 24. Sandfelchen des Alpengebiets erreichen 50–60 cm Länge.

In der Arktis und im Baltikum bildet diese

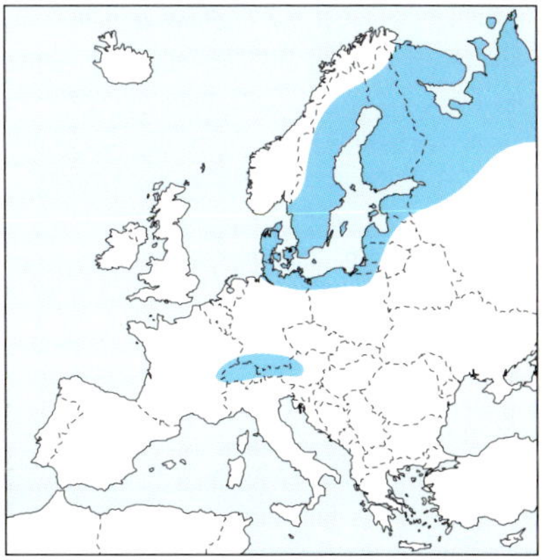

Große Bodenrenke, *Coregonus nasus*-Formenkreis

Schwebrenke, *Coregonus* sp.

Art Wanderformen, in den Seen bewohnt sie die kalten, tieferen Zonen. Die Tiere leben meist einzelgängerisch und ernähren sich von bodenlebenden Wirbellosen. Die Laichzeit liegt meist im Spätherbst; manche Populationen wandern zum Laichen in kalte Fließgewässer, andere laichen im See selbst, zum Teil in größeren Tiefen. Sandfelchen werden erst nach 4–5 Jahren laichreif.

Wirtschaftlich ist die Art unbedeutend.

Große Schwebrenke, Blaufelchen (*C. lavaretus*-Formenkreis)

Die Art ist von Sibirien über Skandinavien bis zu den Britischen Inseln verbreitet; auch in kalten Seen der Alpen und Osteuropas. Lebensweise und Aussehen der einzelnen Lokalformen sind sehr unterschiedlich. Große Schwebrenken werden meist 30–50 cm, maximal 60 cm lang; es gibt aber auch Zwergformen, die kaum länger als 10 cm werden. Die Gestalt ist mehr oder weniger schlank mit relativ kleinem Kopf. Wandernde Formen bilden einen nasenartigen Fortsatz über der end- bis unterständigen Mundspalte; letztere reicht (im Gegensatz zu den Bodenrenken) fast immer bis zum Vorderrand des Auges. Die ersten Kiemenbögen tragen im Mittel 30–34 lange, dicht stehende Reusendorne.

Während Große Schwebrenken in Sibirien vor allem als stationäre Flußfische bekannt sind, gibt es in der Ostsee wandernde Populationen („Ostseeschnäpel"), die Strecken von bis zu 500 km zurücklegen. Auch die Seenbewohner zeigen unterschiedliche Anpassungen: Viele Formen ziehen zum Laichen in einmündende Fließgewässer, andere (z. B. die Blaufelchen des Bodensees) laichen im freien Wasser über tiefen Stellen des Sees. Laichzeit ist meist September bis Dezember. Laichbereite Tiere bekommen in beiden Geschlechtern einen „Laichausschlag" in Form weißer Höckerchen an den Flanken. Die meisten Formen dieses Artenkreises sind Schwarmfische des freien Wassers, wo sie sich von planktonischen Kleinkrebsen ernähren; in flachen Seen fressen sie auch bodenbewohnende Insektenlarven; selten werden auch kleine Fische erbeutet.

Fast überall in ihrem Verbreitungsgebiet ist die Art von wirtschaftlicher Bedeutung. In vielen Voralpenseen (z. B. dem Bodensee) ist sie der „Brotfisch" der Berufsfischerei, der durch Besatzmaßnahmen intensiv gefördert wird. Probleme entstehen durch Nährstoffeintrag in ursprünglich oligotrophe Seen: Da beispielsweise die befruchteten Eier der Blaufelchen auf den Seegrund absinken, ist bei Entstehung sauerstoffarmer Wasserzonen in der Seetiefe eine natürliche Vermehrung nicht mehr möglich.

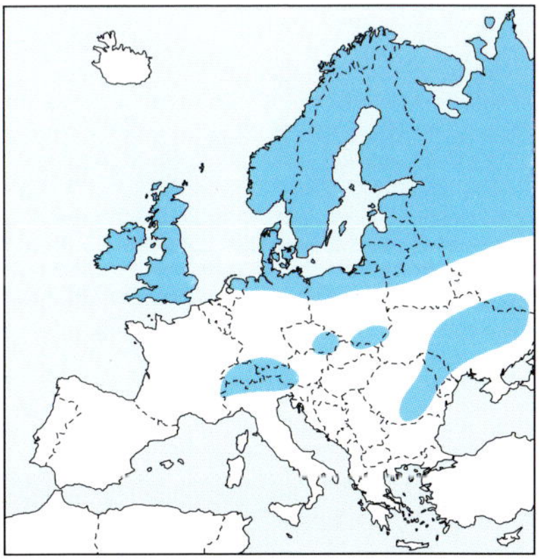

Große Schwebrenke,
Coregonus lavaretus-Formenkreis

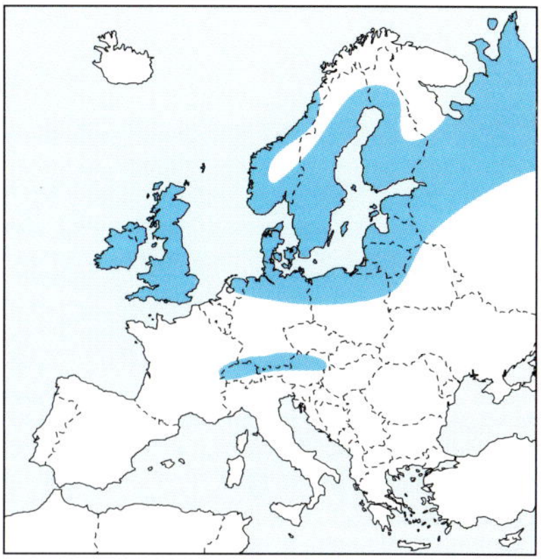

Kleine Schwebrenke,
Coregonus oxyrhynchus-Formenkreis

Kleine Schwebrenke, Gangfisch (*C. oxyrhynchus*-Formenkreis)

Auch die Formen dieser Artengruppe zeigen große Unterschiede in ihrer Lebensweise. Ihre Verbreitung reicht von Alaska über Sibirien, Nordrußland und das Baltikum bis zu den Britischen Inseln; isolierte Bestände kommen in den Alpen- und Voralpenseen vor. Die Wanderformen können bis zu 50 cm Länge erreichen, in den Alpen werden die Tiere höchstens 30 cm lang. Die Gestalt ist ähnlich variabel wie bei der Großen Schwebrenke, auch hier besitzen die wandernden Formen eine „Schnäpelnase". Auf dem ersten Kiemenbogen sitzen im Mittel 40 lange Reusendorne.

Neben der stationären „Edelmaräne" aus dem Odergebiet gehört hierzu auch der „Nordseeschnäpel", eine Wanderform, die früher in großer Zahl den Küstenbereich der südlichen Nordsee bewohnte und zum Laichen weit in Rhein und Elbe aufstieg. Durch

Schwebrenke, *Coregonus* sp.

Flußverbau und Wasserverschmutzung ist diese Form weitgehend verschwunden, obwohl sie gegen höhere Temperaturen und geringeren Sauerstoffgehalt des Wassers weniger empfindlich zu sein scheint als andere Renken. Die „Gangfische" der Voralpenseen gehören wohl zu dieser Art. Im Bodensee entspricht ihre Lebensweise der der Blaufelchen, wobei sie die flacheren Bereiche des Sees bevorzugen; auch hinsichtlich Laichplatz und -zeit bestehen Unterschiede.

Früher war der Nordseeschnäpel ein wichtiger Wirtschaftsfisch, heute ist die Art höchstens lokal von Bedeutung (Edelmaräne).

Peledmaräne (*C. peled*-Formenkreis)

Auch bei dieser Artengruppe gibt es die übliche Formenvielfalt. Sie war ursprünglich in Sibirien, Karelien, Finnland und Schweden verbreitet, wurde mittlerweile aber auch in Norddeutschland und Polen angesiedelt. Peledmaränen können 15–75 cm, meist aber 30–40 cm Länge erreichen. Die Gestalt ist ziemlich hochrückig mit kleinem, spitzem Kopf; der erste Kiemenbogen trägt meist ca. 40 Reusendorne.

Peledmaränen gelten als relativ tolerant gegen höhere Temperaturen und können innerhalb von 3 Jahren bis zu 1 kg Gewicht erreichen.

Weitere Arten

Der über 1 m lang werdende Weißlachs (*Stenodus leucichthys*) ist ein anadromer Wanderfisch, der an den Küsten des Polarmeers von Nordamerika über Sibirien bis Nordost-Skandinavien sowie im Kaspischen Meer vorkommt. Von *Coregonus*-Arten unterscheidet er sich u. a. durch die Größe, den kleinen, spitzen Kopf und den fast drehrunden Körper. Er stieg früher in der Wolga bis zu 3000 km flußaufwärts. Die im Frühjahr schlüpfenden Jungfische wandern sofort flußabwärts. Weißlachse ernähren sich vorwiegend von Fischen. Sie sind im Norden ihres Verbreitungsgebiets wichtige Fischereiobjekte. Die kaspische Unterart ist durch Überfischung und Flußverbau fast ausgerottet. Der Versuch der dortigen Fischereiwirtschaft, die Population durch Satzfische der Polarmeer-Unterart zu stützen, ohne die Ursachen des Rückgangs abzustellen, dürfte diesen Vorgang noch beschleunigen.

Peledmaräne, *Coregonus peled*-Fomenkreis

ÄSCHE

Thymallus thymallus

E: grayling F: ombre commun
Familie Äschen (*Thymallidae*)

Kurzbeschreibung

Forellenähnlicher, silbrig beschuppter Fisch mit sehr großer, fahnenartiger Rückenflosse.

Merkmale

Länge meist 30 cm, maximal 50 cm. Langgestreckter, seitlich abgeflachter Körper mit kleinem, zugespitztem Kopf. Mundspalte klein, Oberkiefer leicht überstehend, Pupille nach vorne etwas zugespitzt. Schuppen relativ klein, Seitenlinie vollständig. Fettflosse vorhanden, Schwanzflosse stark gekerbt, Rückenflosse beginnt weit vor den Bauchflossen und ist stark vergrößert; die Rückenflosse des Männchens ist deutlich größer als die des Weibchens. Rückenfärbung blaugrau, Seiten und Bauch silbrigweiß; kleine, weißgesäumte schwarze Flecken vor allem auf der vorderen Körperhälfte. Bauchflossen meist rötlich, Rückenflosse mit rötlichen Flecken. Zur Laichzeit ziemlich dunkel mit rötlichem Schimmer.

74–96 Schuppen entlang der Seitenlinie. Flossenstrahlen: Rückenflosse 17–24, Afterflosse 10–15, Brustflossen 16–17, Bauchflossen 11–12.

Verwechslungsarten

Kein forellenartiger Fisch besitzt eine derart große Rückenflosse.

Lebensweise und Lebensraum

Die nahe mit den Salmoniden verwandten Äschen sind mit insgesamt 5 Arten in Europa, Asien und Nordamerika verbreitet. In

Äsche, *Thymallus thymallus*

Europa tritt nur eine Art, *T. thymallus*, auf. Sie bewohnt klare, sauerstoffreiche Fließgewässer unterhalb der Forellenregion. Äschen bevorzugen schnell und gleichmäßig fließende Gewässerabschnitte mit festem Grund, wo sie in Pflanzenbeständen oder Gumpen auf Beute lauern; in Nordeuropa kommen sie auch in Seen vor. Kühles Wasser wird bevorzugt, gegen zeitweilig höhere Temperaturen (bis zu 25 °C) sind sie aber nicht so empfindlich wie Bachforellen; Temperaturen unter 4 °C werden dagegen schlecht vertragen. Äschen sind standorttreue Fische, die aber keine individuellen Reviere verteidigen, sondern meist in kleinen Gruppen zusammenstehen. Die Nahrung besteht vorwiegend aus bodenlebenden Kleinkrebsen und Insektenlarven, gelegentlich aus Anflugnahrung. Große Tiere erbeuten bei Gelegenheit auch kleine Fische. Laichwanderungen werden nicht unternommen. Der Laichvorgang erfolgt nach Salmonidenart in kleinen, vom Weibchen geschlagenen Kiesgruben im ca. 50 cm tiefen Wasser. Laichzeit ist von März bis Juni. Ein Weibchen produziert 3000–6000 Eier, die nach der Befruchtung mit Kies abgedeckt werden und eine Entwicklungsdauer von 2–4 Wochen benötigen. Die Jungfische tragen zunächst ein mit dunklen Tupfen versehenes Jugendkleid und stehen gerne in Scharen zusammen.

Äschen sind außerordentlich empfindlich gegen jede Form der Gewässerverunreinigung. Aus diesem Grund sind sie aus vielen Gewässern verschwunden, so daß heute die Bestände innerhalb des Verbreitungsgebiets sehr unregelmäßig verteilt sind.

Als Speisefische sind Äschen wegen ih-

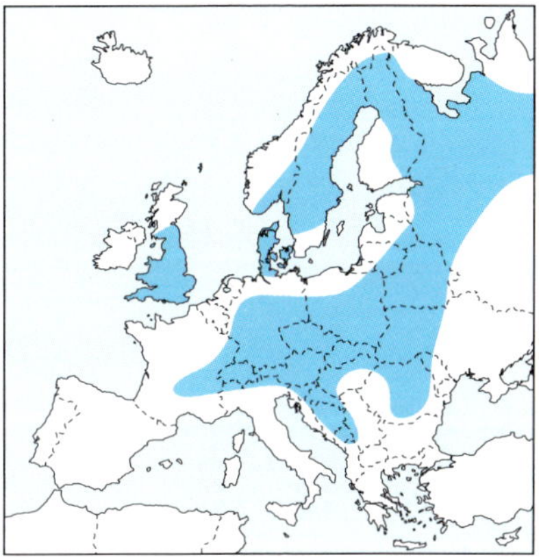

Äsche, *Thymallus thymallus*

res charakteristischen Thymiangeschmacks hochgeschätzt; aufgrund ihrer geringen Bestände, des schwierigen Fangs und der leichten Verderblichkeit des Fleisches besitzen sie jedoch keine wirtschaftliche Bedeutung. Äschen sind ideale Objekte für die Fliegenfischerei. In stark befischten Gewässern kann sich das Geschlechterverhältnis jedoch ungünstig verschieben: da Männchen schon im zweiten oder dritten, Weibchen aber erst im vierten Jahr laichreif werden (und Weibchen leichter an die Angel gehen), kann es leicht zu einem Weibchenmangel mit entsprechend nachteiliger Bestandsentwicklung kommen.

Verbreitung

Nord-, Mittel- und Osteuropa; von Nordwest-Rußland und Skandinavien bis Rumänien, Norditalien und Westfrankreich. Kommt in Wales, England und Schottland vor, nicht aber in Irland.

Äsche, *Thymallus thymallus*. Freilandaufnahme

STINT

Osmerus eperlanus

E: smelt F: éperlan
Familie Stinte (*Osmeridae*)

Kurzbeschreibung

Forellenartiger Fisch mit fast durchscheinendem Körper, silbrigen Schuppen und kräftig bezahnten, langen Kiefern.

Merkmale

Kleiner, langgestreckter Fisch von 10–20 cm, maximal 30 cm Länge. Körper fast durchscheinend, im Querschnitt kaum abgeflacht. Spitzer Kopf mit tiefer, meist bis hinters Auge reichender Mundspalte. Etwas vorstehender Unterkiefer mit langen Zähnen. Schuppen klein; Seitenlinie unvollständig, erreicht nur die Höhe der Brustflossen. Fettflosse vorhanden, Schwanzflosse gekerbt. Färbung stumpf silbergrau, zur Laichzeit mit glänzendem Flankenband und (beim Männchen) mit Laichausschlag.

Längste Schuppenreihe mit 61–69 Schuppen; Seitenlinie endet nach 6–11 Schuppen. Flossenstrahlen: Rückenflosse 9–12, Afterflosse 13–17, Brustflossen 10–11, Bauchflossen 9.

Verwechslungsarten

Renken besitzen nur kurze, fast unbezahnte Kiefer und wirken nie durchscheinend, Salmoniden haben sehr viel kleinere Schuppen.

Lebensweise und Lebensraum

Stinte sind in den Küstenbereichen fast der gesamten nördlichen Hemisphäre verbreitet. Je nach Autor werden sie verschiedenen Arten zugerechnet oder als geographische Unterarten zu *O. eperlanus* gestellt. In Europa kommen sie vor allem im brackigen Wasser in der Nähe von Flußmündungen vor. Im Winter versammeln sie sich dort in großen Schwärmen, um ab März zum Laichen in die Gezeitenzone der Flußunterläufe einzuwandern. Die Laichplätze befinden sich nahe dem Ufer über festem oder sandigem

Stint, *Osmerus eperlanus*. Binnenform

Stint, *Osmerus eperlanus*

Grund; ein Weibchen produziert bis zu 40 000 Eier. Nach dem Laichen sterben die meisten Alttiere, einige unternehmen aber auch mehrere Laichwanderungen. Die Jungfische schlüpfen nach 2–5 Wochen, bleiben den ersten Sommer über im Süßwasser und wandern ab einer Länge von ca. 5 cm ins Brackwasser ab; das gepunktete Jugendkleid ähnelt dem der Salmoniden. Stinte ernähren sich hauptsächlich von planktonischen Krebstieren, aber auch von Fischen; dabei kommt es in erheblichem Umfang zu Kannibalismus. Die Laichreife wird bereits nach 2 Jahren erreicht.

Neben diesen auch als „Wanderstinte" bezeichneten Meeresformen gibt es vor allem im Bereich des Baltikums auch „Binnenstinte", die permanent in größeren Süßwasserseen leben. Sie bleiben mit ca. 10 cm Länge kleiner und sind schlanker und großäugiger als die Wanderstinte. Sie sollen bereits nach einem Jahr geschlechtsreif werden können. Binnenstinte laichen vermutlich nur ein einziges Mal, wobei sowohl Zuflüsse als auch flache Stellen im See selbst genutzt werden können.

Beide Formen zeigen von Jahr zu Jahr erhebliche Schwankungen der Bestände. Dies

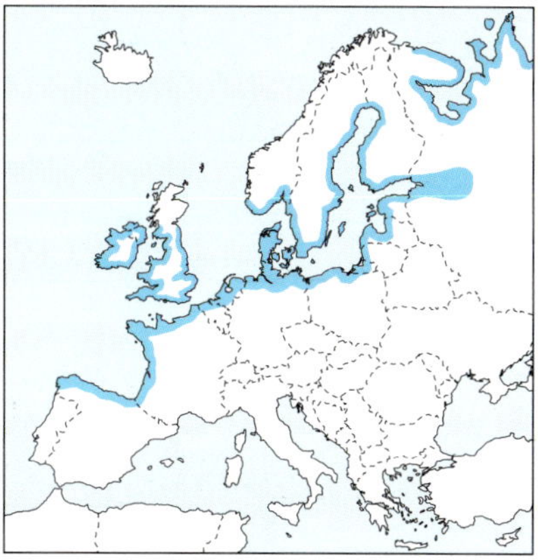

Stint, *Osmerus eperlanus*

wird auf Unterschiede im Planktonangebot zurückgeführt, dürfte aber auch mit der kannibalischen Lebensweise zu tun haben, da starke Jahrgänge die beiden nachfolgenden Generationen erheblich dezimieren können.

Stinte sind als Speisefische von geringer Bedeutung, da der starke, gurkenartige Geruch nicht jedermanns Sache ist. Sie werden jedoch in großen Mengen zur Trangewinnung und zur Herstellung von Tierfutter und Düngemitteln gefangen. In Nordamerika ist der von manchen Autoren als *O. mordax* artlich abgegrenzte „rainbow smelt" ein beliebtes Objekt zum „Eisfischen" auf zugefrorenen Gewässern.

Verbreitung

Küsten von Ostsee, Nordsee, der Britischen Inseln und der Biskaya; weitere Unterarten im Bereich des Weißen Meeres, in Sibirien und Nordamerika (in den Großen Seen ist der erst 1912 eingeführte Stint heute die häufigste Fischart).

HECHT
Esox lucius

E: pike F: brochet
Familie Hechte (*Esocidae*)

Kurzbeschreibung

Langgestreckter Fisch mit fast rundem Körper, schnabelartig ausgezogenem Kopf und weit hinten stehender Rückenflosse.

Merkmale

Langgestreckter, kräftiger Körper; im Querschnitt fast rund, am Bauch etwas abgeplattet. Männchen bis 1 m, Weibchen bis 1,5 m lang. Kopf sehr lang, Schnauze schnabelartig ausgezogen mit wenigen großen Zähnen im Unterkiefer und zahlreichen nach hinten gekrümmten Zähnen im Gaumendach; Unterkiefer vorstehend. Schuppen klein; die Seitenlinie zieht sich bis zum Schwanzstiel, ist aber mehrfach unterbrochen. Alle Flossen ziemlich lang; Rückenflosse weit nach hinten gerückt, beginnt erst kurz vor der Afterflosse. Färbung dunkelbraun bis kräftig grün mit unregelmäßigen, teilweise in Flecken aufgelösten gelblichen Querbinden. Bauch weiß bis gelblich, Kopf verwaschen längsgestreift. Brust- und Bauchflossen meist rötlich mit weißlichem Vorderrand, Rücken-, Schwanz- und Afterflosse mit unregelmäßigen dunklen Flecken. Jungtiere kontrastreicher gezeichnet, oft mit hellgrüner Grundfarbe.

105–130 Schuppen entlang der Seitenlinie. Flossenstrahlen: Rückenflosse 19–23, Afterflosse 16–21, Brustflossen 14, Bauchflossen 19.

Verwechslungsarten

In Europa gibt es keine anderen Arten mit ähnlicher Kopfform und Flossenanordnung.

Hecht, *Esox lucius*

Lebensweise und Lebensraum

Hechte bilden eine kleine Familie mit nur 6 einander sehr ähnlichen Arten. Davon besitzt unser heimischer Hecht, *E. lucius*, das größte Verbreitungsgebiet. Es umfaßt weite Teile des nördlichen Asiens, Europa und das nördliche Nordamerika; er ist damit der am weitesten verbreitete Süßwasserfisch überhaupt. Eine sehr ähnliche Art (*E. reicherti*) existiert in Ostsibirien, vier weitere kommen in Nordamerika vor.

Hechte bewohnen stehende oder langsam fließende Gewässer mit dichten ufernahen Pflanzenbeständen. Bevorzugt werden klare Gewässer mit Kiesgrund, aber auch leicht sommertrübe Seen sind geeignete Hechtgewässer. Wie ihr weites Verbreitungsgebiet vermuten läßt, können sich Hechte an verschiedenste Umweltbedingungen anpassen. Im Gebirge kommen sie bis in 1500 m Höhe vor, an der Küste (besonders an der Ostsee) gehen sie sogar ins Brackwasser. Hechte sind stationäre Ansitzjäger, die bewegungslos nahe der Wasseroberfläche im ufernahen Pflanzendickicht stehen und auf Beute lauern; beliebt sind besonders Ränder von Schilfbeständen. Da Hechte sich – ähnlich wie Forellen – farblich ihrem Untergrund anpassen können, sind die bewegungslosen Tiere trotz ihrer Größe fast unsichtbar. Dies gilt besonders für die meist einjährigen „Grashechte“, die beim Aufenthalt in dichten Pflanzenbeständen eine hellgrüne Färbung annehmen. Gelegentlich stehen Hechte auch im freien Wasser von Seen, in denen Schwärme von Beutefischen vorkommen („Renkenhechte“). Rücken-, Schwanz- und Afterflosse bilden eine funktionelle Einheit und wirken wie ein Ruderblatt, das den Hecht befähigt, aus dem Stand blitzschnell aus der Deckung zu schießen. Entkommt die Beute, wird sie meist nicht weiter verfolgt; zu

Hecht, *Esox lucius*. Freilandaufnahme

schnellem und ausdauerndem Schwimmen sind Hechte nicht befähigt. Als Beute werden Karpfenfische bevorzugt; daneben wird aber fast alles verzehrt, was überwältigt werden kann, einschließlich Fröschen, kleineren Säugetieren und jungen Wasservögeln. Dies gilt auch für Artgenossen: Bei zu dichtem Bestand lösen Hechte ihr Bevölkerungsproblem auf kannibalische Weise, so daß ein „Überhandnehmen" in natürlichen Gewässern nie vorkommen kann.

Beutefische werden meist seitlich gepackt, anschließend gedreht und Kopf voran verschlungen. Die rückwärtsgerichteten Zähne von Gaumendach und Zungenapparat verhindern wirkungsvoll ein Entkommen der Beute. Allzu große Beutetiere, die sich beim Freßversuch festgeklemmt haben, können deshalb aber nicht wieder ausgewürgt werden; dies wurde schon manchem Hecht zum Verhängnis, der an seiner Beute erstickte. Andererseits kommt es durchaus vor, daß große Beutefische teilweise noch aus dem Maul ragen, während die im Magen befindlichen Teile schon weitgehend verdaut sind. Auf diese Weise können Hechte Fische fressen, die ihnen an Länge nicht viel nachstehen.

Hechte sind ausschließlich tagaktiv; neben dem Seitenlinienorgan sind die Augen ihre wichtigsten Sinnesorgane.

Laichzeit ist Februar bis Mai. Hechte laichen gerne auf überschwemmten Uferzonen oder anderen pflanzenreichen Stellen im flachen Wasser; laichbereite Weibchen sind meist von zwei oder drei kleineren Männchen umgeben. Ein Weibchen kann über 300 000 ca. 3 mm große Eier produzieren (man rechnet ca. 40 000 Eier pro kg Weibchengewicht). Diese sind klebrig und haften an Wasserpflanzen. Auf diese Weise werden sie vermutlich auch von Wasservögeln verschleppt, so daß Hechte auch in solchen Gewässern auftauchen können, bei denen andere Formen der Einwanderung unmöglich wären. Je nach Temperatur schlüpfen die Jungfische nach 10–30 Tagen; mit Hilfe eines Drüsenfeldes am Kopf können sie sich an Wasserpflanzen und anderen Oberflächen festkleben. Nach dem Freischwimmen ernähren sie sich zunächst von planktonischen Kleinkrebsen, gehen aber schon ab ca. 4 cm Länge zur Fischnahrung über. Je nach Temperatur und Nahrungsangebot können Hechte nach einem Jahr schon bis zu 30 cm Länge erreicht haben. Die Geschlechtsreife tritt nach 3–4 Jahren, in sehr warmen Seen teilweise schon nach einem Jahr ein. Über die erreichbare Größe von Hechten wird oft Erstaunliches berichtet; Angaben von über

Hecht mit gefangenem Rotauge

Hecht, *Esox lucius*

Junghechte sind sehr kontrastreich gefärbt.

1,5 m Länge oder ca. 25 kg Gewicht liegen aber zumindest für Mitteleuropa jenseits der Realität.

Hechte sind zwar beliebte Angelfische, werden aber kaum irgendwo wirklich kommerziell genutzt; die Satzfischzucht ist allerdings eine willkommene zusätzliche Einkommensquelle für Teichwirte. Da die bevorzugten Laichplätze der Hechte – Überschwemmungswiesen, krautreiches Flachwasser – vielerorts nicht mehr existieren, hängt die Existenz der Hechtbestände zunehmend von künstlichem Besatz ab. In Forellen- und Äschengewässern – wo Hechte aufgrund ihrer Anpassungsfähigkeit durchaus vorkommen können – sind sie ungern gesehen, da ihr wohlschmeckendes, aber grätenreiches Fleisch in der Qualität dem ihrer Beutefische nicht gleichkommt. Dagegen werden ihre Bestände vor allem dort durch Besatz gefördert, wo vorwiegend kleine „Weißfische" vorkommen, die anderweitig nicht genutzt werden. Große Besatzdichten lassen sich mit diesen Maßnahmen allerdings kaum erzielen, da Hechte – unabhängig vom Beutefischbestand – ihre Populationen auf die oben genannte Weise selbst regulieren. Hechte werden vor allem mit der Spinnangel gefangen; in stark befischten Gewässern sind sie allerdings äußerst vorsichtig und lassen sich kaum noch von den üblichen Blinkern täuschen.

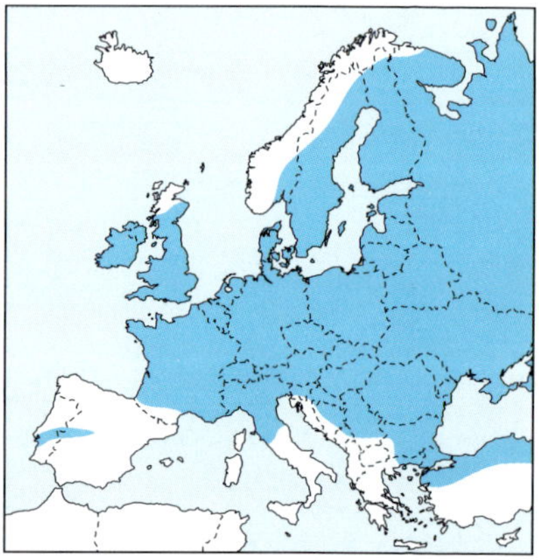

Hecht, *Esox lucius*

Verbreitung

Von Sibirien über fast das gesamte Nordasien bis Europa; fehlt auf Island, in Westnorwegen, Nordschottland, dem größten Teil der Iberischen Halbinsel und an der Mittelmeerküste. In Nordamerika von Missouri bis in die Arktis Kanadas und Alaskas.

HUNDSFISCH
Umbra krameri

E: mudminnow F: poisson-chien
Familie Hundsfische (*Umbridae*)

Kurzbeschreibung

Kleiner, kaum 10 cm langer Fisch mit großen Schuppen, weit hinten stehender Rückenflosse und abgerundeten Flossenrändern (außer Rückenflosse).

Merkmale

Länglich-gestreckter Körper, Länge meist 5–9 cm, große Weibchen selten auch bis 12 cm. Große Rundschuppen (auch auf Kiemendeckel und Wangen). Keine Seitenlinie. Rückenflosse etwas verlängert und weit nach hinten gerückt, beginnt erst hinter den Bauchflossen. Alle Flossen mit Ausnahme der Rückenflosse stark abgerundet. Mundspalte sehr kurz und nach oben gerichtet. Färbung braun mit unregelmäßiger dunkler Marmorierung, Unterseite hell. Entlang den Flanken zieht sich ein meist gelbliches Band; Rücken- und Schwanzflosse besitzen eine oft zu einem Band verschmolzene, undeutliche Reihe dunkler Flecken.

33–35 Schuppen in der längsten Reihe. Flossenstrahlen: Rückenflosse 15–16, Afterflosse 7–8.

Amerikanischer Hundsfisch, *Umbra pygmaea*

Verwechslungsarten

Von den beiden amerikanischen *Umbra*-Arten, die stellenweise verwildert sind, gelingt die Unterscheidung am einfachsten durch die Form der Rückenflosse: Bei *U. krameri* erscheint sie im gespreizten Zustand oben wie abgeschnitten, bei den anderen Arten ist sie konvex gerundet. Die ebenfalls ähnlichen Kärpflinge kommen nur nahe der Mittelmeerküste vor.

Lebensweise und Lebensraum

Die Familie der Hundsfische umfaßt nur fünf Arten, die in kleinen, weit voneinander getrennten Arealen in Nordamerika und Eurasien vorkommen. Der europäische Hundsfisch (*U. krameri*) ist die einzige altweltliche Form, abgesehen vom „Alaska blackfish" (*Dallia pectoralis*), der auch den nordöstlichsten Zipfel Sibiriens erreicht. Sie stellen vermutlich Reliktformen einer einstmals zahlreicheren Verwandtschaft dar, die von „moderneren" Fischen allesamt in extreme Lebensräume abgedrängt wurden, in denen andere Arten kaum überleben können (*Dallia* übersteht sogar längeres Einfrieren im Eis).

Lebensraum für den Hundsfisch sind flußnahe Sumpfgebiete, die von Hochwassern zeitweilig überflutet werden, in Trockenperioden aber auch bis auf kleine Resttümpel austrocknen können. An diesen Lebensraum ist der Hundsfisch optimal angepaßt: Er erträgt sowohl die hohen Temperaturen, denen solche flachen Wasserreste an sonnigen Sommertagen ausgesetzt sind, als auch den oft extrem niedrigen Sauerstoffgehalt schlammiger Tümpel. Mit Hilfe seiner zum Luftatmungsorgan modifizierten Schwimmblase kann er bei Sauerstoffmangel durch

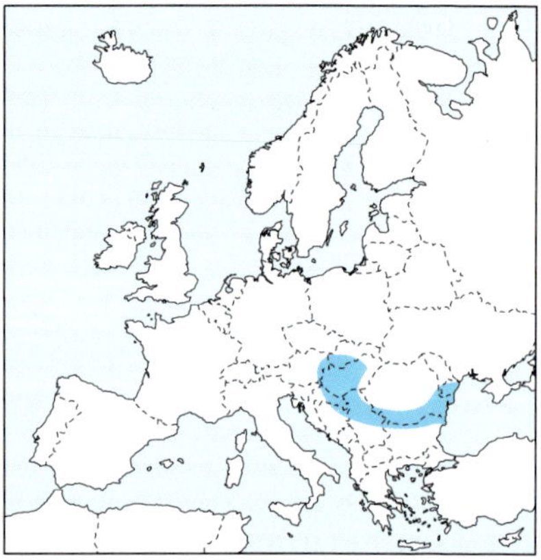

Hundsfisch, *Umbra krameri*

regelmäßiges „Luftschlucken" seinen Sauerstoffbedarf decken. Selbst im feuchten Schlamm austrocknender Tümpel können Hundsfische so noch einige Zeit überleben (bei der amerikanischen Art *U. limi* ist diese Luftatmung sogar obligatorisch geworden; ohne Zugang zur Oberfläche ersticken die Tiere auch in sauerstoffreichem Wasser). Die Fortpflanzung erfolgt zur Zeit des Frühjahrshochwassers (Februar-Mai). Das Weibchen legt zwischen Pflanzen oder feinem Wurzelwerk eine Kuhle an, in die ca. 200 Eier abgegeben werden. Die Eier werden bis zum Schlupf (nach 6–10 Tagen) bewacht und saubergehalten. Die Jungfische sind äußerst kannibalisch; auch dies ist eine Anpassung an das Leben in Kleinstgewässern, in denen nur eine geringe Zahl von Tieren ihr Auskommen findet. Hundsfische ernähren sich vorwiegend von Kleinkrebsen und Insektenlarven, zum Teil auch von Fischlaich. Sie werden nach 2 Jahren geschlechtsreif.

All seine Zählebigkeit nutzt dem Hundsfisch heutzutage wenig, denn gegen Trockenlegung von Sümpfen, Eindämmung von Flußufern und Regulierung von Wasserständen ist er nicht gewappnet. Aufgrund der Vernichtung seines Lebensraums gehört der Hundsfisch zu den am meisten gefährdeten Fischen Europas.

Mancherorts (Zentralfrankreich, Norddeutschland) wird über das Vorkommen amerikanischer Hundsfischarten im Freiland berichtet. Diese Bestände gehen auf entkommene oder bewußt ausgesetzte Aquarienfische zurück. Die von der Ostküste der USA stammende *U. pygmaea* besitzt 10–14 helle Längsstreifen an den Flanken, während die im Bereich der Großen Seen beheimatete *U. limi* in der Färbung der europäischen Art ähnelt und sich von dieser vor allem durch die Form der Rückenflosse unterscheidet (siehe Verwechslungsarten). Eine dritte Art, *Novumbra hubbsi*, bewohnt den äußersten Nordwesten der USA (Washington) und besitzt deutlich kleinere Schuppen als die *Umbra*-Arten (mindestens 47 in der längsten Reihe).

Verbreitung

Im Bereich der Donau vom Delta bis etwa Wien.

PLÖTZE, ROTAUGE

Rutilus rutilus

E: roach F: gardon
Familie Karpfenfische (*Cyprinidae*)

Kurzbeschreibung

Ziemlich hochrückiger, seitlich abgeflachter Fisch mit roter Iris und rötlichen Brust-, Bauch- und Afterflossen.

Merkmale

Länge meist 20–30 cm, selten bis über 40 cm. Körperform je nach Nahrungsangebot hochrückig bis schlank, seitlich stark abgeflacht. Mundspalte relativ klein und nur leicht nach oben geneigt. Vorderkante von Rücken- und Bauchflossen ungefähr auf gleicher Höhe. Bauchpartie zwischen Bauch- und Afterflosse im Querschnitt abgerundet. Grundfärbung silberglänzend mit grünlich verdunkeltem Rücken; Bauchseite zur Laichzeit rötlich überhaucht. Bauch- und Afterflosse gelblich bis kräftig rot, auch Brustflossen oft mit rötlichem Anflug: Rücken- und Schwanzflosse grau. Iris rot.

39–48 Schuppen entlang der Seitenlinie.

Plötze, *Rutilus rutilus*. Porträt, mit Laichausschlag. Freilandaufnahme

Flossenstrahlen: Rückenflosse 12–14, Afterflosse 12–14, Brustflosse 16, Bauchflosse 10, Schwanzflosse 19. Schlundzähne 5(6) – 5(6).

Verwechslungsarten

Die im Gesamteindruck ähnliche und nah verwandte Rotfeder (*Scardinius erythrophthalmus*) unterscheidet sich durch die deutlich hinter den Bauchflossen stehende Rückenflosse, die tiefe, steil nach oben gerichtete Mundspalte, die scharf gekielte Bauchpartie vor der Afterflosse und das weitgehende Fehlen von Rot im Auge. Ähnliche *Rutilus*-Arten kommen außerhalb des Verbreitungsgebiets vor (siehe unten). Der Nerfling (*Leuciscus idus*) besitzt deutlich kleinere Schuppen.

Lebensweise und Lebensraum

Die Karpfenfische stellen mit weltweit etwa 1600 Arten die größte Fischfamilie überhaupt dar; fast alle Arten bewohnen das Süßwasser, einige kommen auch im Brackwasser vor. Ein typisches Merkmal der Karpfenfische sind die völlig zahnlosen Kiefer und anderen Mundknochen. Statt dessen trägt der hinterste Kiemenbogen keine Kiemenblättchen, sondern die sogenannten „Schlundzähne", mit denen die Nahrung zerkleinert bzw. die Beute festgehalten wird. Als Widerlager für die Zähne dient der Mahlstein („Karpfenstein"), ein von hornartiger Substanz bekleideter Fortsatz des Schädelbasisknochens. Viele der einander zum Teil sehr ähnlichen Cyprinidenarten lassen sich anhand der „Schlundzahnformel" (der Zahl von Zähnen auf jeder Seite) eindeutig bestimmen. Die Form der Schlundzähne reflektiert die Ernährungsweise: typisch für Raubfische sind lange und spitze, für Pflanzen- und Kleintierfresser breite, flache Schlundzähne. Viele Karpfenfische besitzen ein oder zwei Paar Barteln am Mundrand. Die Mundöffnung kann bei vielen Arten rüsselförmig vorgestreckt werden.

Plötzen kommen dem „Grundtyp" der Karpfenfische sehr nahe. Sie sind Schwarmfische, die am häufigsten in pflanzenreichen Uferzonen von stehenden oder langsam fließenden Gewässern angetroffen werden, wo die tieferen Wasserzonen bevorzugt werden. Dank ihrer Anpassungsfähigkeit kommen sie aber auch in anderen Gewässertypen vor. Im Mündungsbereich von Flüssen dringen sie ins Brackwasser vor, z. B. auch in der Ostsee und in ausgesüßten Teilen des Schwarzen und Kaspischen Meeres. Die Anpassungsfähigkeit an verschiedenste Wasserverhältnisse zeigt sich auch darin, daß Plötzen in organisch belasteten Gewässern ausdauern können, aus denen die meisten anderen Arten längst verschwunden sind. Sie ernähren sich von einer breiten Palette von Pflanzen und Kleintieren, wobei sowohl planktonische als auch bodenlebende Organismen als Nahrung akzeptiert werden; größere Plötzen erbeuten gelegentlich auch Jungfische. Große, hochrückige Exemplare entwickeln sich allerdings nur bei reichhaltigem Angebot an Schnecken, kleinen Muscheln und größeren Insektenlarven. In Gewässern mit verarmter Wirbellosenfauna und fehlenden Wasserpflanzenbeständen (z. B. in stark eutrophierten, trüben Seen) reagieren die Plötzenpopulationen oft durch „Verbuttung" auf den Mangel an Nahrung: Die Tiere wachsen langsam, bleiben schlank („Spitz-

Plötze, *Rutilus rutilus*

plötzen") und erreichen bereits als kleine Tiere die Geschlechtsreife. Das Fehlen von Freßfeinden spielt bei dem Verbuttungsprozeß sicher auch eine Rolle.

Das Ablaichen findet im April und Mai statt; die Männchen entwickeln einen Laichausschlag. Der geräuschvolle Laichvorgang findet in großen Schwärmen in Flachwasserbereichen mit dichtem Pflanzenwuchs statt. Plötzen in Fließgewässern unternehmen kurze Laichwanderungen stromaufwärts. Anadrome Wanderformen des Schwarzen und Kaspischen Meeres wandern zum Ablaichen in die Unterläufe von Wolga und Don. Die ca. 1 mm großen Eier bleiben beim Absinken an Wasserpflanzen und anderen Substraten kleben, wo innerhalb von 5–10 Tagen die Larven schlüpfen. Wie bei allen Freilaichern sind die Verluste durch „Laichräuber" hoch. Zum Ausgleich produziert ein Weibchen bis über 100 000 Eier. Plötzen benötigen 3 Jahre bis zur Geschlechtsreife.

Während Plötzen trotz ihres grätenreichen Fleisches in manchen Gebieten West-, Nord- und Osteuropas als Speisefisch dienen, werden sie z. B. in Süddeutschland meist nur als Köderfisch verwendet. Wirtschaftliche Bedeutung haben (oder hatten) die anadromen Populationen des Schwarzen und Kaspischen Meeres. Ob dies bei der zunehmenden Verschmutzung dieser Gewässer auch in Zukunft der Fall sein wird, ist zu bezweifeln. Plötzen sind an vielen Seen beliebte Angelfische; örtlich werden sie auch mit Zug- oder Stellnetzen abgefischt.

Verbreitung

Ganz Europa mit Ausnahme des Mittelmeerraums und Nordwest-Skandinaviens, im Osten bis Sibirien. Mehrere Populationen Ost- und Südosteuropas sowie die anadromen Wanderformen des Schwarzen und Kaspischen Meeres werden als Unterarten abgegrenzt.

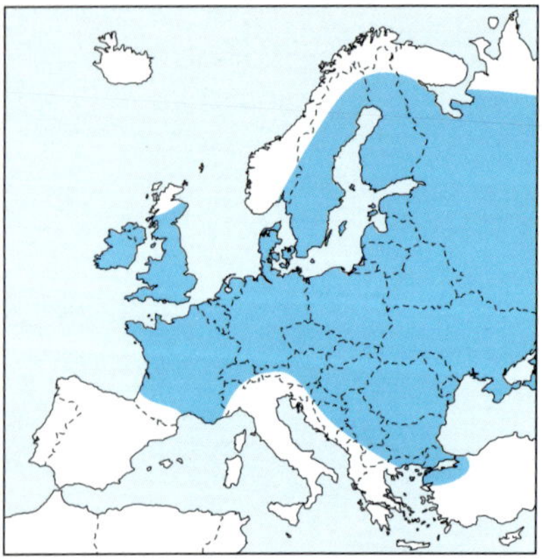

Plötze, *Rutilus rutilus*

Weitere Arten

Die Südeuropäische Plötze (*R. rubilio*) ist der vorgenannten Art sehr ähnlich: Ihre Rücken- und Afterflossen sind stärker ausgezogen (höher als lang), die Brustflossen weisen eine größere Zahl von Strahlen auf (17–18). Die Rotfärbung der Iris ist weniger ausgeprägt und fehlt manchmal völlig. Die Seitenlinie senkt sich vorne bogenförmig nach unten. Auf den silberglänzenden Flanken befindet sich manchmal eine graue Längsbinde. Diese Art bleibt kleiner als *R. rutilus*, eine Länge von 25 cm ist bereits ungewöhnlich. Lebensweise und Ernährung ähneln denen der Plötze; häufig findet man sie in Schwärmen im freien Wasser von Seen und langsam fließenden Gewässern. Von April bis Mai laicht sie in dichten ufernahen Pflanzenbeständen. Ihr Verbreitungsgebiet beginnt unmittelbar südlich von dem der Plötze und umfaßt Italien (bis auf den äußersten Norden) und den westlichen Teil des Balkans bis Griechenland.

Mehrere Arten aus diesem Formenkreis kommen auf der Iberischen Halbinsel vor. Dazu gehört der „escalo“ (*Rutilus arcasii*) aus Portugal und Nordwestspanien: Er ist gekennzeichnet durch ein auffälliges rußgraues Flankenband und eine ziemlich kurze Rückenflosse mit nur 10–11 Strahlen. Er wird meist nicht länger als 20 cm. In der Lebensweise (Schwarmfisch des offenen Wassers) entspricht er der Südeuropäischen Plötze, der er manchmal als Unterart zugerechnet wird.

Die Portugiesische Plötze (*R. macrolepidotus*) ist der vorgenannten Art sehr ähnlich; auch sie besitzt das auffällige graue Flankenband. Alle Flossen außer der Rückenflosse erscheinen rötlich mit blauen Rändern. Sie ist in ihrer Verbreitung auf ein kleines Gebiet in Nordportugal beschränkt. Im Gegensatz zu anderen südeuropäischen *Rutilus*-Arten hält sie sich angeblich weniger im freien

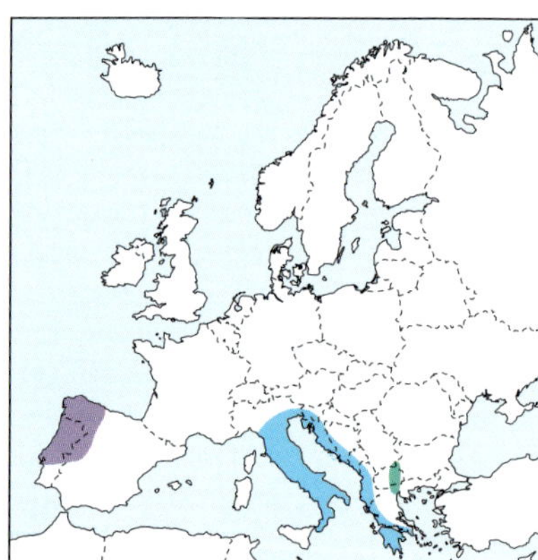

Südeuropäische Plötze, *Rutilus rubilio*

R. arcasii

Mazedonische Plötze, *Pachychilon macedonicum*

Südeuropäische Plötze, *Rutilus rubilio*

Wasser auf, sondern bevorzugt ufernahe Pflanzenbestände im Flachwasser.

Ähnlich gefärbt ist die Pardilla-Plötze (*R. lemmingii*) aus Portugal und Südwestspanien. Sie ist kenntlich durch ihre gestreckte Gestalt mit stumpfer Schnauze und leicht unterständiger Mundspalte, sowie durch ziemlich kleine Schuppen (59–63 entlang der Seitenlinie). Meist wird sie nur 13–15 cm lang. Sie scheint sich überwiegend in den tieferen Wasserschichten aufzuhalten, wo sie sich vermutlich von bodenlebenden Wirbellosen ernährt.

Die Calandino-Plötze (*Rutilus alburnoides*) aus derselben Region ist ein kleines Fischchen von schlanker, langgestreckter Gestalt mit breitem grauen Flankenband; ihre Länge beträgt meist 10–12, maximal 15 cm. Die Mundspalte ist schräg nach oben gerichtet, die Schuppen sind ziemlich groß (39–46 entlang der Seitenlinie), und die Schwanzflosse ist fast vollständig mit kleinen Schuppen bedeckt; alle Flossen sind farblos. Diese Art hält sich in kleinen Schwärmen nahe der Oberfläche ruhiger Gewässer auf.

Aus dem Süden Griechenlands (der weiteren Umgebung von Sparta) ist die „menida" (*Tropidophoxinellus spartiaticus*) beschrieben. Sie wird höchstens 12 cm groß, hat einen schlanken Körper mit großem Kopf und einer kleinen, endständigen Mundspalte. Die Schlundzähne (5–5) sind klein und hakenförmig. Sie besitzt das übliche dunkle Flankenband vieler mediterraner Plötzen-Verwandten. Zusätzlich ist die Seitenlinie gelblich gesäumt, auch die hintere Hälfte des sonst weißen Bauches ist gelblich, oft mit rötlichem Schimmer. Die Männchen besitzen längere Flossen, sind kleiner und von mehr grünlicher Grundfarbe als die braungrauen Weibchen; im April und Mai entwickeln sie einen Laichausschlag.

Calandino-Plötze, *Rutilus alburnoides* + Pardilla-Plötze, *R. lemmingii*
Portugiesische Plötze, *R. macrolepidotus*
Tropidophoxinellus spartiaticus
Albanische Plötze, *Pachychilon pictum*

Die Albanische Plötze (*Pachychilon pictum*) ist ein völlig schuppenloser, kleiner Fisch von schlanker Gestalt mit spitzem Kopf und relativ lang ausgezogenen Flossen. Die Lippen sind ziemlich dick. Auffällig ist der deutlich verkürzte erste Strahl der 10–11strahligen Rückenflosse. Rücken und Kopfoberseite sind braungrau bis schwarz, die Unterseite ist hell; auf Rücken und Flanken befinden sich zahlreiche kleine dunkle Punkte. Diese Art kommt endemisch im Skutari- und Ochridsee vor, wo sie größere Schwärme im Flachwasserbereich bildet. Über ihre Biologie ist wenig bekannt.

Die Mazedonische Plötze (*Pachychilon macedonicum*) vom Süden der Balkan-Halbinsel (Wardar und Dojran-See) ist gekennzeichnet durch kleine Körpergestalt (12–15, maximal 18 cm), hochrückige, gedrungene Körperform, große Schuppen (42–45 längs der Seitenlinie) und auffällig dicke Lippen. Ihre Schlundzahnformel ist 4–4(5). Sie wirkt ziemlich bunt: der Rücken ist dunkelblau oder grünlich, die Flanken sind weißlich mit dunkler Längsbinde, die auf dem Schwanzstiel in einem großen Fleck endet, der Bauch ist oft gelblich. Mazedonische Plötzen leben meist in größeren Schwärmen in pflanzenreichen Uferzonen ruhiger Gewässer, wo sie im April und Mai auch ablaichen.

In einigen Gewässern des Balkans existieren noch weitere Formen, deren Artzugehörigkeit noch nicht eindeutig geklärt ist. Die wirtschaftliche Bedeutung all dieser kleinen mediterranen Cypriniden ist gering; sie werden höchstens lokal als Speisefische genutzt.

FRAUENNERFLING, PIGO
Rutilus pigus

E: Danubian roach
Familie Karpfenfische (*Cyprinidae*)

Kurzbeschreibung

Langgestreckter, mehr oder weniger hochrückiger Fisch mit großen Schuppen. Auffällig kleiner Kopf mit leicht unterständiger Mundspalte.

Merkmale

Gestalt langgestreckt und seitlich abgeflacht, im Alter vor allem in der vorderen Rumpfhälfte ziemlich hochrückig. Länge 20–30 cm, maximal 45 cm. Schuppen groß. Kopf auffallend klein mit leicht unterständiger Mundspalte; die Kopfspitze stumpf und leicht „nasenförmig" verdickt, aber nicht vorstehend. Färbung außerhalb der Laichzeit ziemlich blaß mit leicht blaugrünem Schimmer; Bauch und Afterflossen rötlich. Männchen zur Laichzeit je nach Lichteinfall „regenbogenfarbig" schillernd.

44–49 Schuppen entlang der Seitenlinie. Flossenstrahlen: Rückenflosse 12–15, Afterflosse 13–15, Brustflosse 17–18, Bauchflosse 10–11, Schwanzflosse 19. Schlundzähne 6(5) – 5, kräftig.

Verwechslungsarten

Rotauge (*Rutilus rutilus*) und Rotfeder (*Scardinius erythrophthalmus*) besitzen eine endständige, nach oben gerichtete Mundspalte. Der in der Körpergestalt ebenfalls ähnliche Nerfling (Orfe, *Leuciscus idus*) besitzt zudem deutlich kleinere Schuppen und eine dunklere Färbung.

Lebensweise und Lebensraum

Die Nominatform, der Pigo (*R. p. pigus*),

Frauennerfling, *Rutilus pigus*. Jungtier

Frauennerfling, *Rutilus pigus*

kommt in Norditalien und im Tessin vor; er bewohnt neben Fließgewässern (Po, Etsch u. a.) auch die südlichen Voralpenseen (Lago Maggiore, Luganer, Comer, Gardasee). Dort hält er sich in größerer Tiefe auf und ernährt sich von bodenlebenden Kleintieren, laicht aber in ufernahen, vegetationsreichen Flachwasserzonen. Im Gegensatz dazu ist der als Unterart abgegrenzte Frauennerfling *(R. p. virgo)* ein ausgesprochen rheophiler (strömungsliebender) Fisch, der auf die obere und mittlere Donau und ihre größeren Nebenflüsse beschränkt ist. Er lebt dort die meiste Zeit im stark strömenden Wasser der tiefen Flußbette und ernährt sich von Bodenorganismen. Zur Laichzeit im April und Mai versammeln sich Frauennerflinge allerdings in strömungsarmen, geschützten Uferzonen mit dichtem Pflanzenwuchs, wo ein Weibchen bis zu 60 000 klebrige Eier abgibt. Auch die Jungfische halten sich einige Zeit in flachen Buchten oder Altwässern auf. Frauennerflinge können bis zu 15 Jahre alt werden.

Frauennerflinge sind in den vergangenen Jahrzehnten äußerst selten geworden. Gründe hierfür sind nicht nur die Verschmutzung ihrer Gewässer, sondern vor allem der Gewässerverbau. Wie die meisten anderen europäischen Flüsse, ist auch die Donau über weite Strecken von einem Fließgewässer in eine Serie von Stauseen verwandelt worden, aus denen rheophile Arten verschwunden sind. Selbst in den (noch) verbleibenden Fließstrecken kann sich diese Art kaum noch fortpflanzen, da die ursprünglich reich strukturierten Uferzonen mit groben Steinen gegen Erosion geschützt wurden (Blockwurf-Ufer). Sollten die bestehenden Pläne zur weiteren Donauregulierung verwirklicht werden, bedeutet dies das Ende nicht nur für den Frauennerfling, sondern auch für eine ganze Reihe weiterer Fließwasserfische.

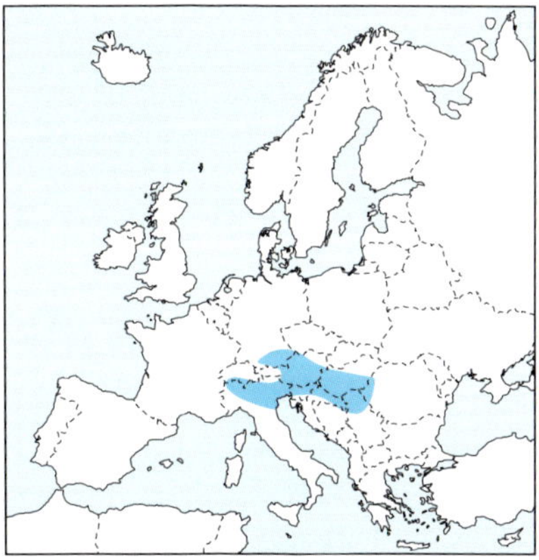

Frauennerfling, Pigo, *Rutilus pigus*

Frauennerflinge sind in Deutschland ganzjährig geschützt, wobei Fangverbote bei Fischen, die ohnehin nicht wirtschaftlich genutzt werden, ohne Abstellen der Rückgangsursachen mit Sicherheit keine Wirkung zeigen.

Verbreitung

Mittlere und obere Donau mit Zuflüssen, sowie Flüsse und Seen in Oberitalien und der Südschweiz.

PERLFISCH, SCHWARZMEER-PLÖTZE

Rutilus frisii

Familie Karpfenfische (*Cyprinidae*)

Kurzbeschreibung

Großer, langgestreckter, fast drehrunder Fisch mit langem Schwanzstiel, wuchtigem Kopf und leicht unterständiger Mundspalte.

Merkmale

Gestalt schlank, langgestreckt und fast drehrund. Länge meist 40–50 cm, maximal 70 cm (bei bis zu 6 kg Gewicht). Schwanzstiel schlank und lang ausgezogen. Schuppen relativ klein. Massig wirkender Kopf mit relativ kleinen Augen und kleiner, leicht unterständiger Mundspalte; die abgerundete Schnauze überragt den Oberkiefer. Rückenfärbung sehr dunkel (braunschwarz bis dunkeloliv), Seiten heller, Bauch silbrigweiß. Flossen grau, Bauch- und Afterflossen manchmal leicht rötlich. Zur Laichzeit mit roter Bauchseite, große Männchen mit ungewöhnlich starkem Laichausschlag (reiskorngroße, gelbliche Höcker fast auf dem gesamten Körper, vor allem auf Kopf und Rücken).

62–67 Schuppen entlang der Seitenlinie. Flossenstrahlen: Rückenflosse 11–12, Afterflosse 12–14, Brustflosse 16–18, Bauchflosse 10–11, Schwanzflosse 19. Schlundzähne 6(5) – 5.

Verwechslungsarten

Der in der Körpergestalt ähnliche Döbel (Aitel, *Leuciscus cephalus*) besitzt sehr viel größere Schuppen und eine tiefe, endständige Mundspalte; Hasel (*Leuciscus leuciscus*) und junge Graskarpfen (*Ctenopharyn-*

Perlfisch, *Rutilus frisii*

godon idella) sind ebenfalls leicht durch die größeren Schuppen zu unterscheiden.

Lebensweise und Lebensraum

Der Perlfisch des Alpengebiets ist der westlichste Vertreter eines im Bereich von Schwarzem und Kaspischem Meer heimischen Formenkreises. Die Nominatform (*Rutilus f. frisii*) lebt im brackigen Wasser des nördlichen Schwarzen Meeres, wo sie sich vorwiegend von bodenlebenden Mollusken und Krebstieren ernähren. Zum Laichen im März und April stieg sie vor dem Bau von Staustufen weit in die einmündenden Flüsse auf; während dieser Wanderphase findet nur eine geringfügige Nahrungsaufnahme statt. Ähnlich lebt die Unterart *R. f. kutum* im Süden und Westen des Kaspischen Meeres. Innerhalb dieses Areals kommen auch nichtwandernde Süßwasserpopulationen vor, die zum Teil als eigene Unterarten beschrieben wurden.

Daß die Art früher weiter nach Westen verbreitet war, zeigt das reliktartige Vorkommen des Perlfisches (*R. f. meidingeri*) in einzelnen Alpenseen im System der oberen Donau, die vom heutigen Verbreitungsgebiet weit abgelegen sind (er wird zum Teil als eigenen Art, *R. meidingeri*, angesehen). Perlfische leben in tiefen Schichten der Seen. Über ihre Lebensweise dort ist nicht viel bekannt. Sie ernähren sich wohl überwiegend von bodenlebenden Kleintieren, aber auch von Pflanzen und kleinen Fischen. Im April und Mai steigen die Tiere aus der Tiefe in flache, kiesige Uferzonen auf, unternehmen zum Teil auch kleine Laichwanderungen in die Zu- oder Abflüsse der Seen, wo sie über Kies oder Pflanzenbeständen ablaichen. Perlfische scheinen langsam zu wachsen und werden vermutlich erst mit 4 oder 5 Jahren geschlechtsreif.

Wirtschaftlich wichtig sind (oder waren) vor allem die anadromen Brackwasserpopulationen; aber auch Perlfische besaßen früher lokal eine gewisse Bedeutung und wurden während ihrer Laichwanderungen mit Netzen gefangen (wegen des Fangzeitpunkts sind sie mancherorts auch als „Maifisch“ bekannt). Heute steht der Perlfisch am Rande des Aussterbens. Der einzige deutsche Bestand im Chiemsee ist vermutlich seit einigen Jahren erloschen; in Österreich kommen sie im Mond-, Atter- und Traunsee vor. Die Gründe des Rückgangs sind nicht völlig geklärt; sie stehen vermutlich in Zusammenhang mit der zunehmenden Eutrophierung der Seen und den dadurch veränderten limnologischen Verhältnissen in der Seetiefe.

Perlfische sind ganzjährig geschützt.

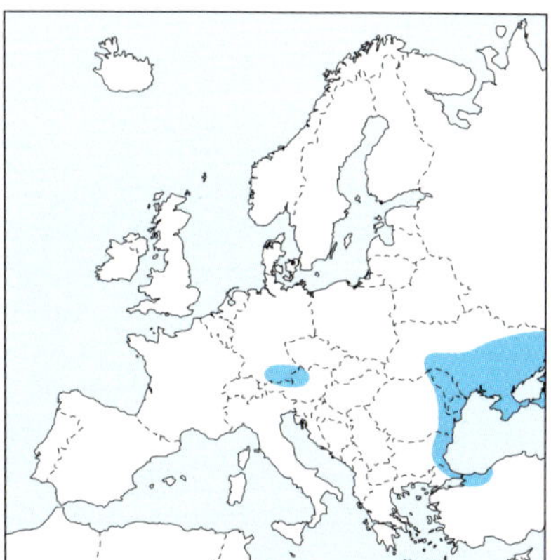

Perlfisch, Schwarzmeer-Plötze, *Rutilus frisii*

Verbreitung

Mehrere Formen in und um das Schwarze Meer, östlich bis zum Kaspischen Meer; der Perlfisch in einigen Alpenseen des oberen Donausystems.

MODERLIESCHEN

Leucaspius delineatus

E: sunbleak F: able de Heckel
Familie Karpfenfische (*Cyprinidae*)

Kurzbeschreibung

Kleiner, schlanker Fisch mit oberständiger Mundspalte und blauem Flankenstreifen.

Merkmale

Gestalt schlank und seitlich abgeflacht. Schwanzstiel dünn, weniger als halb so hoch wie der Körper. Augen relativ groß, Mundspalte steil nach oben gerichtet. Länge meist 6–8 cm, maximal 12 cm. Schuppen groß und leicht abfallend; Seitenlinie unvollständig, nur auf den ersten 7–12 Schuppen. Eine Reihe gekielter Schuppen zwischen Bauchflossen und After. Rückenfärbung dunkel, Seiten hell silbrig mit bläulichem Glanz und stahlblauem, vor allem auf der hinteren Körperhälfte deutlichem Längsband. Flossen farblos bis leicht rötlich.

44–50 Schuppen in der längsten Reihe. Flossenstrahlen: Rückenflosse 10–11, Afterflosse 14–20, Brustflosse 14–15, Bauchflosse 10, Schwanzflosse 19. Zahl der Schlundzähne variabel, meist 4–5, manchmal auch zweireihig.

Verwechslungsarten

Ziemlich ähnlich ist der ostasiatische, hierzulande stellenweise verwilderte Blaubandbärbling (*Pseudorasbora parva*); er unterscheidet sich durch die kürzere Afterflosse (9 Strahlen) und größere Schuppen (35–38 längs der Seitenlinie). Jungfische der in der Körpergestalt ähnlichen Laube (Ukelei, *Alburnus alburnus*) unterscheiden sich durch die deutlich längere Afterflosse, die vollständige Seitenlinie, das Fehlen eines blauen

Moderlieschen, *Leucaspius delineatus*

Flankenstreifens und den hohen Schwanzstiel (ca. 50% der Körperhöhe).

Lebensweise und Lebensraum

Moderlieschen sind Schwarmfische der obersten Wasserschichten, die sich vorzugsweise zwischen dichter Vegetation stiller Kleingewässer aufhalten. Sie ernähren sich von verschiedenstem tierischen und pflanzlichen Plankton, aber auch von Anflug. Typische Biotope sind Tümpel, dicht bewachsene Teiche (oft zusammen mit Karpfen), unbelastete Wassergräben und Altwasser von Flüssen. Der Name ist eine Verballhornung des plattdeutschen „Moderloseken", was darauf Bezug nimmt, daß diese unscheinbaren Fischchen plötzlich und scheinbar durch „Urzeugung" in Kleingewässern auftauchen können. Moderlieschen laichen paarweise von April bis Juni; das Weibchen klebt seine ca. 150 Eier in Bändern spiralförmig an Pflanzenstengel. Das Männchen betreibt Brutpflege, indem es um das Gelege durch Flossenfächeln und Antippen des Stengels eine Wasserbewegung verursacht. Außerdem streicht es mit seinem Körper immer wieder über das Gelege; der dadurch übertragene Hautschleim wirkt vorbeugend gegen Verpilzung und Bakterienbefall. Die Brut schlüpft bereits nach 9–12 Tagen; nach einem Jahr werden Moderlieschen geschlechtsreif.

Bei der Anspruchslosigkeit dieser an Kleingewässer angepaßten Art nimmt es eigentlich wunder, daß sie heute vielerorts bereits selten geworden ist. Das liegt im wesentlichen daran, daß es in unserem dichtbesiedelten Land kaum möglich zu sein scheint, solche Biotope längere Zeit einfach in Ruhe zu lassen; sie werden entweder trockengelegt, als Müllkippen mißbraucht oder von „Erholungsuchenden“ heimgesucht. Teichwirte vernichten die unproduktive Konkurrenz oft durch Trockenlegen der Teiche nach dem Abfischen, und auch für viele Angler sind die als „Fischunkraut“ bezeichneten Kleinfische nur dort akzeptabel, wo sie zu Zanderfilet veredelt werden können. So steht in einigen Bundesländern das früher allgegenwärtige Moderlieschen bereits auf der Roten Liste!

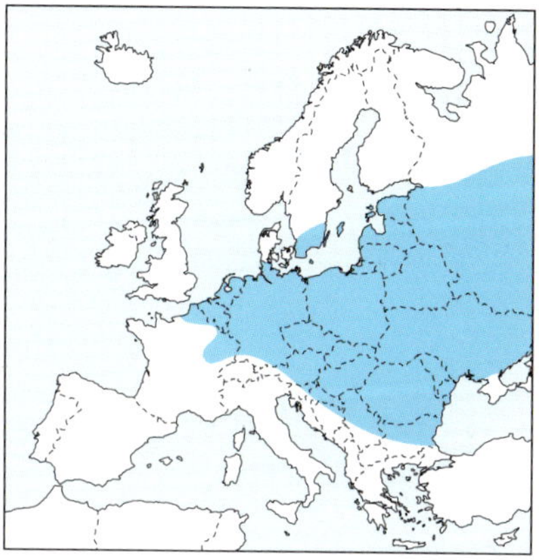

Moderlieschen, *Leucaspius delineatus*

Verbreitung

Ost- und Mitteleuropa vom Ural bis zum Rheinsystem (in Frankreich teilweise eingebürgert); nicht in Skandinavien (außer Dänemark und Südschweden) und im Mittelmeerraum. In Griechenland und der Türkei gibt es verwandte Formen, deren Identität noch ungeklärt ist.

Moderlieschen, *Leucaspius delineatus*. Männchen mit Laichauschlag bei der Brutpflege

HASEL

Leuciscus leuciscus

E: dace F: vandoise, siège
Familie Karpfenfische (*Cyprinidae*)

Kurzbeschreibung

Das Urbild des „Weißfisches“: mittelgroß, relativ schlank, fast drehrund, mit großen Schuppen und leicht unterständiger Mundspalte; ohne auffällige Färbungsmerkmale.

Merkmale

Schlanker bis leicht gedrungener Körper mit fast rundem Querschnitt. Länge meist 15–20 cm, selten bis 30 cm. Mundspalte klein (reicht nicht zum Augenvorderrand), leicht unterständig. Schuppen groß. Außenrand der Afterflosse in gespreiztem Zustand leicht konkav. Rückenfärbung dunkelblau oder -grau, Seiten silbrig, Bauch weißlich. Bauch- und Afterflossen hellgrau bis gelblich.

47–53 Schuppen entlang der Seitenlinie. Flossenstrahlen: Rückenflosse 10–11, Afterflosse 10–12, Brustflosse 17–18, Bauchflosse 10, Schwanzflosse 19. Schlundzähne 2.5–5.2(3) (zwei Reihen).

Verwechslungsarten

Der Döbel (Aitel, *Leuciscus cephalus*) besitzt eine sehr tiefe, endständige Mundspalte, eine konvex nach außen gewölbte Afterflosse und eine geringere Zahl von Schuppen entlang der Seitenlinie. Auch junge Graskarpfen (*Ctenopharyngodon idella*) besitzen deutlich größere Schuppen, zudem im Gegensatz zum Hasel eine nach außen gewölbte Rückenflosse.

Lebensweise und Lebensraum

Hasel sind gesellige Schwarmfische und gehören zu den gewandtesten und schnellsten Schwimmern unter den Karpfenfischen. Sie bevorzugen kleine strömungsreiche Flüsse und Bäche mit Kies- oder Sandgrund

Hasel, *Leuciscus leuciscus*. Freilandaufnahme

Hasel, *Leuciscus leuciscus*

in der unteren Forellen-, Äschen- und oberen Barbenregion; in Seen findet man sie meist in der Nähe von Zu- oder Abflüssen. Sonderlich kälteliebend sind sie allerdings nicht – das Wasser sollte im Sommer 18 °C erreichen. Hasel stehen meist in Gruppen dicht unter der Wasseroberfläche, wo sie auf Anfluginsekten lauern. Sie fressen aber auch tierisches Plankton, bodenlebende Mollusken und Insektenlarven, seltener Pflanzen. Während der Laichzeit von März bis Mai entwickeln die Männchen einen feinkörnigen Laichausschlag am ganzen Körper. Ab einer Wassertemperatur von ca. 9 °C wird in Gruppen über Kiesgrund abgelaicht; die ca. 2 mm großen Eier bleiben am Untergrund haften. Hasel werden meist nach 3 Jahren geschlechtsreif.

Da saubere, schnellfließende Gewässer außerhalb der Gebirge allmählich zu kostbaren Raritäten werden, ist auch der früher häufige Hasel heute in weiten Bereichen ein seltener Fisch geworden. Von Anglern ist er wenig favorisiert, da er wegen seines Reichtums an Gräten als Speisefisch keine Wertschätzung genießt. Hasel gelten als ziemlich scheu; sie können mit der Fliegenrute, aber auch mit der Floßangel gefangen werden.

Verbreitung

Fast das gesamte nördliche Eurasien; in Europa meidet er nur das Gebiet südlich der Alpen und Pyrenäen, den Balkan, Nord- und Westskandinavien sowie Schottland (in Irland eingeführt). Die südfranzösischen Hasel aus den Flußsystemen von Rhone, Garonne und Adour werden manchmal als eigene Art (*L. burdigalensis*) aufgefaßt.

Weitere Arten

Der Danilewski-Hasel *(L. danilewskii)* kommt nördlich des Schwarzen Meeres im Einzugsgebiet von Don und Dnjepr vor. Er unterscheidet sich u. a. durch etwas größere Schuppen (43–45 entlang der Seitenlinie) und eine größere Schwanzflosse. Angaben zufolge kommt er in schnell fließenden Gewässern vor, seine Biologie ist weitgehend unbekannt.

Der Adriatische Hasel (*L. svallize*) bewohnt schnellfließende Gewässer der dalmatinischen und albanischen Küste. Vom Hasel unterscheidet er sich durch stärkere seitliche Abflachung, eine größere Zahl von Strahlen in Rücken- (12–14) und Afterflosse (12–13) und den wenig eingebuchteten Rand der Afterflosse. Über seine Lebensweise ist wenig bekannt, sie entspricht vermutlich der des Hasels.

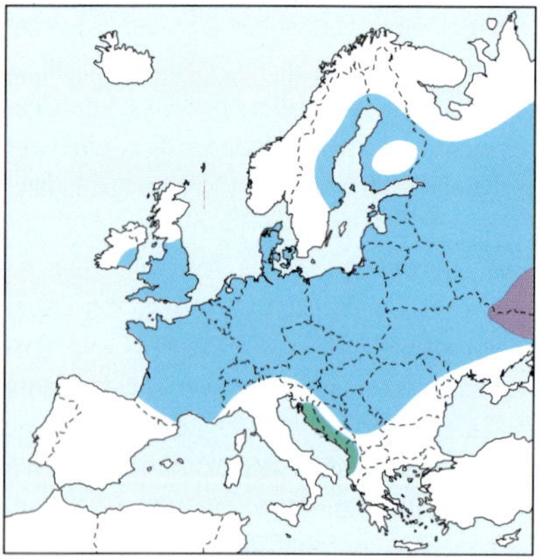

■ Hasel, *Leuciscus leuciscus*
■ Danilewski-Hasel, *L. danilewskii*
■ Adriatischer Hasel, *L. svallize*

DÖBEL, AITEL
Leuciscus cephalus

E: chub F: chevaine commune
Familie Karpfenfische (Cyprinidae)

Kurzbeschreibung

Kräftiger, spindelförmiger, gelbbräunlich gefärbter Karpfenfisch mit tiefer Mundspalte und dunkel gesäumten Schuppen.

Merkmale

Gestreckter, aber kräftiger, im Querschnitt fast runder Körper. Großer Kopf mit stumpfer Schnauze und endständiger, tiefer Mundspalte, die fast bis zu den Augen reicht. Länge meist 30–40 cm, selten bis 70 cm. Schuppen groß. Außenrand der Afterflosse in gespreiztem Zustand konvex nach außen gewölbt. Rückenfärbung graubraun bis braunoliv, Flanken hell bräunlich bis gelblich, Bauch weiß. Durch die großen, dunkel gerandeten Schuppen entsteht eine netzartige Zeichnung. Bauch- und Afterflossen rötlich.

44–46 Schuppen entlang der Seitenlinie. Flossenstrahlen: Rückenflosse 11–12, Afterflosse 10–12, Brustflosse 17–18, Bauchflosse 10, Schwanzflosse 19. Schlundzähne 2.5–5.2, Enden gebogen.

Verwechslungsarten

Vom Hasel (*L. leuciscus*) durch die größeren Schuppen, die endständige große Mundspalte und die Form der Afterflosse zu unterscheiden; der Graskarpfen (*Ctenopharyngodon idella*) hat eine leicht unterständige Mundspalte und besitzt 5 deutliche Schuppenreihen unterhalb der Seitenlinie, der Döbel *(L. cephalus)* 3–4. Der Nerfling *(L. idus)* besitzt kleinere Schuppen und eine weniger breite Mundspalte.

Döbel, *Leuciscus cephalus*

Lebensweise und Lebensraum

Döbel sind robuste, euryöke Fische, die zwar fließende Gewässer der Äschen- und Barbenregion bevorzugen, die häufig aber auch in Flußunterläufen oder in Stauseen anzutreffen sind. Andererseits können sie sogar in die Forellenregion (bis ca. 1500 m Höhe) aufsteigen. Als junge Tiere leben sie – ähnlich wie Hasel – in kleinen Schwärmen im freien Wasser nahe der Oberfläche und ernähren sich von planktonischem Getier und Anflugnahrung. Größere Döbel stehen gerne unter überhängender Ufervegetation (Bäume, Büsche) und warten auf Insekten und andere Kleintiere, die ins Wasser fallen. Mit zunehmendem Alter nehmen sie eine einzelgängerische Lebensweise an, wobei feste Standplätze an geschützten Uferstellen bezogen und verteidigt werden. In kleinen Bächen bevorzugen sie dabei etwas ruhigeres Wasser als z. B. Bachforellen, die durchaus am selben Standort vorkommen können. Sie ernähren sich nun vorwiegend räuberisch von kleinen Fischen, aber auch von Fröschen und sogar kleinen Säugetieren. Zur Laichzeit von April bis Juni tragen die Männchen einen feinkörnigen Laichausschlag. Die Eier werden meist an Steinen oder Wasserpflanzen abgelegt; ein Weibchen kann bis zu 200 000 Eier produzieren.

Der Döbel ist einer der häufigsten Fische unserer Fließgewässer. Obwohl er als Speisefisch eine eher mäßige Wertschätzung genießt, wird er gerne geangelt. Da Döbel als „intelligente“ Fische gelten, die schnell aus schlechten Erfahrungen lernen, sind gerade die begehrten großen Tiere nur schwierig zu erbeuten; der Zubiß erfolgt erst nach gründlicher Begutachtung des Köders, die häufig negativ ausfällt. In Forellengewässern gelten

Döbel, *Leuciscus cephalus*

große Döbel meist als unerwünscht, da sie Jungforellen (und natürlich auch Satzfische) erbeuten, und werden mit oft großem Aufwand gezielt entfernt. Dabei können Döbel den Forellenbeständen natürlich nur in solchen Gewässern nachhaltigen Schaden zufügen, die für Forellen ohnehin kaum geeignet sind (deckungsarme, begradigte Bäche und Kanäle), denn sonst wäre die Forelle vor Erscheinen des hegenden Menschen ja längst ausgestorben. Auch hier ist wieder zu fragen, ob Geld und Mühe, die für solche Bewirtschaftungsmaßnahmen aufgewendet werden, nicht besser in die naturnahe Rückgestaltung der Gewässer investiert würden. Dieses würde nicht nur den Forellen, sondern der gesamten Lebensgemeinschaft nützen.

Verbreitung

Fast ganz Europa bis zum Ural, mit Ausnahme von Irland, Schottland, Nordskandinavien und Süditalien.

Weitere Arten

Der Bobyrez *(L. borysthenicus)* bewohnt Flußunterläufe und Seen rund um das Schwarze Meer. Er bleibt mit 15–35 cm (maximal 40 cm) etwas kleiner als der Döbel, besitzt noch größere Schuppen (36–40 entlang der Seitenlinie), dafür eine deutlich kleinere, endständige Mundspalte. Entlang der Seitenlinie verläuft eine dunkle Binde, die aber oft nur im Bereich des Schwanzstiels deutlich ist. Diese Art bevorzugt ruhige, langsam fließende Gewässer. Wie beim Döbel, finden sich auch hier die Jungfische zu

Schwärmen zusammen, während die älteren Tiere einzelgängerisch ein Jagdrevier verteidigen. Während der Laichzeit werden Bauch- und Afterflossen kräftig orangefarben.

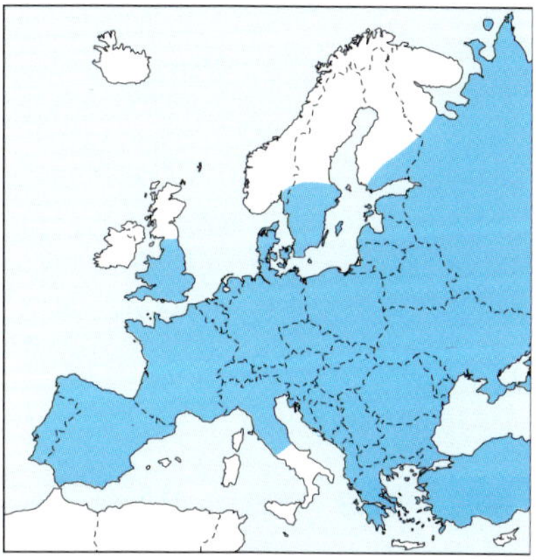

Döbel, *Leuciscus cephalus*

L. illyricus bewohnt ebenfalls stehende und langsam fließende Gewässer entlang der dalmatinischen Küste. Diese Art ist seitlich stark abgeflacht und besitzt eine kleine, leicht unterständige Mundspalte. Im Gegensatz zum Döbel werden alte Tiere ziemlich hochrückig, so daß im Profil hinter dem Kopf ein deutlicher Knick entsteht. Augen und Schuppen sind relativ klein (49–54 Schuppen entlang der Seitenlinie), die durch die dunkle Randung der Schuppen hervorgerufene „Netzzeichnung" ähnelt sehr der des Döbels. Diese Art scheint sich vorwiegend in tieferen Wasserschichten aufzuhalten, wo sie sich von Insektenlarven und anderen bodenlebenden Wirbellosen ernährt. Im Mai und Juni laicht sie in dichten Pflanzenbeständen des ufernahen Flachwassers.

Aus den Nebenflüssen des Kuban, der aus dem Kaukasus ins östliche Schwarze Meer fließt, ist L. aphipsi beschrieben. Im Gegensatz zu den beiden zuvor genannten lebt diese Art in schnell fließenden Oberläufen. Die kleinen Tiere werden maximal 18 cm lang und leben gesellig in kleinen Schwärmen.

Neben den genannten Formen existiert noch eine ganze Reihe verwandter oder ähnlicher Arten in Vorderasien und dem Nahen Osten (z. B. *L. agdamicus* am Kaspischen Meer, *L. berak* und *L. cephaloides* in der Türkei, *L. lepidus* in Syrien). All diese Formen, die zum Teil kaum erforscht und deren Verwandtschaftsverhältnisse noch weitgehend unklar sind, wird kaum ein mitteleuropäischer Angler oder Fischfreund je zu Gesicht bekommen. Sie seien hier nur erwähnt, um zu verdeutlichen, daß Südeuropa und Vorder-

Döbel, *Leuciscus cephalus*. Porträt

asien (trotz der heutigen Armut an Gewässern) einen ungleich höheren Reichtum an Fischarten aufweisen als Mittel- und Nordeuropa. Dies erklärt sich vor allem durch den Einfluß der Eiszeit, während der die ursprüngliche Artenvielfalt nördlich der Alpen unter einem Eispanzer zugrunde ging, während sie im Süden erhalten blieb. Das Ende der Vielfalt ist jedoch nahe. Viele Gewässer des mediterranen und vor allem nahöstlichen Raumes werden zunehmend für Bewässerungszwecke genutzt, so daß bereits heute viele Flüsse zu Rinnsalen reduziert sind. Um die Verwertungsrechte von Restwassermengen drohen internationale Konflikte; die in Hunderttausenden von Jahren entstandene Vielfalt der Fischfauna wird das Letzte sein, was in dieser Situation Berücksichtigung findet.

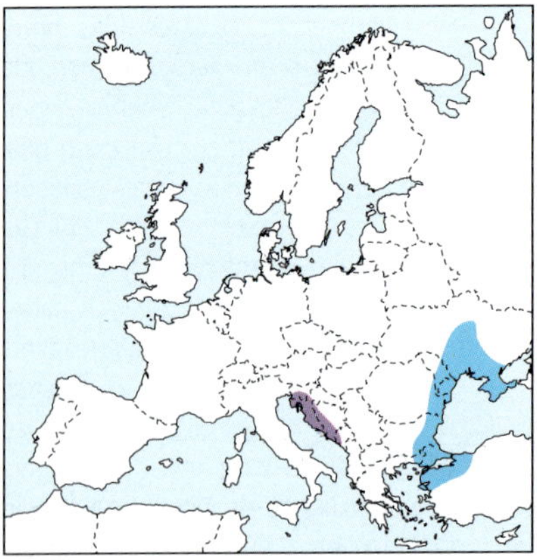

■ Bobyrez, *Leuciscus borysthenicus*
■ *L. illyricus*

STRÖMER
Leuciscus souffia

F: blageon, soufie
Familie Karpfenfische (*Cyprinidae*)

Kurzbeschreibung

Kleinerer, relativ schlanker, seitlich nur wenig abgeflachter Fisch mit unterständiger Mundspalte und gelblich eingefaßter Seitenlinie.

Merkmale

Gestreckter, im Querschnitt wenig abgeflachter Körper mit langem, stumpf endendem Kopf und unterständiger Mundspalte. Länge meist 12–18 cm, maximal 25 cm. Schuppen groß. Außenrand der Afterflosse in gespreiztem Zustand konkav. Rückenfärbung metallisch dunkelblau, Flanken silbrig, Bauch weiß. Seitenlinie schmal gelblich gerandet; zur Laichzeit mit dunkelviolettem Flankenband vom Auge bis zur Schwanzflosse. Alle Flossen leicht gelblich, Flossenansätze schwach gelblich bis kräftig orangefarben.

50–57 Schuppen entlang der Seitenlinie. Flossenstrahlen: Rückenflosse 10, Afterflosse 10–13, Brustflosse 14–15, Bauchflosse 10. Schlundzähne 2.5–5(4).2.

Verwechslungsarten

Vom Hasel *(L. leuciscus)* durch den längeren Kopf und die Färbungsmerkmale zu unterscheiden; der ähnlich gefärbte Schneider *(Alburnoides bipunctatus)* besitzt eine viel längere Afterflosse.

Lebensweise und Lebensraum

In der Lebensweise ähnelt der Strömer am ehesten dem Hasel. Im Gegensatz zu den meisten Cypriniden ist er an sauerstoff-

Strömer, *Leuciscus souffia*

reiches, kühles Wasser angepaßt. So lebt er vor allem in schnellfließenden Gebirgs- und Mittelgebirgsgewässern bis in eine Höhe von ca. 900 m, aber auch in kühlen hochgelegenen Seen mit Kiesgrund, wo er die tieferen Wasserschichten bevorzugt. Er lebt gesellig, in Seen auch in größeren Schwärmen, und ernährt sich je nach Gewässertyp vorwiegend von im Wasser driftendem tierischen Plankton oder von bodenlebenden Kleintieren. Auch dicht über der Wasseroberfläche fliegende Insekten können im Sprung gefangen werden. Diese Fähigkeit haben Strömer mit den meisten Salmoniden (z. B. Äschen) gemein; sie stellt eine Anpassung an die Nahrungsarmut der oberen Fließwasserregionen dar. Strömer laichen von März bis Mai in schnellfließendem flachen Wasser über Kies.

Die Vorkommen dieses früher nicht seltenen Fisches sind innerhalb der letzten Jahrzehnte drastisch zurückgegangen. So ist er offensichtlich aus dem größten Teil seines deutschen Verbreitungsgebietes (das nördlich bis zum Main reichte) verschwunden. Als Grund für diesen Rückgang spielen neben der Gewässerverschmutzung sicherlich bauliche Veränderungen eine Rolle, insbesondere die Zerstörung reich strukturierter Gewässerböden. Im Gegensatz zur Äsche, die unter denselben Einflüssen zu leiden hatte, kam der Strömer als sportlich „unattraktiver" Kleinfisch nicht in den Genuß von Besatzmaßnahmen. Ganz im Gegenteil wird eine zu intensive Bewirtschaftung von Salmonidengewässern zumindest als Mitursache für die heutige Seltenheit dieser Fischart angesehen. So wurden und werden viele Bäche durch regelmäßiges Herausfangen von Cypriniden „entschuppt" (teilweise unter Einsatz von E-Geräten), um lästige Konkurrenten oder Freßfeinde der Forellen zu entfernen;

Döbel, denen diese Maßnahmen hauptsächlich gelten, können aus den tiefer gelegenen Abschnitten wieder zuwandern, die auf die Oberläufe beschränkten Strömer nicht.

Verbreitung

Vom Rhonebecken bis zum Rhein, in Nord- und Mittelitalien und in den rumänischen Karpaten; die italienischen Strömer werden zum Teil als eigene Art angesehen (*C. muticellus*). Die aktuelle Nordgrenze in Deutschland ist unklar. Frühere Berichte über das Vorkommen im Einzugsgebiet der oberen Donau beruhen vermutlich auf Verwechslungen.

L. montenegrinus aus Montenegro ist dem Strömer sehr ähnlich; er unterscheidet sich durch etwas größere Schuppen (44–50 entlang der Seitenlinie).

■ Strömer, *Leuciscus souffia*
■ Kroatischer Strömer, *L. polylepis*
■ Makal-Strömer, *L. microlepis* +
Tursky-Strömer, *L. turskyi* +
Ukliva-Strömer, *L. ukliva*

Weitere Arten

Der Kroatische Strömer (*L. polylepis*) kommt in Bächen und Seen Kroatiens vor, die ins Donausystem entwässern. Er ähnelt dem Strömer, ist aber meist deutlich hochrückiger und generell dunkler gefärbt (vor allem die Flossen); das Flankenband ist braun oder grau. Er bewohnt ähnliche Biotope wie der Strömer. Über die Biologie dieses Fisches ist so gut wie nichts bekannt.

Drei strömerähnliche *Leuciscus*-Arten leben in klaren, sauerstoffreichen Gewässern der dalmatinischen Küste (Flußsysteme von Narenta und Cetina): Der Makal-Strömer (*L. microlepis*) unterscheidet sich vor allem durch kleinere Schuppen (73–75 entlang der Seitenlinie); manchen Populationen fehlt die dunkle Längsbinde. Der ähnliche Tursky-Strömer (*L. turskyi*) ist seitlich stärker abgeflacht und besitzt eine leicht nach oben gerichtete Mundspalte; er lebt im Gegensatz zu anderen „Strömern" nahe der Oberfläche und frißt auch Anflug. Der Ukliva-Strömer (*L. ukliva*) ist hochrückiger als die anderen Arten; seine Mundspalte ist leicht unterständig, die Schuppenzahl beträgt 62–63 längs der Seitenlinie, die Afterflosse ist nicht eingebuchtet, und die Längsbinde ist meist nur auf der Körpermitte sichtbar.

NERFLING, ORFE

Leuciscus idus

E: ide F: ide mélanote
Familie Karpfenfische (*Cyprinidae*)

Kurzbeschreibung

Kräftig gebauter, ziemlich hochrückiger Fisch mit kleiner Mundspalte, kleinen Schuppen und rötlichen Brust-, Bauch- und Afterflossen.

Merkmale

Gestreckter bis hochrückiger, seitlich abgeflachter Körper. Länge meist 30–50 cm, maximal 80 cm. Enge, endständige, aber ziemlich schräg stehende Mundspalte. Schuppen relativ klein. Außenrand der Afterflosse in gespreiztem Zustand konkav. Rückenfärbung meist dunkel braungrau, Seiten silbrig, Bauch weißlich; ältere Tiere auffallend dunkel. Rücken- und Schwanzflosse dunkelgrau, übrige Flossen rötlich-grau bis leuchtend hellrot (Jungfische!). In der Laichzeit mit Messingglanz am Bauch, Männchen mit starkem Laichausschlag.

55–61 Schuppen entlang der Seitenlinie. Flossenstrahlen: Rückenflosse 11–12, Afterflosse 12–14, Brustflosse 16–17, Bauchflosse 10, Schwanzflosse 19. Schlundzähne 3.5–5.3, Enden leicht gebogen.

Nerfling, *Leuciscus idus*

Goldorfe (Zuchtform)

Verwechslungsarten

Die vor allem als Jungfische sehr ähnlichen Rotaugen (*Rutilus rutilus*) und Rotfedern (*Scardinius erythrophthalmus*) besitzen deutlich größere Schuppen, gleiches gilt für Döbel (*L. cephalus*). Güster, Brachsen und Verwandte (*Abramis* spp.) besitzen eine viel längere Afterflosse.

Lebensweise und Lebensraum

Nerflinge sind Flußfische, die vorzugsweise die Barbenregion bewohnen, aber auch in langsamer fließenden Abschnitten noch ihr Auskommen finden und sogar ins Brackwasser der Ostsee vordringen; auch in größeren Seen mit reich strukturierten Ufern kommen sie vor. Im Laufe des Jahres führt diese Art komplexe Wanderungen durch. Zur Laichzeit von April bis Juni ziehen die Tiere flußaufwärts oder in kleinere Zuflüsse, wo sie im Flachwasser über Kies ablaichen. Zu dieser Zeit sind Nerflinge äußerst gesellig. Nach der Laichzeit bevorzugen sie ruhigere, pflanzenreiche Flachwasserzonen bzw. Überschwemmungsflächen, in denen sie sich bis zum Winter eher einzelgängerisch der Nahrungsaufnahme widmen. Sie halten sich meist nahe der Oberfläche auf und fressen hauptsächlich kleine Wirbellose verschiedenster Art, auch Anflugnahrung. Im Winter schließlich ziehen sich Nerflinge in tiefe Zonen der Flüsse oder Seen zurück.

Wegen der vor allem zur Laichzeit bestehenden starken Bindung an strömende, kiesig-sandige Abschnitte von Fließgewässern findet der Nerfling in unseren durch

Staustufen und befestigte Ufer gekennzeichneten Flüssen immer weniger Möglichkeiten, sich fortzupflanzen. Folgerichtig sind die Bestände fast überall in drastischem Rückgang begriffen. Nerflinge sind trotz ihres Grätenreichtums gute Speisefische und werden gerne geangelt; früher wurden sie auch von Flußfischern während der Laichwanderungen mit Zug- und Stellnetzen gefischt.

Eine teilalbinotische Zuchtform ist die Goldorfe; sie wird gerne als „Goldfisch-Alternative" in Gartenteichen gepflegt, da sie lebhafter ist und eher an der Oberfläche schwimmt. Ihr sehr viel höheres Sauerstoffbedürfnis erlaubt allerdings nur die Pflege in größeren und tieferen Gewässern. Goldorfen werden z. B. auch in Wasserwerken zur Überprüfung der Wasserqualität gehalten.

Verbreitung

Von Sibirien bis Europa; fehlt südlich und westlich der Systeme von Rhein und Donau, dort aber stellenweise eingebürgert.

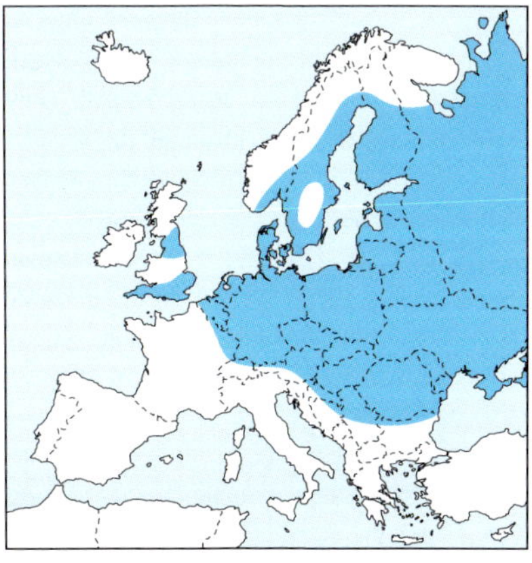

Nerfling, *Leuciscus idus*

ELRITZE

Phoxinus phoxinus

E: minnow F: vairon

Familie Karpfenfische (*Cyprinidae*)

Kurzbeschreibung

Kleiner, im Rumpfbereich drehrunder Fisch mit rundlichem Kopfprofil und endständiger Mundspalte; Färbung meist dunkel oliv mit goldfarbenem Längsstreifen.

Merkmale

Gestreckter, bis zum After drehrunder Körper, Schwanzstiel etwas abgeflacht. Länge meist 6–10 cm, Weibchen maximal 14 cm. Im Profil stark abgerundeter Kopf mit großen Augen und endständiger Mundspalte. Schuppen sehr klein; Seitenlinie meist nur bis zur Körpermitte. Rückenflosse steht weit hinter den Bauchflossen. Färbung regional verschieden, auch sind die Tiere zu schnellem Farbwechsel befähigt. Rückenfärbung meist dunkeloliv bis graugrün, Flanken ähnlich gefärbt mit dunklen, unregelmäßigen Querbinden und einem goldfarbenen Längsstreifen über der Seitenlinie. Zur Laichzeit vor allem Männchen sehr bunt mit kräftig rotem Bauch und glänzend moosgrünen Flanken; je nach Herkunft Längs- oder Querbinden goldfarben kontrastierend und Kiemendeckel weiß gerandet. Beide Geschlechter mit grobkörnigem Laichausschlag auf dem Kopf.

80–110 Schuppen entlang der Seitenlinie. Flossenstrahlen: Rückenflosse 8–11, Afterflosse 10–11, Brustflosse 15–16, Bauchflosse 9–10, Schwanzflosse 19. Schlundzähne 2.5–5(4).2.

Verwechslungsarten

Das Moderlieschen (*Leucaspius delinea-*

Elritze, *Phoxinus phoxinus*. Männchen in Laichfärbung

tus) besitzt eine deutlich oberständige Mundspalte und viel größere Schuppen; Sumpfelritze (*Eupallasella perenurus*) siehe unten.

Lebensweise und Lebensraum

Elritzen besiedeln verschiedene Arten fließender und stehender Gewässer, sofern sie klares und sauerstoffreiches Wasser aufweisen. Typische Lebensräume sind kleine Bäche und flache, kiesgründige Gebirgsseen bis in 2000 m Höhe. Dort leben sie in teilweise sehr großen Schwärmen nahe der Wasseroberfläche; sie entfernen sich meist nicht weit von ihren Versteckplätzen (überhängende Ufer mit Wurzelgewirr, Steine, dichte Pflanzengruppen unter Wasser), in die sie sich bei Gefahr blitzschnell zurückziehen. Diese Vorsicht kommt nicht von ungefähr, denn die kleinen Fischchen haben eine lange Liste von Freßfeinden. So dienen sie nicht nur einer Reihe größerer Fische als Beute – als Beispiel seien Bachforelle und Döbel genannt –, sondern werden auch mit Vorliebe von Eisvögeln und sogar Wasserspitzmäusen gefressen. Elritzenschwärme bestehen immer aus gleichgroßen Tieren. Auf diese Weise wird erreicht, daß Freßfeinde einer Vielzahl völlig gleich aussehender Objekte gegenüberstehen und sich beim Zustoßen im letzten Moment oft nicht „entscheiden" können, welchem der gleich starken Reize sie folgen sollen. Der Schwarmzusammenhalt ist wohl weniger optisch, sondern mehr chemisch („geruchlich") gelenkt; dadurch bleibt der Zusammenhalt von Elritzenschwärmen – im Gegensatz zu dem vieler anderer Schwarmfische – auch nachts bestehen.

Elritzen ernähren sich sowohl von Bodentieren als auch von Anflugnahrung. Von April bis Juli unternehmen Elritzen kurze Laichwanderungen. In kleinen Schwärmen ziehen sie an flache, kiesige Gewässerstellen; in

Bächen sind dies meist die quellnahen Gebiete, in stehenden Gewässern die Uferzonen. Bereits während der Wanderung zeigen sie ihre farbenfrohe „Hochzeitstracht“. Abgelaicht wird in Gruppen über feinem Kies oder grobem Sand, wobei ein Weibchen 200–1000 Eier abgibt. Aus den locker im Sand vergrabenen Eiern schlüpfen nach 5–10 Tagen die Jungfische. Diese sind in der ersten Zeit sehr lichtscheu und verstecken sich oft zwischen und unter Steinen. Später sieht man sie gelegentlich mit gleichgroßen Jungforellen in gemischten Schwärmen. Während der langen Laichperiode können am selben Gewässer viele solcher Laichzüge beobachtet werden. Ob dies jeweils andere Tiere sind, oder ob die einzelnen Individuen mehrmals laichen, ist noch nicht geklärt. Jedenfalls wird auf diese Weise sichergestellt, daß bei ungünstiger Witterung nicht der gesamte Nachwuchs eines Jahrgangs vernichtet wird, was bei diesen kurzlebigen Fischchen bereits bestandsbedrohend sein könnte.

Daß dieser frühere „Massenfisch“ heute aus weiten Gebieten Mitteleuropas fast verschwunden ist, sagt über den Zustand unserer Gewässer mehr aus als der Blick auf manche Gewässergütekarte. Dabei ist es nicht nur die Verschmutzung von Gewässern, die dieser sauerstoffbedürftigen Art Probleme bereitet, sondern auch übermäßi-

Elritze, *Phoxinus phoxinus*. Schwarm mit Männchen und Weibchen

Elritze, *Phoxinus phoxinus*. Freilandaufnahme

ger Besatz mit Forellen, die die Bestände dieses „Fischunkrauts" rasch dezimieren können. Da Elritzen empfindlich auf grobe Störungen ihres Lebensraums zu reagieren scheinen, dürfte auch manche „Gewässerpflege" mit dem E-Gerät dieser Art nicht unbedingt von Nutzen sein. Dabei könnten bei vernünftigem Nutzfischbesatz in naturnah bewirtschafteten Gewässern Elritzen problemlos ihr Auskommen finden. Es wäre zu wünschen, daß mancher Angler auch solche Fische „ohne wirtschaftliche und sportliche Bedeutung" in seinem Gewässer duldet und sie nicht nur als „hervorragende Forellen- und Saiblingsköder" würdigt.

Elritzen sind berühmte Labortiere. Vieles von dem, was wir heute über Sinnesleistungen von Fischen wissen, wurde ursprünglich an Elritzen erforscht. Insbesondere dem Biologen Karl von Frisch verdanken wir grundlegende Daten über Schallwahrnehmung, Lauterzeugung, Geschmackssinn und Farbensehen von Fischen.

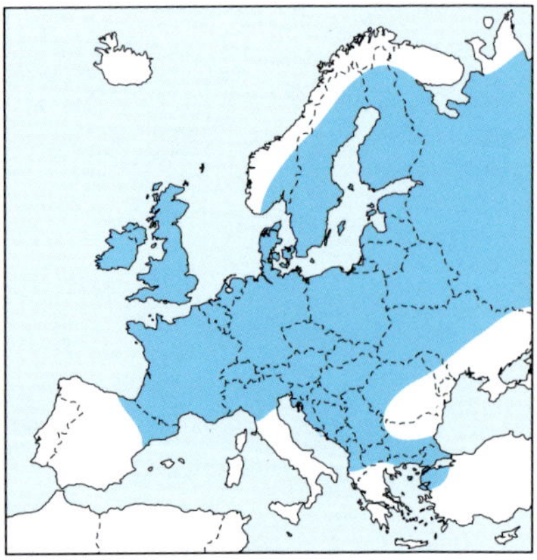

Elritze, *Phoxinus phoxinus*

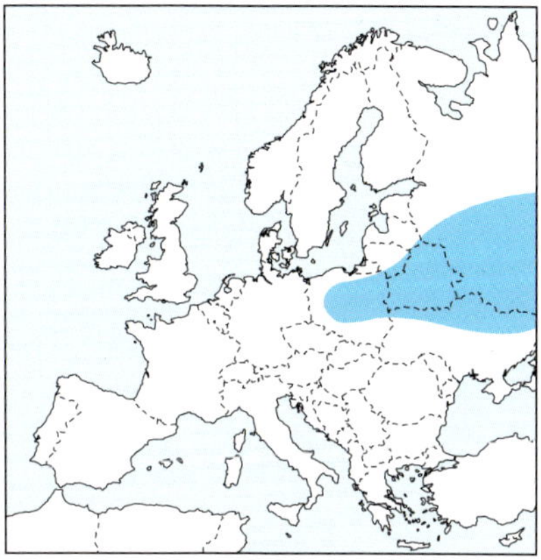

Sumpfelritze, *Eupalasella perenurus*

Verbreitung

Von Sibirien bis Europa; fehlt auf dem südlichen Balkan, der Iberischen Halbinsel, in Italien und Nordskandinavien.

Weitere Arten

Die Sumpfelritze (*Eupallasella perenurus*) unterscheidet sich durch einen gedrungeneren, hochrückigeren Körper, eine geringere Zahl von Strahlen in Brust- und Bauchflossen (13 bzw. 8) und Unterschiede in der Färbung: Auf den Flanken finden sich keine Querstreifen, sondern kleine, unregelmäßig verteilte dunkle Flecken auf silbernem Grund, das Hochzeitskleid ist weit weniger bunt. Sie kommt in mehreren Formen vom Einzugsgebiet der Wolga bis Polen vor. Ihr Lebensraum sind stehende Gewässer, vor allem flache, stark bewachsene und algenreiche Seen und Tümpel. In Anpassung an diesen Lebensraum ist ihr Sauerstoffbedarf nur gering.

Aus dem westlichen Balkan und aus Griechenland sind zahlreiche kleine „Elritzen“-Arten der Gattungen *Phoxinellus* und *Pseudophoxinus* bekannt. Über die Verbreitung und Systematik der ca. 12 beschriebenen Arten gibt es nur wenig gesicherte Erkenntnisse; in nahezu jedem Gewässer scheint eine eigene, typische Form vorzukommen. Diese Schwarmfischchen bewohnen kleine Fließgewässer oder die flachen Uferzonen von Seen. Darüberhinaus ist über die Biologie der einzelnen Formen wenig bekannt.

Die vermutlich ebenfalls in diesen Verwandtschaftskreis gehörende *Anaecypris hispanica* aus dem System des Guadiana in Südspanien ist mit nur 4–6 cm Länge vielleicht der kleinste Süßwasserfisch Europas.

ROTFEDER

Scardinius erythrophthalmus

E: rudd F: rotengle
Familie Karpfenfische (*Cyprinidae*)

Kurzbeschreibung

Hochrückiger, seitlich abgeflachter, silberglänzender Fisch mit kräftig roten Flossen und oberständiger Mundspalte.

Merkmale

Hochrückiger, seitlich stark abgeflachter Fisch. Länge meist 20–30 cm, maximal 45 cm. Kleine, deutlich oberständige Mundspalte; Augen gelblich. Schuppen groß, zwischen Bauchflossen und After einen scharfen Kiel bildend. Rückenflosse steht deutlich hinter den Bauchflossen. Rückenfärbung dunkel, Flanken hell glänzend, oft mit messingfarbenem Schimmer. Alle Flossen mit Rotanteil, an der Basis dunkel; Bauch- und Afterflossen meist großflächig blutrot.

40–43 Schuppen entlang der Seitenlinie. Flossenstrahlen: Rückenflosse 10–12, Afterflosse 12–15, Brustflosse 16–17, Bauchflosse 10, Schwanzflosse 19. Schlundzähne 3.5–5.3., gesägt.

Verwechslungsarten

Von der Plötze (*Rutilus rutilus*) und dem Frauennerfling (*R. pigus*) unterschieden durch die deutlich hinter den Brustflossen beginnende Rückenflosse, die gekielte Bauchkante vor dem After und die oberständige Mundspalte, vom Nerfling (*Leuciscus idus*) durch die viel größeren Schuppen.

Lebensweise und Lebensraum

Rotfedern bevorzugen ruhige, meist flache Gewässer mit üppiger Ufervegetation und weichem Grund. Neben Seen besiedeln sie auch ruhige, flache Buchten und Altarme größerer Flüsse. Auch in naturbelassenen, sauberen Gewässern treten sie nicht in Massen auf (wie z. B. Rotaugen), sondern durchstreifen meist in kleinen, vereinzelten Gruppen die Unterwasservegetation der Uferzonen. Als typischer Fisch der Unterläufe erträgt die Rotfeder relativ hohe Salzkonzentrationen und kommt auch im Brackwasser (z. B. der Ostsee) vor. In Hochlagen kommen die wärmeliebenden Rotfedern nur in Gewässern fort, deren Uferzonen sich im Sommer auf mindestens 22 °C erwärmen. Gegen niedrigen Sauerstoffgehalt sind sie ziemlich unempfindlich. Sie stehen dann oft dicht unter der Wasseroberfläche und atmen die alleroberste Wasserschicht; möglicherweise ist dies die eigentliche Funktion der nach oben gerichteten Mundspalte.

Rotfedern ernähren sich überwiegend von Algen und weichen Teilen höherer Pflan-

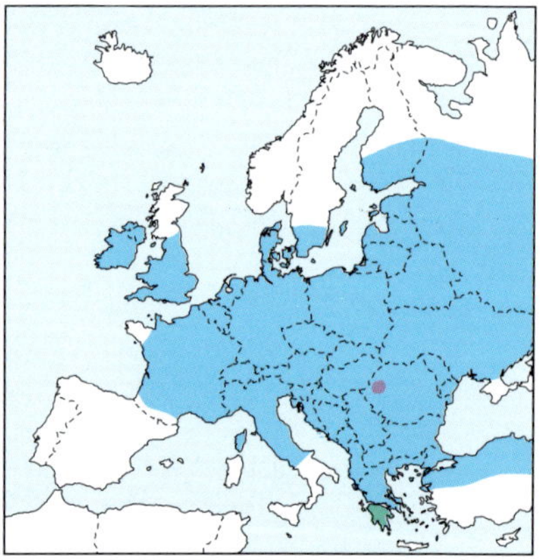

■ Rotfeder, *Scardinius erythrophthalmus*
■ Griechische Rotfeder, *S. graecus*
■ *S. racovitzai*

Rotfedern, *Scardinius erythrophthalmus*

zen, weniger von tierischer Nahrung. Zur Laichzeit im April und Mai versammeln sich Rotfedern in kleinen Gruppen; ein Weibchen kann bis zu 200 000 Eier abgeben, die an Wasserpflanzen kleben bleiben. Gelegentlich kommt es zu gemischten Laichschwärmen von Rotfedern, Rotaugen, Güstern und anderen pflanzenlaichenden Cypriniden. Dabei können Artbastarde entstehen, deren Bestimmung oft schwierig ist. Rotfedern sind langlebige Fische; nachgewiesen ist ein Alter von 19 Jahren.

Rotfedern ertragen zwar sauerstoffarme, eutrophe Bedingungen, sind aber sehr empfindlich gegen anorganische Verschmutzung, vor allem gegen Industrieabwässer. Aus diesem Grund sind sie vielfach aus Flußunterläufen verschwunden. Als wichtiger „Futterfisch" für Hechte und andere Raubfische ist auch die Rotfeder Objekt vielfältiger Aus- und Umsetzungsmaßnahmen. Dies ist meist nur in solchen Gewässern sinnvoll, die aufgrund von Verunreinigungen ihren Bestand verloren haben (nach Abstellung der Ursache!). Die pflanzenfressenden Rotfedern stellen in Gartenteichen meist die bessere Alternative zum Graskarpfen dar.

Verbreitung

Von Westeuropa bis zum Aralsee.

Weitere Arten

Die kleinwüchsige S. racovitzai kommt in den 28–34 °C warmen Quellen von Bischofsbad in Westrumänien vor; bei Temperaturen von unter 20 °C kann sie nicht überleben.

Die Griechische Rotfeder (*S. graecus*) ist weniger hochrückig, mit dunkel gesäumten Schuppen; sie ist auf den Peloponnes beschränkt.

Die Rotfedern Italiens gehören evtl. ebenfalls zu einer eigenen Art (*S. scardafa*).

SCHIED, RAPFEN
Aspius aspius

E: asp F:aspe
Familie Karpfenfische (*Cyprinidae*)

Kurzbeschreibung

Großer, gestreckter, kräftig gebauter Karpfenfisch mit tiefer Mundspalte und vorstehendem Unterkiefer.

Merkmale

Langgestreckter, seitlich wenig abgeflachter Körper. Länge meist 50–70 cm, ausnahmsweise bis 1,2 m bei ca. 12 kg Gewicht. Mundspalte reicht bis tief unter die Augen und ist durch den vorgeschobenen Unterkiefer leicht oberständig; Unterkiefer mit Haken an der Spitze, der in eine Kerbe des Oberkiefers paßt. Schuppen klein. Afterflosse lang und durch tiefe Ausrandung sichelförmig. Rückenfärbung dunkeloliv bis bläulich, Flanken gelblich glänzend, Bauch weiß. Brust-, Bauch- und Afterflossen meist mit Rottönen.

64–76 Schuppen entlang der Seitenlinie. Flossenstrahlen: Rückenflosse 10–11, Afterflosse 15–18, Brustflosse 16–17, Bauchflosse 10–11, Schwanzflosse 19. Schlundzähne 3.5–5.3, spitz und hakenförmig.

Schied, *Aspius aspius*. Porträt im Freiland

Verwechslungsarten

Körper- und Kopfform erinnern an Salmoniden, die aber allesamt eine Fettflosse aufweisen. Vom Döbel (*Leuciscus cephalus*) ist der Schied leicht durch die viel kleineren Schuppen zu unterscheiden.

Lebensweise und Lebensraum

Der Schied ist der einzige europäische Karpfenfisch, der sich als erwachsenes Tier ausschließlich räuberisch ernährt. Er ist ein strömungsliebender Flußbewohner, der die Barbenregion bevorzugt, der aber auch in Flußunterläufen, in durchströmten Seen und sogar im Brackwasser der Ostsee anzutreffen ist. Jungtiere leben gesellig in Oberflächennähe, wo sie sich von verschiedensten planktonischen Kleintieren ernähren. Ab einer Größe von 20–30 cm beginnt der Schied, vorwiegend Fische zu erbeuten; besonders gerne jagt er die ebenfalls oberflächennah lebenden Lauben (*Alburnus alburnus*). Mit zunehmendem Alter geht er zu einzelgängerischer Lebensweise über. Er hält sich hauptsächlich in der oberen Wasserzone der Flußmitte auf. Gelegentlich wurden auch kleine Gruppen gleich großer Tiere beobachtet, die offensichtlich gemeinsam jagten. Da diese Art in ihrem Lebensraum (weitab vom Ufer) nur schwer zu beobachten ist, ist über die Biologie dieses spektakulären Fisches erstaunlich wenig bekannt. Neben Fischen werden auch Frösche und kleine Wasservögel erbeutet.

Zur Laichzeit von April bis Mai unterneh-

Schied, *Aspius aspius*

men Schiede Wanderungen stromaufwärts oder in kleine Nebenflüsse, wo die Eiablage in stark strömendem Wasser über Kiesgrund stattfindet; die Männchen zeigen zu dieser Zeit einen starken Laichausschlag. Ein Weibchen kann bis zu 1 Million Eier produzieren.

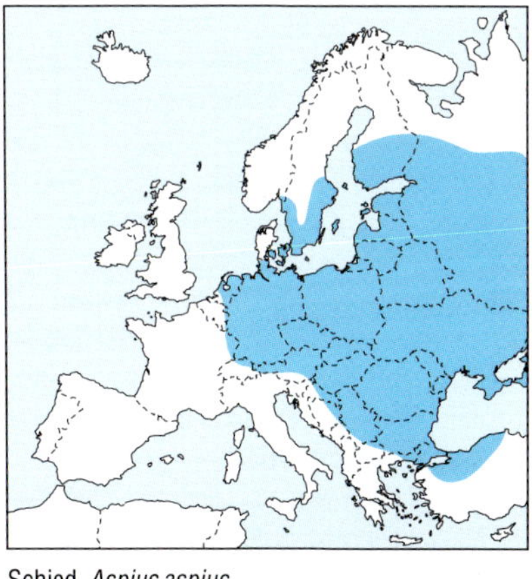

Schied, *Aspius aspius*

Die nach ca. 2 Wochen schlüpfenden Jungfische gehen schnell zu pelagischer Lebensweise über und werden so mit der Strömung in ruhigere Wasserzonen verdriftet. Sie wachsen rasch: Nach einem Jahr können schon 20 cm Länge erreicht sein. Die Geschlechtsreife tritt nach 4–5 Jahren ein.

Da der Schied in unseren Flüssen kaum noch geeignete Laichplätze erreichen kann, ist auch dieser Fisch heute eine Seltenheit. Am häufigsten scheint er noch an den Zu- und Abflüssen großer Seen (z. B. des Chiemsees) vorzukommen. Er wird gerne geangelt, sowohl wegen seiner Eignung als Speisefisch als auch wegen seiner Kämpfernatur. Eine wirtschaftliche Bedeutung kommt ihm nur im Osten seines Verbreitungsgebiets zu.

Verbreitung

Vom Rhein- und Donausystem bis zum Aralsee.

NASE

Chondrostoma nasus

F: hotu, aloge
Familie Karpfenfische (*Cyprinidae*)

Kurzbeschreibung

Spindelförmiger, seitlich wenig abgeflachter Fisch mit kleinem Kopf, stark unterständiger Mundspalte und leicht rötlichen Flossen.

Merkmale

Körper spindelförmig, im Querschnitt dick-oval. Länge meist 25–40 cm, selten bis 50 cm. Kopf relativ klein, kegelförmig. Mundspalte stark unterständig, quer, Unterkiefer mit hartem, hornigem Überzug, Oberlippe zu einem dicken, nasenartigen Fortsatz vergrößert (Abstand zwischen Mundspalte und „Nasen"-Oberseite größer als der Augendurchmesser). Schuppen mittelgroß. Rükkenfärbung dunkel- bis hellgrau, Flanken silbrig, Bauchseite weiß. Alle Flossen graurot bis gelblichrot.

55–66 Schuppen entlang der Seitenlinie. Flossenstrahlen: Rückenflosse 11–13, Afterflosse 13–15, Brustflosse 16–17, Bauchflosse 10–11, Schwanzflosse 19. Schlundzähne 7(6) – 6(7).

Die Form der Mundspalte ist typisch für *Chondrostoma*-Arten.

Verwechslungsarten

Die ebenfalls mit einem nasenartigen Fortsatz ausgestattete Rußnase (Zährte, *Vimba vimba*) besitzt eine hufeisenförmige Mundspalte, keinen hornigen Unterkiefer und eine viel längere Afterflosse.

Lebensweise und Lebensraum

Nasen sind Nahrungsspezialisten. Sie leben hauptsächlich von pflanzlichem Aufwuchs (Algen) auf Steinen und anderen Unterlagen, den sie mit Hilfe des harten, schaberartigen Überzugs des Unterkiefers abweiden; daneben nehmen sie auch kleinere bodenlebende Wirbellose auf. Sie bewohnen in oft großen Schwärmen ihre Weidegründe am Boden flacher Gewässerbereiche. Aufgrund der Lichtverhältnisse kommt es in tieferen Wasserzonen nicht mehr zu einem ausreichenden Wachstum der als Nahrung bevorzugten Algen. Eine Voraussetzung für diese Art der Nahrungsaufnahme ist grobkiesiger oder felsiger Untergrund. In Fließgewässern finden sie beides vor allem in der Barben- und Äschenregion. Sie sind allerdings nicht nur in Flüssen, sondern auch in Seen mit festem Untergrund zuhause; dort stehen sie meist in der Strömung von Zu- oder Abflüssen. Um die schwerverdauliche Nahrung verwerten zu können, weist ihr Körperbau verschiedene Anpassungen auf. Neben dem zum Schaber modifizierten Unterkiefer sind dies die zum Zerreiben der Nahrung geeigneten Schlundzähne und ein außerordentlich langer, dünner Darm, der ein

Nase, *Chondrostoma nasus*

Vielfaches der Körperlänge erreicht. Derart lange Därme sind typisch für Pflanzenfresser, deren Nahrung nur während eines langen Verdauungsprozesses aufgeschlossen werden kann. Im Vergleich dazu besitzt der Schied (*Aspius aspius*), der hauptsächlich von leichtverdaulichen Fischen lebt, einen nur sehr kurzen Darm, der kaum Körperlänge erreicht. Nasen gehen hauptsächlich nachts „auf die Weide". Tagsüber stehen sie meist in größeren Gruppen über Kiesgrund in stark strömenden Flachwasserbereichen; aufgrund ihrer hellen Rückenfärbung sind sie über steinigem Untergrund nur schwer zu sehen. Zur Laichzeit (März bis Mai) unternehmen Nasen in großen Schwärmen ausgedehnte Wanderungen in die Oberläufe oder in Seitengewässer, wo sie über feinem Kies in weniger als 30 cm tiefem Wasser laichen. Beide Geschlechter tragen einen Laichausschlag; ein Weibchen kann bis zu 100 000 Eier absetzen.

Vor dem Verbau unserer Flüsse gehörten Nasen örtlich (z. B. in der Donau) zu den häufigsten Flußfischen. Sie stellten nicht nur die Nahrungsgrundlage für viele Raubfische dar (besonders für den Huchen ist die Nase der bevorzugte Beutefisch), sondern wurden auch während des Laichaufstiegs in großen Mengen von Flußfischern gefangen. Heute sind Nasen entweder fast ganz verschwunden, oder sie kommen nur noch lokal in kümmerlichen, teilweise überalterten Restbeständen vor. Die Gründe sind bekannt: die Verhinderung der Laichwanderungen durch Staustufen sowie die Verschlammung und damit Vernichtung ihrer Laichgründe durch künstliche Verringerung der Fließgeschwindigkeit, aber auch durch lehmige Ausschwemmungen aus Ackerland.

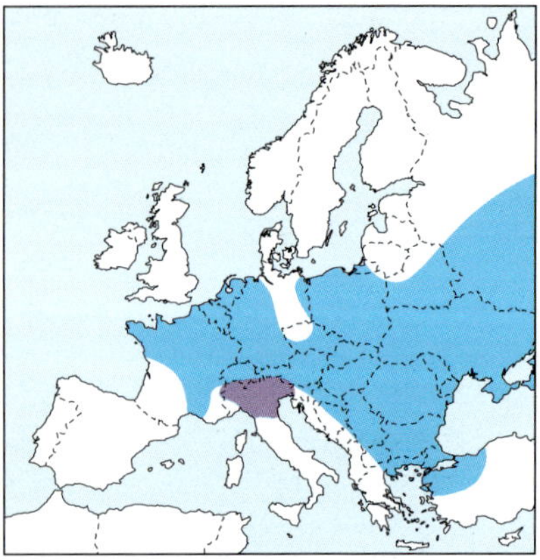

■ Nase, *Chondrostoma nasus*
■ Italienischer Näsling, *Ch. soetta*

Wo Nasen noch vorkommen, sind sie auch für den Angler interessant; ihr Fleisch ist im Vergleich zu dem anderer Karpfenfische besonders fettreich und gilt als wohlschmeckend. Nasen werden mit der Grundangel erbeutet. Der Fang dieser Tiere ist wegen ihrer speziellen Nahrungsgewohnheiten nicht leicht; zudem sind Nasen scheu und fliehen bei Störungen in die stärkste Strömung des Gewässers.

Eine erhebliche Verwirrung beim Ansprechen dieser Fischart entsteht dadurch, daß mancherorts im lokalen Sprachgebrauch die Rußnase (Zährte, *Vimba vimba*) als „Nase" bezeichnet wird.

Verbreitung

Nasen kommen vom Ural bis ins westliche Frankreich vor; der Mittelmeerraum, Skandinavien und die Britischen Inseln bleiben ausgespart, ebenso das Flußsystem der Elbe, vielleicht auch der Weser. Innerhalb dieses Gebiets unterscheidet man mindestens fünf Unterarten, die meisten in isolierten Gewässern des Balkans.

Weitere Arten

Der Italienische Näsling (*Ch. soetta*) vertritt die Nase südlich der Alpen in den Systemen von Po, Etsch, Brenta und Piave, wo er auch in Seen anzutreffen ist. Er ist korpulenter als die anderen *Chondrostoma*-Arten; die Oberseite ist dunkler als die der Nase, die Flanken weisen eine feine, schwarze Punktierung auf. In anderen Merkmalen, wie auch in der Lebensweise, ist er der Nase sehr ähnlich. Obwohl über die aktuelle Häufigkeit dieser Art nichts Sicheres bekannt ist, gilt sie durch ihr kleines Verbreitungsgebiet als äußerst anfällig gegen Umweltveränderungen.

Der nur 20–25 cm lang werdende Kaukasische Näsling (*Ch. colchicum*) vertritt die Nase östlich des Schwarzen Meeres. Er ist kenntlich an einem dunklen Flankenband aus kleinen schwarzen Punkten, das die Seitenlinie oben und unten säumt. Brust-, Bauch- und Afterflossen sind gelblich, Rücken- und Schwanzflosse grau mit schwarzem Saum. Über seine Biologie ist fast nichts bekannt.

Ähnlich gefärbt ist der Iberische Näsling (*Ch. polylepis*), der in Fließgewässern der zentralen und westlichen Iberischen Halbinsel zu Hause ist. Seine „Nase" ist schwächer ausgebildet als die der zuvor genannten Arten. Seine Schuppen (65–74 längs der Seitenlinie) sind auffallend klein. Auch diese Art lebt gesellig in schnell strömenden Gewässern mit festem Grund.

Noch immer rätselhaft ist die Verbreitung des Lau (*Ch. genei*). Dieser kleine, meist nur 15–20 cm lang werdende Verwandte der

Südwesteuropäischer Näsling, *Chondrostoma toxostoma*

Nase unterscheidet sich von ihr durch eine kürzere „Nase“, eine halbkreisförmig gebogene Mundspalte, etwas größere Schuppen (52–56 längs der Seitenlinie), ein dunkles Flankenband und Unterschiede in der Schlundbezahnung (5–5(6)). Angeblich ist der Lau weniger als andere *Chondrostoma*-Arten auf Algennahrung spezialisiert. Er bewohnt die Barbenregion der größeren Flüsse in Nord- und Mittelitalien (u. a. Po und Etsch). Sein immer wieder gemeldetes Vorkommen nördlich der Alpen (Oberrhein, Donau und Inn) ist nie sicher belegt worden und beruht vielleicht auf Verwechslungen mit gelegentlich auftretenden Artbastarden zwischen Nase und anderen Cypriniden.

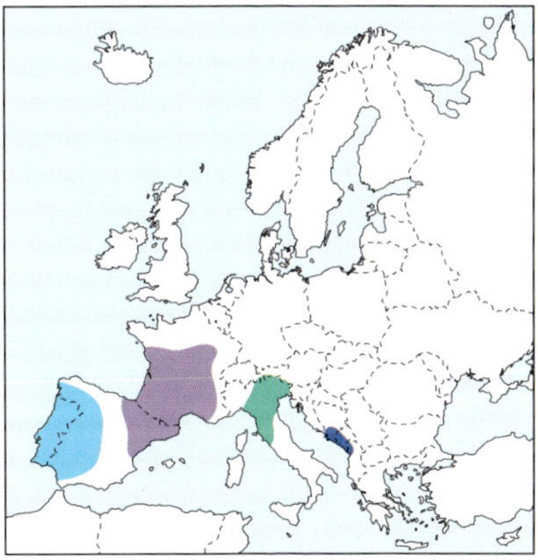

- Lau, *Chondrostoma genei*
- Südwesteuropäischer Näsling, *Ch. toxostoma*
- Iberischer Näsling, *Ch. polylepis*
- Dalmatinischer Näsling, *Ch. knerii* + Elritzen-Näsling, *Ch. phoxinus*

Dem Lau sehr ähnlich (und vermutlich zur selben Art gehörig) ist der Südwesteuropäische Näsling (*Ch. toxostoma*). Er kommt vom Stromgebiet der Rhone, Loire und Garonne bis in den Osten der Iberischen Halbinsel vor. In Gewässern, in denen er zusammen mit der Nase auftritt (z. B. im Rhonegebiet), lebt er weiter in den Oberläufen. Er hält sich permanent in denjenigen Gewässerabschnitten auf, die die Nase nur zum Laichen aufsucht, und steigt seinerseits zum Laichen bis in kleinste Rinnsale der Quellregionen auf.

Der Dalmatinische Näsling (*Ch. knerii*) bewohnt ähnliche Lebensräume im Narenta-System in Mitteldalmatien. Er wird maximal 20 cm lang, besitzt ziemlich große Schuppen (52–55 längs der Seitenlinie) und eine nur schwach ausgebildete Nase. Sein dunkles Flankenband ist meist nur in der Laichzeit deutlich.

Auch der Elritzen-Näsling (*Ch. phoxinus*) ist in Dalmatien und Bosnien zuhause. Er wird meist nur 10–12 cm lang, besitzt sehr kleine Schuppen (88–90 entlang der Seitenlinie) und eine fast endständige Mundspalte mit undeutlicher Nasenbildung. Seine Nahrung besteht zu einem erheblichen Teil aus wirbellosen Tieren im Aufwuchs, aber auch aus Algen.

Vom südlichen Balkan, aus Griechenland, dem Kaukasus und der Türkei sind noch eine Reihe weiterer *Chondrostoma*-Arten beschrieben; über ihre Biologie, Verbreitung und Systematik ist so gut wie nichts bekannt.

MAIRENKE

Chalcalburnus chalcoides

E: Danubian bleak
Familie Karpfenfische (*Cyprinidae*)

Kurzbeschreibung

Kleiner heringsähnlicher Fisch mit schwarzgrünem Rücken, silbrigen Flanken und kleinen Schuppen.

Merkmale

Körper schlank und seitlich abgeflacht. Länge meist 15–25 cm, maximal 40 cm. Mundspalte oberständig mit vorgezogenem, etwas verdicktem Unterkiefer. Schuppen klein. Afterflosse lang, beginnt erst nach dem Hinterrand der Rückenflosse (keine Überlappung). Rückenzeichnung dunkel mit großen, zusammenfließenden olivgrünen Flecken, die den größten Teil der Oberseite bedecken; Flanken und Bauchseite silbrigweiß. Rücken- und Schwanzflosse schwärzlich, andere Flossen farblos.

60–67 Schuppen entlang der Seitenlinie. Flossenstrahlen: Rückenflosse 9–11, Afterflosse 17–20, Brustflosse 16, Bauchflosse 10–11, Schwanzflosse 19. Schlundzähne 2.5–5.2, lang und dünn, mit Kerben.

Verwechslungsarten

Lauben (*Alburnus alburnus*) und Moderlieschen (*Leucaspius delineatus*) besitzen größere Schuppen und eine Afterflosse, die bereits vor dem Ende der Rückenflosse beginnt. Renken (*Coregonus* spp.) besitzen eine Fettflosse.

Lebensweise und Lebensraum

Die verschiedenen Unterarten von *Ch. chalcoides* weisen erhebliche Unterschiede in ihrer Lebensweise auf. Die im russischen als „schemaja“ bezeichneten anadromen Formen leben in Brackwasserbereichen des Kaspischen und des nördlichen Schwarzen Meeres. Zum Laichen ziehen sie bis in die Oberläufe der Flüsse. Die Wanderungen beginnen bereits im Herbst, gelaicht wird im Frühjahr über sandigen oder kiesigen Stellen. Daneben existieren mehrere Formen, die permanent im Süßwasser verbleiben. Die Flußbewohner unternehmen ebenfalls Laichwanderungen stromaufwärts, die Seepopulationen laichen an sandigen Uferstellen oder in kleinen Zu- oder Abflüssen. In der Donau kamen Mairenken früher bis in den Oberlauf vor; heute erreichen sie nur noch den Staudamm am Eisernen Tor an der rumänisch-serbischen Grenze. Seebewohnende Populationen existieren noch in bayerischen und österreichischen Voralpenseen, z. B. im Atter-, Wolfgang-, Ammer- und Chiemsee. Diese auch als „Seelauben“ bezeichneten Tiere leben in Schwärmen in uferfernen Wasserzonen, wobei sich die kälteliebenden Fische im Sommer in tiefere Schichten zurückziehen. Sie ernähren sich von Plankton, aber auch von Anflugnahrung; gerne werden Mückenlarven gefressen. Mairenken ziehen im Mai und Juni (Name!) zum Laichen zu flachen Stellen im See oder in kleinen Zuflüssen; die Eier werden an Steine oder Kies abgelegt. Die Männchen zeigen einen Laichausschlag auf Kopf und Rücken.

Mairenken, *Chalcalburnus chalcoides*

Mairenke, *Chalcalburnus chalcoides*. Porträt mit Laichausschlag

Mairenken sind langlebige Fische: für 35 cm lange Exemplare ist ein Alter von 9 Jahren nachgewiesen. Mairenken besaßen früher eine begrenzte fischereiliche Bedeutung. So berichtet der berühmte Ichthyologe Agassiz im Jahre 1832 über den Handel mit dieser Art auf dem Münchener Fischmarkt. Heute sind sie als Speisefische nur noch wenig geschätzt; vom Angler lassen sie sich im Frühjahr und Herbst mit der Fliegenrute erbeuten. Der Einfluß der zunehmenden Eutrophierung der Voralpenseen auf diese Art ist unklar. Ihre zumindest zeitweilige Lebensweise in den tiefsten Wasserzonen dürfte sie anfällig gegen Verschlammung der Gewässerböden und die dadurch bedingte Sauerstoffzehrung machen, so daß ein örtliches Verschwinden (wie beim Perlfisch) nicht ausgeschlossen werden kann. Von besonderer Bedeutung ist der Schutz der Laichplätze im Flachwasser kleiner Zuflüsse.

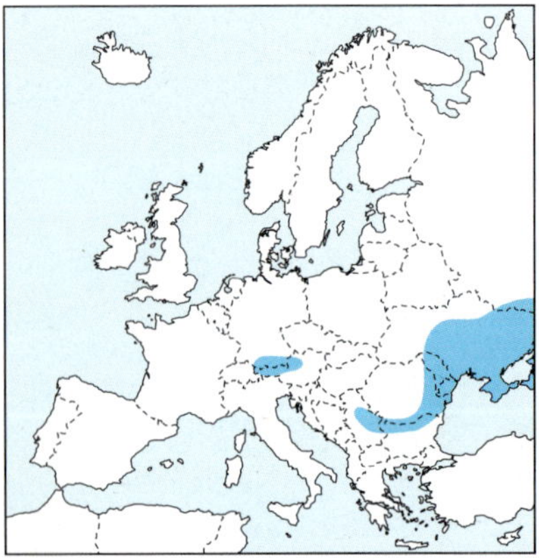

Mairenke, *Chalcalburnus chalcoides*

Verbreitung

In zahlreichen Unterarten in Südosteuropa, von den Alpen bis zum Nordwesten des Kaspischen Meeres. Die eigentliche Mairenke (*Ch. ch. mento*) heute einerseits im Unterlauf der Donau, andererseits in zahlreichen Voralpen- und Alpenseen Bayerns und Österreichs. Eine stationäre Seeform vom südlichen Balkan (Prespa-See) gilt als eigenständige Art (*Ch. belvica*).

LAUBE, UKELEI

Alburnus alburnus

E: bleak F: ablette
Familie Karpfenfische (*Cyprinidae*)

Kurzbeschreibung

Kleiner, hell gefärbter heringsähnlicher Fisch mit stark oberständiger Mundspalte und langer Afterflosse.

Merkmale

Körper schlank und seitlich abgeflacht, Schwanzstiel ziemlich hoch (Hälfte der Körperhöhe). Länge meist 12–15 cm, maximal 25 cm. Mundspalte steil oberständig, Unterkiefer nicht verdickt. Schuppen mittelgroß. Afterflosse lang, beginnt bereits vor dem Hinterrand der Rückenflosse. Rücken graugrün, Seiten und Bauch mit starkem Silberglanz. Flossen nur leicht verdunkelt bis farblos, Ansatz der paarigen Flossen teilweise gelblich.

46–54 Schuppen entlang der Seitenlinie. Flossenstrahlen: Rückenflosse 11–12, Afterflosse 18–23, Brustflosse 16, Bauchflosse 10, Schwanzflosse 19. Schlundzähne 2.5–5.2, hakenförmig, mit Kerben.

Verwechslungsarten

Mairenken (*Chalcalburnus chalcoides*) besitzen kleinere Schuppen und eine Afterflosse, die erst nach dem Hinterrand der Rückenflosse beginnt. Moderlieschen (*Leucaspius delineatus*) besitzen eine unvollstän-

Laube, *Alburnus alburnus*

dige Seitenlinie und eine kürzere Afterflosse. Renken (*Coregonus* spp.) haben eine Fettflosse.

Lebensweise und Lebensraum

Lauben sind typische Oberflächenfische, die in teilweise riesigen Schwärmen Seen und langsame Fließgewässer bewohnen; in der Ostsee gehen sie auch ins Brackwasser. Sie finden sich sowohl in Ufernähe als auch im freien Wasser. In der Ernährung sind sie nicht sonderlich spezialisiert und fressen tierisches und pflanzliches Plankton sowie Anflugnahrung. Als Lebensraum meiden sie allzu dichte Vegetation und trübe Gewässer, sind jedoch gegen Sauerstoffmangel und Verschmutzungen nicht sonderlich empfindlich. Lauben laichen von April bis Juni an flachen Uferstellen. Sie benötigen kein besonderes Laichsubstrat, sondern geben die Eier an Steine, überschwemmtes Gras, verrottende Vegetation und sogar an Betonbefestigungen ab. Die Männchen zeigen einen Laichausschlag. Lauben stellen die Nahrungsgrundlage zahlreicher Raubfische dar.

Lauben sind vor allem in Seen meist die häufigsten Fische, die auch heute noch lokal in Massen vorkommen. In Norddeutschland wird allerdings seit einigen Jahren ein drastischer Bestandsrückgang beobachtet – die Gründe sind unklar. Eine direkte wirtschaftliche Bedeutung besteht nicht, auch für Angler sind Lauben höchstens als Köderfische interessant.

Verbreitung

Von der Wolga bis Westeuropa; nicht im Mittelmeerraum, Irland, Schottland und in Nordskandinavien.

Laube, *Alburnus alburnus*. Freilandaufnahme

Weißer Ukelei, *Alburnus albidus*

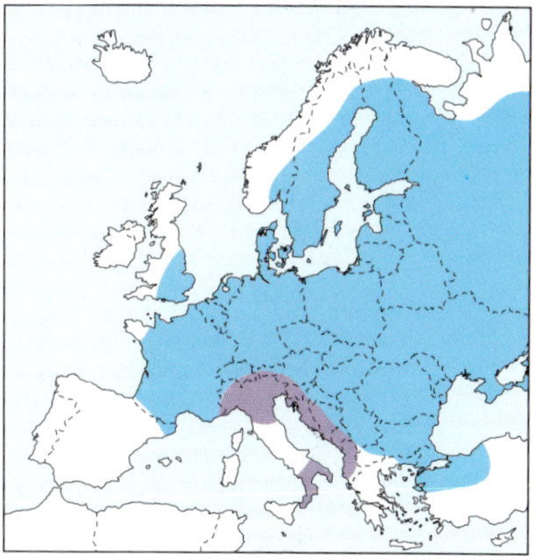

■ Laube, *Alburnus alburnus*
■ Weißer Ukelei, *A. albidus*

Weitere Arten

Der Weiße Ukelei (*A. albidus*) kommt südlich der Alpen in Norditalien, an der dalmatinischen Küste bis Albanien sowie in Süditalien vor. Er ist der Laube in allem sehr ähnlich und unterscheidet sich am sichersten durch die größere Zahl der Afterflossenstrahlen (je nach Unterart 14–19), die norditalienische Form („*alborella*") auch durch ein graues Flankenband.

Der Kaukasische Ukelei (*A. charusini*) vertritt die Laube in stillen Gewässern des Kaukasus und des Uraldeltas. Er ähnelt der Laube, kann aber je nach Herkunft eine ziemlich gedrungene Gestalt aufweisen; auffällig ist der lange Schwanzstiel.

SCHNEIDER
Alburnoides bipunctatus

E: spirlin F: spirlin
Familie Karpfenfische (*Cyprinidae*)

Kurzbeschreibung

Kleiner, gedrungener Karpfenfisch mit auffällig dunkel gesäumter und gebogener Seitenlinie, sowie einem manchmal undeutlichen dunklen Flankenband.

Merkmale

Körper seitlich abgeflacht und leicht hochrückig. Länge meist 10–12 cm, maximal 16 cm. Mundspalte endständig. Schuppen mittelgroß. Afterflosse lang, beginnt erst hinter dem Hinterrand der Rückenflosse. Rückenfärbung bräunlich-oliv mit Metallglanz, Bauchseite silberglänzend; Flanken mit dunklem, manchmal undeutlichem Längsband oberhalb der Seitenlinie. Seitenlinie stark nach unten durchgebogen, zum Teil geknickt, oben und unten auffällig schwarz eingefaßt; da die Einfassung jeweils von den hellen Schuppenhinterrändern unterbrochen wird, erinnert sie an eine Textilnaht (Name!). Flossen grau bis gelblich, Ansatzstellen der

Schneider, *Alburnoides bipunctatus*. Laich

Brust-, Bauch- und Afterflosse meist kräftig gelb bis orange gefärbt.

44–54 Schuppen entlang der Seitenlinie. Flossenstrahlen: Rückenflosse 10–11, Afterflosse 18–20, Brustflosse 15, Bauchflosse 9–10, Schwanzflosse 19. Schlundzähne 2.5–5(4).2, nicht gekerbt.

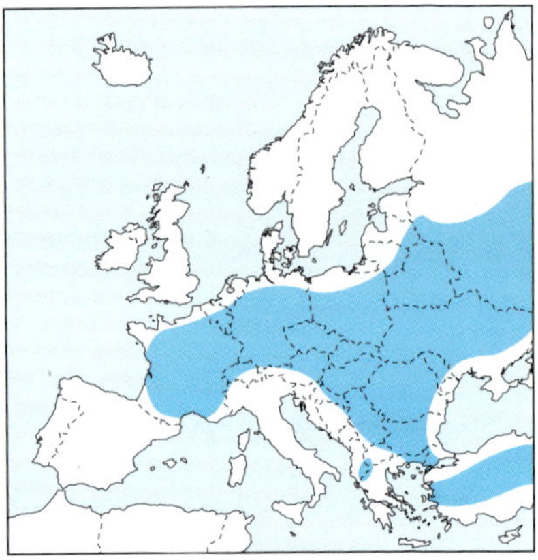

Schneider, *Alburnoides bipunctatus*

Verwechslungsarten

Der Strömer (*Leuciscus souffia*) besitzt eine viel kürzere Afterflosse; seine Seitenlinie ist einfach gezeichnet.

Lebensweise und Lebensraum

Im Gegensatz zur Laube bevorzugt der Schneider fließende Gewässer, kommt aber auch in Seen vor. Dabei bewohnt er hauptsächlich mittlere bis kleine Flüsse und Bäche, in denen er meist in kleinen Trupps in der kräftigsten Strömung steht. Gegen hohe Temperaturen ist er weniger empfindlich als Forellen und Äschen, dagegen stellt er höchste Anforderungen an Sauberkeit und hohen

Schneider, *Alburnoides bipunctatus*

Sauerstoffgehalt. Typische Schneider-Biotope sind sommerwarme, kleine Bäche mit stärkerer Strömung und festem Grund, in denen er oft gemeinsam mit Gründlingen und Schmerlen auftritt. Er ernährt sich sowohl von bodenlebenden Wirbellosen (vor allem Insektenlarven), als auch von Plankton und Anflug. Gelaicht wird von Mai bis Juni an seichten, überströmten Stellen über Sand oder feinem Kies.

Während der Schneider im System von Rhein und Elbe wohl schon immer selten war, kam er früher im Einzugsgebiet der Donau recht häufig vor. Auch dort gehört er mittlerweile zu den Raritäten. Schuld ist wohl vor allem die Verschmutzung der Wohngewässer, aber auch die Verschlammung von Laichgründen und die Bestockung fast aller in Frage kommenden Bäche mit Regenbogenforellen. Wichtig ist der Erhalt natürlicher Fließstrecken vor allem in der Äschenregion. Eine wirtschaftliche Bedeutung kommt dieser seltenen Kleinfischart nicht zu.

Verbreitung

Vom Ural bis zu den Pyrenäen; fehlt im Mittelmeerraum, auf den Britischen Inseln und in Skandinavien. Es wurden mehrere Unterarten beschrieben, eine davon aus dem Ochrid- und Skutarisee in Albanien.

GÜSTER, BLICKE
Abramis bjoerkna

E: white bream F: brème bordelière
Familie Karpfenfische (*Cyprinidae*)

Kurzbeschreibung

Hochrückiger und seitlich stark abgeflachter Karpfenfisch mit kurzer Rücken- und langer Afterflosse. Ansatz der paarigen Flossen meist rötlich.

Merkmale

Körper seitlich stark abgeflacht, hochrückig. Länge meist 20–30 cm, maximal 36 cm. Kopf relativ klein, Augen ziemlich weit vorne stehend (Abstand vom Augenvorderrand zur Schnauzenspitze gleich oder kleiner als Augendurchmesser). Mundspalte end- bis leicht unterständig, nicht zu einem Saugrüssel verlängerbar. Schuppen groß. Afterflosse lang; Brustflossen kurz, erreichen zurückgelegt nicht die Basis der Bauchflossen. Rückenfärbung dunkel, Flanken und Bauch hell silberglänzend. Flossen grau, Basis und Ansatz der Brust- und Bauchflossen meist rötlich.

44–50 Schuppen entlang der Seitenlinie. Flossenstrahlen: Rückenflosse 11, Afterflosse 22–26, Brustflosse 15–16, Bauchflosse 10, Schwanzflosse 19. Schlundzähne 2(3).5–5.2(3).

Verwechslungsarten

Brachsen (*Abramis brama*) mit weiter hinten stehenden Augen (Schnauze länger als Augendurchmesser), längeren Brustflossen (erreichen meist den Bauchflossenansatz), ohne Rottöne in den Flossen und nur einer Schlundzahnreihe. Zobel (*A. sapa*) und Zope (*A. ballerus*) mit viel längeren Afterflossen, Bitterling (*Rhodeus sericeus*) ohne vollständige Seitenlinie. Die nicht seltenen Bastarde

Güster, *Abramis bjoerkna*

Güster, *Abramis bjoerkna*

zwischen Güstern und Brachsen zeigen intermediäre Merkmale und sind schwer zu bestimmen.

Lebensweise und Lebensraum

Güstern leben gesellig in langsam fließenden oder stehenden Gewässern. Sie besiedeln vor allem vegetationsreiche Flußufer und Altwässer im Bereich der Unterläufe (Brachsenregion), wo sie auch ins Brackwasser der Flußmündungen vordringen. In Seen entfernen sie sich meist nicht weit von der ufernahen Pflanzenzone. Meist halten sie sich in Bodennähe auf (oft in gemischten Gruppen mit Brachsen). Die nicht zu einem Saugrohr ausstülpbare Mundöffnung weist allerdings auf Unterschiede in der Ernährung der beiden Arten hin: Güstern sind weniger auf Bodennahrung spezialisiert, sondern besitzen ein außerordentlich breites Ernährungsspektrum unter Bevorzugung von tierischem und pflanzlichem Plankton. Die Fortpflanzung findet im Mai und Juni statt. Das Männchen trägt in dieser Zeit einen schwachen, sehr feinkörnigen Laichausschlag. Das Ablaichen erfolgt unter viel Geplätscher im Schwarm an seichten Uferstellen; im Gegensatz zu Brachsen oder Rotaugen sind Güstern nicht unbedingt auf dichte Pflanzenbestände als Laichsubstrat angewiesen, auch wenn diese bevorzugt werden. Ihr Wachstum ist relativ langsam; nach 3 Jahren sind sie oft erst 8–12 cm lang. Allerdings können sie bei dieser Größe bereits geschlechtsreif werden.

In den vergangenen Jahrzehnten wurde der Lebensraum der Güstern durch die Anlage von Stauseen deutlich erweitert; gegen Wasserverschmutzung erwiesen sie sich etwas empfindlicher als Brachsen. Wirtschaft-

Güster, *Abramis bjoerkna*. Porträt im Freiland

lich werden sie in größerem Umfang nur in Osteuropa genutzt. Der Angler erbeutet Güstern am ehesten mit der Grundangel; die mißtrauischen Tiere nehmen Köder nicht leicht an.

Verbreitung

Vom Ural bis zum Atlantik, der Mittelmeerraum und der hohe Norden werden ausgespart.

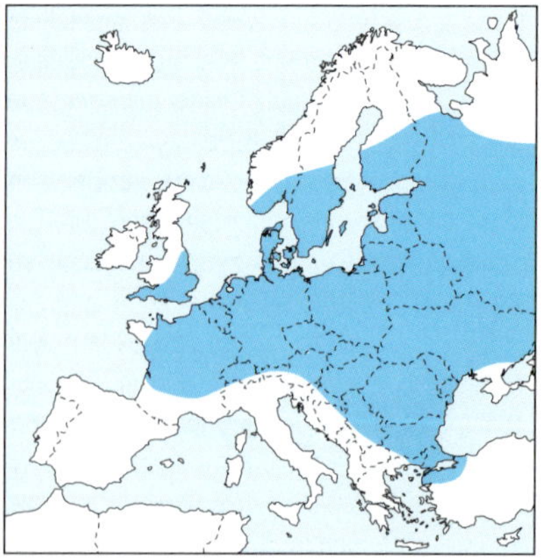

Güster, *Abramis bjoerkna*

BRACHSEN, BLEI

Abramis brama

E: bream F: brème commune
Familie Karpfenfische (*Cyprinidae*)

Kurzbeschreibung

Hochrückiger und seitlich stark abgeflachter Karpfenfisch mit kurzer Rücken- und langer Afterflosse. Flossen ohne Rot.

Merkmale

Körper seitlich stark abgeflacht, hochrückig. Länge meist 25–40 cm, maximal 90 cm bei 10 kg Gewicht. Kopf relativ klein, Schnauze etwas verlängert und vorne stumpf abgerundet (Abstand vom Augenvorderrand zur Schnauzenspitze deutlich größer als Augendurchmesser). Mundspalte end- bis leicht unterständig, zu einem Saugrüssel verlängerbar. Schuppen groß. Afterflosse lang; Brustflossen lang, erreichen zurückgelegt meist die Basis der Bauchflossen. Rückenfärbung dunkelgrau, bei alten Tieren mit grünlichem oder goldfarbenem Schimmer; Flanken heller und glänzend, Bauch weiß. Flossen dunkelgrau; paarige Flossen etwas heller, aber nicht rötlich.

50–57 Schuppen entlang der Seitenlinie. Flossenstrahlen: Rückenflosse 12, Afterflosse 26–31, Brustflosse 16, Bauchflosse 10, Schwanzflosse 19. Schlundzähne 5–5.

Verwechslungsarten

Güstern (*Abramis bjoerkna*) unterscheiden sich durch weiter vorne stehende Augen (Schnauze nicht länger als der Augendurchmesser), kürzere Brustflossen (erreichen nicht die Basis der Bauchflossen), rötliche Basis der paarigen Flossen und zwei Reihen von Schlundzähnen. Zobel (*A. sapa*) und Zope (*A. ballerus*) besitzen sehr viel längere

Brachsen, *Abramis brama*

Afterflossen, der Bitterling (*Rhodeus sericeus*) hat eine unvollständige Seitenlinie.

Die nicht seltenen Bastarde zwischen Güster und Brachsen zeigen intermediäre Merkmale und sind schwer zu bestimmen.

Lebensweise und Lebensraum

Brachsen gehören wegen ihrer Körperform und Häufigkeit zu den auffälligsten einheimischen Fischen. Die bevorzugt besiedelten, träge fließenden Flußunterläufe bis zur Mündung sind als „Brachsenregion" bekannt; daneben kommen Brachsen aber auch in Seen verschiedenster Art vor, besonders häufig in flachen, eutrophen Gewässern, die sich im Sommer gut erwärmen, aber auch in Brackwasserbereichen der Ostsee, des Schwarzen und des Kaspischen Meeres. Brachsen leben in kleinen Gruppen in oder nahe den biologisch produktiven, bewachsenen Uferzonen, wo sie den weichen Boden nach Freßbarem durchwühlen. Dabei dringt der zu einem Rüssel vorstülpbare Mund bis 10 cm tief in den Schlamm ein und hinterläßt charakteristische trichterförmige „Brachsenlöcher". Gefressen werden fast ausschließlich im Boden lebende Kleintiere, vor allem Büschel- und Zuckmückenlarven, aber auch kleine Muscheln und Krebstiere. In Gewässern ohne oder mit verarmter Bodenfauna (z. B. in stark eutrophierten Seen mit Faulschlamm am Grund) können sich Brachsen auch von Plankton ernähren. Dort bleiben sie aber im Wachstum zurück und bilden wenig hochrückige, großäugige Kümmerformen. Während kleine Brachsen auch am Tage im Flachwasser verbleiben, ziehen sich die scheueren großen Tiere in tiefere Zonen zurück und kommen erst nachts an die Oberfläche. Im uferfernen, freien Wasser fin-

Brachsen, *Abramis brama*. Porträt mit Laichausschlag

det man Brachsen nur in sehr flachen Seen mit Unterwasservegetation. Brachsen laichen in großen Gruppen von Mai bis Juli in dichten Pflanzenbeständen des ufernahen Flachwassers; die kleinen, ca. 1,5 mm großen Eier bleiben an den Pflanzen kleben. Die Männchen zeigen einen starken Laichausschlag fast am ganzen Körper mit Ausnahme der Rückenflosse. Im Gegensatz zu vielen anderen Fischen (z. B. Lauben oder Karpfen), die beim Ablaichen jede Scheu vermissen lassen, bleiben Brachsen auch während des Laichvorgangs vorsichtig und fliehen bei Gefahr. Laichwanderungen werden nicht durchgeführt, lediglich die Brackwasserbewohner ziehen in die Flüsse.

Die besonders hochrückige und seitlich extrem abgeflachte Körperform des Brachsens – und einiger weiterer Arten – stellt eine Anpassung an den Feinddruck durch Raubfische und fischfressende Vögel dar. Bei allen Räubern, die ihre Beutetiere im Ganzen verschlucken müssen, ist deren Durchmesser der begrenzende Größenfaktor. Ein gleich schwerer Döbel hat viel mehr potentielle Feinde als ein Brachsen, da er von der Körperform her einfach besser zu verschlingen ist. Dieser offenkundige Vorteil wird allerdings damit erkauft, daß hochrückige Fische auf Gewässer mit geringer Fließgeschwindigkeit beschränkt sind. In schneller Strömung verbrauchen sie zu viel Energie, da der Wasserwiderstand (auch beim Schwimmen in Stromrichtung) von der Größe der Oberfläche abhängt; in schnell fließenden Gewässern sind daher Fische mit spindelförmiger, drehrunder Gestalt erheblich bevorzugt.

In kleinen Seen oder Teichen ohne ausreichenden Bestand an Freßfeinden neigen Brachsen zur Bildung „verbutteter“ Bestände: Die Tiere wachsen langsam, bleiben klein und pflanzen sich bereits bei geringer Körpergröße fort. Dieser – vom Angler nicht gewünschte – Vorgang findet sich auch bei einigen anderen Fischarten (z. B. dem Flußbarsch) und stellt eine biologische Anpassung an die Verhältnisse in kleinen Gewässern dar. Im Gegensatz zu anderen Arten, die ihre „Überbevölkerung“ durch Kannibalismus oder Revierstreß solange reduzieren, bis sich die verbleibenden Tiere normal entwickeln können (Hecht, Hundsfisch), verlangsamen die zur Verbuttung befähigten Arten einfach ihr Wachstum und werden bereits als kleine Tiere laichreif. Der Vorteil liegt darin, daß eine große Zahl kleinwüchsiger Tiere in einem geschlossenen Gewässer in ihrem Bestand natürlich viel weniger anfällig gegenüber Verlusten durch Feinde oder

Krankheiten ist, als wenige normal große Exemplare. Es ist unklar, ob diese Entwicklung einfach durch Nahrungsmangel eingeleitet wird, oder ob auch andere Faktoren (z. B. Individuendichte) eine Rolle spielen. Fest steht, daß Verbuttung nur verhindert werden kann, indem der Bestand drastisch reduziert wird, sei es durch verstärkten Fang oder durch den Besatz mit Raubfischen. Auch Vögel, wie die geschmähten Reiher und Kormorane, können auf solche Bestände sicher Einfluß nehmen. Eine erbliche Fixierung besteht nicht – Tiere aus verbutteten Beständen entwickeln sich zu normal großen Fischen, wenn man sie in andere Gewässer umsetzt.

Wirtschaftlich ist der Brachsen vor allem im nördlichen und östlichen Teil seines Verbreitungsgebiets wichtig. Er wird sowohl kommerziell mit Stell- und Zugnetzen gefangen als auch mit der Grundangel erbeutet.

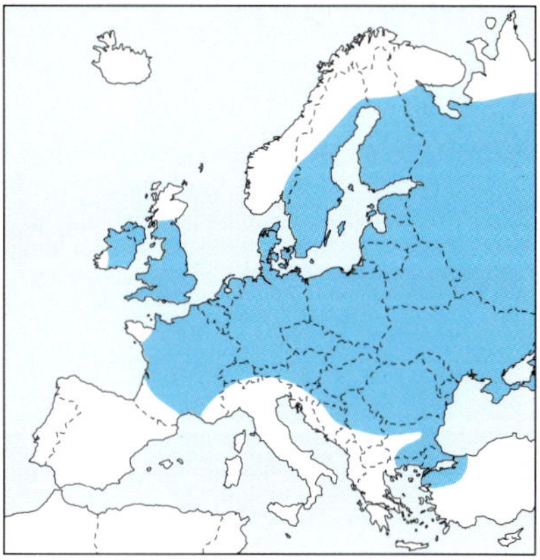

Brachsen, *Abramis brama*

Brachsen, *Abramis brama*. Porträt

Sein Fleisch ist gut, aber grätenreich. Was für die Güster zutrifft, gilt in noch höherem Maße für den Brachsen: Durch die Umwandlung unserer Flüsse in Ketten von Stauseen konnte sich das Vorkommen des Brachsens bis in die Oberläufe ausdehnen. Nach Anlegen einer Staustufe werden die durch Ausbleiben des Nachwuchses überalternden und schließlich verschwindenden Bestände von Nasen und Barben graduell durch Brachsen, Güstern und Rotaugen ersetzt, da letztere zum Laichen nicht auf sauberen Kiesgrund angewiesen sind. Aufgrund seiner erstaunlichen Unempfindlichkeit gegenüber Wasserverschmutzungen kommt der Brachsen heute auch in stark belasteten Gewässern zum Teil in Massen vor.

Verbreitung

Vom Kaspischen Meer und vom Ural bis Westeuropa; der Mittelmeerraum wird weitgehend ausgespart, ebenso Nordschottland und das nördliche Skandinavien.

ZOBEL
Abramis sapa

E: white-eyed bream
Familie Karpfenfische (*Cyprinidae*)

Kurzbeschreibung

Mäßig hochrückiger, seitlich stark abgeflachter Karpfenfisch mit „Ramsnase", kurzer Rücken- und sehr langer, dunkel gerandeter Afterflosse. Schwanzflosse asymmetrisch.

Merkmale

Körper seitlich stark abgeflacht, mäßig hochrückig. Länge meist 15–25 cm, maximal 35 cm. Kopf relativ klein, Schnauze kurz, verdickt und abgerundet, Mundspalte unterständig, zu einem Saugrüssel verlängerbar. Schuppen groß. Afterflosse extrem lang (mindestens 1/3 der Körperlänge); Brustflossen lang, erreichen zurückgelegt die Basis der Bauchflossen; Schwanzflosse asymmetrisch, untere Hälfte auffällig verlängert. Rückenfärbung dunkelgrau (manchmal mit grünlichem Anflug, aber nie mit Blautönen), Flanken heller und wenig glänzend, Bauch weißlich. Flossen ziemlich hell, Rücken- und Afterflossen dunkel gesäumt.

47–52 Schuppen entlang der Seitenlinie. Flossenstrahlen: Rückenflosse 11, Afterflosse 41–48, Brustflosse 16, Bauchflosse 10, Schwanzflosse 19. Schlundzähne 5–5.

Verwechslungsarten

Die Zope (*A. ballerus*) ist in der Gestalt sehr ähnlich. Sie unterscheidet sich durch eine spitzere Schnauze mit endständiger bis leicht oberständiger Mundspalte, viel kleinere Schuppen und eine helle, dunkel gerandete Schwanzflosse. Brachsen (*A. brama*) und Güster (*A. bjoerkna*) besitzen eine deutlich kürzere Afterflosse und sind meist hochrückiger.

Zobel, *Abramis sapa*. Jungtier

Zobel, *Abramis sapa*

Lebensweise und Lebensraum

Wie die im Vergleich zum Brachsen schlankere Körperform bereits vermuten läßt, ist der Zobel eine an schneller fließende Gewässer angepaßte Art. Er lebt in Unter- und Mittelläufen größerer Flüsse, wo er sich in Gruppen meist im Hauptstrom aufhält. Im Kaspischen Meer und in den ausgesüßten Teilen des nördlichen Schwarzen Meeres geht er auch ins Brackwasser. Diese Populationen unternehmen Laichwanderungen in die Flüsse, wo sie auch überwintern. Zobel ernähren sich von bodenlebenden Tieren (Insektenlarven, Mollusken und anderen Wirbellosen), seltener von Pflanzenmaterial. Bei der Nahrungssuche gehen Zobel auch in die weniger stark durchströmten Neben- und Altarme der Flüsse und durchsuchen dort den weichen Boden. Zur Fortpflanzung sind sie aber auf schneller strömende Abschnitte des Hauptstroms mit steinigem, sedimentfreiem Flußbett angewiesen; dort geben sie im April und Mai bis zu 100 000 Eier ab, die an Steinen oder Pflanzen haften. Männchen zeigen starke Laichausschläge. Zobel wachsen im Vergleich zu anderen *Abramis*-Arten ziemlich langsam, die Geschlechtsreife tritt erst nach 4 Jahren ein.

Als strömungsliebende Flußlaicher sind Zobel überall dort verschwunden, wo Stauseen die ursprünglichen Fließstrecken ersetzt haben und die steinigen Laichgründe von schlammigem Sediment bedeckt sind. Sollten alle in Planung befindlichen Staustufen der Donau gebaut werden, wird der Zobel, der auch früher nie häufig war, dort wohl nicht weiter existieren können. Eine weitere Ursache für das Verschwinden des Zobels scheint seine Empfindlichkeit gegenüber Wasserverunreinigungen zu sein – eine

ZOPE
Abramis ballerus

E: blue bream
Familie Karpfenfische (*Cyprinidae*)

Zobel, *Abramis sapa*

besonders nachteilige Eigenschaft für eine flußbewohnende Art in unserer Region. Eine wirtschaftliche Bedeutung hat er höchstens in Osteuropa. Für Angler ist dieser Fisch kaum interessant, da sein fett- und grätenreiches Fleisch wenig beliebt ist. Früher war der Zobel in Süddeutschland unter der Bezeichnung „Halbbrachsen" im Handel.

Verbreitung

Vom System der Wolga bis zum Donaubecken.

Kurzbeschreibung

Mäßig hochrückiger, seitlich stark abgeflachter Karpfenfisch mit spitzem Kopf, kurzer Rücken- und sehr langer, dunkel gerandeter Afterflosse. Schwanzflosse asymmetrisch, ebenfalls dunkel gerandet.

Merkmale

Körper seitlich stark abgeflacht, mäßig hochrückig. Länge meist 20–30 cm, maximal 35 cm. Kopf relativ klein, Schnauze kurz und spitz, Mundspalte end- bis leicht oberständig. Schuppen klein. Afterflosse extrem lang (mindestens 1/3 der Körperlänge); Brustflossen lang, erreichen zurückgelegt die Basis der Bauchflossen; Schwanzflosse asymmetrisch, untere Hälfte auffällig verlängert. Rückenfärbung dunkelgrau mit bläuli-

Zope, *Abramis ballerus*

Zope, *Abramis ballerus*

chem bis grünlichem Glanz, Flanken heller, silberglänzend mit gelblichem oder rötlichem Anflug, Bauch weißlich. Flossen farblos bis gelblich, Rücken-, Schwanz- und Afterflossen dunkel gesäumt.

66–73 Schuppen entlang der Seitenlinie. Flossenstrahlen: Rückenflosse 11–12, Afterflosse 39–46, Brustflosse 16, Bauchflosse 10, Schwanzflosse 19. Schlundzähne 5–5.

Verwechslungsarten

Der Zobel (*A. sapa*) ist in der Gestalt sehr ähnlich; er unterscheidet sich durch eine stumpf gerundete Schnauze mit unterständiger Mundspalte, größere Schuppen und eine einförmig hellgraue Schwanzflosse. Sowohl Brachsen (*A. brama*) als auch Güster (*A. bjoerkna*) besitzen eine deutlich kürzere Afterflosse ohne auffällig dunklen Saum und sind meist hochrückiger.

Lebensweise und Lebensraum

Wie der Zobel kommt auch diese Art in großen Fließgewässern vor. Sie bevorzugt das langsam fließende Wasser von Mittel- und Unterläufen, ist aber auch in Seen anzutreffen. Im Gegensatz zum Zobel ernährt sie sich weniger von Bodentieren, sondern frißt vorwiegend tierisches Plankton im freien Wasser. In Flüssen kommt die Zope vorwiegend im ufernahen Bereich vor, während sie in Seen eher die offenen Wasserzonen besiedelt; bei Hochwässern weichen Zopen gerne zur Nahrungsaufnahme auf die überschwemmten Flächen aus. Wie der Zobel ist auch die Zope auf kiesige Flußabschnitte zur Fortpflanzung angewiesen. Zur Laichzeit von April bis Mai unternimmt sie Wanderungen flußaufwärts, um an überströmten, bewachsenen Stellen mit sauberem Kiesgrund ihre Eier abzugeben. Diese benötigen eine Entwicklungszeit von 10–15 Tagen; Zopen erreichen die Geschlechtsreife nach ca. 4 Jahren.

Auch die Zope ist durch den zunehmenden Flußverbau in ihrem Bestand gefährdet; er verhindert die Laichwanderung und zerstört die Laichgründe. Während sie in der unteren und mittleren Donau noch regelmäßig auftritt, ist sie westlich von Oberösterreich weitgehend verschwunden. Da Zopen relativ empfindlich auf Gewässerverschmutzung reagieren, mag auch dies zu ihrem Rückgang beigetragen haben. Für die Fischerei und den Angler sind Zopen nicht von Interesse; sie gelten aufgrund ihres grätenreichen Fleisches als minderwertige Speisefische.

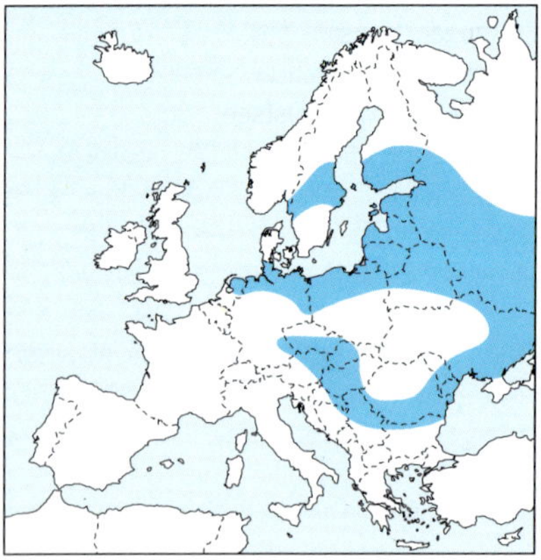

Zope, *Abramis ballerus*

Verbreitung

Vom Ural über die Systeme der nördlichen Schwarzmeerzuflüsse bis ins Donaubecken, außerdem in Ost- und Nordseezuflüssen vom Baltikum bis in die Niederlande.

RUSSNASE, ZÄHRTE

Vimba vimba

Familie Karpfenfische (*Cyprinidae*)

Kurzbeschreibung

Mäßig hochrückiger Karpfenfisch mit dunkler, nasenartiger Schnauze und hufeisenförmiger, unterständiger Mundspalte ohne harten Kieferbelag.

Merkmale

Körper seitlich abgeflacht, mäßig hochrückig. Länge meist 20–30 cm, maximal 50 cm. Kopf ziemlich lang, Schnauze lang nasenartig ausgezogen. Mundspalte unterständig, von unten gesehen hufeisenförmig. Schuppen mittelgroß; eine Reihe gekielter Schuppen zwischen Rücken- und Schwanzflosse. Afterflosse mäßig lang. Rückenfärbung dunkelgrau bis bläulich, Flanken silberglänzend, Bauch weiß. Rücken- und Schwanzflosse bleigrau, paarige Flossen und Afterflossen oft rötlich. Zur Laichzeit bei beiden Geschlechtern Oberseite bis zur Seitenlinie glänzend schwarz, Brust-, Bauch- und Afterflossen und deren Ansatzstellen

Rußnase, *Vimba vimba*. Porträt

Rußnase, *Vimba vimba*

(zum Teil die ganze Unterseite) kräftig orangefarben.

53–61 Schuppen entlang der Seitenlinie. Flossenstrahlen: Rückenflosse 11, Afterflosse 20–25, Brustflosse 16, Bauchflosse 11–12, Schwanzflosse 19. Schlundzähne 5–5.

Verwechslungsarten

Nasen (*Chondrostoma nasus*) besitzen eine gerade, querstehende Mundspalte mit hartem Belag auf dem Unterkiefer und eine viel kürzere Afterflosse; die Afterflosse des Zobel (*Abramis sapa*) dagegen ist sehr viel länger, seine Schnauze ist nicht nasenartig verlängert. Renken (*Coregonus* spp.) mit „Schnäpelnasen“ besitzen eine Fettflosse.

Lebensweise und Lebensraum

Rußnasen leben ähnlich wie die nahverwandten Arten der Gattung *Abramis*; sie bevorzugen langsam fließende Flußunterläufe, kommen aber auch in Seen vor und gehen im Bereich von Ostsee, Schwarzem und Kaspischem Meer auch ins Brackwasser. Rußnasen halten sich meist in den flachen Uferzonen auf, wo sie teilweise gemischte Schwärme mit Brachsen und Güstern bilden und den Bodengrund nach Freßbarem absuchen; die Nahrung besteht hauptsächlich aus Kleintieren. Zur Laichzeit (Mai-August) gehören die sonst unscheinbaren Tiere mit ihrem schwarz-orangen „Hochzeitskleid“ zu den schönsten europäischen Süßwasserfischen; sie unternehmen Laichwanderungen bis in die Barbenregion, wo sie an flachen, sandigen Stellen im Uferbereich laichen.

Rußnasen waren im mitteleuropäischen Teil ihres Verbreitungsgebiets noch nie sonderlich häufig; gegenwärtig ist ein Rückgang ihres Bestandes nur im Nordwesten zu beobachten. Während sie gegenüber organischer

Verschmutzung und Sauerstoffmangel relativ tolerant sind, reagieren sie empfindlich auf Industrieabwässer und Versalzung. Sie haben – mit Ausnahme Osteuropas – kaum eine wirtschaftliche Bedeutung, abgesehen von der gelegentlichen Vermarktung als geräucherter „Steckerlfisch".

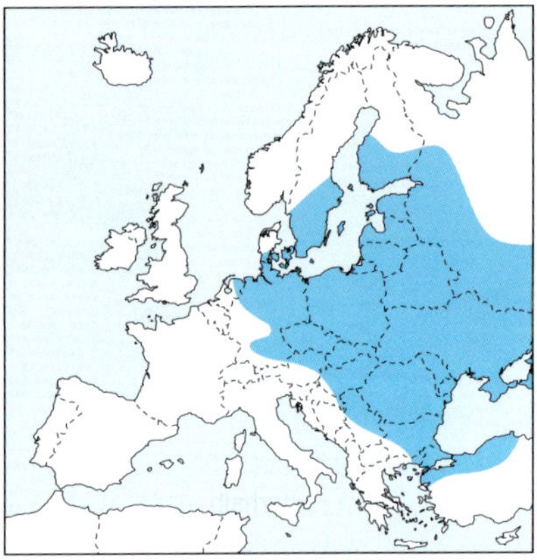

Rußnase, *Vimba vimba*

Verbreitung

Vom Kaukasus bis zur Nordsee; in der Donau zumindest früher bis Ulm. Nicht im Mittelmeerraum und in Nordskandinavien.

Der Seerüßling (*V. v. elongata*) aus bayerischen und österreichischen Seen wird von manchen Autoren auch als gute Art (*V. elongata*) angesehen. Er ist kleiner und schlanker, mit kürzerer „Nase" und größeren Augen, zur Laichzeit wird er nicht bunt.

ZIEGE, SICHLING

Pelecus cultratus

F: rasoir
Familie Karpfenfische (*Cyprinidae*)

Kurzbeschreibung

Seitlich stark abgeflachter Fisch mit fast gerader Rücken- und gebogener, kielartiger Bauchlinie, stark oberständiger Mundspalte und weit hinten stehender Rückenflosse.

Merkmale

Körper seitlich stark abgeflacht, Rückenlinie fast gerade, Bauchlinie sichelförmig gebogen und mit scharfem Kiel. Länge meist 25–35 cm, maximal 60 cm. Kopf sehr klein mit ungewöhnlich großen Augen und großer, steil nach oben gerichteter Mundspalte. Schuppen sehr klein; Seitenlinie vorne stark durchgebogen, hinter der Mitte mehrfach gewellt. Rückenflosse klein und weit nach hinten verlagert, Brustflossen groß und „flügelartig" ausgezogen, Bauchflossen klein, Afterflosse lang. Rücken dunkel mit Grün- und Blautönen, Flanken stark silberglänzend, Bauch weiß. Bauch- und Afterflossen leicht rötlich, die anderen gelbgrau.

90–115 Schuppen entlang der Seitenli-

Ziege, *Pelecus cultratus*. Typisch sind die lang ausgezogenen Brustflossen.

Ziege, *Pelecus cultratus*

nie. Flossenstrahlen: Rückenflosse 10–11, Afterflosse 29–32, Brustflosse 16, Bauchflosse 9, Schwanzflosse 19. Schlundzähne 2.5–5.2.

Verwechslungsarten

Unverwechselbar; kein anderer europäischer Fisch besitzt eine derart gekielte Bauchkante.

Lebensweise und Lebensraum

Die Ziege ist ein ungewöhnlich aussehender Karpfenfisch, der in Europa keine nahen Verwandten besitzt. Er gehört wohl zur Gruppe der „Kielkarpfen“, die mit vielen Arten in Ost- und Südasien verbreitet sind. Ziegen sind Schwarmfische der freien Wasserflächen, die vor allem in den träge fließenden Flußunterläufen, aber auch in großen Seen vorkommen. In der Ostsee, im Schwarzen und im Kaspischen Meer gibt es Populationen, die sich außerhalb der Laichzeit im Brackwasser aufhalten. Ziegen ernähren sich vorwiegend von tierischem Plankton und von Anflug, große Tiere fressen häufig auch Fische. Tagsüber sind sie eher in tieferen Wasserschichten zu finden, während sie nachts an die Oberfläche kommen. Zur Laichzeit von Mai bis Juli unternehmen sie Laichwanderungen in flußaufwärts gelegene Gebiete, die Brackwasserpopulationen ziehen in die Unterläufe, die Seebewohner zum Ufer. Wie ihre asiatischen Verwandten laichen sie im freien Wasser, die befruchteten Eier schwimmen als Plankton in der Strömung und entwickeln sich innerhalb von nur 2–3 Tagen. Die flußaufwärts gerichteten Laichwanderungen dienen somit nicht, wie bei den meisten substratlaichenden Flußfischen, dem Aufsuchen sauberer Laichplätze, sondern verhindern, daß der Laich ins Meer abgetrieben wird, bevor die Jungfische schwimmfähig sind. Für große, ca. 60 cm lange Exemplare wurde ein Alter von 11 Jahren ermittelt.

Während die Ziege im Süden und Osten noch ziemlich häufig ist, gehen die ohnehin geringen Bestände im Ostseegebiet zurück; die Gründe dafür sind unklar. Die Errichtung von Staudämmen hatte zumindest in der Wolga keine nachteiligen Effekte auf das Vorkommen dieser Art. Eine begrenzte wirtschaftliche Bedeutung besitzen nur die anadromen Populationen des Schwarzen und Kaspischen Meeres; sie werden bei der Laichwanderung mit Netzen gefangen. Als Speisefisch ist die Ziege wenig geschätzt – das Fleisch ist weich und grätenreich.

Verbreitung

Vom Kaspischen Meer bis zur mittleren Donau und ins Baltikum; früher auch im Aralsee.

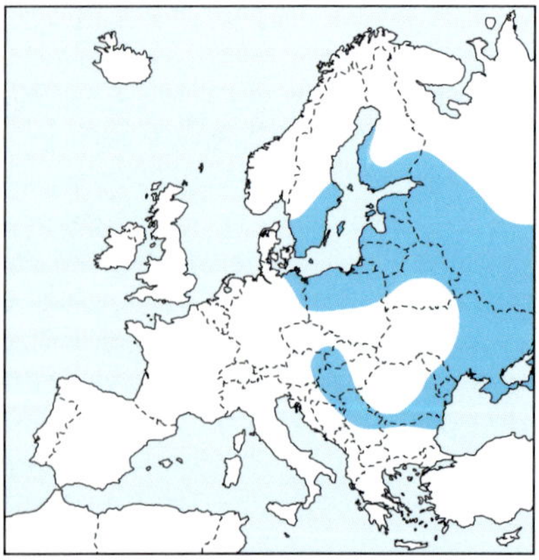

Ziege, *Pelecus cultratus*

GRASKARPFEN, GRASFISCH

Ctenopharyngodon idella

E: grass carp
Familie Karpfenfische (*Cyprinidae*)

Kurzbeschreibung

Langgestreckter, spindelförmiger Karpfenfisch mit großen Schuppen und rundlicher Rückenflosse; alle Flossen kurz.

Merkmale

Körper langgestreckt und seitlich wenig abgeflacht. Länge bis zu 1,2 m. Kopf massig, aber nicht lang; Mundspalte breit und leicht unterständig, ohne Barteln. Schuppen groß, Seitenlinie vollständig. Rücken- und Afterflosse kurz, im gespreizten Zustand mit abgerundeter, konvex gewölbter Außenkante, Schwanzflosse deutlich eingebuchtet. Rückenfärbung bräunlichgrün, Flanken heller grünlich oder grau, glänzend, Bauch weiß; netzförmiges Muster durch dunkel gerandeten Hinterrand der großen Schuppen. Flossen dunkelgrau.

42–45 Schuppen entlang der Seitenlinie; 5 Schuppenreihen unterhalb der Seitenlinie. Flossenstrahlen: Rückenflosse 10, Afterflosse 10–11, Brustflosse 21, Bauchflosse 10. Schlundzähne (1)2.(4)5–5(4).2, gesägt.

Verwechslungsarten

Der vor allem als Jungfisch sehr ähnliche Döbel (*Leuciscus cephalus*) unterscheidet sich durch die endständige Mundspalte, das Vorhandensein von nur 3–4 Schuppenreihen unterhalb der Seitenlinie und die nicht abgerundete Rückenflosse. Der Hasel (*L. leuciscus*) unterscheidet sich durch die kleineren Schuppen, die konkave Afterflosse und das Fehlen eines Netzmusters.

Graskarpfen, *Ctenopharyngodon idella*

Lebensweise und Lebensraum

Mit dem Karpfen (*Cyprinus carpio*) ist diese Art trotz ihres mittlerweile fest eingebürgerten deutschen Namens nicht näher verwandt, sie gehört vielmehr in die Gruppe der eigentlichen „Weißfische" um die Gattung *Leuciscus* (dies gilt auch für die im Anschluß aufgeführten „weiteren Arten").

Graskarpfen sind Nahrungsspezialisten, die ausschließlich vegetarisch leben. Dabei nutzen sie nicht nur – wie viele andere pflanzenfressende Fische – Algen und besonders weiche Pflanzen, sondern sind mit Hilfe ihrer messerförmigen und gesägten Schlundzähne und ihres modifizierten Verdauungssystems in der Lage, auch harte Pflanzenteile zu zerkleinern und zu verdauen; in Teichzuchten können sie sogar mit Gras gefüttert werden (Name). Dennoch kann die schwer verwertbare Nahrung nur zu einem geringen Teil verdaut werden, so daß täglich Pflanzenmaterial von bis zu 120% des Körpergewichts den Darm eines Graskarpfens passieren muß.

Graskarpfen stammen aus Ostasien. Ihre ursprüngliche Verbreitung läßt sich auch dort nicht mehr genau ermitteln, da sie seit ca. 1000 Jahren teichwirtschaftlich als Speisefische gezüchtet werden und entsprechend künstlich verbreitet wurden. Vermutlich bewohnten sie ursprünglich die großen Ströme im Süden Chinas, wo sie auch heute noch vorkommen. Von ihren Weidegründen in langsam fließenden Zonen unternehmen sie Laichzüge flußaufwärts zu schnellfließenden, kiesigen Abschnitten. Die abgegebenen Eier quellen stark und werden auf diese Weise schwimmfähig. Mit der Strömung werden sie flußabwärts getragen, wobei innerhalb von 1–2 Tagen die Jungfische schlüpfen. Diese ernähren sich in der ersten Zeit von tierischem Plankton, beginnen aber schon bei einer Länge von 3 cm damit, Pflanzennahrung aufzunehmen, und sind spätestens mit

10 cm Länge reine Vegetarier. Der Laichvorgang erfordert eine Mindestwassertemperatur von 20 °C, optimal sind 22–29 °C. In den warmen Gewässern Chinas wächst diese Art auch rasch und wird bereits nach 3 oder 4 Jahren laichreif.

Wegen ihrer Fähigkeit, grobe Pflanzennahrung zu verwerten, wurden Graskarpfen Mitte der 60er Jahre in vielen Gebieten der Welt – so auch in Europa – versuchsweise angesiedelt. Dabei stand regional unterschiedlich entweder die Fischproduktion im Vordergrund, oder der Einsatz bei der „Unkrautbekämpfung" unter Wasser. Während sich ersteres wegen des temperaturbedingt langsamen Wachstums in Europa als unrealistisch erwies, waren Graskarpfen bei der Reduktion der Unterwasservegetation äußerst erfolgreich. Sie überstehen die kalte Jahreszeit ohne Probleme; allerdings kommt es wegen der zu niedrigen Temperaturen zu keiner natürlichen Fortpflanzung. In den Zeiten der anfänglichen Euphorie, in denen Graskarpfen in alle möglichen künstlichen und natürlichen Gewässer eingesetzt wurden, übersahen die Fischzuchtexperten zwei Details: Der Nahrungsbedarf dieser langlebigen Tiere steigt mit ihrer zunehmenden Körpergröße, und sie lassen sich aus Gewässern, die nicht trockengelegt werden können, nur äußerst schwer wieder herausfangen (als Pflanzenfresser akzeptieren sie keine Angelköder).

Marmorkarpfen, *Hypophthalmichthys nobilis*

Silberkarpfen, *Hypophthalmichthys molitrix*

Die Folge war, daß das „Aufräumen" unter Wasser in manchen Seen weit über das gewünschte Maß hinausging und zu pflanzenfreien Unterwasserwüsten führte. Heute gilt das Aussetzen des Graskarpfens in Wildgewässer als „Kunstfehler"; in geschlossenen Teichanlagen ohne Möglichkeit des Entweichens leistet er bei maßvollem Besatz aber weiterhin gute Dienste. Für den Besatz von Gartenteichen wird diese Art meist zu groß. Manchem Besitzer eines großen Gartenteiches wäre mit dem Einsetzen der einheimischen, ebenfalls pflanzenfressenden Rotfeder (*Scardinius erythrophthalmus*) viel besser gedient.

Im Süden der USA, wo er sich natürlich fortpflanzen kann, erwies sich der Graskarpfen für die Unterwasserwelt als ziemliche Katastrophe; sein Besatz ist in den meisten Staaten gesetzlich verboten, und er wird als Schädling verfolgt.

Verbreitung

Ostasien von Vietnam bis Nordchina, in Europa, Nordamerika und anderswo künstlich angesiedelt.

Weitere Arten

Der Silberkarpfen (*Hypophthalmichthys molitrix*) ist ein Bewohner tiefer, warmer Fließgewässer und Seen Ostasiens. Er wird ca. 1 m lang, besitzt eine große, stark oberständige Mundspalte und kleine, unterhalb der Kopfmitte stehende Augen. Seine Schuppen sind sehr klein (110–124 längs der Seitenlinie); Jungtiere erscheinen silberglänzend, ältere Tiere sind ziemlich einförmig grau. Silberkarpfen ernähren sich von feinstem pflanzlichen Plankton mit einer Partikelgröße von weniger als 0,1 mm, das sie mit Hilfe ihres zu einem feinen Sieb verwachsenen Kiemenreusenapparats aus dem Wasser filtern. In ihrer Heimat pflanzen sie sich auf überschwemmten Flächen bei Temperaturen von 23–24 °C fort; die bis zu 500 000 Eier pro Weibchen treiben pelagisch im Wasser. Die Jungfische fressen zunächst Kleintiere und gehen ab ca. 5 cm Länge zu pflanzlicher Planktonnahrung über. Wie der Graskarpfen, wurde auch dieser Fisch in den 60er Jahren nach Europa eingeführt. Neben teichwirtschaftlicher Nutzung erhoffte man sich die Eindämmung starker Algenblüten, wie sie in der warmen Jahreszeit in eutrophierten Seen auftreten. Die Resultate dieser Aktionen sind uneinheitlich – stellenweise wird in besetzten Seen eine Verschiebung von der Algenbiomasse zu verstärkter Sedimentation beobachtet. Die Rettung eutrophierter Seen wird dieser Fisch jedenfalls nicht bringen. Im Freiland kann er sich in Europa wegen seiner hohen Temperaturansprüche nicht vermehren.

Ebenfalls wegen seiner angeblich algenvernichtenden Eigenschaften wurde der nahe mit dem Silberkarpfen verwandte, in Südchina beheimatete Marmorkarpfen (*Hypophthalmichthys nobilis*) eingeführt. Er unterscheidet sich von jenem durch eine gekielte Bauchlinie zwischen Bauch- und Afterflosse, die dunkel marmorierte Färbung, noch weit tiefer stehende Augen und eine größere Zahl von Rückenflossenstrahlen (13 statt 10 beim Silberkarpfen). Er soll in seiner Heimat bis fast 2 m Länge erreichen können, bleibt aber bei den hiesigen Temperaturen viel kleiner. Nach (!) erfolgtem Besatz stellte sich heraus, daß der Marmorkarpfen auch als erwachsener Fisch im wesentlichen tierisches Plankton zur Ernährung nutzt, so daß der erwartete Effekt der „Enttrübung" verschmutzter Seen sich in sein Gegenteil verkehrte: Durch Reduzierung der planktonischen Kleintiere, die von Planktonalgen leben, wurden Algenblüten sogar gefördert.

Bei all diesen Einbürgerungsversuchen kann man sich des Eindrucks nicht erwehren, daß hier mit erheblicher biologischer Naivität zu Werke gegangen wird (Prinzip von Versuch und Irrtum). Ein weiteres Beispiel aus dieser Reihe stellt der „Schwarze Amur" (*Mylopharyngodon piceus*) dar. Er wurde aus Ostasien als angeblicher Pflanzenvertilger eingeführt (man schloß dies wohl aufgrund der breiten „Mahlzähne" im Schlund), stellte sich dann jedoch als spezialisierter Schneckenfresser heraus (nach dem Aussetzen, versteht sich). Was mit diesen Versuchen allerdings erreicht wurde, war die Einschleppung neuer Parasiten und Krankheiten, die „Miteinfuhr" potentiell schädlicher Kleinfische (zum Beispiel des Blaubandbärblings *Pseudorasbora parva*) bis hin zum Import exotischer Muschelarten (als in der Haut verborgene Glochidien), die in Südeuropa stellenweise bereits die einheimischen Arten verdrängen.

GRÜNDLING

Gobio gobio

E: gudgeon F: goujon
Familie Karpfenfische (*Cyprinidae*)

Kurzbeschreibung

Kleiner, drehrunder Fisch mit lang ausgezogener Schnauze, einem Paar kurzer Barteln und einer Längsreihe dunkler Flecken an den Flanken.

Merkmale

Körper schlank und fast drehrund. Länge meist 8–15 cm, selten bis 20 cm. Kopf abgeflacht und schnauzenartig ausgezogen, mit großen Augen, unterständiger Mundspalte und einem Paar kurzer Barteln am Rand des Oberkiefers (reichen zurückgelegt höchstens bis zur Augenmitte). Schuppen groß. Rückenfärbung dunkelbraun bis -oliv, Flanken heller mit einer Längsreihe von bis zu 11 dunklen, bläulich schimmernden Flecken, Bauchseite weiß. Rücken-, Schwanz- und Afterflossen mit zahlreichen kleinen dunklen Flecken.

40–45 Schuppen entlang der Seitenlinie. Flossenstrahlen: Rückenflosse 9–10, Afterflosse 8–9, Brustflosse 14–17, Bauchflosse 10, Schwanzflosse 19. Schlundzähne (2)3.5–5.3(2).

Gründling, *Gobio gobio*

Gründling, *Gobio gobio*. Freilandaufnahme

Verwechslungsarten

Jungtiere der Barbe (*Barbus barbus*) besitzen zwei Paar Barteln und sehr viel kleinere Schuppen. Andere *Gobio*-Arten unterscheiden sich durch längere Barteln, die zurückgelegt mindestens den Augenhinterrand erreichen. Der Barbengründling (*Aulopyge huegelii*) ist völlig schuppenlos.

Gründlinge besitzen nur 1 Paar Barteln.

Lebensweise und Lebensraum

Gründlinge sind heutzutage in großen Teilen ihres Verbreitungsgebiets wohl die häufigsten einheimischen Kleinfische. Sie leben in kleinen Trupps am Grunde verschiedenster Arten von Gewässern. Bevorzugt wird zügig fließendes Wasser der Barben- und Äschenregion, aber auch in der Forellenregion und in träge fließenden Unterläufen, ja sogar im Brackwasser und in Tümpeln kann man diese euryöke Art antreffen. Gründlinge ernähren sich von bodenlebenden Kleintieren, nach denen sie die Sand- oder Mulmschicht abseits der Hauptströmung durchwühlen; auch Aas wird gefressen. An trüben, aufgewühlten Stellen suchen sie auch im freien Wasser nach Beute. Bei Gefahr fliehen sie in tieferes Wasser, kehren aber meist rasch zum Ausgangspunkt zurück. Sie stellen keine hohen Ansprüche an Sauberkeit und Sauerstoffgehalt des Wassers, auch Erwärmung bis auf über 25 °C wird ertragen. Entscheidend für das Vorkommen der Gründlinge sind jedoch geeignete Laichgründe. Im Mai und Juni versammeln sich Gründlinge an flachen, überströmten Stellen mit sauberem Sand- oder feinem Kiesgrund (in Seen am Ufer), um dort ihre ca. 1,5 mm großen Eier abzugeben; meist werden diese in kleinen Klumpen an Steine, aber auch an Pflanzen angeklebt. Die Männchen besitzen in dieser Zeit einen feinkörnigen Laichausschlag an Kopf und Vorderkörper.

Obwohl Gründlinge ziemlich hart im Nehmen sind, kommen sie z. B. im Bereich des Rheins nur noch sehr lokal vor; die Gründe liegen sicher im Mangel an geeigneten, sauberen Laichplätzen. Wegen ihrer geringen Körpergröße werden Gründlinge nur selten geangelt, sie sollen jedoch ausgezeichnet schmeckende Speisefische sein.

Verbreitung

Vom Ural bis zu den Pyrenäen, auf der Iberischen Halbinsel eingeführt und in Ausbreitung begriffen. Aufgrund der geringen Wanderlust des Gründlings gibt es zahlreiche Lokalformen und Unterarten, vor allem auf dem Balkan.

Weißflossen-Gründling, *Gobio albipinnatus*

Kessler-Gründling, *Gobio kesslerii*

Weitere Arten

Der Weißflossen-Gründling (*Gobio albipinnatus*) besitzt lange Barteln (reichen zurückgelegt bis zum Augenhinterrand) und völlig ungefleckte, farblose Flossen. Seine Schnauze ist ziemlich kurz und stumpf abgerundet. Die Seitenlinie ist oben und unten dunkel gesäumt, oberhalb der Seitenlinie befinden sich große dunkle Flecken. Die Rückenflosse trägt 10, die Afterflosse 8–9 Strahlen. Er bleibt mit 8–10, maximal 13 cm etwas kleiner als der Gründling. Seine Verbreitung beschränkt sich auf die Zuflüsse des Schwarzen und Kaspischen Meeres; im Westen dringt er bis ins Gebiet der mittleren Donau vor. Er bewohnt vor allem langsam strömende, tiefere Bereiche des Flußbetts, aber auch weichgründige Altarme. So ist er in der Donau selbst viel häufiger als *G. gobio*, der eher in den kleineren Zuflüssen zu finden ist. Er ernährt sich von kleinen Bodentieren, aber auch Algen. Gegen organische Belastung und Verschlammung ist er wenig empfindlich; der örtliche Rückgang dieser Art wird auf Feinddruck durch unvernünftig hohen Aalbesatz zurückgeführt.

Der Kessler-Gründling (*G. kesslerii*) ist erkennbar durch die Kombination langer Barteln (bis zum Augenhinterrand reichend) mit

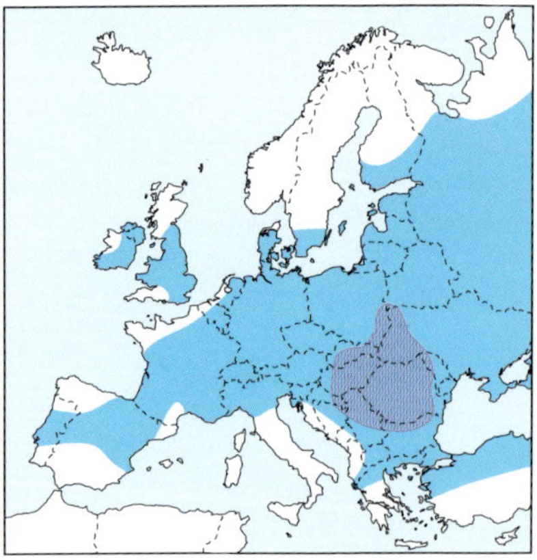

■ Gründling, *Gobio gobio*
■ Kessler-Gründling, *G. kesslerii*

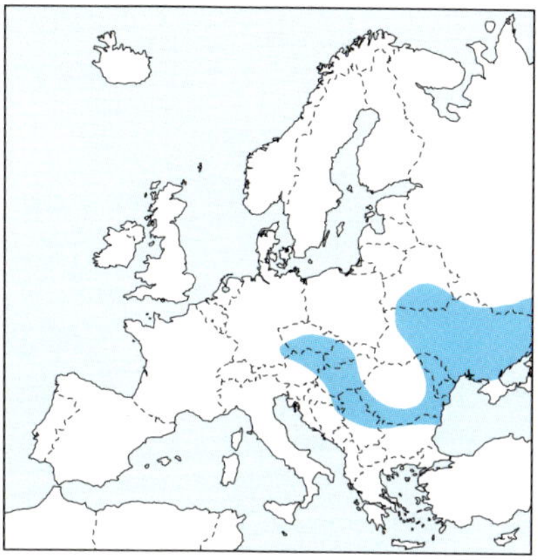

Weißflossen-Gründling, *Gobio albipinnatus*

dunkler Bindenzeichnung in Rücken- und Schwanzflosse; die Rückenflosse hat 10, die Afterflosse 9 Strahlen. Seine Färbung ist generell heller als die von *G. gobio*, die Seitenflecke sind groß und undeutlich. Er ist ein ziemlich seltener Bewohner der Zuflüsse der unteren und mittleren Donau, des Dnjestr und der oberen Weichsel. Dort lebt er in schnell fließenden, sauerstoffreichen Gewässern (Äschen- und Forellenregion) oberhalb des bevorzugten Aufenthaltsorts von *G. gobio*; häufig kommt er in Stromschnellen vor (bevorzugte Fließgeschwindigkeit des Wassers ca. 1 m/sec). Seine Lebensweise ist ansonsten der des Gründlings sehr ähnlich.

STEINGRESSLING

Gobio uranoscopus

E: Danubian gudgeon
Familie Karpfenfische (*Cyprinidae*)

Kurzbeschreibung

Kleiner, schlanker, drehrunder Fisch mit langer spitzer Schnauze, einem Paar langen Barteln und dunklen Sattelflecken.

Merkmale

Körper schlank und fast drehrund; Schwanzstiel lang, dünn und seitlich nicht zusammengedrückt. Länge meist 10–12 cm, maximal 15 cm. Kopf abgeflacht mit langer, spitzer Schnauze. Augen groß und schräg nach oben gerichtet. Unterständige Mundspalte mit einem Paar langer Barteln am Rand des Oberkiefers (reichen zurückgelegt bis weit hinter das Auge). Schuppen groß. Rücken graubraun mit fünf dunklen Sattelflecken, die bis zur Seitenlinie reichen. Bauchseite weiß. Rücken- und Schwanzflosse mit dunklen Flecken, die zu je zwei Querbinden zusammenfließen.

40–42 Schuppen entlang der Seitenlinie. Flossenstrahlen: Rückenflosse 9, Afterflosse 7–8, Brustflosse 14, Bauchflosse 7, Schwanzflosse 19. Schlundzähne (2)3.(4) 5–5.3(2).

Verwechslungsarten

Von anderen *Gobio*-Arten zu unterscheiden durch die Merkmalskombination lange Barteln, fleckenstreifige Rücken- und Schwanzflosse und dunkle, auf dem Rücken zusammenfließende Sattelflecken; Zahl der Rücken und Afterflossenstrahlen geringer.

Lebensweise und Lebensraum

Steingreßlinge leben am Grund sehr

Steingreßling, *Gobio uranoscopus*. Freilandaufnahme

schnell fließender Abschnitte kleiner Flüsse oder Bäche. Die meisten Nachweise stammen aus der Äschenregion, aber auch weiter flußabwärts gelegene Stromschnellen können geeignete Lebensräume sein. Von entscheidender Bedeutung scheint eine Fließge-

Steingreßling, *Gobio uranoscopus*

Steingreßling, *Gobio uranoscopus*

schwindigkeit des Wassers von 0,5 bis 1,5 m/sec zu sein. An Sauerstoffgehalt und Reinheit des Wassers stellen Steingreßlinge die höchsten Ansprüche aller Gründlingsarten; sie scheinen ausschließlich im oligosaproben Bereich vorzukommen. Im Gegensatz zu *G. gobio* werden sie meist nur in sehr kleinen Gruppen oder als Einzeltiere angetroffen. Ihre Nahrung besteht vorwiegend aus bodenlebenden Kleinkrebsen und Insektenlarven. Laichzeit ist im Mai und Juni, teilweise werden Laichzüge bachaufwärts unternommen. Die Männchen entwickeln in der Fortpflanzungszeit einen kräftigen Laichausschlag. Die Eier werden im flachen Wasser über steinigem Grund abgegeben.

Steingreßlinge sind ziemlich seltene Fische. Sie waren aufgrund ihrer speziellen Ansprüche an den Lebensraum wohl noch nie häufig, wobei ein großer Teil der geeigneten Biotope in jüngster Zeit durch gewässerbauliche Maßnahmen und Gewässerbelastung verlorengegangen sein dürfte. Die kleinen Bestände in zum Teil weit voneinander isolierten Gewässern sind zudem besonders anfällig gegenüber hohem Feinddruck, wie er durch übermäßigen Besatz mit Forellen entstehen kann. Als Schutzmaßnahme für diese Art kommt vorrangig konsequenter Biotopschutz in Betracht.

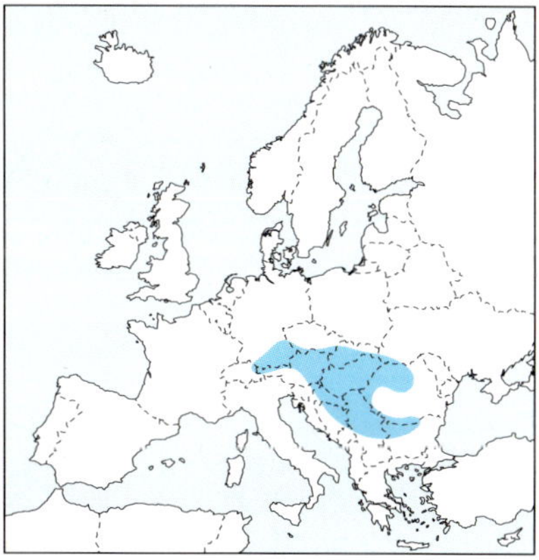

Steingreßling, *Gobio uranoscopus*

Blaubandbärbling, *Pseudorasbora parva*

Verbreitung

Einzugsgebiet der Donau (im Westen nachweislich bis zur Isar, Meldungen aus Baden-Württemberg gelten als unsicher).

Weitere Arten

Der Kaukasus-Gründling (*Gobio ciscaucasicus*) ist ein naher Verwandter des Steingreßlings, der sich durch gedrungenere Gestalt, kleinere und weniger nach oben gerichtete Augen und das Fehlen jeglicher Flecken- oder Bindenzeichnung an den Flanken unterscheidet. Er bewohnt ähnliche Lebensräume wie der Steingreßling vom Kaukasus bis zum Schwarzen und Kaspischen Meer.

Ebenfalls in die Verwandtschaft der Gründlinge gehört der aus dem gemäßigten Ostasien stammende Blaubandbärbling (*Pseudorasbora parva*). Er ist ein bis ca. 10 cm langer Schwarmfisch mit leicht nach oben gerichteter Mundspalte und dunkelblauem Flankenband. Vom oberflächlich ähnlichen Moderlieschen unterscheidet er sich u. a. durch größere Schuppen (35–38 in der längsten Reihe) und eine kurze Afterflosse mit nur 9 Strahlen. Er wurde vor ca. 30 Jahren zusammen mit Graskarpfen oder anderen aus Ostasien importierten Fischen zunächst nach Rumänien eingeschleppt und hat sich innerhalb weniger Jahre bis Mitteleuropa ausgebreitet. Seit Ende der 80er Jahre ist er fast überall in Deutschland, wenn auch sporadisch, anzutreffen. Seine weitere Verbreitung findet wohl vornehmlich als „blinder Passagier" in Lieferungen von Satzfischen statt. Der Blaubandbärbling wird bereits nach einem Jahr geschlechtsreif und scheint das Potential für eine künftige Plage zu haben. Besonders in flachen, eutrophen Seen kann er in Massen auftreten. Den europäischen Winter übersteht er ohne Probleme, während er im Sommer selbst Wassertemperaturen von mehr als 30 °C erträgt. Das Männchen betreibt Brutpflege.

BARBE

Barbus barbus

E: barbel F: barbeau fluviatile
Familie Karpfenfische (*Cyprinidae*)

Kurzbeschreibung

Schlanker, im Querschnitt fast runder Fisch mit abgeflachtem Bauch, langem Kopf, unterständiger Mundspalte und 2 Paar Barteln; Färbung ziemlich hell.

Merkmale

Körper schlank und fast drehrund; Bauchseite etwas abgeplattet und im Profil fast gerade. Länge meist 30–50 cm, maximal 90 cm. Kopf abgeflacht mit lang ausgezogener Schnauze. Auge ziemlich klein. Unterständige Mundspalte mit einem Paar Barteln am Mundwinkel und einem zweiten, kürzeren Paar vorn an der Oberlippe. Schuppen mittelgroß. Rücken meist hell braungrau, Bauchseite weiß, teilweise mit rötlichem Anflug; keine dunkle Zeichnung. Bauch-, After- und untere Hälfte der Schwanzflosse rötlich. Dritter und längster Strahl der Rückenflosse verdickt, härter als die übrigen und am Hinterrand gesägt.

55–65 Schuppen entlang der Seitenlinie. Flossenstrahlen: Rückenflosse 11–12, Afterflosse 8, Brustflosse 16–18, Bauchflosse

Barben, *Barbus barbus*

10, Schwanzflosse 19. Schlundzähne in drei Reihen: 2.3.5–5.3.2.

Verwechslungsarten

Im Mittelmeerraum und in Osteuropa ist die Hundsbarbe bzw. der Semling (*B. meridionalis*) an der dunklen Fleckung, dem nicht verdickten und gesägten 3. Rückenflossenstrahl und der längeren Afterflosse (reicht zurückgelegt bis zum Schwanzflossenansatz) zu erkennen. Jungfische können mit Gründlingen (*Gobio* spp.) verwechselt werden; diese sind am einfachsten durch die Anzahl der Barteln zu unterscheiden (1 Paar beim Gründling, 2 Paar bei der Barbe).

Lebensweise und Lebensraum

Die Unterfamilie der Barben ist vor allem in warmen Gebieten Südasiens verbreitet; sie stellt fast die Hälfte aller Karpfenfisch-Arten. Typische Merkmale dieser Gruppe sind die (meist) in drei Reihen angeordneten Schlundzähne und ein (oft) verdickter und harter Strahl der Rückenflosse. Die meisten der tropischen Arten bleiben klein und werden z. B. gerne als Aquarienfische gehalten. Unsere einheimische Flußbarbe gehört zu den größten Arten dieser Unterfamilie und besitzt eine für diese Gruppe ziemlich ungewöhnliche Körperform und Lebensweise.

Barbe, *Barbus barbus*. Jungtier

Flußbarben bevorzugen als Lebensraum die größeren, aber noch rasch fließenden Mittelläufe von Flüssen. Dort sind sie oft die häufigste Fischart, so daß dieser Gewässerabschnitt als „Barbenregion" bezeichnet wird. Sie benötigen ein reich strukturiertes Flußbett sowohl mit ruhigeren Wasserzonen, deren Bodengrund vor allem nachts nach Nahrung abgesucht wird, als auch mit stärker durchströmten Stellen mit hartem Grund, an denen die ruhenden Tiere am Tage in kleinen Gruppen beisammen stehen. Da sich diese Zonen vor allem bei stärkerer Wasserführung häufig verlagern, sind auch Barben meist nicht lange am selben Ort anzutreffen. Meist wandern sie in kleinen Trupps (die sich vermutlich individuell zusammenfinden) auf der Suche nach geeigneten „Freßgründen" hin und her, wobei Tagesstrecken bis zu 10 km nachgewiesen wurden. Barben ernähren sich von einer Vielzahl bodenlebender Kleintiere wie Insektenlarven (vor allem Eintagsfliegen), Mollusken und Kleinkrebsen, aber auch von Fischlaich und sogar Aas. Barben überwintern an tieferen, ruhigen Auswaschungen im Flußbett; in solchen Winterquartieren stehen manchmal Hunderte von Tieren dicht an dicht. Zur Laichzeit, die relativ spät (Mai-Juli) liegt, unternehmen Barben in großen Schwärmen Wanderungen flußaufwärts. Laichgründe sind flache, saubere Kiesbänke mit kräftiger Strömung, die meist im Hauptfluß, seltener in kleinen Nebengewässern liegen. Häufig finden sie sich unmit-

Barbe, *Barbus barbus*

telbar an Einmündungen von Nebenflüssen, wo der Grund besonders reich strukturiert ist. Die Männchen bekommen einen Laichausschlag aus reihenförmig angeordneten weißen Pusteln auf Kopf und Nacken. Die relativ wenigen, gelblichen Eier (ein Weibchen produziert ca. 10 000) kleben an Steinen und zwischen Kies fest. Der Laich der Barbe gilt als giftig und verursacht Brechdurchfälle; durch diese Eigenschaft sind die abgelegten Eier vermutlich vor Laichräubern besser geschützt. Die Jungtiere schlüpfen nach 10–15 Tagen. Zunächst sind sie lichtscheu und leben in den Spalten zwischen grobem Kies. Das Wachstum ist relativ langsam; nach dem ersten Jahr sind sie erst ca. 7 cm lang. Kleine Barben sind lebhaft dunkel gefleckt und erinnern an Gründlinge. Sie halten sich noch lange Zeit in der Nähe der Laichgründe auf, bevor sie flußabwärts in die Lebensräume der größeren Barben wandern. Die Geschlechtsreife tritt nach 4–5 Jahren ein.

Während ihrer Laichwanderungen wurden die als Speisefische geschätzten Barben früher in großen Mengen mit Zug- und Stellnetzen gefangen und waren stellenweise die „Brotfische" der Flußfischerei. Heute sind Barben (wie auch die Flußfischer) weitgehend von unseren Gewässern verschwunden; mancherorts (z. B. an den noch verbliebenen Fließstrecken der Donau) existieren kleine, voneinander isolierte Restpopulationen. Das Schicksal der Barbe verdeutlicht in beispielhafter Weise die katastrophalen Auswirkungen des Flußverbaus für die typische Fischfauna der Fließgewässer. Hauptursache für den Rückgang sind die Unterbindung der Laichwanderungen durch Staudämme (Fischtreppen werden von den bodenorientierten Barben kaum angenommen) und die Verschlammung der Laichgründe durch Verringerung der Fließgeschwindigkeit. Zwar finden sich Barben auch noch vereinzelt in Stauseen, dabei handelt es sich aber fast

Barbe, *Barbus barbus*. Porträt im Freiland

immer um große, alte Tiere; der Nachwuchs bleibt aus. Wo Barben noch vorkommen, können sie mit der Grundangel gefangen werden. Der Fang dieser scheuen und bei der Köderaufnahme vorsichtigen Tiere erfordert Erfahrung.

Verbreitung

Europa vom Schwarzen Meer bis zum Atlantik; fehlt im Mittelmeerraum, in Skandinavien und auf dem größten Teil der Britischen Inseln.

Weitere Arten

Die systematischen Verhältnisse der europäischen *Barbus*-Arten sind völlig unübersichtlich. Vor allem in Südeuropa leben zahlreiche Formen, die jeweils für einzelne Flußsysteme typisch sind und sich von den Barben der Nachbargewässer mehr oder weniger deutlich unterscheiden. Der Grund für diese Vielfalt ist in der Tatsache zu sehen, daß die meisten Barben standorttreue Bewohner von Oberläufen sind. Daß die wanderlustige *B. barbus* das größte Verbreitungsgebiet aller Formen besitzt, ist daher kein Zufall. In Europa existieren mehr als 30 mit wissenschaftlichen Namen belegte Formen; diese gelten je nach Autor als Arten, Unterarten oder Lokalformen. Bei einer (ausstehenden) Revision der Gattung werden vermutlich nur wenige Arten mit großer Variationsbreite übrigbleiben. Welche Namen diese nach den zoologischen Nomenklaturregeln zu bekommen haben, ist heute noch nicht absehbar. Die nachfolgend aufgelisteten Artnamen entsprechen der herkömmlichen Einteilung und seien mit Vorbehalt genannt;

auch über die Verbreitung der einzelnen Formen herrscht Unsicherheit.

Der mitteleuropäischen Barbe am ähnlichsten ist die Südbarbe (*B. plebejus*). In ihrer Verbreitung schließt sie südlich an *B. barbus* an und vertritt diese von Norditalien bis Sizilien; oft wird sie nur als deren Unterart aufgefaßt. Sie unterscheidet sich im wesentlichen nur durch eine Zeichnung aus kleinen, verwaschenen, dunklen Flecken vom Rücken bis unter die Seitenlinie, sowie durch zahlreiche feine, schwarze Punkte auf den unpaaren Flossen. Die Südbarbe wird meist nur 25–30 cm lang.

Zum selben Formenkreis gehört die Türkische Barbe (*B. cyclolepis*). Sie ist rund ums Schwarze Meer verbreitet, u. a. in Bulgarien und in der nördlichen Türkei. Über ihre Lebensweise ist kaum etwas bekannt.

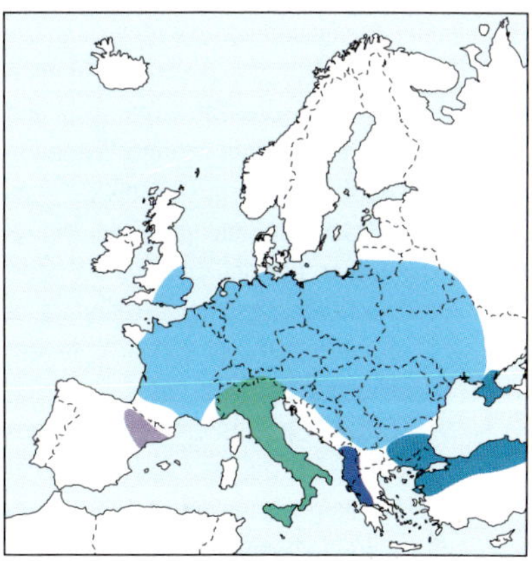

- Barbe, *Barbus barbus*
- Südbarbe, *B. plebejus*
- Albanische Barbe, *B. albanicus*
- Türkische Barbe, *B. cyclolepis*
- Bulatmai-Barbe, *B. capito*

Ein zweiter Verwandtschaftskreis schart sich um die Hunds- oder Forellenbarbe (*B. meridionalis*). Ihre Stammform ist vom Osten Spaniens über Südfrankreich bis Norditalien verbreitet. Ihr wird auch der Semling zugerechnet, der Südost- und Osteuropa bewohnt. Dieser Art fehlt der verdickte und gesägte dritte Strahl der Rückenflosse; sie ist ziemlich dunkel gefärbt und meist mit großen schwärzlichen bis rotbraunen Flecken auf Rücken und Flanken gezeichnet; auch die unpaaren Flossen sind gefleckt. Die Afterflosse ist länger ausgezogen und reicht angelegt bis zur Basis der Schwanzflosse. Die Schlundzahnformel ist 5.3.2–2.3.5. Diese Art wird meist 20–30, maximal 40 cm lang. Sie bewohnt schnellfließende Gewässer oberhalb des Bereichs von *B. barbus*; in Osteuropa ersetzt sie dort stellenweise die Äsche als häufigste Fischart. Ihrem Lebensraum entsprechend ist sie ziemlich sauerstoffbedürftig und empfindlich gegen Wasserverschmutzung jeglicher Art. Sie ist standorttreu und unternimmt keine größeren Wanderungen. Die italienischen und osteuropäischen „Hundsbarben" werden zum Teil als separate Arten aufgefaßt (*B. caninus* bzw. *B. peloponnesius*).

Die Iberische Barbe (*B. comizo*) besitzt einen im Verhältnis zum Körper stark abgeflachten Kopf mit breiter, runder Schnauze. Lippen und Barteln sind dünner als bei anderen *Barbus*-Formen. Der längste Strahl der Rückenflosse ist besonders stark verdickt und gesägt. Diese Art kommt im Südwesten der Iberischen Halbinsel vor (u. a. im System von Guadiana und Guadalquivir), wo sie rasch strömende Gewässer der Oberläufe bewohnt.

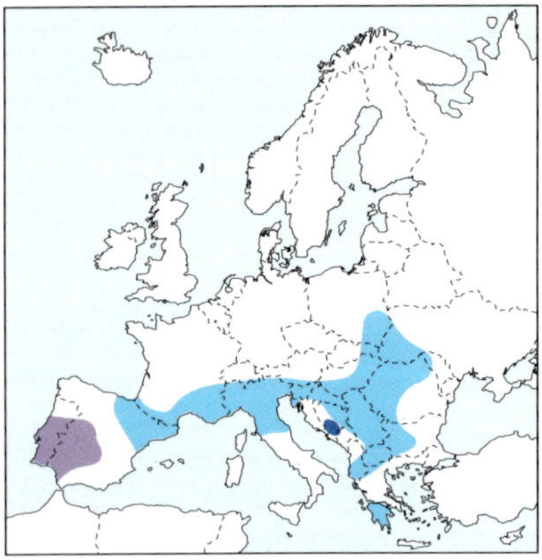

■ Hundsbarbe, *Barbus meridionalis*
■ Iberische Barbe, *B. comizo*
■ Barbengründling, *Aulopyge huegelii*

Die Bulatmai-Barbe (*B. capito*) aus den westlichen Zuflüssen des Kaspischen Meeres bildet sowohl stationäre Süßwasserpopulationen als auch anadrome Wanderformen, die im Brackwasser leben und Laichwanderungen in die Flüsse unternehmen. Ihre Schnauze ist relativ kurz und läuft spitz zu. Charakteristisch ist die Färbung mit scharf getrennter dunkler Ober- und silbrigweißer Unterseite. Die anadromen Fische werden bis zu 1 m lang. Einige Formen aus dem Ebro-System in Ostspanien sollen zu dieser Art gehören.

Auch die Albanische und die Griechische Barbe (*B. albanicus*) werden diesem Verwandtschaftskreis zugerechnet. Wie *B. capito* besitzen auch sie eine kurze Schnauze, große Schuppen (49–52 längs der Seitenlinie) und einen schwach verdickten und nur an der Basis gesägten längsten Rückenflossenstrahl. Eine gefleckte (*albanicus*) und eine ungefleckte Form (*graecus*) bewohnen Albanien und Nordwestgriechenland.

Die vielleicht größte europäische Art ist die Kaspische Barbe (*B. brachycephalus*), die bis zu 1,2 m Länge erreichen kann. Typisch für diese Art sind lange Barteln (die vorderen erreichen zurückgelegt die Augen), kleine Schuppen (67–76 längs der Seitenlinie), eine weit vorne stehende Rückenflosse und ein bei älteren Tieren hochgewölbtes Rückenprofil. Diese ebenfalls anadrome Art bewohnt den Nordteil des Kaspischen Meeres und (früher) den Aralsee und steigt zum Laichen in die einmündenden Flüsse auf.

Eine Besonderheit sei zum Schluß erwähnt: Der Barbengründling (*Aulopyge huegelii*) ist ein verwandtschaftlich isoliert stehender Endemit schnellfließender Karstgewässer Bosniens und Dalmatiens. Er wurde früher den Gründlingen zugerechnet, dürfte aber eher zu den Barben gehören. Er wird meist ca. 13, maximal 25 cm lang, besitzt einen seitlich abgeflachten, völlig schuppenlosen Körper mit langem Kopf und unterständiger Mundspalte; die Oberlippe trägt 2 Paar Barteln. Die Seitenlinie verläuft wellenförmig; der erste Strahl der Afterflosse ist beim Weibchen mit dem röhrenartig ausgezogenen After (Legerohr) verwachsen. Die Färbung ist gelbgrünlich mit dunkler Marmorierung und zahlreichen kleinen dunklen Punkten. Über seine Biologie ist wenig bekannt; Barbengründlinge leben gesellig am Grunde schnellfließender Bäche; die Eier werden vom Weibchen einzeln in Ritzen abgelegt. Aufgrund des winzigen Verbreitungsgebietes können wasserbauliche Maßnahmen oder Verschmutzung sehr schnell zum Erlöschen dieser Art führen.

SCHLEIE

Tinca tinca

E: tench F: tanche
Familie Karpfenfische (*Cyprinidae*)

Kurzbeschreibung

Gedrungener, dunkel olivgrüner Fisch mit schwärzlichen, abgerundeten Flossen, einem Paar Barteln und sehr kleinen Schuppen.

Merkmale

Körper mäßig gestreckt, seitlich wenig abgeflacht, Schwanzstiel auffallend hoch. Länge meist 20–30 cm, ausnahmsweise bis 70 cm bei ca. 10 kg Gewicht. Kleine Augen; Mundspalte kurz und endständig, an den Mundwinkeln ein Paar kurzer Barteln. Schuppen sehr klein, tief in die schleimige Haut eingebettet. Flossen stark gerundet, Schwanzflosse kaum eingebuchtet. Rücken dunkeloliv bis bräunlich, Flanken wenig heller, Unterseite hell grüngelb bis weißlich; die kleinen Schuppen mit Goldglanz. Flossen dunkel. Männchen mit verlängerten Bauchflossen, deren zweiter Strahl verdickt (Bauchflossen der Männchen überragen den After).

95–100 Schuppen entlang der Seitenlinie. Flossenstrahlen: Rückenflosse 12–13, Afterflosse 9–11, Brustflosse 16–18, Bauchflosse 10–11, Schwanzflosse 19. Schlundzähne 4(5) – 5.

Verwechslungsarten

Kaum zu verwechseln. Ähnelt am ehe-

Schleie, *Tinca tinca*.

Schleie, *Tinca tinca*. Freilandaufnahme

sten dem Karpfen, dieser besitzt jedoch eine sehr lange Rückenflosse und 2 Paar Barteln.

Lebensweise und Lebensraum

Schleien sind typische Bewohner flacher, sauerstoffarmer Seen mit üppigem Pflanzenwuchs und schlammigem Boden. Sie sind jedoch außerordentlich anpassungsfähig und kommen in geeigneten Gewässern sogar bis in 1600 m Höhe vor; in der Ostsee dringen sie ins Brackwasser ein. In Flüssen sind vor allem ruhige, dichtbewachsene Buchten und Altarme geeignete Schleienbiotope. Wichtig ist in jedem Fall eine dichte Unterwasservegetation, da Schleien den Tag in dunklen Verstecken inmitten der Wasserpflanzen verbringen und erst mit der Dämmerung aktiv werden. Hohe Temperaturen werden ertragen, sind jedoch nicht so lebensnotwendig wie etwa für den Karpfen. Vor allem im Sommer entsteht in flachen, schlammigen Seen oft akuter Sauerstoffmangel. Schleien überstehen dies, indem sie in eine Art „Starre" verfallen. Ähnlich wie beim Goldfisch wird der Körperstoffwechsel – und damit der Sauerstoffverbrauch – auf ein absolutes Minimum reduziert; die Nahrungsaufnahme wird eingestellt, die Tiere bleiben in ihren Verstecken und bewegen sich kaum. Erst nach Besserung der Wasserverhältnisse, z. B. durch windbedingte Umwälzung, nehmen sie ihre normale Lebensweise wieder auf. Im Winter kann in zugefrorenen eutrophen Seen der Sauerstoff ebenfalls rasch verbraucht sein. Auch dies wird überstanden, indem sich Schleien in den weichen Boden eingraben und dort in Winterstarre verfallen.

Schleien leben das Jahr über einzelgängerisch und ernähren sich von bodenlebenden Kleintieren, aber auch weichen Pflanzenteilen. Die Laichzeit liegt je nach Gewässer zwischen April und August; notwendig ist eine Wassertemperatur von mindestens 18 °C. Die Eier der in kleinen Trupps laichenden Tiere haften an Wasserpflanzen; ein Weibchen produziert ca. 300 000 Eier, die über Tage verteilt in mehreren Portionen abgegeben werden. Die bereits nach ca. 3 Tagen schlüpfenden Jungfische kleben sich bis zum Freischwimmen mit einem am Kopf befindlichen Drüsenfeld an Pflanzen fest. Auf diese Weise wird verhindert, daß sie in den Faulschlamm absinken, wo sie zugrunde gehen würden. Ähnliche Anpassungen finden sich bei allen Fischen, die in weichgründigen Gewässern ablaichen.

Schleien werden wegen ihrer Fleischqualität gerne geangelt. Bei der Besatzplanung ist zu beachten, daß sie zwar mit den tagaktiven Hechten gut zusammenleben können, daß die nachtaktiven und bodenorientierten Welse einen Schleienbestand aber meist erheblich dezimieren.

Verbreitung

Fast im gesamten gemäßigten Asien und Europa.

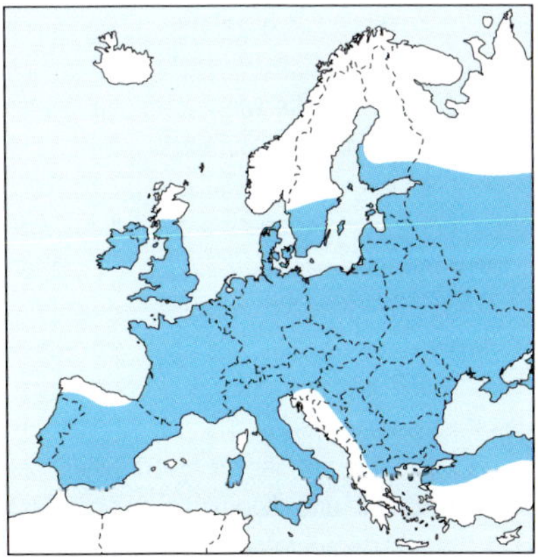

Schleie, *Tinca tinca*

KARAUSCHE

Carassius carassius

E: crucian carp F: carassin
Familie Karpfenfische (*Cyprinidae*)

Kurzbeschreibung

Hochrückiger, gedrungener, oliv- und bronzefarbener Karpfenfisch ohne Barteln, mit großen Schuppen und langer, konvex gewölbter Rückenflosse.

Merkmale

Körper hochrückig, seitlich abgeflacht. Länge meist 15–30 cm, maximal angeblich 75 cm. Mundspalte endständig, ohne Barteln. Schuppen groß, Seitenlinie vollständig. Rückenflosse lang mit konvex gewölbter Oberkante, Afterflosse kurz, Schwanzflosse nur schwach eingebuchtet. Rückenfärbung dunkelbraun bis oliv, Flanken und Bauch heller bronzefarben bis gelblich. Schwanzwurzel mit großem dunklen Fleck, bei alten Tieren oft undeutlich. Flossen dunkel graubraun, paarige Flossen manchmal mit rötlichem Anflug.

31–35 Schuppen entlang der Seitenlinie. Flossenstrahlen: Rückenflosse 17–25, Afterflosse 8–11, Brustflosse 13–16, Bauchflosse 8–11, Schwanzflosse 19–20. Schlundzähne 4–4. Erster Kiemenbogen mit 23–33 Reusendornen.

Verwechslungsarten

Beim sehr ähnlichen Giebel (*Carassius gibelio*) ist die Oberkante der gespreizten Rückenflosse gerade oder teilweise konkav eingebuchtet, die Schuppen sind etwas größer, die Zahl der Kiemenreusendorne beträgt mindestens 35, der dunkle Fleck auf dem Schwanzstiel fehlt, und das die Körperhöhle auskleidende Bauchfell ist schwarz

Karausche, *Carassius carassius*

pigmentiert. Der Karpfen (*Cyprinus carpio*) besitzt Barteln, der Bitterling (*Rhodeus sericeus*) eine unvollständige Seitenlinie, andere hochrückige Cypriniden haben eine kurze Rückenflosse.

Durch Bastardierung zwischen Karausche und Giebel entstehen schwer bestimmbare Zwischenformen.

Lebensweise und Lebensraum

Karauschen leben gesellig in Stillgewässern, wobei kleine, flache Seen oder Tümpel mit viel Pflanzenwuchs bevorzugt werden. Früher war die Karausche ein typischer Bewohner von Überschwemmungsauen entlang von Flüssen, in denen nach Hochwassern isolierte Altwässer und Tümpel zurückblieben. An diese für Fische extremen Lebensräume ist sie gut angepaßt; niedrigen Sauerstoffgehalt, starke Erwärmung und sogar organische Verschmutzung erträgt sie wie kaum ein anderer europäischer Fisch. Auch

Karausche, *Carassius carassius*. Freilandaufnahme

gegen Versauerung des Wassers ist sie weniger empfindlich als andere Arten und kommt sogar in Moortümpeln vor („Moorkarpfen"). Bei Austrocknung ihres Gewässers kann sie noch einige Zeit im nassen Schlamm überleben; sie reduziert dabei alle Körperfunktionen auf ein Minimum, so daß ihr Stoffwechsel kaum Sauerstoff benötigt. Karauschen fressen sowohl pflanzliche als auch tierische Nahrung. Zur Laichzeit (Mai und Juni) ziehen sie in Schwärmen zu seichten, dicht bewachsenen Uferstellen, wo ein Weibchen bis zu 300 000 Eier abgeben kann; diese kleben an Wasserpflanzen, die Jungfische schlüpfen nach 3–7 Tagen. Populationen in kleinen Tümpeln „verbutten"; große Exemplare finden sich nur in größeren nahrungsreichen Gewässern.

Ob die frühere Verbreitung der Karausche in Europa primär durch natürliche Vorgänge (z. B. Hochwasser) oder durch Besatzmaßnahmen des Menschen wegen ihrer Eignung als Speisefisch geprägt war, ist unklar. Jedenfalls ist ihr Vorkommen heute stark fragmentiert, wobei vielerorts eine langsame Verdrängung durch den weniger spezialisierten Giebel (*C. gibelio*) zu beobachten ist. Häufig kommt es dabei zu Bastardierungen. Die Kreuzungsprodukte sind in der Regel schwer zu bestimmen, so daß dieser Prozeß weitgehend unbemerkt abläuft. Wo große Karauschen noch vorkommen, sind die wohlschmeckenden, wenn auch grätenreichen Tiere eine lohnende Beute für den Angler; sie werden meist mit der Grundangel gefangen. Vor allem früher wurden sie auch als Teichfische gezüchtet („Bauernkarpfen"). Von der Karausche existiert eine goldfarbene Varietät, die als Zierfisch gehalten wird.

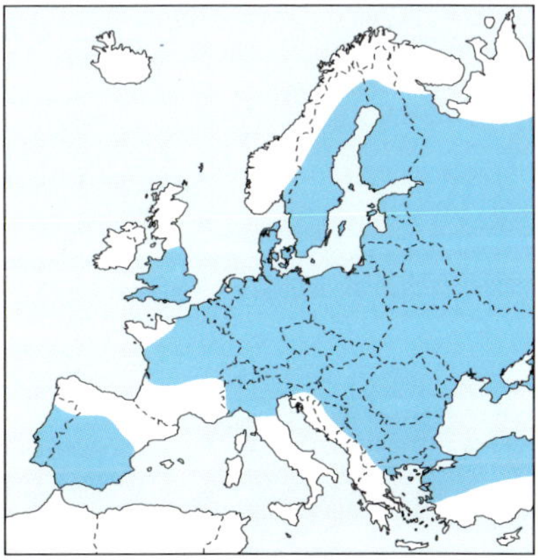

Karausche, *Carassius carassius*

Goldkarausche (Zuchtform)

Verbreitung

Vom System der Lena (Sibirien) bis Westeuropa; nicht am Mittelmeer und in Nordskandinavien.

GIEBEL
Carassius gibelio

E: goldfish F: poisson rouge
Familie Karpfenfische (*Cyprinidae*)

Kurzbeschreibung
Hochrückiger, gedrungener Karpfenfisch ohne Barteln, mit großen Schuppen und langer, leicht eingebuchteter Rückenflosse.

Merkmale
Körper hochrückig, seitlich abgeflacht. Länge meist 15–25 cm, maximal 45 cm. Mundspalte endständig, ohne Barteln. Schuppen groß, Seitenlinie vollständig. Rückenflosse lang mit gerader oder konkav eingebuchteter Oberkante, Afterflosse kurz, Schwanzflosse deutlich eingebuchtet. Rückenfärbung dunkelgrau bis braungrau (nie grünlich), Flanken und Bauch glänzend hellgrau bis leicht gelblich. Schwanzwurzel immer ungefleckt. Alle Flossen ohne Rotfärbung.

27–32 Schuppen entlang der Seitenlinie. Flossenstrahlen: Rückenflosse 17–25, Afterflosse 7–11, Brustflosse 13–16, Bauchflosse 7–11, Schwanzflosse 19. Schlundzähne 4–4. Erster Kiemenbogen mit 35–48 Reusendornen.

Verwechslungsarten
Bei der ähnlichen Karausche (*Carassius carassius*) ist die Oberkante der gespreizten Rückenflosse konvex nach außen gewölbt, die Schuppen sind etwas kleiner, die Zahl der Kiemenreusendorne beträgt höchstens 33, und das Bauchfell ist unpigmentiert. Der Karpfen (*Cyprinus carpio*) besitzt Barteln,

Giebel, *Carassius gibelio*, Goldform

Giebel, *Carassius gibelio*

der Bitterling (*Rhodeus sericeus*) eine unvollständige Seitenlinie, andere hochrückige Cypriniden haben eine kurze Rückenflosse.

Artbastarde zwischen Karausche und Giebel sind schwer bestimmbar.

Lebensweise und Lebensraum

Der Giebel ist der Karausche (*C. carassius*) sowohl im Aussehen als auch in der Biologie äußerst ähnlich. Die nächstverwandte Art ist wohl die Silberkarausche (*C. auratus*), die in Ostasien von Südchina bis ins Amurbecken verbreitet ist. Aus ihr wurde vor ca. 1000 Jahren in China der allbekannte Goldfisch gezüchtet. Morphologisch ist der Giebel kaum von der Silberkarausche zu unterscheiden. Er ist seit langem aus Westasien und dem Schwarzmeergebiet bekannt, und sein Verbreitungsgebiet erstreckt sich vermutlich bis Zentralasien. Ob diese Tiere dort autochthon vorkommen, oder ob sie in geschichtlicher Zeit aus China dort eingeschleppt wurden, ist unklar. Fest steht, daß sich der Giebel stetig nach Westen ausbreitet (ausgesetzte Tiere gibt es schon in England und Spanien) und dabei örtlich die bodenständige Karausche verdrängt. Zwar ist er nicht ganz so widerstandsfähig gegen extreme Umweltbedingungen, doch besitzt er eine größere ökologische Bandbreite: Er ist nicht ausschließlich auf Stillgewässer beschränkt, sondern kommt auch in langsamen Fließgewässern vor.

Im Gegensatz zu Karausche, Silberkarausche und Goldfisch hat der Giebel seine Fortpflanzungsstrategie verändert: Männliche Giebel treten nur selten auf. Die in gemischten Laichschwärmen mit anderen Arten abgegebenen Eier werden durch das Eindringen der fremden Spermien in ihrer Entwicklung angeregt, ohne daß es zu einer Befruchtung mit Kernverschmelzung kommt. Aus diesen Eiern entstehen wiederum ausschließlich weibliche Giebel (Gynogenese). Auf diese Weise kann ein einziges verschlepptes Tier eine ganze Population begründen, vorausgesetzt, in dem Gewässer befinden sich andere im Schwarm laichende Karpfenfischarten.

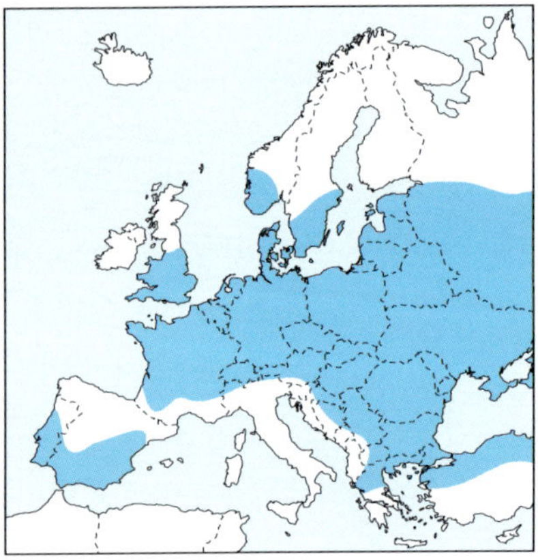

Giebel, *Carassius gibelio*

Verbreitung

Von Westeuropa bis Zentralasien.

KARPFEN

Cyprinus carpio

E: carp F: carpe
Familie Karpfenfische (*Cyprinidae*)

Kurzbeschreibung

Wildkarpfen gestreckt und seitlich wenig abgeflacht, mit großen Schuppen, sehr langer Rückenflosse und zwei Paar Barteln. Zuchtformen hochrückig, gedrungen, oft mit Reduktion des Schuppenkleids.

Merkmale

Körper der Wildform langgestreckt, nicht hochrückig, und seitlich wenig abgeflacht. Länge meist 30–70 cm, maximal 1,2 m. Kopf langgestreckt kegelförmig, Auge klein; Mundspalte endständig mit zwei Paar Barteln seitlich an der Oberlippe (das vordere Paar kürzer), Mundöffnung zu einem Rüssel ausstülpbar. Schuppen sehr groß, Seitenlinie

Die Mundspalte des Karpfens ist rüsselförmig vorstreckbar.

Karpfen, *Cyprinus carpio.* Schuppenkarpfen, eine hochrückige, aber vollständig beschuppte Zuchtform

vollständig. Rückenflosse sehr lang mit eingebuchteter Oberkante, Afterflosse kurz, Schwanzflosse deutlich eingebuchtet. Rückenfärbung bräunlichgrün, Flanken heller, Bauch weißlich. Flossen dunkelgrau, oft mit bläulichem Schein, paarige Flossen auch rötlich.

Zuchtformen kürzer und sehr hochrückig, mit relativ größerem Kopf; Schuppen bei manchen Formen reduziert bis fehlend oder abnorm groß und unregelmäßig verteilt.

33–40 Schuppen entlang der Seitenlinie. Flossenstrahlen: Rückenflosse 20–28, Afterflosse 8–9, Brustflosse 16–17, Bauchflosse 10–11, Schwanzflosse 19. Schlundzähne 1.1.3–3.1.1.

Verwechslungsarten

Karauschen (*Carassius carassius*) und Giebel (*C. gibelio*) besitzen keine Barteln, Schleien (*Tinca tinca*) eine kurze, rundliche Rückenflosse.

Lebensweise und Lebensraum

Die Wildform des Karpfens kommt heute im Einzugsbereich des Kaspischen und Schwarzen Meeres (Donau) vor; die nordwestliche Verbreitungsgrenze befindet sich heute wohl im Bereich der ungarisch-österreichischen Grenze. Die wärmeliebende Art kam aber nachgewiesenermaßen vor ca. 8000 Jahren auch im Oberlauf der Donau vor, so daß ein Schwanken der Verbreitungsgrenze je nach klimatischer Gegebenheit wahrscheinlich ist. Zuchtformen des Karpfens kamen seit der Römerzeit auch in die kühleren Teile Europas. Dort wurde und wird der Karpfen in flachen, künstlichen „Karpfenteichen“ vermehrt, da natürliche Gewässer die zum Laichen notwendige Temperatur meist nicht erreichen.

Wildkarpfen sind gesellige Fische, die sowohl in stehenden als auch in kräftiger strömenden Gewässern zuhause sind. Zur Nahrungsaufnahme benötigen sie tiefgründige, weiche Gewässerböden, die sie mit ihrem ausstülpbaren Rüssel nach bodenlebenden Kleintieren (vor allem Insektenlarven) durchwühlen. Tagsüber ruhen sie meist in tieferen Wasserschichten und werden erst mit Beginn der Dämmerung aktiv. Zur natürlichen Fortpflanzung benötigen Karpfen zeitweilig überschwemmte Gebiete. Zur Laichzeit (von Mai bis Juli) ziehen sie aus den Flüssen in die Überschwemmungsflächen, wo sie im sehr flachen, höchstens 40 cm hohen Wasser vorzugsweise über Gras ablaichen. In diesem Verhalten ähneln sie sehr den Hechten; wie diese verlieren sie beim Laichen jede Scheu. Während sich jedoch ein Hechtweibchen meist mit zwei oder drei Männchen zufriedengibt, laichen weibliche Karpfen mit bis zu 15 „Milchnern“. Auch die über mehrere Tage und auf unterschiedliche Stellen verteilte Laichabgabe hat sich bei den beiden in keiner Weise verwandten Arten unabhängig voneinander als optimal erwiesen. Die Eientwicklung dauert nur 3–5 Tage. Junge Karpfen ernähren sich zunächst von Plankton, gehen aber schon bei einer Länge von ca.

Spiegelkarpfen (Zuchtform)

Zeilkarpfen (Zuchtform)

2 cm zur Nahrungssuche am Grund über. Karpfen können erwiesenermaßen 50 Jahre alt werden; für eine noch längere Lebenszeit (wie häufig angenommen) gibt es keine Belege.

Im Schwarzen und Kaspischen Meer existieren Brackwasserformen des Karpfens, die zur Laichzeit Wanderungen in die Überschwemmungsflächen der Unterläufe unternehmen.

Während der Wildkarpfen in Mitteleuropa aus klimatischen und wasserbaulichen Gründen kaum selbst reproduzierende Bestände aufbauen kann, existieren solche noch im Unterlauf der Donau. (Fast?) alle Karpfen, die die Wildgewässer Mittel- und Nordeuropas bevölkern, gehen jedoch auf Besatz zurück. Dabei handelt es sich letztlich um eine extensive Form der Teichwirtschaft bzw. Speisefischproduktion: Die Tiere werden künstlich vermehrt, mästen sich im Freiland und können schließlich vom Angler gefangen werden. Mit Natur- oder Artenschutz, wie vielfach behauptet, haben solche Maßnahmen nichts zu tun, zumal fast immer die hochrückigen Zuchtformen des Karpfens verwendet werden.

Bereits zur Römerzeit wurde der Karpfen als domestiziertes Tier in Teichanlagen gehalten; heute existieren zahlreiche Zuchtformen, die deutlich hochrückiger als die Wildform sind, die den wuchtigen Grundtyp aber beibehalten haben. Diese Formen zeigen auch ein deutlich schnelleres Wachstum als die Wildform. Je nach Rasse ist das Schuppenkleid erhalten („Schuppenkarpfen"), bis

Farbkarpfen oder Kois wurden ursprünglich in Ostasien gezüchtet.

Karpfen, *Cyprinus carpio*. Jungtier der Wildform im Freiland

auf wenige, meist sehr große und ungleichmäßig verteilte Schuppen reduziert („Spiegel-, Zeilkarpfen") oder fast ganz verschwunden („Lederkarpfen").

Karpfen überstehen zwar meist die mitteleuropäischen Winter ohne Probleme, sind aber von ihrem Stoffwechsel her dennoch schlecht an unser Klima angepaßt. Sie halten keinen eigentlichen Winterschlaf (verbrauchen also Energie) und können bei Wassertemperaturen unter 4 °C Probleme bekommen, indem sie in eine unkontrollierte Starre verfallen und nach oben treiben, wo sie einfrieren können. Karpfen werden heute in Fischzuchtanlagen der ganzen Welt gehalten. Vor allem in Nordamerika und Australien haben sie sich in Wildgewässern ausgebreitet, wo sie sich als äußerst schädlich für die einheimische Fischfauna erweisen und stellenweise als Schädlinge betrachtet werden.

Weit höhere Marktpreise als Speisekarpfen können Spitzenprodukte der japanischen

Farbkarpfen-Zuchten erzielen. Die auch in Europa als Zierfisch zunehmend populären „Kois“ können für Tausende von Mark den Besitzer wechseln. Sie sind hinsichtlich Sauerstoffbedarf und Temperatur etwas anspruchsvoller als die Stammform.

Verbreitung

Die Wildform kommt vom Aralsee-Becken bis in die mittlere Donau vor. Wildkarpfenähnliche Populationen unklaren Ursprungs existieren auch im Bodensee und waren früher aus dem Neckar bekannt („Blaukarpfen“).

Bei ostasiatischen Wildkarpfen handelt es sich vermutlich um andere Arten.

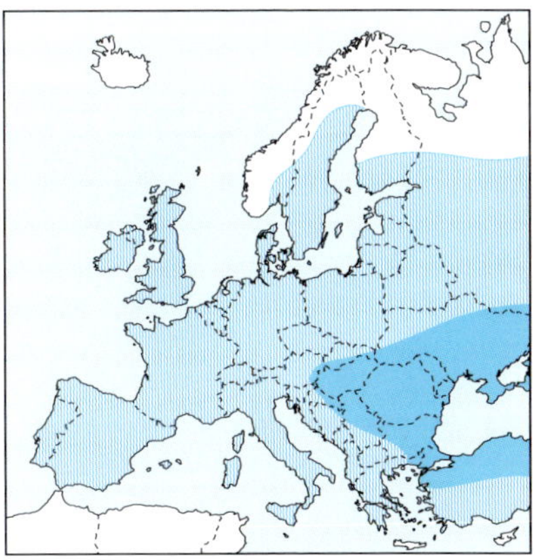

■ Karpfen, *Cyprinus carpio*, natürliche Vorkommen
□ Besatz mit Zuchtformen

BITTERLING
Rhodeus sericeus

E: bitterling F: bouvière
Familie Karpfenfische (*Cyprinidae*)

Kurzbeschreibung

Sehr kleiner, hochrückiger Karpfenfisch mit großen Schuppen, ziemlich langer Rücken- und Afterflosse und blaugrüner Längsbinde auf dem Schwanzstiel.

Merkmale

Körper hochrückig, seitlich abgeflacht. Länge meist 5–6 cm, maximal 9 cm. Kopf klein mit enger, endständiger Mundspalte. Schuppen groß; Seitenlinie unvollständig, endet nach der 5. oder 6. Schuppe. Rücken- und Afterflosse ziemlich lang. Rücken graugrün bis oliv, Flanken silberglänzend mit blaugrüner Flankenbinde von Körpermitte bis zum Schwanz, Bauch weiß bis schwach rötlich. Rückenflosse dunkel, andere Flossen meist farblos. Beim Männchen in Laichfärbung Brust und Bauch ausgedehnt rot bis orange, Oberseite und Flanken blaugrün glänzend, grobkörniger Laichausschlag auf dem Kopf. Laichreife Weibchen mit zu einer langen Legeröhre ausgezogenen Analpapille.

34–38 Schuppen in der längsten Reihe. Flossenstrahlen: Rückenflosse 12–13, Afterflosse 11–13, Brustflosse 11–12, Bauchflosse 8–9, Schwanzflosse 19. Schlundzähne 5–5.

Verwechslungsarten

Karpfen und die *Carassius*-Arten besitzen eine vollständige Seitenlinie und eine kürzere Afterflosse, *Abramis*-Arten eine deutlich kürzere Rückenflosse und ebenfalls vollständig ausgebildete Seitenlinien.

Lebensweise und Lebensraum

Bitterlinge gehören zu den kleinsten europäischen Karpfenfischen. Gelegentlich werden sie einer eigenen Familie (*Acheilognathidae*, Bitterlinge) zugerechnet, deren ca. 40 Arten vor allem in Ostasien beheimatet sind und alle sehr ähnlich aussehen. Der europäische Bitterling gilt als Unterart des Chinesischen Bitterlings (*Rh. s. sericeus*) aus Nordchina, von dem er durch die Eiszeit getrennt worden war; manchmal wird er auch als eigenständige Art (*Rh. amarus*) angesehen.

Bitterlinge leben gesellig im flachen Wasser pflanzenreicher Uferzonen. Sie bewohnen sowohl langsam fließende als auch stehende Gewässer bis hin zu Tümpeln. Tiefgründige, verschlammte Gewässer werden gemieden. Optimale Lebensräume weisen Sandboden mit einer dünnen darüberliegenden Mulmschicht auf, wo ausreichende Bestände der für die Fortpflanzung notwendigen großen Teich- oder Flußmuscheln (*Anodonta* spp., *Unio* spp.) vorkommen. Bitterlinge ernähren sich überwiegend vegetarisch von Algen und weichen Teilen höherer Pflanzen, daneben werden aber auch verschiedenste Kleintiere gefressen.

Bitterling, *Rhodeus sericeus*. Männchen an Teichmuschel

Die Fortpflanzung des Bitterlings ist hochgradig spezialisiert: Die Eier werden in der Mantelhöhle großer Muscheln deponiert, wo sich auch die Jungfische bis zum Freischwimmen aufhalten. Auf diese Weise ist die Muschel für die „Bewachung" der Brut zuständig, wodurch sich die Sterblichkeit durch Räuber oder Verdriftung drastisch reduziert. Folgerichtig produzieren Bitterlinge im Vergleich zu Frei- oder Haftlaichern nur relativ wenige Eier. Der gesamte Fortpflanzungszyklus ist so eng an Muscheln gebunden, daß selbst die Laichfärbung nur bei Präsenz einer großen Muschel angenommen wird. Zur Laichzeit von April bis Juni nimmt das Männchen eine geeignete Muschel „in Besitz" und verteidigt dieses Territorium gegen Konkurrenten, wobei es sein grün, blau und rot schillerndes Hochzeitskleid trägt. Auch beim Weibchen treten Veränderungen ein: Die normalerweise zu einer nur 2–3 mm langen „Analpapille" ausgezogene Kloakenöffnung wächst innerhalb von ca. 1 Woche zu einem bis 5 cm langen, dünnen Legerohr aus. Beim Laichvorgang führt das vom Männchen zur Muschel gelockte Weibchen seine Legeröhre in Sekundenschnelle in die Kloakenröhre der Muschel ein und preßt mit Hilfe von Urindruck 1–4 Eier in die Mantelhöhle der Muschel. Unmittelbar anschließend gibt das Männchen über der Muschel Sper-

Bitterling, *Rhodeus sericeus*

mien ab, die mit dem Atemwasser in die Mantelhöhle der Muschel gelangen und dort die Eier befruchten. Dieser Vorgang wiederholt sich mehrfach mit verschiedenen Muscheln. Über die gesamte Laichperiode von 3 Monaten produziert ein Weibchen meist ca. 100, höchstens 500 zylindrische Eier, die aber mit knapp 3 mm sehr groß sind. Diese stecken in den siebartig konstruierten Muschelkiemen fest. Auch die schlüpfenden Jungfische heften sich mit Hilfe von Auswüchsen des Dottersacks an diese Struktur, um nicht mit dem kräftigen Atemstrom der Muschel ins Freie befördert zu werden. Die durch die Muschel geschützten und bestens mit Atemwasser versorgten Jungfische schwimmen nach 4–5 Wochen aus; sie sind dann bereits ca. 11 mm lang und haben eine gute Überlebenschance. Bitterlinge werden nach ca. 2 Jahren geschlechtsreif; ihr Höchstalter wird mit nur 5 Jahren angegeben.

Zur Fortpflanzung sind nicht nur die Bitterlinge auf Fluß- oder Teichmuscheln angewiesen, sondern die Muscheln auch auf Bitterlinge bzw. andere Fische. Während die Eier und Jungfische der Bitterlinge die Muschel nicht nennenswert beeinträchtigen, leben die Larven der großen Süßwassermuscheln parasitisch: Die sogenannten Glochidien, die je nach Muschelart bis zu 0,3 mm groß sind, werden von der Muschel zu Hunderttausenden ins Wasser abgegeben. Sie gelangen je nach Muschelart auf unterschiedliche Weise an den Fisch, an dessen Haut oder Kiemen sie sich mit Haftfäden oder zahnartigen Gebilden festheften. Dort werden sie von Gewebe umwachsen und wandeln sich im Verlauf weniger Wochen zu kleinen Muscheln um, die schließlich abfallen

Bitterling, *Rhodeus sericeus*. Männchen und zwei Weibchen mit Legeröhre

und ihr Bodenleben aufnehmen. Während Flußmuscheln (*Unio* spp.) ihre Glochidien als kleine Pakete abgeben, die von Fischen gefressen werden und dabei teilweise an die Kiemen gelangen, vereinigen sich die Glochidien der Teichmuscheln (*Anodonta* spp.) zu Fäden oder Schleiern, die im Wasser treiben und so auf die Oberfläche der Fische geraten. Sie entwickeln sich vorwiegend auf den Flossen. Die Glochidien der meisten Muschelarten machen auf dem Fisch kein Wachstum durch, sondern verändern nur ihren Körperbau. Der Fisch wird somit höchstens bei Massenbefall geschädigt und dient nur als Transportmittel. Am Rande sei erwähnt, daß auch Muscheln ihre Ansprüche an das Artenspektrum der Fische stellen. So ist die ausbleibende Vermehrung der in schnellfließenden Bächen beheimateten Flußmuschel *Unio crassus* vermutlich dadurch zu erklären, daß der ursprüngliche Fischbestand von der als Wirt ungeeigneten Regenbogenforelle verdrängt wurde.

Der Bitterling ist in den vergangenen Jahrzehnten im Bestand stark rückläufig und gilt als bedroht. Häufig wird der Rückgang

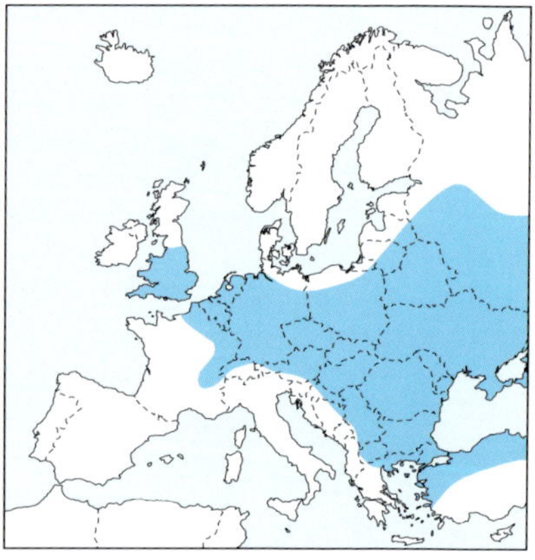

Bitterling, *Rhodeus sericeus*

der Muschelbestände als Grund angegeben, wobei sowohl die Verschlechterung der Wasserqualität als auch der Wasserbau (Grundräumungen) das ihre beitragen. Dies ist aber sicher nur eine Teilursache, da Bitterlinge heute auch in Gebieten fehlen, in denen noch ein ausreichender Bestand an geeigneten Muscheln existiert. Vermutlich ist der Bitterling besonders empfindlich gegen anorganische Wasserverschmutzung. Bei Besatzmaßnahmen ist Vorsicht angezeigt, da im Handel häufig asiatische Bitterlinge auftauchen, die nur schwer von der heimischen Form zu unterscheiden sind. Für den Besatz, der mit den zuständigen Naturschutzbehörden abzustimmen ist, dürfen ausschließlich gewässertypische Tiere verwendet werden. Die Vermehrung des Bitterlings im Aquarium ist nicht schwer, weshalb die lokale Produktion geeigneter Satzfische keine größere Schwierigkeit darstellen sollte.

Verbreitung

Die europäische Unterart (*Rh. s. amarus*) vom Ural und Kaspischen Meer bis Mittelfrankreich. Nicht im Mittelmeerraum. In Ostasien zwei Unterarten: *Rh. s. sericeus* im Amurbecken und *Rh. s. sinensis* im Einzugsgebiet des Jangtse.

SCHMERLE
Barbatula barbatula

E: stone loach F: loche franche
Familie Plattschmerlen (*Balitoridae*)

Kurzbeschreibung

Kleiner, langgestreckter, fast drehrunder Fisch mit drei Paar Barteln und unregelmäßig dunkel marmorierter Oberseite.

Merkmale

Körper langgestreckt und fast drehrund; Länge 8–12 cm, maximal 16 cm. Mundspalte klein und unterständig, 3 Paar mäßig lange Barteln entlang dem Oberkiefer, Nasenöffnungen röhrenförmig verlängert, kein aufrichtbarer Dorn unter dem Auge. Schuppen sehr klein, am Vorderkörper weitgehend fehlend. Seitenlinie unvollständig. Rücken und Seiten graubraun mit unregelmäßiger dunkelbrauner Marmorierung und Fleckung, Bauch weißlich. Rücken- und Schwanzflosse mit dunklen Fleckenreihen.

Flossenstrahlen: Rückenflosse 9–12, Afterflosse 7–10, Brustflosse 13, Bauchflosse 8.

Schmerle, *Barbatula barbatula*. Porträt

Schmerlen, *Barbatula barbatula*

Verwechslungsarten

Schlammpeitzger (*Misgurnus fossilis*) sind deutlich längsgestreift und besitzen zusätzlich 2 Paar Barteln am Unterkiefer, *Cobitis*-Arten besitzen einen aufrichtbaren, zweispitzigen Dorn unter jedem Auge und einen seitlich stark abgeflachten Kopf.

Lebensweise und Lebensraum

Die ca. 150 Arten der weitgehend auf Eurasien beschränkten Familie Schmerlen (*Balitoridae* und *Cobitidae*) sind nahe mit den Cypriniden verwandt. Wie diese besitzen auch die Schmerlen Schlundzähne, die aber stets in größerer Zahl und in einer Reihe angeordnet auftreten (bei den europäischen Arten 6–8 auf jeder Seite); ein Mahlstein fehlt. Typisch sind mindestens drei Paar Barteln um die Mundspalte. Die meisten Arten sind nachtaktiv und ernähren sich von bodenlebenden Kleintieren.

Die europäische Schmerle, irreführend auch Bartgrundel genannt, bewohnt vorzugsweise schnellfließende Gewässer der Äschen- und Forellenregion, kann aber auch in Stillgewässern mit sauberem, unverschlammtem Stein- oder Kiesboden vorkommen. Gewässer mit sandigem Grund werden nur besiedelt, wenn ausreichend Totholz oder andere Verstecke vorhanden sind. Dort sitzt sie tagsüber meist unter Steinen verborgen und geht ab Einbruch der Dämmerung auf Nahrungssuche. Sie ernährt sich von bodenlebenden Kleintieren und Fischlaich. Die meisten Individuen sind ortstreu und entfernen sich höchstens einige hundert Meter von ihrem Versteck. Ein kleiner Teil der Population scheint allerdings wanderlustiger zu sein (nachgewiesen sind bis zu 10 km pro Tier) und so für die Ausbreitung der Art zu sorgen. Schmerlen sind relativ wärmebedürftig; im Sommer sollte die Wassertemperatur mindestens 19 °C erreichen. Schmerlen laichen von März bis Mai paarweise an sandigen oder kiesigen Stellen; das Gelege wird bis zum Freischwimmen der Jungfische vom Männchen bewacht. Schmerlen wachsen äußerst rasch: Im ersten Jahr können sie bereits 7 cm Länge erreichen. Die Geschlechtsreife tritt nach 1–2 Jahren ein, das Höchstalter beträgt ca. 6 Jahre.

In geeigneten Gewässern mit Versteckmöglichkeiten kommen Schmerlen auch heute noch häufig vor; selbst an künstlichen Strukturen (z. B. Steinschüttungen zur Uferbefestigung) kann es zu Massenauftreten kommen. Die meisten Populationen sind je-

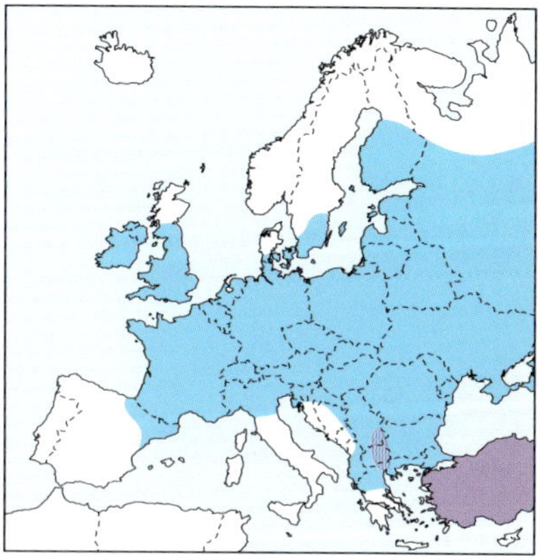

Schmerle, *Barbatula barbatula*
Türkische Schmerle, *B. brandtii*

Schmerle, *Barbatula barbatula*

doch in den Oberläufen von Gewässern isoliert und aufgrund von Staustufen und Wehren, vor allem aber anorganischer Wasserverschmutzung flußabwärts nicht mehr in der Lage, Nachbargewässer zu besiedeln oder einen genetischen Austausch zu vollziehen. Ein übertriebener Besatz mit Forellen trägt zusätzlich zum Bestandsrückgang bei. Dabei ist ein guter Bestand von Schmerlen für die Forelle durchaus von Vorteil; sie dienen als Beutefische und eliminieren den Laich von Konkurrenten (z. B. Döbeln), während der Forellenlaich in der kalten Jahreszeit kaum angegriffen wird.

Verbreitung

Vom Ural bis Irland und Ostspanien; nicht in Nordskandinavien, Mittel- und Süditalien und auf dem südlichen Balkan.

Weitere Arten

Die Türkische Schmerle (*B. brandtii*) kommt von Kleinasien bis ans Schwarze Meer und nach Israel vor; eine Unterart bewohnt das Einzugsgebiet der Struma in Bulgarien. Sie unterscheidet sich durch ein dunkles, hinten in große Flecken aufgelöstes Flankenband und nicht röhrenförmig verlängerte Nasenöffnungen.

Die Terek-Schmerle (*B. merga*) aus dem Kaukasus steht in der Färbung zwischen den beiden vorgenannten Arten; ihre Nasenöffnungen sind nicht verlängert.

SCHLAMMPEITZGER

Misgurnus fossilis

E: weatherfish F: loche d'étang
Familie Schmerlen (*Cobitidae*)

Kurzbeschreibung

Sehr langgestreckter, längsgestreifter Fisch mit kleinem Kopf und fünf Paar Barteln am Mundrand.

Merkmale

Körper langgestreckt, vorne fast drehrund, hinter der Rückenflosse seitlich abgeflacht. Länge 15–25 cm, maximal 30 cm. Kopf klein; Mundspalte klein und unterständig, 3 Paar Barteln entlang dem Oberkiefer, 2 Paar Barteln am Unterkiefer. Nasenöffnungen röhrenförmig verlängert, kein aufrichtbarer Dorn unter dem Auge. Schuppen sehr klein, Seitenlinie unvollständig. Rücken- und Bauchflossen nach hinten verlagert. Grundfärbung meist hell rötlichbraun, mit dunkelbraunen Flecken und Punkten, die sich auf Rücken und Flanken zu Längsbinden vereinigen; Bauch hell.

Schlammpeitzger, *Misgurnus fossilis*. Porträt

Schlammpeitzger, *Misgurnus fossilis*

Flossenstrahlen: Rückenflosse 7–11, Afterflosse 7–10, Brustflosse 11, Bauchflosse 6–7.

Verwechslungsarten

Alle anderen europäischen Schmerlen besitzen keine Barteln am Unterkiefer; ähnlich gefärbte *Cobitis*-Arten (Steinbeißer) unterscheiden sich zudem durch einen aufrichtbaren, zweispitzigen Dorn unter jedem Auge.

Lebensweise und Lebensraum

Schlammpeitzger sind hochspezialisierte Fische, die an das Leben in stehenden Kleingewässern angepaßt sind. Sie besiedeln flache Tümpel, Wassergräben, Altarme usw. mit weichem, schlammigem Grund, in dem sie sich tagsüber eingraben. Erst in der späten Dämmerung werden sie aktiv und suchen den Gewässerboden nach Kleintieren (vor allem Schnecken) ab. In Anpassung an die oft extrem sauerstoffarmen Verhältnisse in solchen Gewässern sind Schlammpeitzger zur Darmatmung befähigt: Sie nehmen mit dem Mund Luft auf, die anschließend durch den Darm gepreßt wird. Der Gasaustausch findet im Enddarm statt, dessen Schleimhaut stark durchblutet ist und so als „Lunge" dient. Auch über die Haut können Schlammpeitzger Sauerstoff aufnehmen. Auf diese Weise können sie bei Regen – ähnlich wie Aale – kurze Landwanderungen zu neuen Gewässern unternehmen. Die erhöhte Aktivität, die diese Tiere bei Luftdruckveränderungen (z. B. vor Gewittern) zeigen, steht vielleicht damit in Zusammenhang. Bei Austrocknung ihrer Wohngewässer können sie sich bis 50 cm tief in den Schlamm eingraben und dort einige Zeit überleben; auch der Winter wird auf diese Weise verbracht. Schlammpeitzger laichen von April bis Juni; die Eier werden an Pflanzen festgeheftet. Die Jungfische besitzen zusätzliche äußere Kiemenfäden und können dadurch den geringen Sauerstoffgehalt ihrer Gewässer besser nutzen. Sie können bis zu 21 Jahre alt werden.

Wie Hundsfischen und Karauschen nützt auch den Schlammpeitzgern ihre Lebenszähigkeit wenig in unserer von Sumpftrockenlegung, Gewässerregulierung, Umnutzung „unproduktiver" Tümpel und anderen Formen ordnungsgemäßer Wasserwirtschaft gezeichneten Umwelt. Da Schlammpeitzger sich bei Gefahr in den Boden einwühlen, trägt besonders das Ausfräsen und -baggern von Wassergräben zu ihrer Vernichtung bei.

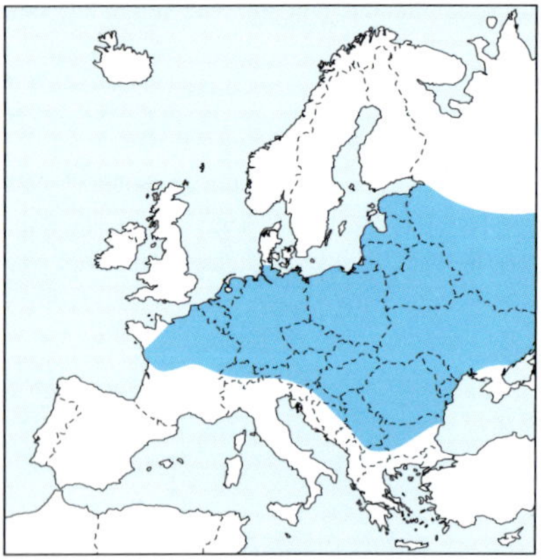

Schlammpeitzger, *Misgurnus fossilis*

So sind sie hierzulande fast überall verschwunden oder zumindest sehr selten geworden.

Verbreitung

Vom Wolgabecken bis Nordfrankreich; fehlt in Skandinavien, auf den Britischen Inseln und im Mittelmeerraum.

STEINBEISSER

Cobitis taenia

E: spined loach F: loche de rivière
Familie Schmerlen (*Cobitidae*)

Kurzbeschreibung

Sehr langgestreckter, seitlich abgeflachter Fisch mit drei Paar Barteln am Mundrand und in Flecken aufgelöstem schwarzen Flankenband.

Merkmale

Körper langgestreckt, seitlich abgeflacht. Länge 6–8 cm, maximal 13 cm. Kopf sehr schmal, Augen weit oben stehend; Mundspalte klein und unterständig, 3 Paar Barteln entlang dem Oberkiefer; Nasenöffnungen nicht röhrenförmig verlängert; aufrichtbarer, zweispitziger Dorn unter dem Auge. Schuppen klein, Seitenlinie unvollständig. Oberseite gelb und braun marmoriert mit einer Rücken- und zwei Flankenbändern aus schwarzen, gelb gerandeten Flecken und Strichen, Bauch weißlich.

Flossenstrahlen: Rückenflosse 8–12, Afterflosse 7–9, Brustflosse 7–9, Bauchflosse 6.

Verwechslungsarten

Andere Gattungen europäischer Schmerlen besitzen keinen aufrichtbaren Augendorn und sind zumindest am Vorderkörper drehrund; von anderen *Cobitis*-Arten nur schwer zu trennen (siehe „Weitere Arten").

Lebensweise und Lebensraum

Steinbeißer sind äußerst standorttreue Fische, die am Boden klarer, fließender oder stehender Gewässer mit sandigem Grund leben. Den Tag verbringen die einzelgängerischen Tiere im Sand vergraben. Bei Dunkel-

Steinbeißer, *Cobitis taenia*

heit durchsuchen sie den Boden nach Kleintieren oder organischem Detritus. Dabei nehmen sie ständig Sand in die Mundhöhle auf, „kauen" ihn nach Freßbarem durch und stoßen ihn über die Kiemenspalten wieder aus. Laichzeit ist April bis Juni; die klebrigen Eier werden auf Sand oder an Pflanzen abgelegt.

Steinbeißer sind aufgrund ihrer „vergrabenen" Lebensweise nur sehr schwer zu entdecken. Sie galten schon immer als selten, so daß keine sicheren Angaben über die Bestandsentwicklung gemacht werden können; auch die Verbreitungsgrenzen sind ziemlich unklar.

Verbreitung

Von Sibirien (Lena) bis Spanien; Steinbeißer fehlen lediglich in Nordskandinavien, Irland, Schottland und auf dem südlichsten Balkan.

Weitere Arten

In Süd- und Südosteuropa existiert eine Reihe sehr ähnlicher Arten, deren Lebensweise und Verbreitung nur wenig bekannt sind.

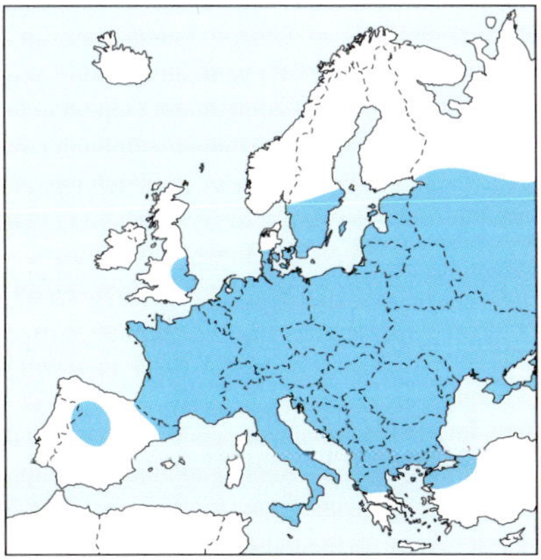

Steinbeißer, *Cobitis taenia*

Typisch für Steinbeißer ist die aufgerichtete Haltung

Der Balkan-Steinbeißer (*C. elongata*) lebt im Bereich der unteren und mittleren Donau. Er ist länger und schlanker als *C. taenia*, seine Flankenflecken sind durch ein dünnes Längsband verbunden, und der Schwanzstiel trägt unten einen Fettkiel. Er wird bis zu 16 cm lang.

Der Goldsteinbeißer (*Sabanejewia balcanica*) kommt in Osteuropa (System von Donau und Weichsel) und im Kaukasus vor; seine Flanken tragen eine Reihe großer, dunkler, etwas verwaschener Flecken auf leicht goldfarben schimmerndem Grund. Der Schwanzstiel besitzt unten einen schwachen „Fettkiel".

In Norditalien existiert neben dem Steinbeißer noch eine weitere Art, deren genaue Verbreitung nicht bekannt ist: Der im Querschnitt fast runde Italienische Steinbeißer (*S. larvata*) trägt auf rötlichbraunem Grund ein Muster großer, unscharf begrenzter und ineinanderfließender Flecken (7–12 auf dem Rücken), die an den Flanken von einem gelblichen Band durchzogen werden; vor dem Auge befindet sich ein dunkles Dreieck. Der Schwanzstiel besitzt Fettkiele (oben kräftig, unten schwach).

Aus Südeuropa vor allem vom Balkan, sind noch ca. 20 weitere *Cobitis*- und *Sabanejewia*-Arten beschrieben; weiter östlich (Schwarzmeergebiet, Kaukasus) wird die Situation völlig unübersichtlich. Über die Systematik, Verbreitung und Biologie der meisten dieser Formen ist kaum etwas Gesichertes bekannt.

WELS

Silurus glanis

E: wels F: silure glane
Familie Welse (*Siluridae*)

Kurzbeschreibung

Sehr großer, langgestreckter Fisch ohne Schuppen mit breiter Mundspalte, drei Paar sehr langen Barteln, winziger Rücken- und sehr langer Afterflosse.

Merkmale

Körper langgestreckt, vorne im Querschnitt rund, hinter dem After seitlich abgeflacht. Länge 1–1,5 m, maximal 3 m (dann bis 150 kg Gewicht). Kopf sehr groß, breit und flach; Mundspalte endständig und sehr breit, innen mit zahlreichen nach hinten gekrümmten „Hechelzähnen" besetzt; ein Paar sehr langer Barteln seitlich am Oberkiefer, 2 Paar kürzere Barteln an der Kopfunterseite; Augen sehr klein. Schuppen fehlen vollständig, Seitenlinie komplett. Rückenflosse extrem kurz, Afterflosse und Schwanzstiel stark verlängert, Schwanzflosse klein. Keine Fettflosse. Rückenfärbung meist schwärzlich oder dunkelbraun, Seiten heller mit dunkler Marmorierung, Bauch weißlich, manchmal mit rötlichem Anflug.

Flossenstrahlen: Rückenflosse 3–5, Afterflosse 84–92, Brustflosse 15–18, Bauchflosse 11–13.

Verwechslungsarten

Der Aristoteles-Wels (*S. aristotelis*) besitzt ein statt zwei Paar Barteln an der Kopfunterseite, die lokal in Europa eingebürgerten Zwergwelse (*Ictalurus* spp.) besitzen ein Paar zusätzliche Barteln an der Kopfoberseite, eine Fettflosse und eine viel kürzere Afterflosse.

Lebensweise und Lebensraum

Die zoologische Ordnung der „Welsartigen" (*Siluriformes*) ist mit ca. 2000 Arten weltweit, vor allem in den Tropen, verbreitet. Welse sind weitläufig mit den Karpfenfischen verwandt und zeigen zahlreiche Übereinstimmungen im inneren Körperbau. Wie jene, sind auch Welse „primäre Süßwasserfische", d. h. die Gruppe entstand im Süßwasser und ist nicht aus dem Meer eingewandert (wie z. B. die Barschverwandten oder die Aale). Diese riesige und vielgestaltige Gruppe wird in ca. 30 Familien unterteilt, von denen natürlicherweise nur eine, die der „echten" Welse (*Siluridae*) mit zwei Arten in Europa vorkommt.

Der europäische Wels (*S. glanis*) ist ein einzelgängerischer, standorttreuer Fisch langsam fließender oder stehender Gewässer mit weichem Bodengrund. Als wärmeliebender Fisch bevorzugt er Gewässer, die im

Wels, *Silurus glanis*. Freilandaufnahme

Wels, *Silurus glanis*. Sichtbar ist die winzige Rückenflosse.

Sommer eine Temperatur von mindestens 20 °C erreichen. An die Wasserqualität und den Sauerstoffgehalt stellt er dagegen geringere Ansprüche; im Bereich von Flußmündungen dringt der Wels auch ins Brackwasser vor. Er ist nachtaktiv und hält sich am Tage unter Baumwurzeln, überhängenden Ufern oder an sonstigen geschützten Stellen am Grund verborgen. Nachts geht er auf Nahrungssuche, wobei er alles frißt, was in seine geräumige Mundhöhle paßt; neben Fischen (Schleien!) werden auch Amphibien, Wasservögel und Säugetiere erbeutet. Beim Aufspüren der Nahrung spielen die reduzierten Augen keine Rolle, dagegen sind Geruchs-, Geschmacks- und Tastsinn hoch entwickelt. Welse hören auch ausgezeichnet: Die Schallwellen werden (wie bei den Karpfenfischen) von der Schwimmblase verstärkt und über ein System verbundener Knochen (dem „Weberschen Apparat") zum Innenohr geleitet. Zusätzlich verfügen sie über Elektrorezeptoren, mit deren Hilfe Beutetiere anhand ihrer schwachen elektrischen Felder aufgespürt werden können.

Welse laichen meist zwischen Mai und Juli, sobald das Wasser eine Mindesttemperatur von 18 °C erreicht hat. Abgelaicht wird paarweise im flachen Wasser zwischen dichten Pflanzenbeständen; oft wird das Ablaichen von plötzlichem Luftdruckabfall (z. B. vor Gewittern) ausgelöst. Die ca. 3 mm großen Eier werden in flache Gruben oder in ein primitives Pflanzennest abgelegt, können aber auch an freigespülte Wurzeln usw. angeklebt werden. Pro kg Weibchengewicht werden ca. 30 000 Eier produziert. Das Nest wird bis zum Schlupf der Jungfische vom Männchen bewacht. Die bereits nach 3–10 Tagen schlüpfenden Jungfische ernähren sich nach Aufzehrung des Dotter-

Wels, *Silurus glanis*

Wels, *Silurus glanis*

sacks zunächst von wirbellosen Kleintieren. Welse gehören zu den am schnellsten wachsenden Fischen und können – je nach Nahrungsangebot – am Ende des ersten Sommers bereits 500 g erreicht haben. 2–3 Jahre alte Tiere mit einem Gewicht von 1–2 kg sind bereits fortpflanzungsfähig. Über das Höchstalter des Welses gibt es zahllose Legenden; nachgewiesen sind mindestens 80 Jahre.

Die wirtschaftliche Bedeutung dieses eindrucksvollen Fisches ist je nach Region sehr verschieden. In Südosteuropa werden Welse von Berufsfischern mit Reusen und Grundangeln gefangen; auch in der Donau bis weit nach Bayern hinein war der Wels früher ein wichtiger Wirtschaftsfisch. In anderen Gewässern gilt er dagegen als Schädling, der vor allem den Karpfen- und Schleienbeständen schadet. Zu Angelzwecken wurden vor allem in jüngerer Zeit Satzwelse in alle möglichen Gewässer eingeführt. Fest steht, daß Welse sich in Mitteleuropa kaum noch natürlich vermehren können und ihr Bestand von Besatzmaßnahmen abhängt. Als Grund für den Rückgang dieser Art wird die Zerstörung der im Flachwasser liegenden Laichplätze durch Verbau der Flußufer angesehen. Allerdings stellt Mitteleuropa für den Wels auch klimatisch bedingt ein natürliches Grenzgebiet dar. So ist z. B. unklar, wie viele der früher in der bayerischen Donau gefangenen Welse Zuwanderer aus dem wärmeren Südosten waren, die heute aufgrund der Staustufen nicht mehr stromaufwärts gelangen können.

Welse werden meist in den Sommermonaten geangelt, da sie nach dem Laichgeschäft besonders viel Nahrung zu sich nehmen und so leicht an Köder gehen.

Verbreitung

Ursprünglich vom Aralbecken bis zum Stromgebiet der Elbe und nach Ostfrankreich (Doubs). Vor ca. 100 Jahren bereits in England eingeführt, heute durch Besatz auch anderswo verbreitet. Im Nordwesten des Areals (vor allem Südschweden) stark rückläufig.

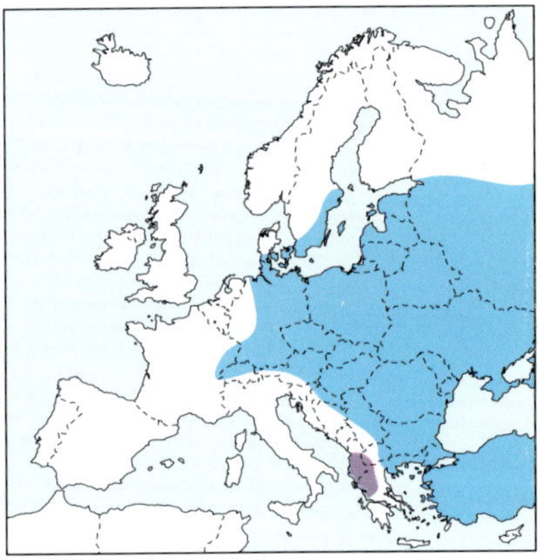

■ Wels, *Silurus glanis*
■ Aristoteles-Wels, *S. aristotelis*

Weitere Arten

Der Aristoteles-Wels (*S. aristotelis*) ist eine nahverwandte Art, die sich auffällig durch das Fehlen von einem Bartelpaar an der Kopfunterseite unterscheidet. Sie bleibt mit maximal 2 m Länge etwas kleiner. In ihrer Verbreitung ist sie auf das nordwestliche Griechenland beschränkt. Die Lebensweise dieser Art entspricht – soweit bekannt – der von *S. glanis*. Der Name nimmt darauf Bezug, daß Nestbau und Brutpflege dieses Fisches bereits von Aristoteles beschrieben wurden.

BRAUNER ZWERGWELS
Ictalurus nebulosus

E: brown bullhead
Familie Katzenwelse (*Ictaluridae*)

Kurzbeschreibung

Mäßig gestreckter, schuppenloser Fisch mit breiter Mundspalte, vier Paar sehr langen Barteln und Fettflosse.

Merkmale

Körper mäßig gestreckt, vorne im Querschnitt rund, hinter dem After seitlich abgeflacht. Länge 20–30, maximal 48 cm. Kopf groß und flach; Mundspalte endständig, sehr breit; ein Paar sehr langer Barteln seitlich am Oberkiefer (reichen zurückgelegt bis über den Bauchflossenansatz), ein Paar kürzere oben am Kopf (hinter den hinteren Nasenöffnungen), 2 Paar kürzere vorn am Unterkiefer. Schuppen fehlen vollständig, Seitenlinie komplett. Alle Flossen abgerundet; Rückenflosse nach vorne gerückt (weit vor den Bauchflossen), Afterflosse mäßig lang, Fettflosse vorhanden; erster Strahl von Rücken- und Brustflossen zu einem Knochenstachel umgebildet, der Brustflossenstachel hinten kräftig gesägt. Rückenfärbung schwarz bis olivbraun, Seiten mehr oder weniger dunkel marmoriert, Bauch weißlich, alle Flossen einfarbig graubraun bis schwarz.

Flossenstrahlen: Rückenflosse 7, Afterflosse 21–24, Brustflosse 9, Bauchflosse 8.

Verwechslungsarten

Die beiden europäischen *Silurus*-Arten besitzen nur 3 bzw. 2 Paare von Barteln und keine Fettflosse. Unterschiede zu anderen Katzenwelsen siehe unter „Weitere Arten“.

Zwergwels, *Ictalurus* sp.

Lebensweise und Lebensraum

Die ca. 40 Arten umfassende Familie der Katzenwelse war ursprünglich nur auf dem amerikanischen Kontinent (Südkanada bis Mittelamerika) zu Hause. Die größeren Arten besitzen dort eine erhebliche Bedeutung für Teichwirtschaft und Sportfischerei; aus diesem Grund wurden mehrere Arten außerhalb ihres ursprünglichen Areals angesiedelt.

Der Braune Zwergwels stammt aus den östlichen USA (vom Gebiet der Großen Seen bis zum Golf von Mexiko). Bereits Ende des 19. Jahrhunderts wurde er in Europa eingeführt und bildet heute vielerorts kleine, sich natürlich fortpflanzende Bestände. Künstlicher Besatz wird schon lange nicht mehr durchgeführt, da dieser Wels, wie es so schön heißt, die in ihn gesetzten Hoffnungen nicht erfüllte. Heute gilt er ganz im Gegenteil als Fischereischädling, da er als bodenbewohnender Raubfisch neben kleinen Wirbellosen auch Edelkrebse, Fischlaich und Fische frißt (was wäre wohl gewesen, hätte er die erhofften großen Bestände gebildet?). In seiner Heimat lebt der Braune Zwergwels als geselliger, nachtaktiver Bodenfisch in Seen und größeren, tiefen Tümpeln mit klarem Wasser und dichtem Pflanzenwuchs. Zur Laichzeit (April-Juli) wird von den Elterntieren im Flachwasser eine einfache Nestgrube aus Pflanzenmaterial angelegt, in die die Eier als klebrige Ballen abgegeben werden. Der Laich und die nach 4–8 Tagen schlüpfenden Jungfische werden vom Männchen bewacht.

Während diese Art in Nordamerika als relativ empfindlich gegen Wasserverschmutzung gilt, wird in Europa über ihr Vorkommen auch in stark belasteten, sauerstoffar-

Zwergwels, *Ictalurus* sp. Porträt, Freilandaufnahme

men Gewässern berichtet. Möglicherweise spielen hier Verwechslungen mit anderen *Ictalurus*-Arten (s. u.) eine Rolle. Über Verbreitung und Bestandsdichte ist wenig bekannt; ein Massenauftreten scheint es jedoch in Europa nirgends zu geben. Zwergwelse gelten als hochwertige Speisefische und werden vor allem in Südosteuropa in speziellen Betrieben gemästet.

Verbreitung

Ursprünglich östliche USA; verwildert in West-, Mittel- und Osteuropa.

Weitere Arten

Der Schwarze Zwergwels (*I. melas*) ist vor allem in Italien stellenweise verwildert. Seine Brustflossenstacheln sind rauh, aber hinten nicht gesägt, die Afterflosse ist kürzer (17–21 Strahlen), und die Flanken sind nie marmoriert oder gefleckt. Er lebt in seiner Heimat (zentrale USA) in weichgründigen Tümpeln und gilt als besonders resistent gegenüber Verschmutzung.

In Südengland wurde der Kanalwels (*I. punctatus*) stellenweise eingebürgert; der schlanke, bis 1,2 m lange Fisch besitzt eine deutlich gegabelte Schwanzflosse und silbrige bis hellblaue, dunkel gepunktete Flanken. Neben anderen großwüchsigen Arten (*I. furcatus, I. catus*) ist er in den USA der wichtigste teichwirtschaftlich genutzte Wels. Alle diese großen „catfishes“ sind Bewohner von Fließgewässern.

QUAPPE, RUTTE, TRÜSCHE
Lota lota

E: burbot F: lote de rivière
Familie Dorschfische (*Gadidae*)

Kurzbeschreibung

Langgestreckter, oft auffällig marmorierter Fisch mit breitem, flachem Kopf, langem Bartfaden am Kinn, kehlständigen Bauchflossen und sehr langer Rücken- und Afterflosse.

Merkmale

Körper sehr langgestreckt, vorne im Querschnitt rund, hinten zunehmend seitlich abgeflacht. Länge 30–60 cm, maximal 1 m. Kopf breit und flach; Mundspalte leicht unterständig und breit; ein langer Bartfaden am Kinn, zwei sehr kurze Barteln hinter den vorderen Nasenöffnungen. Schuppen sehr klein und dünn, Seitenlinie endet vor dem Schwanzstiel. Rückenflosse zweigeteilt und extrem lang, Bauchflossen kehlständig (vor den Brustflossen eingelenkt), Afterflosse sehr lang, Schwanzflosse abgerundet. Rücken und Flanken hellbraun bis gelblich mit mehr oder weniger kontrastreicher Fleckung oder Marmorierung, Bauch hell.

Flossenstrahlen: 1. Rückenflosse 9–16, 2. Rückenflosse 67–85, Afterflosse 65–78, Brustflosse 17–22, Bauchflosse 6–8.

Verwechslungsarten

Im europäischen Süßwasser gibt es keine weiteren Arten mit einem einzelnen Bartfaden am Kinn.

Quappe, *Lota lota*

Quappe, *Lota lota*. Von vorne

Lebensweise und Lebensraum

Die Quappe ist der einzige Vertreter der Dorschfamilie, der das Süßwasser bewohnt; alle anderen Arten (z. B. Kabeljau oder Schellfisch) leben in Meeren mit hohem Salzgehalt, vor allem im Nordatlantik. Bei oberflächlicher Betrachtung ist sie einem Wels nicht unähnlich, bevorzugt aber im Gegensatz zu diesem klare, kalte und sauerstoffreiche Gewässer. Obwohl sie auch in Flußunterläufen und sogar im Brackwasser der Mündungen vorkommen kann, zieht sie zügig strömende Gewässer oder durchflossene Seen von der Barben- bis in die mittlere Forellenregion vor; in den Alpen ist sie bis in 2000 m Höhe nachgewiesen. Wichtig ist Sand- oder Kiesboden; weicher, schlammiger Grund wird gemieden.

Quappen sind nachtaktiv und verbringen den Tag in Verstecken am Grund. Sie ernähren sich von bodenlebenden Wirbellosen; ab einer Größe von 20–30 cm fressen sie hauptsächlich kleine Fische, wobei bodenlebende Arten wie Gründlinge und Schmerlen bevorzugt werden. Auch Fischlaich wird gefressen. Da Quappen im Gegensatz zu den meisten anderen Fischen vor allem in der kalten Jahreszeit aktiv sind (im Sommer wird die Nahrungsaufnahme stark reduziert), genießen sie bei Bewirtschaftern von Salmonidengewässern keinen guten Ruf. Zur Laichzeit (November-März) schwimmen sie in Scharen stromaufwärts, wo über Sand- oder Steingrund große Mengen von Eiern abgegeben werden. Die Jungfische schlüpfen nach 6–10 Wochen. Sie sind zunächst fast völlig schwarz und verbringen ihre Jugendzeit zum Teil in kleinsten Bächen. Die Geschlechtsreife tritt im 3. oder 4. Jahr ein.

Wegen der versteckten Lebensweise der Quappe gibt es wenige Daten zur Bestandsentwicklung. Nach Errichtung von Staustufen wurde örtlich ein Rückgang beobachtet, da der Zugang zu den früheren Laichgründen versperrt ist. Aus Salmonidengewässern wurde sie als Laichfresser gezielt verdrängt, so daß sie in manchen Gewässern ganz verschwunden ist. Quappen sind hervorragende Speisefische, die aufgrund ihrer Aktivitätsperiodik vor allem im Winter mit der Grundangel erbeutet werden.

Verbreitung

Fast ganz Eurasien und Amerika nördlich des 40. Breitengrades; in Europa südlich bis zur Rhone, zum Po und in den nördlichen Balkan.

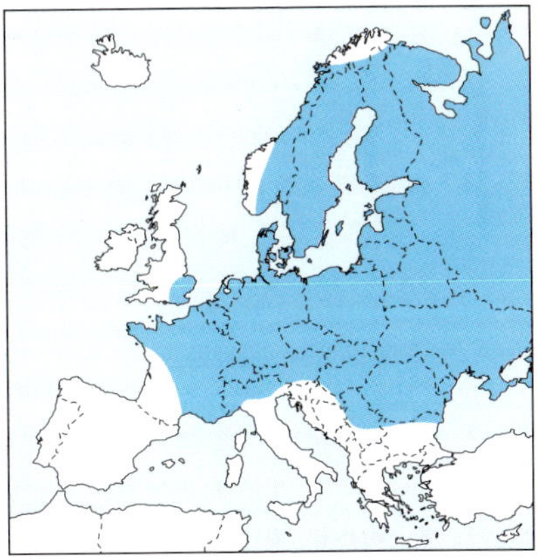

Quappe, *Lota lota*

MITTELMEER-KÄRPFLING
Aphanius fasciatus

F: fartet
Familie Eierlegende Zahnkarpfen
(*Cyprinodontidae*)

Kurzbeschreibung

Sehr kleiner, etwas gedrungener Fisch mit kleiner, oberständiger Mundspalte und weit nach hinten verlagerter Rückenflosse.

Merkmale

Körper mäßig gestreckt. Länge maximal 7 cm. Kopf relativ groß, oben abgeflacht, mit kleiner, oberständiger Mundspalte; Kiefer mit kleinen dreispitzigen Zähnen. Schuppen groß, Seitenlinie fehlt vollständig. Rückenflosse ziemlich groß, hinter der Körpermitte, beginnt unmittelbar vor der ebenfalls großen Afterflosse; alle Flossen konvex abgerundet. Färbung des Männchens olivbraun mit sehr unterschiedlicher Zahl schmaler, heller Querbinden an den Flanken, Bauch weißlich; Flossen mit Gelbtönen, Rückenflosse meist mit dunkler Oberkante. Weibchen wenig farbig, Flankenstreifung verwaschen oder in Flecken aufgelöst.

25–30 Schuppen in der längsten Reihe. Flossenstrahlen: Rückenflosse 10–13, Afterflosse 9–12, Brustflosse 14–15, Bauchflosse 6–7.

Verwechslungsarten

Der in der Gestalt ähnliche Hundsfisch (*Umbra krameri*) besitzt kleinere Schuppen und eine längere Rückenflosse, die Gambuse (*Gambusia affinis*) einen langen und dünnen Schwanzstiel und eine kurze Rückenflosse (7–9 Strahlen). Andere Zahnkarpfen siehe unter „Weitere Arten“.

Mittelmeerkärpfling, *Aphanius fasciatus*

Lebensweise und Lebensraum

Eierlegende Zahnkarpfen sind trotz ihres Namens nicht näher mit den Cypriniden verwandt. Sie sind mit Ausnahme Australiens und des nördlichen Eurasiens fast weltweit verbreitet. Die meist sehr kleinen Fische sind tolerant gegen wechselnde Salzkonzentrationen und besiedeln vor allem Flußmündungen und andere küstennahe Gewässer, aber auch periodisch austrocknende Binnenseen. Viele tropische Arten leben nur wenige Wochen und überdauern die Trockenzeit als Eier im ausgetrockneten Gewässergrund („Killifische").

Eine Reihe von Arten existiert in küstennahen Bereichen rund ums Mittelmeer; der Mittelmeer- oder Zebrakärpfling besitzt davon die weiteste Verbreitung. Er besiedelt kleine stehende oder langsam fließende Gewässer mit dichtem Pflanzenwuchs, wo er in sehr hohen Individuenzahlen auftreten kann. Die Nahrung besteht aus Kleintieren, vor al-

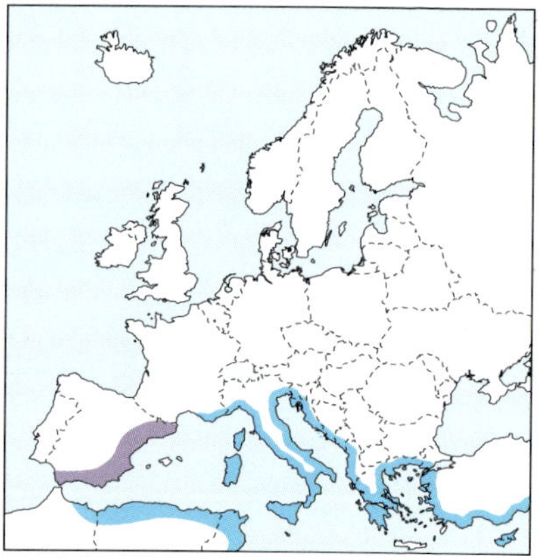

Mittelmeerkärpfling, *Aphanius fasciatus*

Spanienkärpfling, *A. iberus* + Valenciakärpfling, *Valencia hispanica*

lem Mückenlarven werden gerne gefressen; zu deren Bekämpfung wurde er früher vielerorts in Tümpel und Bewässerungsgräben eingesetzt. Gegen hohe Temperaturen und Sauerstoffmangel ist er ziemlich widerstandsfähig. Gelaicht wird paarweise während der warmen Sommermonate; die Eier werden an Pflanzen abgelegt. Dem Laichvorgang geht eine intensive Balz voraus.

Die Bestände dieser früher überaus häufigen Art sind in weiten Gebieten stark zurückgegangen oder sogar erloschen. Gründe sind die Trockenlegung von Sümpfen und Pestizidvergiftungen von Kleingewässern, vor allem aber die Konkurrenz durch die zur Stechmückenbekämpfung auf der ganzen Welt ausgesetzte Gambuse (*Gambusia affinis*). Diese anpassungsfähige, lebendgebärende Art aus Mittelamerika hat sich in den vergangenen Jahren im gesamten Mittelmeerraum rapide ausgebreitet und verdrängt zunehmend die dort heimischen Zahnkarpfen durch direkte Konkurrenz um Lebensraum und Nahrung.

Verbreitung

Gesamter mittlerer und östlicher Mittelmeerraum, im Westen bis Algerien und zum Rhonedelta; nicht auf Kreta und den Balearen. Es existiert eine Vielzahl sich deutlich unterscheidender Lokalformen.

Valenciakärpfling, *Valencia hispanica*

Weitere Arten

Der Spanienkärpfling (*A. iberus*) lebt im Süßwasser der spanischen und maghrebinischen Mittelmeerküste. Er unterscheidet sich im männlichen Geschlecht durch mehrere Querbinden auf der Schwanzflosse und durch dunkle, hell gepunktete Rücken- und Afterflossen. Seine Lebensweise entspricht weitgehend der des Mittelmeerkärpflings. Dieser Bewohner von Tümpeln, Wassergräben und anderen Kleingewässern gilt als besonders resistent gegen tageszeitliche Temperaturschwankungen und Sauerstoffmangel. Wie die anderen Zahnkarpfen des Mittelmeerraums produzieren die Weibchen relativ wenige (ca. 200) große Eier. Diese werden nahe der Wasseroberfläche an Pflanzen abgelegt, vermutlich um den höheren Sauerstoffgehalt des Oberflächenwassers für die Eientwicklung zu nutzen.

Der Valenciakärpfling (*Valencia hispanica*) kommt ebenfalls in Südspanien vor. Vom Spanienkärpfling unterscheidet er sich durch die gelben, dunkel gesäumten Flossen, die längere Afterflosse (12–14 statt 9–10 Strahlen) und die nur ein- statt dreispitzigen Zähne. Eine Form aus Westgriechenland und Korfu wird als eigene Art (*V. letourneuxi*) angesehen.

GAMBUSE, KOBOLD-KÄRPFLING

Gambusia affinis

E: mosquitofish F: poisson-léopard
Familie Lebendgebärende Zahnkarpfen (*Poeciliidae*)

Kurzbeschreibung

Sehr kleiner Fisch mit abgeflachtem Kopf, langem Schwanzstiel und kurzer, deutlich vor der Rückenflosse eingelenkter Afterflosse.

Merkmale

Männchen schlank, Weibchen vor dem After mit stark gewölbtem Bauch- und fast geradem Rückenprofil. Länge des Männchens bis 3,5 cm, des Weibchens bis 8 cm. Kopf klein, flach und im Profil nach vorne zugespitzt, mit sehr großen Augen und kleiner, nach oben gerichteter Mundspalte. Schuppen groß, Seitenlinie fehlt vollständig. Rückenflosse kurz und ziemlich hoch, hinter der Körpermitte; Afterflosse kurz und weit nach vorne gerückt (vor der Höhe der Rückenflosse), beim Männchen zu einem langen Begattungsorgan umgebildet („Gonopodium"). Rücken hell oliv oder sandfarben, Flanken silbrig mit bläulichem Glanz, Bauch weiß; dunkler Querstreifen unter dem Auge (nicht immer deutlich), Rücken- und Schwanzflosse mit mehreren Querreihen kleiner dunkler Punkte.

30–32 Schuppen in der längsten Reihe. Flossenstrahlen: Rückenflosse 7–9, Afterflosse 9, Brustflosse 13–14, Bauchflosse 6.

Verwechslungsarten

Bei *Aphanius*- und *Valencia*-Arten beginnt die Afterflosse auf gleicher Höhe mit der Rückenflosse oder weiter hinten.

Gambuse, *Gambusia affinis*. Männchen

Lebensweise und Lebensraum

Lebendgebärende Zahnkarpfen waren ursprünglich nur auf dem amerikanischen Kontinent zu Hause. Ihre Besonderheit liegt in der Methode der Fortpflanzung: Die Eier entwickeln sich im Mutterleib, geboren werden bereits schwimmfähige Jungfische. Die dadurch notwendige innere Befruchtung wird durch das aus der Afterflosse des Männchens hervorgegangene, rinnenförmige Gonopodium bewerkstelligt, mit dessen Hilfe die zu Ballen verklebten Spermien in den Eileiter des Weibchens eingeführt werden. Die befruchteten Eier werden bei den meisten Arten nicht über eine Plazenta ernährt, sondern leben von ihrem Dottervorrat. Spermien können in Falten der Eileiterwand gespeichert werden, so daß eine einzige Begattung für mehrere Würfe ausreicht.

Gambusen stammen aus Nordamerika (südliche USA bis Zentralmexiko), wo sie Seen, Tümpel, Wassergräben und den Uferbereich langsamer fließender Gewässer bewohnen. Dort halten sie sich am Rande der Vegetation in teils riesigen Schwärmen nahe der Wasseroberfläche auf; sie leben von tierischem Plankton, vor allem von Mückenlarven, teilweise auch von Algen. Sie überleben Wassertemperaturen bis zu 37 °C. Auch vom Sauerstoffgehalt des Wassers sind sie ziemlich unabhängig: Ihre breite und flache Mundspalte befähigt sie dazu, den allerobersten, weniger als 1 mm dicken Wasserfilm zu „atmen“, in dem durch Diffusion immer

Gambuse, *Gambusia affinis*. Weibchen

ausreichend Sauerstoff aus der Luft gelöst ist. Auch sehr niedrige Temperaturen werden ertragen, allerdings sollten 4 °C nicht für längere Zeit unterschritten werden. In der warmen Jahreszeit pflanzen sich Gambusen kontinuierlich fort. Die „Trächtigkeit" dauert ca. 30 Tage, große Weibchen gebären pro Wurf bis zu 60 Jungfische.

Durch ihr Nahrungsspektrum, ihre ökologische Toleranz und hohe Vermehrungsrate eignet sich diese Art in (fast) idealer Weise zur biologischen Bekämpfung von Stechmücken und damit der Malaria. Sie wurde daher in fast allen wärmeren Ländern eingeführt und ist heute sicherlich der am weitesten verbreitete Süßwasserfisch der Welt. Ein gravierender Nachteil ist die Verdrängung bodenständiger Kleinfische mit ähnlichem Nahrungsspektrum, die weltweit zu beobachten ist und bereits zum Erlöschen zahlreicher Arten geführt hat.

Verbreitung

Usprünglich vom Mississippi-Becken bis Zentralmexiko. Heute weltweit in den Tropen und Subtropen; fast im gesamten Mittelmeerraum.

Weitere Arten

In warmen Gewässern Südeuropas ist stellenweise der nahe verwandte, als Aquarienfisch beliebte Guppy (*Poecilia reticulata*) verwildert; er stammt aus dem nordöstlichen Südamerika. Die Männchen sind meist ziemlich bunt gefärbt; beide Geschlechter unterscheiden sich von Gambusen am einfachsten durch das Fehlen dunkler Punkte auf Rücken- und Schwanzflosse.

KLEINER ÄHRENFISCH

Atherina boyeri

F: cabasson
Familie Ährenfische (*Atherinidae*)

Kurzbeschreibung

Kleiner, schlanker Fisch mit zwei breit getrennten Rückenflossen und silbrigem, dunkel unterlegtem Flankenband.

Merkmale

Körper schlank, langgestreckt, seitlich wenig zusammengedrückt. Länge 8–12 cm, maximal 14 cm. Kopf spitz zulaufend, mit großen Augen und breiter, nach oben gerichteter Mundspalte. Schuppen mittelgroß, Seitenlinie unvollständig. Rückenflosse zweigeteilt mit breitem Zwischenraum; vordere Rückenflosse mit Stachelstrahlen, kurz, hinter den Bauchflossen stehend, hintere Rückenflosse ungefähr gegenüber der Afterflosse. Brustflossen groß, oberhalb der Körpermitte stehend. Schwanzflosse tief gegabelt. Rücken blaugrau bis grünlich, Bauch hell; Flanken mit einem schmalen silbrigen, nach unten dunkel abgesetzten Längsband.

45 Schuppen in der längsten Reihe. Flossenstrahlen: 1. Rückenflosse VII-VIII, 2. Rückenflosse I / 11, Afterflosse I / 11–15.

Verwechslungsarten

Im europäischen Süßwasser gibt es keine anderen Freiwasserfische mit zwei breit getrennten Rückenflossen und oberständigem Mund.

Lebensweise und Lebensraum

Die meisten der ca. 150 Arten von Ährenfischen (*Atherinidae*) sind Meeresfische der Tropen und Subtropen, die meist in großen Schwärmen die küstennahen Flachwasserbereiche bewohnen. Viele Arten bevorzugen ausgesüßtes Meerwasser und dringen zumindest zeitweise auch ins Brack- oder Süßwasser ein, einige bilden sogar stationäre Süßwasserpopulationen.

Der Kleine Ährenfisch lebt in flachen Küstengewässern des Mittelmeeres, des Schwarzen und des Kaspischen Meeres, aber auch in zahlreichen südeuropäischen Flüssen und Süßwasserseen. Er bewohnt in großen Schwärmen die obersten Wasserzonen, nur im Winter zieht er sich in tieferes Wasser zurück. Die Nahrung besteht vorwiegend aus tierischem Plankton, die Populationen im Bereich des Schwarzen Meeres fressen angeblich auch bodenlebende Wirbellose. In der Zeit von Mai bis August wird mehrfach im flachen Wasser abgelaicht (auch im Brack- und Süßwasser); die Eier besitzen lange Haftfäden, mit denen sie sich beim Absinken an Wasserpflanzen festheften.

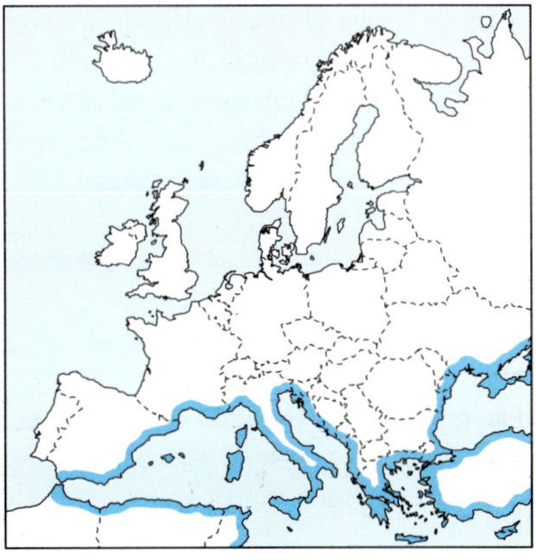

Kleiner Ährenfisch, *Atherina boyeri*

Großer Ährenfisch, *Atherina hepsetus*

Wirtschaftlich ist diese Art wegen der geringen Körpergröße nirgendwo von Bedeutung, obwohl ihr Fleisch als wohlschmekkend gilt; auch für Angler ist sie nicht von Interesse.

Verbreitung

Küstenbereich des gesamten Mittelmeeres, des Schwarzen und des Kaspischen Meeres, sowie in den Unterläufen der einmündenden Flüsse. Isolierte Populationen in zahlreichen Seen Mittel- und Süditaliens (z. B. Castel Gandolfo) und Spaniens (Albufera-See bei Valencia).

Weitere Arten

Der nur wenig länger werdende Große Ährenfisch (*A. hepsetus*) besitzt ein mit der vorigen Art nahezu identisches Verbreitungsgebiet. Er dringt allerdings nur selten ins Süßwasser vor; stationäre Bestände bildet er dort nur im spanischen Albufera-See. Er unterscheidet sich durch kleinere Schuppen (58–62 in der längsten Reihe) und eine etwas längere Schnauze (etwa gleich lang wie der Augendurchmesser, bei *A. boyeri* kürzer).

Der sehr ähnliche Streifenfisch (*A. presbyter*) lebt in flachen und ruhigen Küstenzonen der europäischen Nordsee- und Atlantikküsten (von Dänemark bis ins westliche Mittelmeer). Auch er dringt in Flußmündungen vor, richtige Süßwasserbestände bildet er aber nur in Flüssen der Iberischen Halbinsel (z. B. Tejo und Guadalquivir). Im Gegensatz zu den stets wandernden Schwärmen vieler Heringsfische sind die Ährenfisch-Schwärme auch im Meer sehr standorttreu.

DREISTACHLIGER STICHLING

Gasterosteus aculeatus

E: threespine stickleback F: epinoche
Familie Stichlinge (*Gasterosteidae*)

Kurzbeschreibung

Kleiner, seitlich abgeflachter Fisch mit spitzem Kopf und (meist) drei breit getrennten Stacheln vor der Rückenflosse.

Merkmale

Körper seitlich abgeflacht, im Profil mit fast gerader Bauch- und deutlich gekrümmter Rückenlinie. Länge 4–8 cm, Meeresformen bis 11 cm. Kopf sehr lang, spitz zulaufend, mit großen Augen und kleiner endständiger Mundspalte. Schuppen fehlen, Flanken statt dessen mit einer Reihe großer, senkrecht zur Seitenlinie angeordneter Hautknochenplatten, auf dem dünnen Schwanzstiel seitliche Kiele bildend („*trachurus*-Form"); Knochenplatten bei Süßwasserformen nur auf der vorderen Hälfte vorhanden oder ganz fehlend („*leiurus*-Form"). Seitenlinie vollständig. Rückenflosse weit nach hinten gerückt, davor 2–5 (meist 3) einzeln stehende, aufrichtbare Stacheln; Bauchflossen mit nur 2 Strahlen, der vordere stachelförmig. Rücken blaugrau bis olivbraun, Flanken oft gelblich

Dreistachliger Stichling, *Gasterosteus aculeatus*

Dreistachliger Stichling, *Gasterosteus aculeatus.* Männchen in Laichfärbung, Freilandaufnahme

(Seewasserformen mit Metallglanz), Bauch weiß; Männchen zur Laichzeit mit türkisfarbenem Rücken, Kehle und Bauch kräftig rot, Augen schillernd blau.

Flossenstrahlen: Rückenflosse II-V / 8–14, Afterflosse I / 6–11, Brustflossen 9–12, Bauchflossen I / 1.

Dreistachliger Stichling, *Gasterosteus aculeatus.* Männchen am Nest

Verwechslungsarten

Zwergstichling (*Pungitius pungitius*) und Ukrainischer Stichling (*P. platygaster*) besitzen mindestens 7 einzeln stehende Stachelstrahlen vor der Rückenflosse.

Lebensweise und Lebensraum

Zu dieser Art gehören sowohl meeresbewohnende Formen, die zum Laichen in die Flüsse einwandern, als auch stationäre Süßwasserpopulationen. Außerhalb der Laichzeit bilden sie lockere Schwärme, die sich meist in flachen, ruhigen, dicht bewachsenen Wasserzonen aufhalten, die aber auch in Bächen und sogar im offenen Meer angetroffen werden können. Die marinen Wanderformen ziehen im Frühjahr ins Süßwasser, wo die Männchen an geschützten Stellen Reviere bilden. Am Boden, meist zwischen Wasserpflanzen, legt das Männchen ein kleines kugeliges oder röhrenförmiges Nest an. Es besteht aus Pflanzenmaterial, das mit Hilfe eines Nierensekretes zu einem elastischen Gebilde verklebt wird. In die Nähe kommende Weibchen werden mit eigenartig wippenden Bewegungen begrüßt („Zickzacktanz"); sind diese laichbereit, präsentieren sie ihre geschwollene Bauchseite, folgen dem Männchen zum Nest und dringen in dieses ein. Der Laich wird nur abgegeben, wenn das Männchen den noch herausragenden Schwanzstiel mit dem Mund bearbeitet („Schnauzentremolo"). Nachdem das Weibchen seinen gesamten Laichvorrat abgegeben hat, verläßt es auf der gegenüberliegenden Seite das Nest. Das Männchen befruchtet die Eier im Nest, repariert dieses anschließend, und bewacht es bis zum Schlupf der Jungfische nach ca. einer Woche; auch der im gedrängten Schwarm schwimmende Nachwuchs wird noch einige Zeit bewacht und verteidigt. Bereits im nächsten Frühjahr sind Stichlinge geschlechtsreif; meist werden sie nicht älter als 2 Jahre.

Dreistachliger Stichling, *Gasterosteus aculeatus*. Männchen am Nest

In Küstennähe, z. B. in Norddeutschland, sind Stichlinge oft die häufigsten Süßwasserfische. Die Eutrophierung von Seen kommt ihnen entgegen, da die zunehmende Verkrautung ihren Lebensraum vergrößert. Eine wirtschaftliche Bedeutung kommt den kleinen Fischen nicht zu.

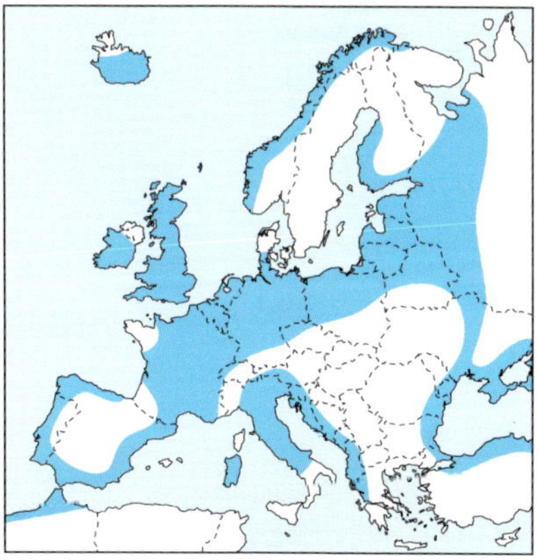

Dreistachliger Stichling, *Gasterosteus aculeatus*

Verbreitung

Vor allem küstennahe Regionen Europas, Nordasiens und Nordamerikas.

ZWERGSTICHLING

Pungitius pungitius

E: ten-spined stickleback F: épinochette
Familie Stichlinge (*Gasterosteidae*)

Kurzbeschreibung

Kleiner, sehr schlanker, seitlich abgeflachter Fisch mit spitzem Kopf und meist 9–10 Stacheln vor der Rückenflosse.

Merkmale

Körper seitlich abgeflacht, sehr schlank, mit langem und dünnem Schwanzstiel. Länge 4–7 cm. Kopf sehr lang, spitz zulaufend, mit großen Augen und kleiner endständiger Mundspalte. Schuppen fehlen, Schwanzstiel seitlich mit ca. 10 leicht gekielten Knochenplatten besetzt, selten nackt. Seitenlinie vollständig. Rückenflosse weit nach hinten gerückt, davor 7–12 (meist 9–10) einzeln stehende, aufrichtbare Stacheln, nur etwa halb so lang wie die Gliederstrahlen der Rückenflosse; Bauchflossen mit nur 2 Strahlen, der vordere stachelförmig. Rücken dunkel graubraun, Flanken ockerfarben mit dunkler, verwaschener Querbänderung (oft undeutlich oder in Flecken aufgelöst), Bauch gelblich bis weiß. Männchen zur Laichzeit sehr dunkel mit lackschwarzer Kehle und kontrastierend weißen Bauchflossen, Rücken- und Afterflosse dunkel.

Flossenstrahlen: Rückenflosse VII-XII / 9–12, Afterflosse I / 8–13, Brustflossen 9–11, Bauchflossen I / 1.

Verwechslungsarten

Der Dreistachlige Stichling (*Gasterosteus aculeatus*) besitzt höchstens 5 separate Stacheln vor der Rückenflosse, deren längste fast so lang sind wie die Gliederstrahlen der Rückenflosse.

Lebensweise und Lebensraum

Zwergstichlinge sind – im Gegensatz zum Dreistachler – ziemlich scheue Fische, die kleinere Gewässer bevorzugen als ihre robusteren Verwandten. Meist bewohnen sie flache, dicht verkrautete Tümpel und Gräben des küstennahen Tieflands. Ins Binnenland dringen sie weniger weit vor als der Dreistachler, auch im Brack- oder gar im Meerwasser werden sie seltener angetroffen; wandernde Meeresformen existieren nicht. Gegen niedrige pH-Werte und geringen Sauerstoffgehalt ist der Zwergstichling ziemlich resistent, so daß er auch in Moorgewässern angetroffen wird. Außerhalb der Laichzeit bilden die erwachsenen Tiere kleine Schwärme, doch treten sie nie in Massen auf; Jungfische leben einzeln zwischen der Vegetation. Laichzeit ist April bis August. Das Nest wird fast nie am Boden, sondern hoch im Pflanzendickicht gebaut; lediglich einige amerikanische Populationen bauen Bo-

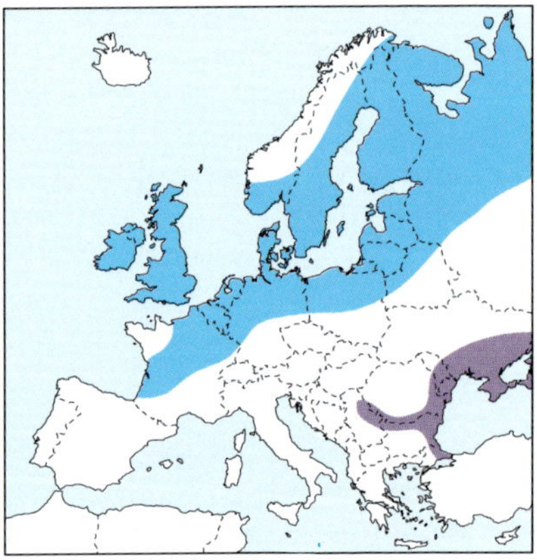

Zwergstichling, *Pungitius pungitius*
Ukrainischer Stichling, *P. platygaster*

Zwergstichling, *Pungitius pungitius*

dennester. Das Balzverhalten entspricht dem des Dreistachlers; auch männliche Zwergstichlinge zeigen einen Zickzacktanz. Nach dem Schlupf werden die Jungfische in vom Männchen gebauten „Kinderstuben" untergebracht. Auch diese Art ist sehr kurzlebig: 3 Jahre stellen das Höchstalter dar, oft sterben die Tiere nach der ersten Laichperiode.

Die Rücken- und Bauchflossenstacheln der Stichlinge stellen einen wirksamen Schutz vor Raubfischen dar. In Fütterungsversuchen wurde nachgewiesen, daß vor allem die mit längeren Stacheln versehenen Dreistachler von Barschen und Hechten nur ungern gefressen werden. Die kürzeren Stacheln des Zwergstichlings erwiesen sich als weniger abschreckend, doch scheint dieser Nachteil durch die scheue Lebensweise und das unauffällige Balzkleid des Männchens ausgeglichen zu werden.

Der auf Tümpel, flache Verlandungszonen und Sumpfgewässer angewiesene Zwergstichling leidet unter landwirtschaftlichen und wasserbaulichen Maßnahmen weit mehr als der wenig anspruchsvolle Dreistachlige Stichling. Durch Entwässerung und Eindeichungen gingen viele seiner Lebensräume verloren, so daß er stellenweise recht selten geworden ist.

Verbreitung

Nordwestliches und nördliches Europa, Nordasien, Alaska und Kanada (südlich bis zu den Großen Seen).

Weitere Arten

Der Ukrainische Stichling (*P. platygaster*) steht in der Körpergestalt zwischen Dreistachler und Zwergstichling; die Zahl der Rückenstacheln beträgt meist 8–9, die Flanken sind zumindest vorne von dünnen Knochenplatten bedeckt. Er besiedelt in Schwärmen vorwiegend flache Brackwasserzonen des Schwarzen und Kaspischen Meeres, dringt aber auch ins Süßwasser ein (z. B. in den Unterlauf der Donau).

FLUSSBARSCH

Perca fluviatilis

E: perch F: perche
Familie Echte Barsche (*Percidae*)

Kurzbeschreibung

Seitlich abgeflachter, oft hochrückiger Fisch mit deutlich geteilter, vorne stachliger Rückenflosse, dunklen Querbändern und rötlichen Bauch- und Afterflossen.

Merkmale

Körper etwas gedrungen, seitlich abgeflacht, im Alter ziemlich hochrückig. Länge 20–35 cm, maximal 50 cm. Kopf groß mit mäßig langer, stumpf endender Schnauze, Mundspalte mäßig groß und endständig, Kiemendeckel nach hinten zu einem spitzen Dorn ausgezogen. Kleine Kammschuppen, Seitenlinie vollständig. Rückenflosse zweigeteilt, die vordere länger und nur aus Stachelstrahlen bestehend; auch Bauch-, After- und hintere Rückenflosse vorn mit einzelnen Stachelstrahlen. Rücken dunkel graubraun bis oliv, Flanken heller mit 5–9 dunklen, breiten Querbändern, Bauch silberweiß mit manchmal rötlichem Schimmer. Bauch und Afterflosse (oft auch Schwanzflosse) rötlich, bei manchen Populationen (z. B. des Bodensees) gelb. Erste Rückenflosse hinten mit schwarzem Fleck.

58–68 Schuppen entlang der Seitenlinie. Flossenstrahlen: 1. Rückenflosse XIII-XVII, 2. Rückenflosse I-II / 13–16, Afterflosse II / 8–10, Brustflossen 14, Bauchflossen I / 5.

Verwechslungsarten

Zander (*Sander* spp.) sind viel schlanker (Schuppenzahl!) und besitzen keine rötlichen Flossen, Kaulbarsche (*Gymnocephalus* spp.) und Sonnenbarsche (*Lepomis* spp.) besitzen eine zwar gekerbte, aber ungeteilte Rückenflosse, *Zingel*-Arten sind extrem schlank mit fast drehrundem Körper, bei *Micropterus*-Arten ist die erste Rückenflosse auffallend niedriger als die zweite.

Lebensweise und Lebensraum

Die mit fast 8000 Arten riesige Ordnung der Barschfische (*Perciformes*) gilt als die höchstentwickelte Gruppe unter den Fischen. Typisch sind die zweigeteilte Rückenflosse, deren Vorderteil Stachelstrahlen trägt, und die „gekämmten" Schuppen, die für die rauhe Körperoberfläche verantwortlich sind. Die Ordnung wird in ca. 150 Familien unterteilt; fast alle leben im Meer, nur wenige stellen Süßwasserbewohner. Eine dieser Ausnahmen sind die „Echten Barsche" der Familie *Percidae*. Sie haben sich vermutlich im Süßwasser Nordasiens aus meereslebenden Vorfahren heraus entwickelt (dort gibt es noch heute die meisten Arten), kommen heute aber in den gemäßigten Breiten der gesamten nördlichen Hemisphäre vor.

Der unspezialisierte und anpassungsfähige Flußbarsch ist in Europa die häufigste Barschart mit dem größten Verbreitungsgebiet. Er kommt in fließenden und stehenden Gewässern vor, geht ins Brackwasser der Ostsee und steigt im Gebirge bis zu einer Höhe von ca. 1000 m auf. Kleine, stark verschlammte und flache Gewässer werden gemieden, dagegen gehören Flußbarsche in größeren Seen und langsamer fließenden Gewässern mit tiefem, hartem Grund zu den häufigsten Fischen. Jungtiere bzw. kleine Exemplare leben in Schwärmen in Ufernähe oder über untieferen Stellen („Barschberge"), große Tiere ziehen sich in tiefere Zonen

Flußbarsch, *Perca fluviatilis*

zurück und werden zu Einzelgängern. Kleinere Barsche leben von tierischem Plankton, suchen aber auch am Grund nach Insektenlarven und Kleinkrebsen; mit zunehmender Größe werden sie zu „Raubbarschen“ und ernähren sich vorwiegend von kleinen Fischen, auch der eigenen Art. Zu großen Exemplaren wachsen Barsche fast nur in tiefen, relativ nährstoffarmen Gewässern heran. In flachen oder überdüngten Seen können sie die sauerstoffarmen Tiefenzonen nicht besiedeln; hier bleiben Barsche auch im Alter kleinwüchsig und können bereits bei einer Länge von unter 10 cm geschlechtsreif werden.

Man bezeichnet diese Entwicklung als „Verbuttung“. Sie ist zwar vom Standpunkt des Fischers gesehen unerwünscht, stellt aber für den Fisch eine sinnvolle Anpassung an kleine oder nahrungsarme Gewässer dar. Statt weniger großer Fische entwickeln sich viele kleine, die der Population eine größere Stabilität verleihen; es ist kein Zufall, daß gerade einige unserer erfolgreichsten Fischarten (z. B. das Rotauge, *Rutilus rutilus*) diese Fähigkeit zur Verbuttung besitzen. In reich strukturierten Großgewässern können mehrere „Ökotypen“ nebeneinander vorkommen; man unterscheidet kleinwüchsige, bunte „Krautbarsche“ der Uferzonen, große, dunkle „Tiefenbarsche“ und manchmal sogar blaß gefärbte „Jagdbarsche“, die nach Art des Zanders im freien Wasser jagen. Allerdings gibt es zwischen diesen Formen alle Übergänge, und nicht in jedem Gewässer sind sie erkennbar ausgeprägt. Auch die Jagd in Formation wurde beobachtet: Dabei wirbeln mehrere Barsche Schwärme von Jungfischen so lange durcheinander, bis einige den Anschluß verlieren und als

Flußbarsch, *Perca fluviatilis*

Einzelfische für die Sinne des Barsches erkennbar sind; nur solche vereinzelten Tiere können gezielt verfolgt und gefangen werden.

Flußbarsche laichen vom März bis Juni bei einer Wassertemperatur von 7–8 °C. Die Weibchen setzen bis zu 200 000 Eier über Steinen oder an Wasserpflanzen ab. Sie sind beim Ausstoßen in lange, aus gallertigem Material bestehende Bänder eingebettet, die bis zu 2 cm breit sein können und sich kreuz und quer an Wasserpflanzen, Steine und andere Gegenstände legen. Der Laich wird unmittelbar nach der Abgabe befruchtet, wobei mehrere Männchen beteiligt sein können. Die Jungfische schlüpfen nach 2–3 Wochen. Barsche wachsen ziemlich langsam und werden recht alt; 30–40 cm lange Tiere sind etwa 15 Jahre alt. Die Geschlechtsreife tritt bereits nach 2–3 Jahren ein.

Eine wirtschaftliche Bedeutung hat der Flußbarsch nur in solchen Gewässern, in denen nennenswerte Zahlen großwüchsiger Tiere vorkommen (z. B. im Bodensee, wo er

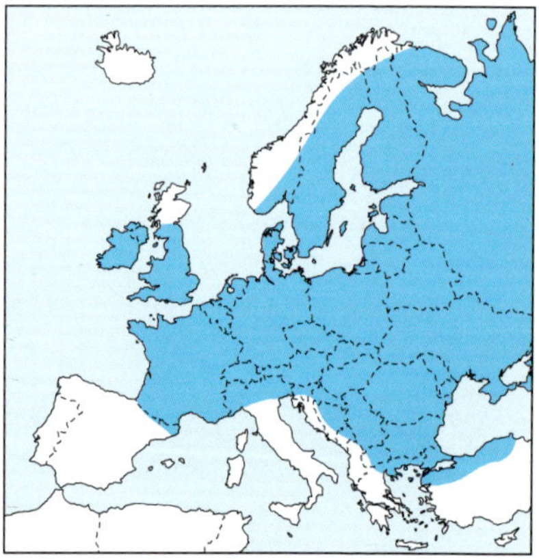

Flußbarsch, *Perca fluviatilis*

neben dem Felchen der wichtigste Wirtschaftsfisch ist); in der Schweiz beträgt der Jahresfang ca. 2000 t, in Finnland sogar über 8000 t. Der geschmacklich hervorragende, aber grätenreiche Fisch wird meist filetiert vermarktet („Egli-Filet"). Der Angler fängt Barsche mit der Grund-, Floß- und Spinnangel. Die Bestände dieser anpassungsfähigen Fischart sind nirgends gefährdet und nehmen stellenweise sogar zu, allerdings können lokal erhebliche Bestandsschwankungen auftreten.

Verbreitung

Von Westeuropa bis nach Sibirien. Nicht auf der Iberischen Halbinsel, in Mittel- und Süditalien, im westlichen Balkan, in Schottland und Teilen Skandinaviens.

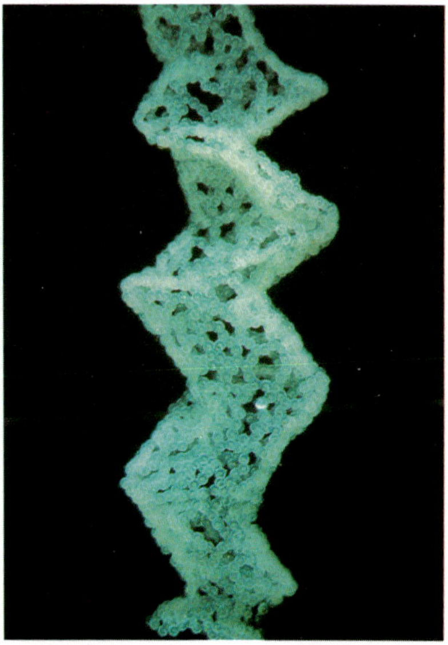

Flußbarsch, *Perca fluviatilis*. Laichband

Weitere Arten

Percarina demidoffi ist ein kleiner, maximal 10 cm langer Barsch, der in den ausgesüßten Teilen des nördlichen Schwarzen Meeres und den Unterläufen seiner Zuflüsse Dnjestr, Bug und Dnjepr vorkommt. Der ziemlich farblose, durchscheinende Fisch besitzt ca. 9 schwarze Flecken entlang der Rückenlinie, schwarze Vorderkanten der Bauchflossen und ein am Vorderkörper stark reduziertes Schuppenkleid. Der bodenorientierte Fisch kommt in großen Schwärmen vor. Er laicht im Sommer bei Temperaturen von über 20 °C sowohl im Brack- als auch im Süßwasser; die Jungfische schlüpfen bereits nach 2 Tagen. Ähnlich wie der Kaulbarsch (*Gymnocephalus cernuus*) produziert er große Mengen Schleim, zum Teil in großen Drüsengruben am Kopf. Die Funktion des Schleims ist nicht geklärt, jedenfalls macht er ihn bei Fischern unbeliebt, deren Netze dadurch verkleben. Diese Art gilt als wichtiger Beutefisch des Zanders, eine direkte wirtschaftliche Bedeutung kommt ihm nicht zu.

KAULBARSCH
Gymnocephalus cernuus

E: ruffe F: grémille
Familie Echte Barsche (*Percidae*)

Kurzbeschreibung

Leicht hochrückiger, dunkler, unregelmäßig gefleckter Fisch mit großem, spitzem Kopf und nicht ganz geteilter, vorne stachliger Rückenflosse.

Merkmale

Körper mäßig gedrungen, seitlich abgeflacht. Länge 10–15 cm, maximal 25 cm. Kopf groß mit großen Augen und kurzer, stumpfer Schnauze (nicht länger als Augendurchmesser), Mundspalte mäßig groß und endständig, Kiemendeckel nach hinten zu einem spitzen Dorn ausgezogen. Mittelgroße Kammschuppen, Seitenlinie unvollständig (endet auf dem Schwanzstiel). Rückenflosse ungeteilt, aber zwischen dem vorderen stachelstrahligen und dem hinteren gliederstrahligen Teil stark eingekerbt; auch Bauch- und Afterflossen vorn mit einzelnen Stachelstrahlen. Rücken und Flanken meist dunkelbraun bis oliv mit zahlreichen unregelmäßigen schwarzen Flecken, Bauch weißlich bis grünlich; auch Rücken- und Schwanzflosse dunkel gefleckt.

35–40 Schuppen in der längsten Reihe. Flossenstrahlen: Rückenflosse XII-XVI /

Kaulbarsch, *Gymnocephalus cernuus*

Kaulbarsch, *Gymnocephalus cernuus*. Porträt

11–15, Afterflosse II / 5–6, Brustflossen 13, Bauchflossen I / 5.

Verwechslungsarten

Schrätzer und Don-Kaulbarsch (*G. schraetser, G. acerina*) sind viel schlanker mit kleineren Schuppen, der Donau-Kaulbarsch (*G. baloni*) besitzt zwei Stacheln auf dem Kiemendeckel, (oft undeutliche) Querbinden und eine sehr steil nach hinten abfallende Rückenflosse, Sonnenbarsche sind meist ziemlich bunt und besitzen lange, bis zur Afterflosse reichende Brustflossen. Alle anderen europäischen Barsche haben eine deutlich zweigeteilte Rückenflosse.

Lebensweise und Lebensraum

Kaulbarsche leben in großen Schwärmen am Grund langsam fließender oder stehender Gewässer. Sie bevorzugen Sandboden und kommen am häufigsten im brackigen Wasser der mündungsnahen Flußunterläufe vor; besonders große Kaulbarsche leben in den Haffen der Ostsee. Die Nahrung wird vor allem am Boden gesucht und besteht aus Kleinkrebsen, Würmern und anderen Wirbellosen. Laichzeit ist März bis Mai. Ein Weibchen produziert bis zu 100 000 Eier, die in gallertigen Ballen oder Schnüren im flachen Wasser auf Steine abgelegt werden. Bei einer Temperatur von 10–15 °C schlüpfen die Jungfische nach 8–12 Tagen.

Der Kaulbarsch ist eine typische Pionierart: Neu entstandene Gewässer (z. B. Kiesgruben) werden sehr rasch besiedelt. Er ist ziemlich resistent gegen Verschmutzung, verschwindet jedoch aus Gewässern mit Faulschlammbildung am Boden. Für den

SCHRÄTZER

Gymnocephalus schraetser

Familie Echte Barsche (*Percidae*)

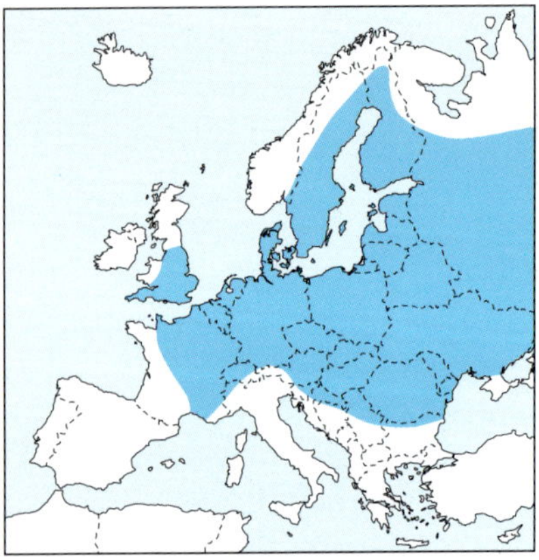

Kaulbarsch, *Gymnocephalus cernuus*

Angler haben die kleinen Fische keine Bedeutung; bei Berufsfischern gelten sie als lästig, da sie sich mit ihren Stacheln in den Netzen verhaken.

Verbreitung

Von Westeuropa bis zum Ural.

Weitere Arten

Der Donaukaulbarsch (*G. baloni*) wurde erst 1974 als eigenständige Art beschrieben. Der fast unbekannte Fisch scheint endemisch in der mittleren und unteren Donau vorzukommen, wo er vermutlich stark strömende Bereiche am Grunde des Hauptstroms bewohnt. Seine gedrungene, hochrückige Körperform ist allerdings für einen Strömungsbewohner ungewöhnlich; der weiche Teil der Rückenflosse fällt stark ab, seine Oberkante steht fast senkrecht zum Schwanzstiel. Der Körper zeigt eine dunkle Fleckung, die zu 4–6 undeutlichen Querbinden zusammenfließt.

Kurzbeschreibung

Langgestreckter, gelb und schwarz längsgestreifter Fisch mit fast gerader Bauchlinie, großem, spitz zulaufendem Kopf und langer, nicht geteilter, vorne stachliger Rückenflosse.

Merkmale

Körper gestreckt, Bauchlinie fast gerade. Länge 15–25 cm, maximal 30 cm. Kopf groß mit weit oben stehenden Augen und langer Schnauze (länger als der 1,5-fache Augendurchmesser), Mundspalte klein und endständig, Kiemendeckel nach hinten zu einem spitzen Dorn ausgezogen. Kleine Kammschuppen, Seitenlinie unvollständig. Rückenflosse ungeteilt, aber zwischen dem vorderen stachelstrahligen und dem hinteren gliederstrahligen Teil stark eingekerbt; auch Bauch- und Afterflossen vorn mit einzelnen Stachelstrahlen. Rücken und Flanken meist gelboliv bis hellgelb, Flanken mit zahlreichen kleinen schwarzen Flecken, die zu 3–4 teils unterbrochenen Längsstreifen angeordnet sind. Rücken- und Schwanzflosse mit zahlreichen dunklen Punkten besetzt, Brustflossen oft rötlich. Männchen zur Laichzeit sehr kontrastreich gezeichnet und stark glänzend.

55–62 Schuppen in der längsten Reihe. Flossenstrahlen: Rückenflosse XVII-XIX / 12–14, Afterflosse II / 5–7, Brustflossen 13–14, Bauchflossen I / 5.

Verwechslungsarten

Keine andere europäische Barschart besitzt deutlich längsgestreifte Flanken.

Schrätzer, *Gymnocephalus schraetser*

Lebensweise und Lebensraum

Der Schrätzer ist an das Leben am Grund großer Flüsse angepaßt. Im Gegensatz zu den ebenfalls bodenbewohnenden Barschen der Gattung *Zingel* bevorzugt der Schrätzer mäßig strömende Bereiche mit einer Fließgeschwindigkeit von weniger als 25 cm/s. Schrätzer ernähren sich von bodenlebenden Wirbellosen (Bachflohkrebse, Würmer, Insektenlarven), aber auch Fischlaich. Soweit bekannt, kommen sie in kleinen Gruppen am Boden des tiefen Flußbetts vor, ziehen in der Dunkelheit aber auch in flachere Wasserzonen. Zur Laichzeit (April-Mai) werden saubere Kiesbänke im tiefen Wasser aufgesucht; über längere Laichwanderungen ist allerdings nichts bekannt. Die Eier sind wie bei ihren Verwandten in gallertige Bänder eingebettet, die von den Weibchen durch enges Anschmiegen am Substrat verankert werden. Die Jungfische schlüpfen nach 6–10 Tagen. Das Wachstum scheint sehr langsam zu sein.

Die auf das Einzugsgebiet der Donau beschränkte Art galt schon früher als ausge-

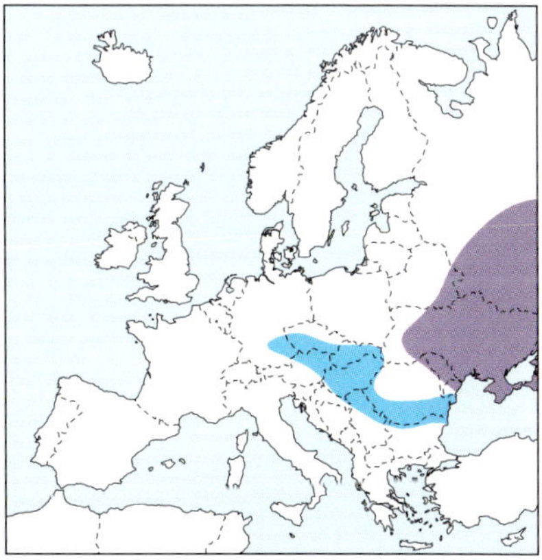

■ Schrätzer, *Gymnocephalus schraetser*
■ Don-Kaulbarsch, *G. acerina*

sprochen selten. Neuere Untersuchungen deuten allerdings darauf hin, daß sie in geeigneten Gewässerabschnitten häufiger ist als bisher angenommen; die Seltenheit der Fänge ist vermutlich methodisch bedingt. Es ist allerdings unstrittig, daß Schrätzer auf zügig strömendes Wasser angewiesen sind, das sich nach der Errichtung unzähliger Staustufen auch in der Donau immer seltener findet. Ihre stationäre Lebensweise läßt immerhin darauf hoffen, daß diese Art zumindest in den verbliebenen Fließstrecken (mit unverschlammten Laichgründen) erhalten werden kann. Eine Verringerung des hohen Aalbestands im Verbreitungsgebiet des Schrätzers wäre für das Überleben dieser Art sicher hilfreich. Für Fischerei oder Angelsport haben diese kleinen Tiere keine Bedeutung.

Verbreitung

Nur in der Donau und ihren größeren Nebenflüssen, vom Unterlauf bis Bayern.

Weitere Arten

Der Don-Kaulbarsch (*G. acerina*) kommt dem Schrätzer in Gestalt und Lebensweise sehr nahe. Er unterscheidet sich durch eine noch stärker verlängerte und zugespitzte Schnauze und durch das Fehlen von Längsstreifen an den Flanken; die oliv- bis graugrünen Flanken sind mit unregelmäßig verteilten dunklen Flecken besetzt. Er bewohnt schnellfließende Abschnitte der nördlichen Zuflüsse des Schwarzen Meeres (Dnjestr, Dnjepr, Don).

ZANDER

Sander lucioperca

E: pikeperch F: sandre
Familie Echte Barsche (*Percidae*)

Kurzbeschreibung

Großer, langgestreckter, seitlich wenig abgeflachter Fisch mit tiefer Mundspalte und zweigeteilter, vorne stachliger Rückenflosse.

Merkmale

Körper langgestreckt und spindelförmig; der Rücken ist stärker gewölbt als die Bauchlinie. Länge 40–70 cm, maximal 1,3 m. Kopf lang und nach vorne zugespitzt. Mundspalte endständig und tief, bis hinter die Augen reichend; Kiefer ungleich bezahnt, zwischen zahlreichen kleinen Zähnen stehen wenige große Fangzähne; Kiemendeckel hinten mit einem kleinen, unauffälligen Dorn. Kleine Kammschuppen, Seitenlinie vollständig. Rückenflosse geteilt, beide Teile lang und hoch, der vordere nur mit Stachelstrahlen; auch die hintere Rückenflosse sowie Bauch- und Afterflossen vorn mit einzelnen Stachelstrahlen. Rücken dunkelgrau bis oliv, Flanken heller grau, Bauch weißlich; Jungfische mit 8–10 deutlichen dunklen Querbändern auf den Flanken, bei alten Tieren nur noch sehr undeutlich. Rücken-, After- und Schwanzflosse mit zahlreichen dunklen Punkten und Flecken.

75–100 Schuppen in der längsten Reihe. Flossenstrahlen: 1. Rückenflosse XIII-XV, 2. Rückenflosse I-II / 19–23, Afterflosse II / 11–13, Brustflossen 15–16, Bauchflossen I / 5.

Verwechslungsarten

Der Flußbarsch (*Perca fluviatilis*) ist viel gedrungener und besitzt keine punktierten

Zander, *Sander lucioperca*

Flossen, *Zingel*-Arten besitzen einen kleinen Mund, einen langen und dünnen Schwanzstiel und ebenfalls ungefleckte Flossen, Forellen- und Schwarzbarsch (*Micropterus salmoides* und *M. dolomieui*) sind gedrungener und besitzen kürzere, nicht oder nur schmal getrennte Rückenflossen.

Lebensweise und Lebensraum

Aufgrund der gestreckten Körpergestalt und der langen, mit großen Zähnen besetzten Kiefer wird der Zander örtlich auch als „Hechtbarsch" bezeichnet. Im Gegensatz zu Hechten sind Zander jedoch Raubfische der freien Wasserzonen. Sie kommen vorwiegend in größeren Seen und langsam fließenden Abschnitten von Flüssen vor, gehen aber auch ins Brackwasser der Flußmündungen und in die Haffe der Ostsee. Sauerstoffarme, flache und weichgründige Gewässer werden gemieden. Die ziemlich lichtscheuen Zander sind vor allem im trüberen Wasser in Tiefen von 2–3 m zu finden, wo sie einzeln meist in der Nähe markanter Bodenformationen (Felsen, Wurzeln usw.) stehen und auf Beute lauern. Bei klaren Wasserverhältnissen ziehen sie sich in Tiefen von mehr als 5 m zurück. Der Uferbereich wird stets gemieden, auch in die oberste Wasserzone wagen sie sich höchstens in der Dämmerung und nachts. Im Gegensatz zum Hecht, der Beute bewältigen kann, die der eigenen Körpergröße nahe kommt, sind Zander auf kleine Beutefische spezialisiert; auch große Exemplare fressen selten Fische von mehr als 10 cm Länge. In Renkenseen werden wohl hauptsächlich Jungfische von *Coregonus*-Arten gefressen, in Flußmündungen und in der Ostsee stellen Stinte (*Osmerus eperlanus*) und Kaulbarsche (*Gymnocephalus cernuus*)

Großer Zander im Freiland

die Hauptbeute. In anderen Gewässern leben Zander von Lauben (*Alburnus alburnus*) und Jungfischen anderer Cypriniden; da diese sich meist am Ufer oder an der Wasseroberfläche aufhalten, jagen Zander dort vermutlich erst ab der Dämmerung.

Zander laichen von April bis Mai ab einer Wassertemperatur von ca. 10 °C. An den Laichplatz werden große Ansprüche gestellt. Meist liegt er im ufernahen Flachwasser (ca. 1,5 m Tiefe) mit sauberem Grund. Oft werden die in Klumpen abgegebenen Eier an freigespültem Wurzelwerk von Ufergehölzen oder an zusammengeschwemmtem Reisig angeheftet; das Männchen säubert vorher das Laichsubstrat von anheftendem Schlamm und formt es oft zu einer Grube. Ein Weibchen kann mehr als 200 000 Eier produzieren. Das Nest wird bis zum Schlupf der Jungfische vom Männchen bewacht und durch Fächeln mit den Brustflossen mit Frischwasser versorgt. Während der Laichzeit nehmen Zander keine Nahrung zu sich. Der Bruterfolg unterliegt von Jahr zu Jahr erheblichen Schwankungen, die vermutlich von der jeweils herrschenden Witterung verursacht sind. Die Jungfische ernähren sich zunächst von tierischem Plankton (vor allem Kleinkrebsen), beginnen aber schon bald, Jungfische anderer Arten zu fressen. Bei reichlichem Nahrungsangebot können sie am Ende des ersten Sommers 10 cm lang sein. Die Geschlechtsreife tritt nach 2–5 Jahren bei einer Länge von 30–40 cm ein.

Zander sind außerordentlich begehrte Speisefische. Die Fischerei mit Zug- und Stellnetzen ist allerdings nur in großen Gewässern Osteuropas lohnend, hierzulande werden Zander vorwiegend von Sportfischern geangelt. Für die Produktion in der Teichwirtschaft sind sie weniger geeignet, gelegentlich finden sie als Nebenfische in der Karpfenzucht Verwendung. Mit entsprechendem Know-how ist es möglich, Zander in Zuchtteichen zum Laichen zu bringen. Die empfindlichen Satzzander sind ziemlich teuer, finden aber dennoch guten Absatz bei Angelvereinen. Besatzmaßnahmen führen allerdings häufig zum Mißerfolg, da oft die Nahrungsgrundlagen für diesen doch ziemlich spezialisierten Raubfisch nicht gegeben sind. In kleineren Gewässern mit Hechtbestand behält letzterer gewöhnlich die Oberhand, aber auch in scheinbar geeigneten Gewässern bricht die Population der eingeführten Zander oft nach einigen Jahren guten Gedeihens unerklärterweise zusammen. Die Gründe sind sicher verschieden, dürften aber häufig in einer Verschiebung des Artenspektrums der Beutefische zu suchen sein. Der Besatz mit jeder neuen Fischart (zumal einem großen Raubfisch) wirbelt die örtlich eingespielten Beziehungen zwischen Räubern und Beute zunächst kräftig durcheinander, bevor sich – oft nach Jahren – ein neues Gleichgewicht einstellt oder die nicht geeignete Art wieder verschwindet. Zander sind Bewohner großer Gewässer; daß sie von Natur aus nicht in kleinen Seen vorkommen, hat seinen biologischen Grund. Es ist einfach nicht möglich, in einem 2 ha großen Teich das gesamte Spektrum der heimischen Großfische zu versammeln! Eine Gefährdung des Zanders ist in Mitteleuropa nicht zu erkennen, vielmehr gilt er heute vielerorts als fest eingebürgert, wo er früher selten oder nicht vorkam. Allerdings ist unklar, in welchen Gewässern eine natürliche Fortpflanzung stattfindet, da fast überall Besatzmaßnahmen durchgeführt werden.

Junger Zander

Zander, *Sander lucioperca*. Porträt mit deutlich sichtbaren Fangzähnen, Freilandaufnahme

Verbreitung

Ursprünglich vom Aralbecken bis zum Stromgebiet der Elbe; heute durch Besatz bis Frankreich, Spanien und Großbritannien.

Weitere Arten

Der Wolgazander (*S. volgensis*) ist ein Flußfisch der Donau (westlich bis etwa Wien) und der nördlichen Zuflüsse des Schwarzen und Kaspischen Meeres. Die Lebensweise dieses schon früher seltenen Fisches ist wenig bekannt; er scheint sich vorwiegend im Hauptstrom aufzuhalten und frißt kleine Fische. Vom Zander unterscheidet er sich durch die höhere, segelartig ausgezogene erste Rückenflosse, das Fehlen der langen Fangzähne im Kiefer, die geringere Größe (25–35, maximal 40 cm) und die größeren Schuppen (70–73 längs der Seitenlinie).

Der Seezander (*S. marinus*) lebt im Brackwasser des nördlichen Schwarzen Meeres und kommt auch im Südteil des Kas-

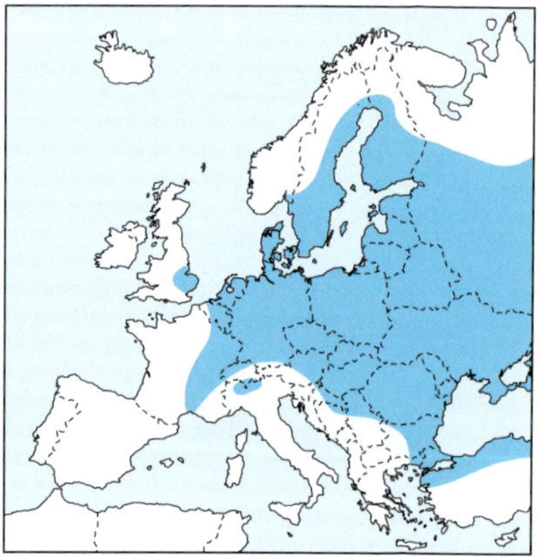

Zander, *Sander lucioperca*

Wolgazander, *Sander volgensis*

pischen Meeres vor. Lediglich zum Laichen zieht er im April und Mai in den Unterlauf der Flüsse. Er ernährt sich vorwiegend von bodenlebenden Kleinfischen, vor allem Grundeln. Mit maximal 60 cm Länge bleibt er kleiner als der Zander, seine Flossen sind bis auf einen großen schwarzen Fleck am Hinterende der ersten Rückenflosse ohne dunkle Zeichnung.

ZINGEL

Zingel zingel

E: zingel F: zingel
Familie Echte Barsche (*Percidae*)

Kurzbeschreibung

Sehr langgestreckter, schwarz und gelb gezeichneter Bodenfisch mit unterständiger Mundspalte und zweigeteilter, vorne stachliger Rückenflosse.

Merkmale

Körper langgestreckt und im Querschnitt fast drehrund mit dünnem, verlängertem Schwanzstiel. Länge 15–30 cm, maximal 50 cm. Kopf lang und flach, nach vorne schnauzenartig verlängert mit unterständiger Mundspalte; Augen hoch angesetzt und schräg nach oben stehend; Kiemendeckel hinten zu einem starken Dorn ausgezogen. Kleine Kammschuppen, Seitenlinie vollständig. Rückenflosse geteilt mit breitem Zwischenraum, der vordere Teil nur mit Stachelstrahlen; auch die hintere Rückenflosse sowie Bauch- und Afterflossen vorn mit einzelnen Stachelstrahlen. Schwanzstiel kürzer als die Basis der 2. Rückenflosse.

Zingel, *Zingel zingel*. Freilandaufnahme

Zingel, *Zingel zingel*. Porträt, Freilandaufnahme

Rücken und Flanken gelb bis sandfarben mit großen braunen Flecken, die meist 6 oder 7 unregelmäßige Querbinden bilden.

83–92 Schuppen in der längsten Reihe. Flossenstrahlen: 1. Rückenflosse XIII-XV, 2. Rückenflosse I / 18–20, Afterflosse I-II / 11–13, Brustflossen 14, Bauchflossen I / 5.

Verwechslungsarten

Der Schrätzer (*Gymnocephalus schraetser*) ist gedrungener und besitzt eine ungeteilte Rückenflosse; der Streber (*Z. streber*) ist kleiner, schlanker und besitzt einen viel längeren Schwanzstiel, der nicht im selben Gebiet vorkommende Rhonestreber (*Z. as-*

Zingel, *Zingel zingel*

per) unterscheidet sich durch nur drei dunkle Querbinden.

Lebensweise und Lebensraum

Die mit den Zandern nahe verwandten Arten der Gattung *Zingel* sind an das Leben am Boden schnellfließender Gewässer angepaßt. Ihre Schwimmblase ist reduziert; statt zu schwimmen, bewegen sie sich ruckartig hüpfend über den Grund.

Der Zingel bevorzugt strömungsreiche, relativ flache Wasserzonen mit einer Fließgeschwindigkeit von 25–60 cm/s. Der nachtaktive Fisch hält sich tagsüber unter Steinen oder in anderen Verstecken verborgen. Nachts sucht er den Boden nach Kleintieren und Fischlaich ab; seine im Auflicht katzenartig grün reflektierenden Augen sind gut an das Sehen in der Dunkelheit angepaßt. Der Laich wird von März bis Mai an stark überströmten kiesigen Stellen abgelegt.

Zingel waren früher vor allem im Bereich flacher, sich immer wieder umlagernder Kiesbänke zuhause. Durch den Bau von Staustufen und Eindeichungen wurde der größte Teil ihres Lebensraums zerstört, so daß sie heute am Rande des Aussterbens stehen.

Verbreitung

Systeme von Donau und Dnjestr.

Weitere Arten

Der höchstens 20 cm Länge erreichende Streber (*Z. streber*) ist noch schlanker gebaut und unterscheidet sich durch eine kürzere 1. Rückenflosse (8–9 Stachelstrahlen), einen längeren Schwanzstiel (länger als die Basis der 2. Rückenflosse) und 4–5 scharf begrenzte Querbinden. Er bevorzugt noch schneller strömendes Wasser und dringt weiter in die Oberläufe vor als der Zingel. Er bewohnt die Systeme von Donau, Dnjestr und Vardar.

Der Rhonestreber (*Z. asper*) ähnelt in der Gestalt eher dem Zingel, besitzt aber nur

Streber, *Zingel streber*

Streber, *Zingel streber*. Freilandaufnahme

Groppenbarsch, *Romanichthys valsanicola*

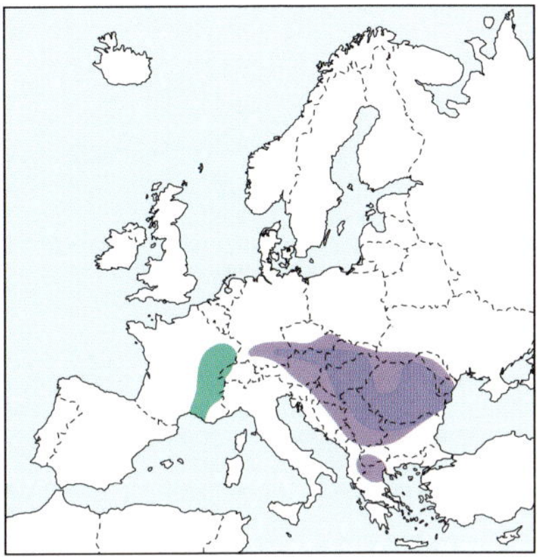

■ Zingel, *Zingel zingel*
■ Streber, *Z. streber*
■ Rhone-Streber, *Z. asper*

drei schiefe, dunkle Binden auf der hinteren Körperhälfte und eine relativ kurze Schnauze. Er bewohnt schnellfließende, flache Gewässer des Rhonesystems bis in den Schweizer Jura.

Der verwandte Groppenbarsch (*Romanichthys valsanicola*) kommt endemisch in einem einzigen Bergbach im System des Arges (Rumänien) vor; in Aussehen und Lebensweise ähnelt er stark der Groppe (*Cottus gobio*), von der er sich vor allem durch die nicht über den Flossenrand hinausragenden Strahlen von Brust-, Bauch und Afterflossen unterscheidet. Durch Wasserverschmutzung und Entwaldung in seinem winzigen Verbreitungsgebiet ist er akut bedroht und vielleicht schon ausgestorben.

FORELLENBARSCH

Micropterus salmoides

E: largemouth bass F: perche truité
Familie Sonnenbarsche (*Centrarchidae*)

Kurzbeschreibung

Großer, kräftiger, leicht hochrückiger Fisch mit sehr tiefer Mundspalte, nicht ganz geteilter, vorne stachliger Rückenflosse und dunklem Flankenstreifen.

Merkmale

Körper mäßig gestreckt und seitlich abgeflacht. Länge 40–60 cm, maximal 97 cm (dann bis zu 10 kg schwer). Kopf groß (mehr als 1/4 der Körperlänge) mit sehr tiefer, endständiger Mundspalte, die bis hinter das Auge reicht; Kiemendeckel hinten zu einem stumpfen Dorn ausgezogen. Kleine Kammschuppen, Seitenlinie vollständig. Rückenflosse tief eingeschnitten und fast zweigeteilt, der vordere Teil nur mit Stachelstrahlen, deutlich niedriger als der hintere Teil; auch die hintere Rückenflosse sowie Bauch- und Afterflossen vorn mit einzelnen Stachelstrahlen. Rücken dunkel marmoriert, Flanken gelbgrün mit breitem, dunklem, teilweise in Flecken aufgelöstem Längsband, Bauch mit leicht rötlichem Silberglanz; alte Tiere auch auf den Flanken meist einfarbig dunkel.

59–77 Schuppen in der längsten Reihe. Flossenstrahlen: Rückenflosse X-XI / 12–13, Afterflosse III / 10–12, Brustflossen 14–15.

Verwechslungsarten

Flußbarsch (*Perca fluviatilis*) und Zander (*Sander lucioperca*) besitzen breit getrennte Rückenflossen, Sonnenbarsche (*Lepomis* spp.) eine kleine Mundspalte; bei Kaulbarschen (*Gymnocephalus* spp.) ist der vordere Teil der Rückenflosse deutlich höher.

Forellenbarsch, *Micropterus salmoides*

Lebensweise und Lebensraum

Die mit den Echten Barschen nahe verwandte Familie der Sonnenbarsche (*Centrarchidae*) hat sich im Süßwasser Nordamerikas entwickelt. Sie umfaßt nur ca. 30 Arten, der heutige Verbreitungsschwerpunkt ist das Gebiet der Großen Seen und das Mississippi-Becken. Ein typisches Merkmal der Familie ist die ungeteilte, im vorderen Abschnitt Stacheln tragende Rückenflosse (die allerdings durch eine tiefe Kerbe fast geteilt sein kann, z. B. bei der Gattung *Micropterus*) und das Vorhandensein von mindestens 3 Stachelstrahlen am Beginn der Afterflosse.

Forellenbarsche sind im östlichen Nordamerika verbreitet. Sie leben in großen, ruhigen Gewässern (Seen, Stauseen, langsame Fließgewässer), wobei klares oder nur leicht getrübtes Wasser bevorzugt wird. Im Gegensatz zu den meisten anderen Sonnenbarschen sind sie euryhalin und gehen auch ins Brackwasser. Die Jungfische leben zwischen Wasserpflanzen im flachen, ufernahen Wasser; größere Exemplare ziehen sich meist in tiefere Zonen zurück, wo sie standorttreu in Verstecken zwischen Steinen, Totholz oder Wasserpflanzen auf Beute lauern. Das Nahrungsspektrum ist außerordentlich breit und umfaßt nahezu alle Arten von Tieren geeigneter Größe; ältere Forellenbarsche leben vorwiegend von Kleinfischen, die aus dem Versteck heraus erbeutet werden. Zur Laichzeit (März-Juli) baut und verteidigt das Männchen eine flache Grube im Sand in ca. 1 m tiefem Wasser. Weibchen tragen etwa 10 000 Eier pro kg Körpergewicht, die in mehreren Schüben abgegeben werden; ein Weibchen kann nacheinander mit mehreren Männchen laichen. Diese bewachen und befächeln die Gelege; auch die nach ca. 1 Woche schlüpfenden Jungfische werden noch etwa einen Monat lang im Schwarm zusammengehalten und geführt. Nach Angaben mancher Autoren beteiligen sich auch die Weibchen an der Brutpflege. Forellenbarsche sind langlebig und werden im Schnitt etwa 15 Jahre alt.

Diese Art gehört in Nordamerika zu den beliebtesten Angel- und Speisefischen. Aus diesem Grund wurde sie als „Sportfisch" fast auf der ganzen Welt verbreitet und findet sich heute u. a. auf den Philippinen, in Hongkong, Südafrika, Brasilien und Australien. Bereits im vorigen Jahrhundert wurde sie in vielen Ländern Europas eingeführt. Stabile, sich selbst reproduzierende Populationen entstanden aber nur in ganz wenigen Seen, im Alpenraum z. B. im Wörthersee oder im Hofstätter See bei Rosenheim. Zum erfolgreichen Angeln müssen die Unterstände bekannt sein, da diese Fische die Köder nur aus dem Versteck heraus annehmen.

Verbreitung

Östliches Nordamerika vom Gebiet der Großen Seen bis Florida und Nordost-Mexiko; die heutige Verbreitung in Europa ist extrem lokal und wenig bekannt.

Weitere Arten

Die ursprüngliche Verbreitung des nah verwandten Schwarzbarsches („smallmouth bass", *M. dolomieui*) entspricht im Norden der der vorigen Art, dagegen fehlt er in den amerikanischen Südstaaten. Er zieht kälteres und stärker strömendes Wasser vor. Un-

Schwarzbarsch, *Micropterus dolomieui*. Freilandaufnahme

terschiede zum Forellenbarsch sind die höhere vordere Rückenflosse (fast so hoch wie die hintere), das Fehlen eines schwarzen Flankenbandes und die kleinere, nicht bis hinters Auge reichende Mundspalte. Auch diese Art wurde im Zuge der Einbürgerungswelle nordamerikanischer Fische gegen Ende des 19. Jahrhunderts vielerorts in Europa mit unterschiedlichem Erfolg ausgesetzt, erwies sich aber in der Folge als wirtschaftlich und sportlich wenig attraktiv. Inzwischen scheint sie, soweit bekannt, aus den meisten Gewässern wieder verschwunden zu sein.

Schwarzbarsch, *Micropterus dolomieui*. Porträt, Freilandaufnahme

SONNENBARSCH
Lepomis gibbosus

E: pumpkinseed F: perche-soleil
Familie Sonnenbarsche (*Centrarchidae*)

Kurzbeschreibung

Hochrückiger, sehr bunter Fisch mit kleiner Mundspalte und langer, ungeteilter, vorne stachliger Rückenflosse.

Merkmale

Körper hochrückig, im Alter fast scheibenförmig, und seitlich abgeflacht. Länge maximal 25 cm. Kopf kurz und hoch mit kleiner, endständiger bis leicht nach oben gerichteter Mundspalte, die nicht bis unter das Auge reicht; Kiemendeckel hinten mit einer abgerundeten, „ohrenartigen" Verlängerung, die einen schwarzen, weiß und rot gesäumten Fleck trägt. Mittelgroße Kammschuppen, Seitenlinie vollständig. Rückenflosse ungeteilt, vorne mit Stachelstrahlen; auch die Bauch- und Afterflossen vorn mit einzelnen Stachelstrahlen. Laichfärbung der Männchen: Rücken goldgrün mit rotbrauner Marmorierung, Flanken gelbgrün mit rotbraunen und blau schillernden Flecken, Bauch rotbraun bis orange, Kopf mit blau oder grünlich schillernden Längsstreifen und dem bereits beschriebenen „Ohrenfleck", hinterer Teil der Rückenflosse gefleckt. Weibchen und Männchen außerhalb der Laichzeit blasser.

36–47 Schuppen in der längsten Reihe. Flossenstrahlen: Rückenflosse X / 10–12, Afterflosse III / 8–12, Brustflossen 11–14.

Verwechslungsarten

In Europa höchstens mit anderen eingeführten *Lepomis*-Arten zu verwechseln (siehe unter „Weitere Arten").

Sonnenbarsch, *Lepomis gibbosus*. Freilandaufnahme

Lebensweise und Lebensraum

Dieser Fisch stammt aus dem östlichen Nordamerika, wo er aufgrund seines auffälligen Flecks auf dem Kiemendeckel als „Kürbiskern" bekannt ist. Er bewohnt kleine, flache Seen und Tümpel, aber auch ruhige, dicht bewachsene Uferzonen von Flüssen und größeren Seen; wichtig ist klares, ungetrübtes Wasser. Sonnenbarsche halten sich meist in 1–2 m Tiefe auf, nur im Winter ziehen sie sich in tiefere Wasserzonen zurück. Gefressen wird eine Vielzahl wasserlebender Kleintiere, Anflugnahrung, aber auch Fischlaich und Jungfische. In Gewässern mit geringem Feinddruck neigen Sonnenbarsche zur „Verbuttung", d. h. es treten zahlreiche, aber sehr kleine Exemplare auf. Zur Laichzeit im Mai und Juni (ab einer Wassertemperatur von 16 °C) legen die Männchen an sonnenbeschienenen Stellen Gruben im Sand an; die als Reviere verteidigten Laichgruben der einzelnen Männchen stehen an geeigneten Stellen dicht beisammen. Meist finden sich solche „Laichkolonien" in nur 15–50 cm tiefem Wasser in der Nähe ausgedehnter Pflanzenbestände. Gelegentlich kommt es zur Bildung gemischter Kolonien mit anderen *Lepomis*-Arten, was häufig das Auftreten von Bastarden zur Folge hat. Balzen und Laichen finden nur bei Sonnenschein statt, in dem die blauen und grünen Strukturfarben der Männchen besonders zur Geltung kommen. Dieses auffällige Verhalten gab der ganzen Familie ihren Namen. Ein Weibchen legt maximal ca. 5000 Eier. Die Jungfische schlüpfen bereits nach 2–3 Tagen; bis zum Freischwimmen wird die Brut vom Männchen bewacht. Die Geschlechtsreife tritt meist nach 2 Jahren ein. Sonnenbarsche können mehr als 10 Jahre alt werden.

Sonnenbarsch, *Lepomis gibbosus*

Diese Art wurde bereits gegen Ende des 19. Jahrhunderts in Europa eingeführt und in der Folgezeit absichtlich (zur „Bereicherung" der offenbar als unzureichend erachteten einheimischen Fauna) oder unabsichtlich (als Aquarienflüchtling) in zahlreichen europäischen Gewässern verbreitet. Heute gibt es große und stabile Bestände vorwiegend in Süddeutschland. Vor allem im klimatisch günstigen Südwesten ist seine Ausbreitung noch in vollem Gange: 1988 gelang der erste Nachweis im Bodensee. Dagegen scheint er in Norddeutschland nur sporadisch und in geringer Populationsstärke aufzutreten. Weshalb mit der Einführung des Sonnenbarsches seinerzeit auch wirtschaftliche Erwartungen verknüpft waren, bleibt rätselhaft, da er auch in den USA aufgrund seiner Kleinwüchsigkeit keine Bedeutung für Fischerei oder Angelsport besitzt. Jedenfalls hat er diese nicht erfüllt, stellt aber heute in vielen Gewässern eine ernste Konkurrenz für einheimische Arten dar.

Verbreitung

Südost-Kanada und nordöstliche USA (südlich bis Georgia). Zahlreiche, aber lokale Bestände in West-, Mittel- und Osteuropa.

Weitere Arten

Neben *L. gibbosus* wurden in der Vergangenheit auch einige andere der insgesamt ca. 10 *Lepomis*-Arten in Europa freigesetzt; wo und in welchem Umfang welche Art in Europa noch im Freiland vorkommt, ist unklar.

Der Ohrenbarsch (*L. auritus*) von der Ostküste Nordamerikas bewohnt dort vorwiegend langsame Fließgewässer mit Kies- oder Felsboden. Er ist am einfachsten durch seine extrem langen „Ohren" am Hinterrand des Kiemendeckels zu erkennen, die einen schwarzen Fleck ohne hellen Rand tragen.

Der Grüne Sonnenbarsch (*L. cyanellus*) aus dem Einzugsgebiet des Mississippi besitzt eine tiefere Mundspalte (bis unter das Auge) und einen kräftigeren Körperbau als die anderen Arten; am Ende von Rücken- und Afterflosse befindet sich meist ein dunkler Fleck. Die Art ist besonders tolerant gegenüber ungünstigen Umweltbedingungen und findet sich auch in sauerstoffarmen Tümpeln und Sumpfgewässern.

SÜSSWASSER-SCHLEIMFISCH

Salaria fluviatilis

E: freshwater blenny F: blennie cagnette
Familie Schleimfische (*Blenniidae*)

Kurzbeschreibung

Kleiner, langgestreckter, nackt erscheinender Bodenfisch mit kurzem, stumpfem, etwas vom Rumpf abgesetztem Kopf und sehr langer, ungeteilter, vorne stachliger Rückenflosse.

Merkmale

Körper langgestreckt und vor allem im hinteren Teil seitlich stark abgeflacht. Länge 8 cm, maximal 15 cm. Kopf kurz und hoch mit steilem Profil und weit oben stehenden Augen; Mundspalte endständig, aber weit nach unten verlagert, mit kleinen Zähnen, zwischen denen oben und unten je 2 lange, nach hinten gebogene Eckzähne herausragen. Ein kurzer, gegabelter Hautfaden (Tentakel) über jedem Auge, oben an dem etwas vom Rumpf abgesetzten Kopf ein fleischiger Hautkamm (bei Weibchen oft nur schwach ausgebildet). Schuppen reduziert und tief in der schleimigen Haut eingebettet, Seitenlinie unvollständig. Rückenflosse sehr lang und ungeteilt (beginnt unmittelbar hinter dem Brustflossenansatz), vorne mit Stachelstrahlen; Bauchflossen kehlständig, mit einem kurzen und breiten Stachelstrahl; Brustflossen groß und abgerundet. Färbung stimmungsabhängig, meist Rücken und Flanken braun oder oliv marmoriert, Unterseite gelblich, Kopf seitlich mit zwei dunklen Streifen; Männchen bei Revierkämpfen fast schwarz.

Flossenstrahlen: Rückenflosse XII-XIV / 15–20, Afterflosse II / 15–20, Bauchflossen I / 2–3.

Süßwasser-Schleimfisch, *Salaria fluviatilis*

Verwechslungsarten

Aufgrund der Körperform höchstens mit Grundeln (*Gobiidae*) oder Groppen (*Cottidae*) zu verwechseln, deren Rückenflossen aber stets geteilt oder zumindest sehr tief gekerbt sind.

Süßwasser-Schleimfisch, *Salaria fluviatilis*. Porträt

Lebensweise und Lebensraum

Die Schleimfische (*Blenniidae*) sind mit fast 700 Arten vor allem im Küstenbereich tropischer Meere zu Hause; nur relativ wenige Arten dringen bis in die gemäßigten Breiten vor. Weniger als 10 Arten leben im Mittelmeer. Einige von diesen besiedeln die Gezeitenzone und besitzen eine hohe Toleranz gegenüber schwankenden Salzkonzentrationen, aber nur der Süßwasser-Schleimfisch lebt permanent in Flüssen und Süßwasserseen.

Im flachen Wasser der Uferzonen kann er hohe Bestandsdichten bilden. Seine Nahrung (wirbellose Tiere, auch kleine Fische) sucht er vornehmlich am Boden; im Gegensatz zu den „rutschend" sich fortbewegenden Grundeln schwimmt er aber behende und kann gelegentlich auch im freien Wasser angetroffen werden. Schleimfische laichen im Sommer bei einer Wassertemperatur von mindestens 20 °C. Die Männchen besetzen und erweitern Höhlen unter Steinen, großen Muschelschalen usw., die durch hoch ritualisierte Kämpfe gegen Rivalen verteidigt werden; die Unterlegenheit wird durch „Erblassen" und Senkung des beweglichen Kopfes angezeigt. Laichbereite Weibchen werden mit Hilfe eines skurrilen Balztanzes in die Höhlen gelockt, wo sie die Eier am Höhlendach festkleben. Das Gelege, das von mehreren Weibchen stammen kann, wird vom Männchen bis zum Schlupf der Jungfische nach ca. 2 Wochen bewacht und durch Befächeln mit Frischwasser versorgt. Die Jungfische leben zunächst in Scharen im flachen Wasser der Uferzone, ältere Tiere findet man am Tage meist einzeln in Verstecken.

Eine direkte wirtschaftliche Bedeutung kommt diesen kleinen Fischen nicht zu.

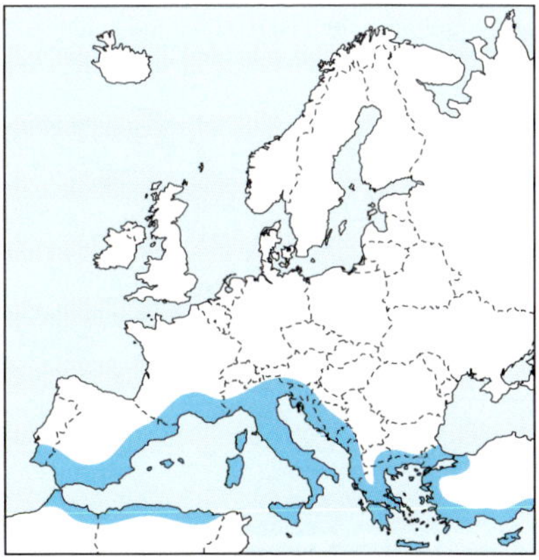

Süßwasser-Schleimfisch, *Salaria fluviatilis*

Verbreitung

In Süßgewässern des europäischen, kleinasiatischen und maghrebinischen Mittelmeerraums. Vor allem in Küstennähe, aber auch in weit stromauf gelegenen Binnenseen, z. B. dem Gardasee. Fehlt nördlich der Alpen.

MARMORGRUNDEL
Proterorhinus marmoratus

E: tube-noised goby
Familie Grundeln (*Gobiidae*)

Kurzbeschreibung

Bodenfisch mit großem, hohem Kopf, kurzen Bartfäden vor der Nasenöffnung, geteilter, vorne stachliger Rückenflosse und zu einem Saugnapf umgebildeten Bauchflossen.

Merkmale

Körper mäßig schlank, seitlich leicht abgeflacht. Länge bis ca. 11 cm. Kopf kurz und hoch mit kleiner, endständiger Mundspalte, die nicht bis unter das Auge reicht, vor den Nasenöffnungen zwei kurze, tentakelartige Fortsätze; Augen „froschartig" weit nach oben gerückt. Große Schuppen, Seitenlinie fehlt. Rückenflosse sehr lang, geteilt, vorderer Teil kurz und mit Stachelstrahlen; Bauchflossen brustständig und zu einem Saugnapf verwachsen; Brustflossen lang, reichen bis zur Basis der ebenfalls langen Afterflosse. Färbung sehr variabel und stimmungsabhängig, meist auf gelblichem Grund marmoriert oder fein gepunktet. Dominierende Männchen zur Laichzeit fast schwarz gefärbt.

36–48 Schuppen in der längsten Reihe. Flossenstrahlen: 1. Rückenflosse VI-VII, 2. Rückenflosse I / 14–19, Afterflosse I / 11–17.

Marmorgrundel, *Proterorhinus marmoratus*

Gardaseegrundel, *Padagobius bonelli*

Verwechslungsarten

Von Schleimfischen (*Blenniidae*) und Groppen (*Cottidae*) durch die zu einem Saugnapf verwachsenen Bauchflossen unterschieden; andere Süßwassergrundeln besitzen keine Tentakel vor den Nasenöffnungen.

Lebensweise und Lebensraum

Die weltweit fast 2000 Arten von Grundeln (*Gobiidae*) sind vorwiegend Bewohner von Meeresküsten. Wie bei den Schleimfischen sind viele Arten euryhalin und dringen zeitweise ins Süßwasser vor, wenige leben permanent in Flüssen und Süßwasserseen.

Die Marmorgrundel zählt zu den in Europa am besten an Binnengewässer angepaßten Arten. Ihre Lebensräume sind vielfältig und reichen von der Gezeitenzone der Meeresküste über Uferbereiche kräftig strömender Flüsse bis hin zu flachen Resttümpeln im Überschwemmungsbereich der Flüsse. Wichtig sind steinige Ufer mit zahlreichen Versteckmöglichkeiten, wo sie als Einzelgänger, aber in oft hoher Siedlungsdichte vorkommen. Meist lauern sie am Höhleneingang auf Beute (Wirbellose, aber auch kleine Fische). Außerhalb ihrer Verstecke „rutschen" sie mit Hilfe ihrer als Saugnapf fungierenden Bauchflossen behende auf glatten Steinen umher; fast nie schwimmen sie im freien Wasser. Der Laich wird im Frühjahr vom Weibchen an eine feste Unterlage in einer Höhle festgeklebt; ein Gelege besteht aus ca. 200 Eiern. Die Jungfische schlüpfen bei 18 °C nach ca. 3 Wochen.

Die Marmorgrundel scheint sich gegenwärtig im Donausystem nach Westen auszubreiten; die Gründe dafür sind nicht bekannt.

GROPPE, MÜHLKOPPE

Cottus gobio

E: bullhead F: chabot
Familie Groppen (*Cottidae*)

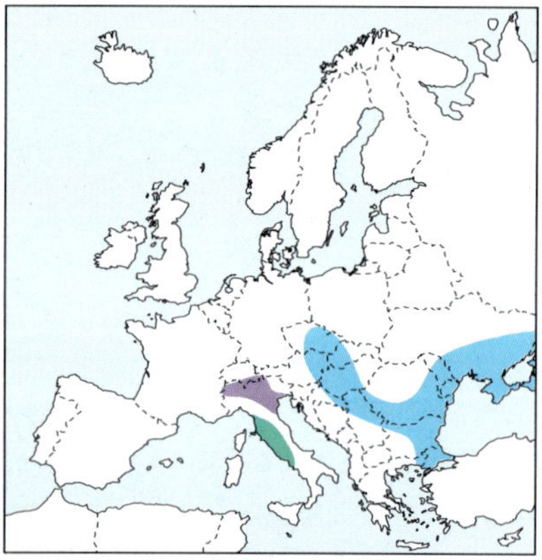

■ Marmorgrundel, *Proterorhinus marmoratus*
■ Gardaseegrundel, *Padagobius bonelli*
■ Italienische Grundel, *P. nigricans*

Verbreitung

Küsten des Schwarzen und Kaspischen Meeres sowie Unterläufe der Schwarzmeerzuflüsse; in der Donau nach Westen bis oberhalb von Wien, auch im Neusiedler See.

Weitere Arten

Ca. 20 Grundelarten dringen im pontisch-kaspischen Bereich mehr oder weniger weit in die Flüsse vor, darunter die bis zu 35 cm lange Krötengrundel (*Mesogobius batrachocephalus*) und die mit 15–20 cm ebenfalls stattliche Flußgrundel (*Neogobius fluviatilis*). In oberitalienischen Flüssen und Seen lebt die Gardaseegrundel (*Padagobius bonelli*), in Mittelitalien wird sie durch die Italienische Grundel (*P. nigricans*) ersetzt. Nördlich der Alpen gibt es keine Süßwassergrundeln; der 5 cm lange Strandküling (*Potamoschistus microps*) von Nord- und Ostsee dringt höchstens in Flußmündungen ein.

Kurzbeschreibung

Kleiner Bodenfisch mit breitem, froschartigem Kopf und großen, fast segelförmigen Flossen.

Merkmale

Körper dick, nach hinten stark verjüngt. Länge 10–15 cm, maximal 18 cm. Kopf groß, breit und flach mit sehr weiter, endständiger Mundspalte, Kiemendeckel mit kräftigem Stachel am Hinterrand, Augen weit nach oben gerückt. Schuppen fehlen, Seitenlinie reicht bis zum Schwanzstiel. Rückenflosse geteilt, vorderer Teil mit Stachelstrahlen; Bauchflossen kurz und brustständig (innerer Strahl wenig kürzer als der äußere), Brustflossen sehr groß, unten mit verstärkten, über die Membran hinausreichenden Strahlen. Färbung je nach Lichtverhältnissen und Untergrund verschieden, meist grau bis hellbraun mit dunkler Marmorierung oder Bänderung, Bauch weißlich; Bauchflossen stets ungebändert.

Flossenstrahlen: 1. Rückenflosse V-IX, 2. Rückenflosse 13–19, Afterflosse 10–15, Brustflosse 12–16, Bauchflosse I / 4.

Verwechslungsarten

Die Sibirische Groppe (*C. poecilopus*) besitzt gebänderte Bauchflossen, deren innerer Strahl weniger als halb so lang ist wie der äußere; Schleimfische (*Blenniidae*) haben eine ungeteilte Rückenflosse, bei Grundeln (*Gobiidae*) sind die Bauchflossen zu einem Saugnapf verwachsen.

Groppe, *Cottus gobio*

Lebensweise und Lebensraum

Groppen bewohnen flache, schnell fließende Bäche der Forellenregion; im Gebirge kommen sie auch im kiesigen Uferbereich kalter, sauerstoffreicher Seen vor. Tagsüber sind sie unter oder zwischen Steinen verborgen, mit Beginn der Dämmerung bewegen sie sich in merkwürdig „hüpfender" Weise dicht über dem Boden. Sie schwimmen niemals im freien Wasser; selbst kleinste Wehre im Bachbett scheinen deshalb unüberwindliche Hindernisse darzustellen. Groppen ernähren sich vorwiegend von Bachflohkrebsen, Insektenlarven und anderen Wirbellosen, aber auch Fischlaich und kleinen Fischen. Untersuchungen des Mageninhalts haben ergeben, daß sich ihr Beutespektrum kaum mit dem der im gleichen Biotop vorkommenden Bachforelle überschneidet. Diese einvernehmliche Teilung der Nahrungsressourcen hindert die Groppe aber nicht daran, Laich und Jungfische der Bachforelle zu fressen, so wie Forellen häufig auch kleine Groppen erbeuten. Groppen laichen von Februar bis Mai in kleinen, vom Männchen gebauten Gruben unter Steinen. Das Nest wird vom Männchen bewacht, bis die Jungfische nach ca. 4–5 Wochen schlüpfen.

Groppen sind äußerst empfindlich gegen Wasserverunreinigungen jeder Art und sind aufgrund ihrer geringen Wanderfähigkeit kaum in der Lage, groppenfreie Gewässer von selbst wieder zu besiedeln. Zudem wurden sie als „Laichräuber" in vielen Salmonidengewässern gezielt vernichtet. Dieses Vorgehen entspringt der vor allem früher verbreiteten Vorstellung von Wildgewässern als „Fischzuchtanlagen", in denen ohne Rücksicht auf die Gewässerökologie alle Faktoren zu eliminieren sind, die die Bestandsdichte des jeweiligen Nutzfisches beeinträchtigen. Erfreulicherweise ist hier seit einiger Zeit ein Umdenken zu verzeichnen. Während Grop-

Groppe, *Cottus gobio*. Von vorne

Sibirische Groppe, *Cottus poecilopus*

pen früher auch in steinigen Abschnitten größerer Flüsse auftraten, kommen sie heute aufgrund von Wasserverunreinigungen und Schlammablagerungen nur noch in den sauberen Oberläufen vor, so daß ihre Verbreitung stark fragmentiert ist. Eine Fördermaßnahme für diese interessante Fischart besteht in der Entfernung von Wanderbarrieren, was oft mit wenig Aufwand zu bewerkstelligen ist.

Verbreitung

Vom Ural bis Nordspanien; nicht in Nordskandinavien und im äußersten Süden Europas.

Weitere Arten

Die Sibirische Groppe (*C. poecilopus*) be-

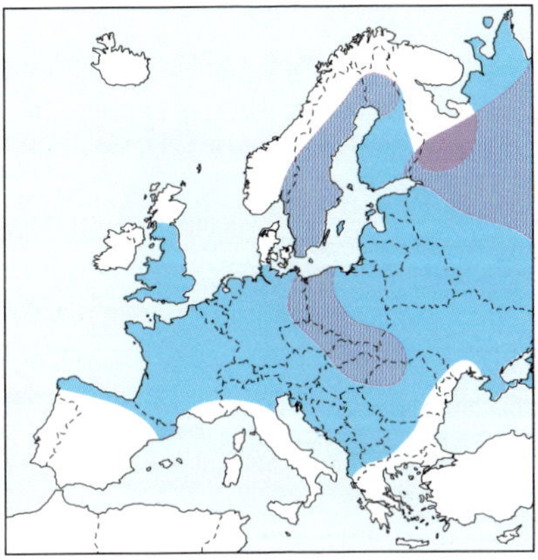

■ Groppe, *Cottus gobio*
■ Sibirische Groppe, *C. poecilopus*

wohnt Nordasien bis Mitteleuropa und kommt hier teilweise zusammen mit *C. gobio* vor; sie wird am sichersten durch Form und Farbe der Bauchflossen unterschieden (siehe oben).

C. petiti aus dem Quellgebiet des Lez in Südfrankreich und C. ferrugineus (Gardasee bis Dalmatien) unterscheiden sich von den beiden vorigen Arten durch einen schlankeren Körper und einen viel schmaleren Kopf.

Der Vierhörnige Seeskorpion (*Triglopsis quadricornis*), ein Bewohner der Meeresküsten von Ostsee und Eismeer, kommt vor allem in der skandinavisch-russischen Seenplatte auch in großen Seen (z. B. dem Ladogasee) vor. Der im Süßwasser höchstens 25 cm lang werdende, groppenartige Fisch ist leicht an vier knöchernen Auswüchsen auf der Kopfoberseite zu erkennen. Er lebt am Grund im flachen Wasser.

FLUNDER

Platichthys flesus

E: flounder F: flet
Familie Schollen (*Pleuronectidae*)

Kurzbeschreibung

Seitlich extrem abgeflachter Fisch, dessen rechte (seltener linke) Seite zur funktionellen Oberseite geworden ist; mit dornigen Warzen entlang Rückenflosse, Afterflosse und Seitenlinie.

Merkmale

Körper extrem hochrückig, fast scheibenförmig. Länge 20–30 cm, maximal 50 cm. Kleiner, asymmetrischer Kopf mit kurzer, nicht bis unter das Auge reichender Mundspalte; beide Augen auf die rechte (seltener die linke) Körperseite gewandert, die dadurch zur funktionellen Oberseite wird. Schuppen klein, entlang Rückenflosse, Afterflosse und Seitenlinie zu dornigen Warzen umgebildet, Seitenlinie vollständig. Rückenflosse extrem lang (vom Auge bis zum Schwanzstiel) und ungeteilt, ohne Stachelstrahlen; Bauchflossen klein und brustständig, Afterflosse sehr lang (von Brustflossenhöhe bis zum Schwanzstiel). Färbung kann dem Untergrund angepaßt werden, auf der „Augenseite“ meist grünlich bis rotbraun mit großen dunklen oder gelblichen Flecken, auf der „Blindseite“ weißlich.

Flossenstrahlen: Rückenflosse 49–71, Afterflosse 33–48, Bauchflosse 7–13. 15–22 Kiemenreusendorne.

Verwechslungsarten

Die Arktische Flunder (*Pleuronectes glacialis*) besitzt keine warzigen Schuppen auf der Augenseite und nur 10–14 Kiemenreusendorne.

Flunder, *Platichthys flesus*

Lebensweise und Lebensraum

Im Gegensatz zu den Butten (*Bothidae*) ist bei den Schollen (*Pleuronectidae*) die rechte Körperseite zur „Oberseite" geworden. Diese eigentümliche und vor allem in tropischen Meeren sehr artenreiche Fischgruppe ist mit den Barschen verwandt, hat ihre heutige Gestalt aber schon vor über 50 Millionen Jahren angenommen. Viele Arten leben im Flachwasser und sind tagsüber im Sand verborgen; einige Arten besiedeln zeitweilig auch das Süßwasser.

Im gemäßigten Europa geht nur die Flunder ins Süßwasser. Ihre Laichgründe befinden sich im Meer, wo von Januar bis April in ca. 50 m Tiefe die Eier abgegeben werden. Diese sind nur ca. 1 mm groß und schweben als Plankton im freien Wasser, ebenso die nach ca. einer Woche schlüpfenden, zunächst „normal" aussehenden Jungfische. Die Schwebefähigkeit der Eier hängt vom Salzgehalt des Meerwassers ab. Bei zu geringer Salinität (z. B. in der östlichen Ostsee) sinken die Eier zu Boden und sterben ab. Bei einer Körperlänge von ca. 1 cm beginnt ein Auge auf die andere Kopfseite zu wandern, und die Fische nehmen ihr Bodenleben auf. Im Gegensatz zu anderen Arten der Schollenfamilie ist die „Rechtsseitigkeit" bei Flundern nicht streng ausgeprägt – lokal kom-

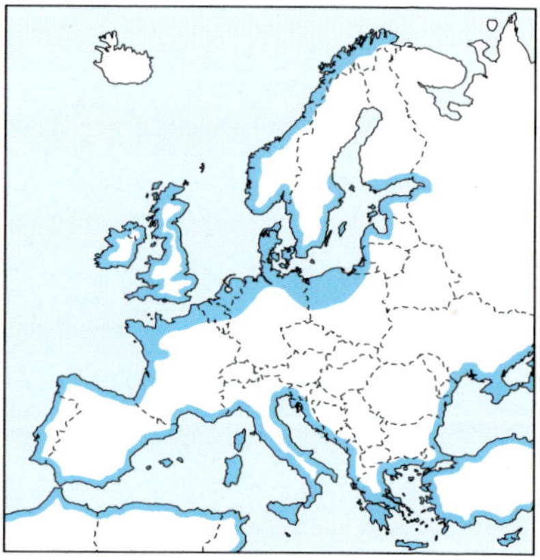

Flunder, *Platichthys flesus*

men bis zu 30% „linksseitige" Tiere vor. Viele Jungflundern wandern ins Süßwasser, wo sie bis zu 4 Jahre leben. Sie sind vorwiegend nachtaktiv, gesellig, und ernähren sich von bodenlebenden Wirbellosen, hauptsächlich von Mollusken. Nach Eintritt der Geschlechtsreife wird das Meer aufgesucht; nach dem ersten Ablaichen wandern Flundern anscheinend nicht mehr in die Flüsse zurück.

Während Flundern früher weit in die Flüsse aufstiegen (bis Magdeburg und Warschau, in Main und Neckar), kommen sie heute aufgrund von Wanderbarrieren und Verschmutzung fast nur noch in den Unterläufen vor. Für die Küstenfischerei gehören sie vor allem in der Ostsee zu den wichtigsten Wirtschaftsfischen, da dort die Scholle (*Pleuronectes platessa*) wegen des geringen Salzgehalts nicht mehr vorkommt.

Verbreitung

Europäische Küsten vom Nordkap bis ins Mittel- und Schwarze Meer.

Flunder, *Platichthys flesus*. Im Sand vergraben

Weitere Arten

Von der sibirischen Polarmeerküste bis Nordskandinavien lebt die etwas kleinere Arktische Flunder (*Pleuronectes glacialis*); auch sie dringt im Sommer weit in die Flüsse ein, zieht aber in der kalten Jahreszeit wieder ins Meer. Dort bleibt sie bei Wassertemperaturen von unter 0 °C.

Anhang

Zur Systematik und zur wissenschaftlichen Nomenklatur

In der jüngsten zusammenfassenden Darstellung zur Nomenklatur der europäischen Süßwasserfische (M. KOTTELAT, 1997: European freshwater fishes. Biologia 52 / suppl. 5, S. 1–271) sind 358 Arten für Europa westlich der früheren Sowjetunion aufgeführt, fast doppelt so viele, wie nach bisheriger Auffassung existieren. Der Grund für diese Vermehrung liegt nicht etwa in der Entdeckung bisher unbekannter Arten, sondern in der unterschiedlichen Interpretation der existierenden (und noch immer unzureichend bekannten Formenvielfalt. Das der genannten Arbeit zugrundeliegende „phylogenetische Artkonzept" zeichnet sich – vereinfacht – dadurch aus, daß alle eindeutig bestimmbaren Populationen und Unterarten als Arten anerkannt werden, so daß vor allem Fischarten mit weiter Verbreitung und zahlreichen isolierten Populationen in eine Vielzahl verschiedener Arten aufgeteilt werden (So werden im genannten Gebiet aus der Forelle *Salmo trutta* mindestens 28 Arten, aus *Salvelinus alpinus* 23 Arten, und die Gattung *Coregonus* enthält mindestens 44 Arten). Im vorliegenden Buch werden viele der nomenklatorischen Korrekturen von KOTTELAT übernommen. Die systematischen Änderungen wurden dagegen nur teilweise berücksichtigt, da das zugrundeliegende Artkonzept (wie ein halbes Dutzend andere) nicht unumstritten ist (Was ist „eindeutig bestimmbar"? Mit welcher Methode?). Somit bleibt abzuwarten, in welchem Umfang sich die vorgeschlagene Aufteilung durchsetzen wird. Letztlich ist es für Nicht-Zoologen von begrenzter Bedeutung, ob der heimische Bitterling nun *Rhodeus sericeus amarus* oder *Rhodeus amarus* heißt. Als praktische Konsequenz bleibt jedoch festzuhalten, daß fast alle größeren Seen und Flußsysteme ihre eigene, typische Fischfauna besitzen, die vor der Vermischung mit gewässerfremden Individuen bewahrt werden muß.

Bildnachweis

Angermayer S. 7; **Arendt** S. 320; **Bellmann** S. 79, 88, 92, 93, 104; **Cramm** S. 79, 91, 98, 109, 120, 149, 188; **Dierscherl** S. 6, 22, 73, 145; **Evers** S. 317, 318; **Ewald** S. 38; **Fiedler** S. 52, 70, 113, 141, 157, 166, 169, 185, 194, 200, 207, 210, 214, 215, 219, 221, 226, 235, 245, 248, 252, 255, 256, 257, 260, 261, 263, 264, 274, 277, 284, 286, 294, 299, 304, 306, 321, 328, 341, 350, 356; **Florian** S. 124, 130, 148, 199, 307, 322, 329; **Frei** S. 13, 158, 172, 179, 182, 190, 193, 198, 203, 216, 234, 244, 250, 268, 272, 278, 282, 284, 292, 305, 310, 322, 331, 336, 338, 339, 340, 342, 345, 346, 347; **Freyhof** S. 125; **Gerstmeier** S. 49, 62, 116, 119; **Gruhl** S. 2/3, 113, 175; **Hauer** S. 131, 143, 205, 212, 236, 241, 242; **Hlasek** S. 63, 139, 239; **Holstein** S. 78; **Koffka** S. 230; **König** S. 82, 195, 344; **Layer** S. 112; **Löhr** S. 90, 126, 127, 134, 136, 160, 161, 199, 253, 303, 312, 337, 358, 359; **Nill** S. 95, 97, 296; **Pfletschinger/Angermayer** S. 78, 87, 90; **Pforr** S. 15, 51, 56, 59, 61, 77, 80, 83, 84, 85, 90, 96, 103, 118, 258, 323, 353; **Pott** S. 69, 177; **Pretscher** S. 47, 57, 62, 120, 223, 228, 246, 342; **Reinhard** S. 55, 72, 95, 106, 119, 129, 146, 158, 164, 165, 170, 173, 174, 180, 187, 201, 217, 220, 247, 249, 254, 268, 275, 281, 287, 290, 291, 292, 295, 298, 300, 309, 311, 325, 348, 355, 356; **Reinhard/ Angermayer** S. 128, 133, 159, 197, 237, 243, 251, **Rohdich** S. 110, 288; **Sauer** S. 74, 96; **Seegers** S. 314, 315; **Staatl. Tierärztl. Untersuchungsamt Aulendorf** S. 101, 103; **Untergasser** S. 100, 101; **Wanzenböck** S. 209, 269, 270, 272, 273, 340, 352; **Willner** S. 80, 81, 86, 87, 88, 94; **Zeininger** S. 94, 96, 97, 183, 192, 225, 229, 232, 259, 265, 267, 276, 285, 289, 297, 301, 327, 330, 333, 335

Register

G

H

I

S

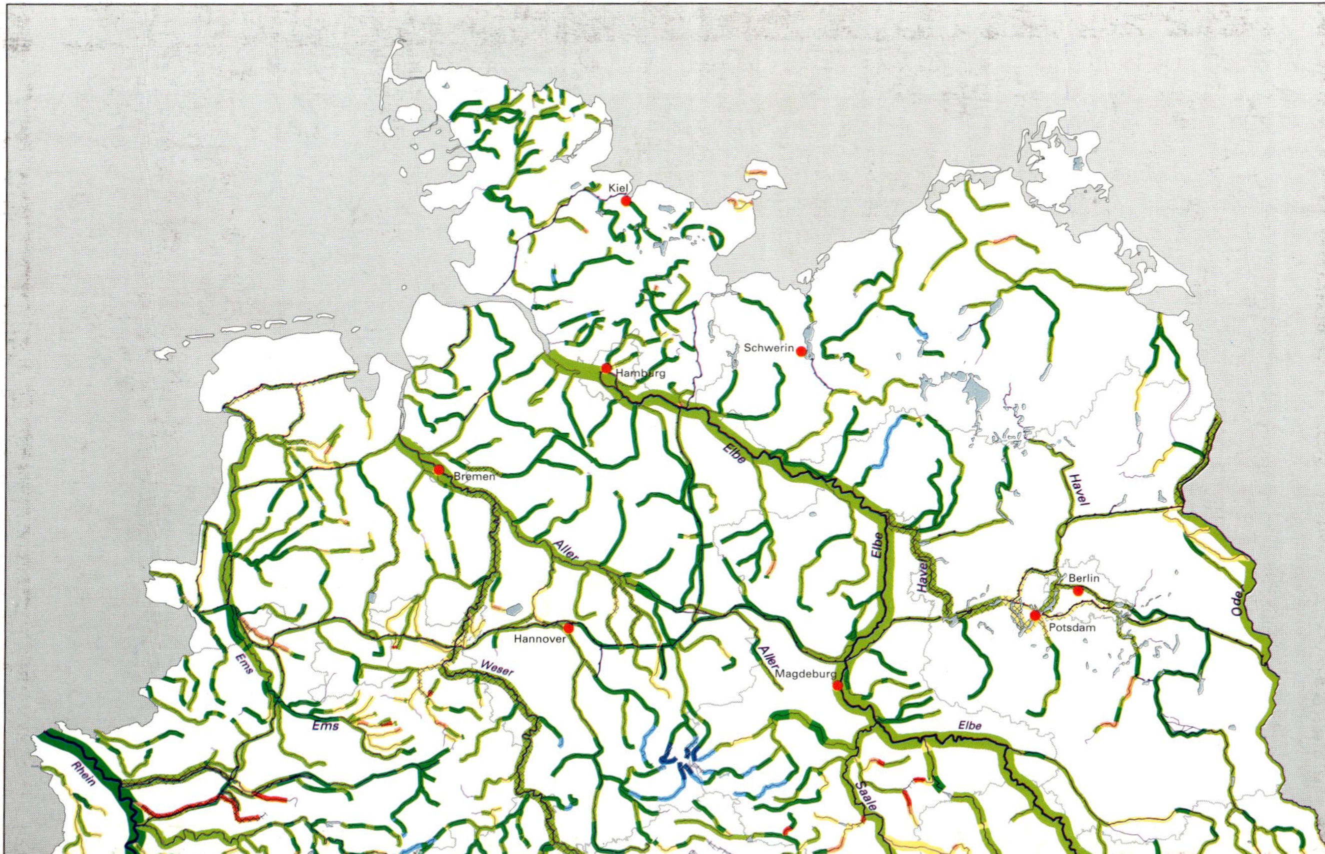
Kiel
Schwerin
Hamburg
Bremen
Elbe
Havel
Aller
Elbe
Havel
Berlin
Oder
Potsdam
Hannover
Aller
Magdeburg
Ems
Weser
Ems
Elbe
Rhein
Saale

Gewässergüte der Fließgewässer

Güteklasse I: unbelastet bis sehr gering belastet

Gewässerabschnitte mit reinem, stets annähernd sauerstoffgesättigtem und nährstoffarmem Wasser; geringer Bakteriengehalt; mäßig dicht besiedelt, vorwiegend mit Algen, Moosen, Strudelwürmern und Insektenlarven; sofern sommerkühl, Laichgewässer für Salmoniden.

Güteklasse I-II: gering belastet

Gewässerabschnitte mit geringer anorganischer Nährstoffzufuhr und organischer Belastung ohne nennenswerte Sauerstoffzehrung; dicht und meist in großer Artenvielfalt besiedelt; sofern sommerkühl, Salmonidengewässer.

Güteklasse II: mäßig belastet

Gewässerabschnitte mit mäßiger Verunreinigung und guter Sauerstoffversorgung; sehr große Artenvielfalt und Individuendichte von Algen, Schnecken, Kleinkrebsen, Insektenlarven; Wasserpflanzenbestände können größere Flächen bedecken; artenreiche Fischgewässer.

Güteklasse II-III: kritisch belastet

Gewässerabschnitte, deren Belastung mit organischen, sauerstoffzehrenden Stoffen einen kritischen Zustand bewirkt; Fischsterben infolge Sauerstoffmangels möglich; Rückgang der Artenzahl bei Makroorganismen; gewisse Arten neigen zu Massenentwicklung; fädige Algen bilden häufig größere flächendeckende Bestände.

Güteklasse III: stark verschmutzt

Gewässerabschnitte mit starker organischer, sauerstoffzehrender Verschmutzung und meist niedrigem Sauerstoffgehalt; örtlich Faulschlammablagerungen; Kolonien von fadenförmigen Abwasserbakterien und festsitzenden Wimpertierchen übertreffen das Vorkommen von Algen und höheren Pflanzen; nur wenige, gegen Sauerstoffmangel unempfindliche tierische Makroorganismen wie Egel und Wasserasseln kommen bisweilen massenhaft vor; mit periodischem Fischsterben ist zu rechnen.

Güteklasse III-IV: sehr stark verschmutzt

Gewässerabschnitte mit weitgehend eingeschränkten Lebensbedingungen durch sehr starke Verschmutzung mit organischen, sauerstoffzehrenden Stoffen, oft durch toxische Einflüsse verstärkt; zeitweilig totaler Sauerstoffschwund; Trübung durch Abwasserschwebstoffe; ausgedehnte Faulschlammablagerungen; durch Wimpertierchen, rote Zuckmückenlarven oder Schlammröhrenwürmer dicht besiedelt; Rückgang fadenförmiger Abwasserbakterien; Fische nicht auf Dauer und nur ausnahmsweise anzutreffen.

Güteklasse IV: übermäßig verschmutzt

Gewässerabschnitte mit übermäßiger Verschmutzung durch organische sauerstoffzehrende Abwässer; Fäulnisprozesse herrschen vor; Sauerstoff über lange Zeit in sehr niedrigen Konzentrationen vorhanden oder gänzlich fehlend; Besiedlung vorwiegend durch Bakterien, Geißeltierchen und freilebende Wimpertierchen; Fische fehlen; bei starker toxischer Belastung biologische Verödung.

Zusätzliche deutliche Beeinträchtigung des Gewässerökosystems:

- Cl - Salzbelastung
- Fe - Eisenocker
- pH - Versauerung
- Alg - Algenmassenentwicklung
- tox - toxische Wasserinhaltsstoffe
- tr - zeitweise trockengefallen

Gewässergütekarte

der

Bundesrepublik Deutschland

Ausgabe 1995

Maßstab 1 : 1 000 000

0 10 20 30 40 50

Kilometer

Abflußmaßstab für MNQ

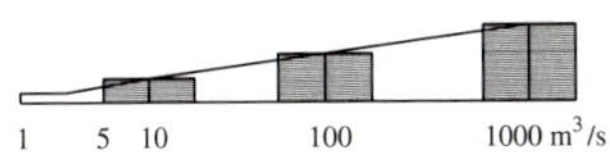